Natur – Heimat – Wandern

Schwäbische Flora

Gewidmet
meiner Frau Hanna, die das
Werden des Buches begleitet hat,
unseren Kindern und Enkeln
sowie allen Freundinnen und Freunden
der heimischen Pflanzenwelt.

Schwäbische Flora

von Theo Müller

Schwäbischer Albverein e. V., Stuttgart

Herausgegeben vom Schwäbischen Albverein e.V., Stuttgart

Bildnachweis

Soweit die Abbildungen nicht namentlich gekennzeichnet sind, stammen sie vom Autor. Die Namen der Fotografen stehen unter oder neben den betreffenden Bildern.

Titelfoto: Sumpf-Dotterblume

Abbildung auf Seite 2: Gewöhnliche Küchenschelle, Foto: Verena Mueller

Abbildung auf Seite 11 : Silberdistel, Foto: Verena Mueller

FSC
www.fsc.org
MIX
Papier aus verantwortungsvollen Quellen
FSC® C019624

Ein Titelsatz für diese Publikation ist bei der Deutschen Bibliothek erhältlich.

Kommissionsverlag: Konrad Theiss Verlag GmbH, Stuttgart

Gestaltung und Bildredaktion:
Dipl. Designerin Verena Mueller | www.mueller-gaida.de
Druck:
Metzgerdruck GmbH | www.metzgerdruck.de
Printed in Germany

ISBN 978-3-8062-2552-5

Zum Geleit

Um die Ziele des Schwäbischen Albvereins in eine Kurzform zu bringen, prägte sein früherer, langjähriger Vorsitzende, Senator e. h. Dr. h. c. Georg Fahrbach (1903–1976) das Logo »Natur–Heimat–Wandern«. Dieses wurde auch für diese Buchreihe übernommen. Das vorliegende Buch »Schwäbische Flora« erfüllt alle drei Begriffe des Logos.

Die Natur, soweit es ihren pflanzlichen Anteil betrifft, wird reichlich behandelt. Über 500 Pflanzenarten mit ihren Unterarten werden kurz vorgestellt und ihre Standorte beschrieben. Des Weiteren werden Angaben gemacht zu Inhaltsstoffen der Pflanzen und davon abgeleitet zu ihrer früheren und heutigen arzneilichen Verwendung, sowie zu ihrer Giftigkeit.

Die Heimat wird insofern berücksichtigt, indem frühere und heutige schwäbische Namen für die Pflanzen aufgeführt und erläutert werden.

In dem Buch sind nur die Pflanzen enthalten, die mindestens einen, wenn nicht sogar mehrere volkstümliche schwäbische Namen haben.

Dem Wandern wird mit den schönen Fotos Rechnung getragen. Diese zeigen dem Wanderer, wie viel Schönheit unsere heimische Pflanzenwelt aufweist, wenn man einmal die Pflanzen näher betrachtet. Dabei sind die meisten der behandelten Pflanzen keine Seltenheiten, sondern solche, denen man beim Wandern an vielen Orten begegnen kann.

Dem früheren langjährigen Schriftleiter, Vizepräsident und Ehrenmitglied des Schwäbischen Albvereins, Prof. a. D. Dr. Theo Müller, sei dafür sehr herzlich gedankt, dass er sich der Mühe unterzogen hat, die in den Blättern des Schwäbischen Albvereins begonnene Reihe über schwäbische Pflanzennamen in einem umfangreichen Buch zusammenzufassen. Es stellt eine wahre Fundgrube über heimische Pflanzen dar.

Dem schönen und ansprechend gestalteten Buch wünsche ich bei Wanderern und Freunden der heimischen Pflanzen und ihrer schwäbischen Namen eine weite Verbreitung.

Stuttgart im Sommer 2011
Dr. med. Hans-Ulrich Rauchfuß
Präsident des Schwäbischen
Albvereins

Inhalt

Vorwort

Nachdem ich in den Blättern des Schwäbischen Albvereins die Reihe »Schwäbische Pflanzennamen« begonnen hatte, ahnte ich nicht, welche Resonanz sich daraus ergeben würde. Immer wieder wurde ich gebeten, mein Wissen in einem Buch zusammenzufassen. Dies auch deshalb, weil in den Blättern des Schwäbischen Albvereins bis Ende 2010 nur 6 Pflanzen pro Jahr und ab 2011 sogar nur noch 4 Pflanzen pro Jahr behandelt werden können. Nach anfänglichem Zögern, ob ich mich dieser Mühe unterziehen soll, habe ich den weiteren Bitten und dem Zuspruch Folge geleistet, nicht ahnend, was sich daraus ergibt. Es ist ein umfangreicheres Buch geworden als ursprünglich geplant war.

Vielen schulde ich Dank. So zunächst dem Ehrenmitglied des Schwäbischen Albvereins, Rektor a. D. Fritz Schray. Er hat mir früher in meiner Schriftleiterzeit für die Blätter des Schwäbischen Albvereins so manchen fundierten Beitrag über heimische Pflanzen, ihre schwäbischen Namen, ihre Bedeutung in Legenden und in der Mythologie zur Verfügung gestellt. Er ist damit sozusagen mein Lehrer geworden.
Dann darf ich Dipl.-Ing. Wolfgang Dreher dafür danken, dass er mir Listen mit schwäbischen Pflanzennamen aus dem Nachlass seines Vaters, Hans Dreher, überlassen hat.
Zu danken habe ich mehreren Personen, die mir Fotos zu Verfügung gestellt haben, so vor allem Dipl.-Biologe Peter Banzhaf und Dr. Wolfgang Herter für ihre großzügige Bildspenden, sowie für einzelne Bilder Dipl.-Biologe Roland Banzhaf, Dipl. Ing. Werner Breuninger, Dipl. Biologe Hans-Peter Döler, Leonie Meßner, Dipl. Ing. Sylvia Metz, Prof. Dr. Wolfgang Schumacher, Dipl. Ing. Carsten Wagner, Dipl. Biologin Karin Weiß und Walter Wahl.
Zu Dank bin ich Frau Prof. Dr. Udelgard Körber-Grone verpflichtet, die großzügig den Nachdruck von Bildern gestattet hat, Kräuterpädagogin Claudia Nafzger, in deren Garten ich fotografieren durfte und schließlich Prof. Dr. Jan Sneyd für fachliche Auskünfte.
Einen besonderen Dank habe ich meiner Tochter Verena Müller abzustatten. Sie hat nicht nur Pflanzen fotografiert, sondern auch das Buch schön zu einem Bildband gestaltet. Gleicher Dank gilt ihrem Mann, Prof. Manfred Gaida, für die Bildbearbeitung.
Dank gilt auch Herrn Eugen Weisshaupt von Metzgerdruck GmbH, der für den guten Druck und die Bindearbeiten gesorgt hat.

Steinheim, im Sommer 2011
Prof. a. D. Dr. Theo Müller

Einleitung

Das vorliegende Buch ist kein Bestimmungsbuch. Trotzdem ist es möglich, mit Hilfe der Textbeschreibungen und Fotos zu einer sicheren Ansprache einzelner Pflanzen zu gelangen.

In das Buch wurden nur solche Pflanzen aufgenommen, die mindestens einen, besser mehrere volkstümlich schwäbische Namen besitzen. Es werden keine Pflanzen behandelt, deren deutsche botanische Namen im Dialekt nur schwäbisch ausgesprochen werden wie z.B. Osterglock für Osterglocke oder Seifekr(a)ut für Seifenkraut.

Grundlage für die meisten schwäbischen Pflanzennamen ist die 2. Auflage des Schwäbischen Handwörterbuchs von Hermann Fischer und Hermann Taigel von 1991 (bei der 3. Auflage von 1999 blieb der 1. Teil schwäbisch-deutsch gleich und wurde um den 2. Teil deutsch-schwäbisch durch Hermann Fischer erweitert). Für die 2. Auflage hatte ich die lateinischen Pflanzennamen der üblichen wissenschaftlichen Terminologie angepasst und schwäbische Namen ergänzt. Jetzt habe ich weitere schwäbische Pflanzennamen eingefügt, die mir aus meiner Jugendzeit von Ferienaufenthalten im Remstal (Plüderhausen) und auf der Alb (Donnstetten) eingefallen sind. Sonst fand ich noch manchen schwäbischen Pflanzennamen in den Listen von Hans Dreher und im Schrifttum, vor allem in Publikationen von Fritz Schray und bei Heinrich Marzell. Unter den schwäbischen Pflanzennamen sind auch einige historische, heute nicht mehr gebräuchliche oder nicht mehr verstandene dabei, z.B. Franzosekr(a)ut, einmal für rot-blau blühende Pflanzen nach den früheren rotblauen französischen Uniformen, zum anderen als Heilkraut gegen den Franzos = Syphilis. Sie erschienen mir aber für den Leser ebenfalls interessant.

Ein gesondertes Problem ist natürlich die Schreibweise der schwäbischen Pflanzennamen. Oft wird das schriftdeutsche p und t zu b und d. Das Schluss-e bei vielen Namen habe ich meist beibehalten, obwohl es im Schwäbischen kein reines e und kein reines a ist, sondern dazwischen liegt. Nur bei Namen, bei denen mir das Schluss-e eindeutig gegen a verschoben schien, habe ich a geschrieben. Von Gebiet zu Gebiet werden manche Namen unterschiedlich ausgesprochen, so z.B. beim 2. Wortteil mancher Pflanzennamen -kraut wird dieser einmal so gesprochen, das andere Mal als -krut. Ich habe mir dabei dadurch geholfen, dass ich dann das a in Klammern gesetzt habe, um beiden Ausspracheformen gerecht zu werden. Öfters habe ich in Klammern Zusatzbuchstaben eingefügt, um die schwäbischen Namen verständlich zu machen, z.B. Muttergottesschü(h)le für den Frauenschuh.

Die Anordnung der Pflanzen erfolgt alphabetisch nach ihren schriftdeutschen Gattungsnamen. Wem dieser nicht geläufig ist, findet die gesuchte Pflanze über das umfangreiche Register. Dort ist z.B. der Wiesen-Bärenklau sowohl unter diesem Namen als auch unter Bärenklau, Wiesen- aufgeführt; dazu wird noch der lateinische Name *Heracleum sphondylium* angegeben. Damit sollte eigentlich eine gesuchte Pflanze immer gefunden werden. Leider konnte wegen dessen Umfangs ein Register der schwäbischen Pflanzennamen nicht angefügt werden.

Großen Wert habe ich darauf gelegt, die wichtigsten Inhaltsstoffe der angesprochenen Pflanzen aufzuführen. Denn viele der volkstümlichen Pflanzennamen gehen auf deren frühere Verwendung zurück, also auf Pflanzen, die heilend wirken oder giftig sind. So werden giftige Pflanzen oft mit Hexen oder dem Teufel in Verbindung gebracht und heißen dann Hexe- oder Teufelskr(a)ut. Da die Bezeichnungen der Inhaltsstoffe nicht jedermann/frau geläufig sind, wird ein Glossar dieser Stoffe angefügt.

Die Fotos der Pflanzen stellen diese nicht immer in natürlicher Größe dar, teils sind sie vergrößert oder verkleinert. Die wirkliche Größe wird in den Beschreibungen angegeben.

Es ist mir klar, dass ich vermutlich nicht alle schwäbische Pflanzennamen erfasst habe. Darunter dürfte es örtlich sehr beschränkte, oft nur in einem Dorf verwendete Namen geben. Es war mir unmöglich, diese aufzuspüren, zumal es die örtlichen Ansprechpartner dafür, wie es früher Apotheker, Ärzte, Lehrer und Pfarrer waren, heute kaum mehr gibt. Deshalb bin ich jedem Leser dankbar, der mir weitere schwäbische Pflanzennamen mitteilt.

Pflanzen mit schwäbischen Namen in Text und Bild

Echter Ackersalat – Valerianella locusta

Die zu den Baldriangewächsen (Familie Valerianaceae) gehörende einjährige Pflanze mit grundständiger Blattrosette wird 10–20 cm hoch. Der Stängel ist mehrfach gabelig verzweigt. Die kleinen, weißen oder lila Blüten sind kopfig gehäuft, die Fruchtstände kugelig, die Früchte (»Nüssle«) rundlich-eiförmig. Die Pflanze kommt in Äckern und Weinbergen auf mehr oder weniger frischen, basenreichen Böden vor, und ist weit verschleppt. Die Blattrosetten werden vor dem Treiben der Blütenstängel als Salat gegessen. Auf diese Verwendung gehen die schwäbischen Namen Nüsslesalat, Schafmäulesalat und Wengertsalat zurück. Weitere Namen sind Sonnawirbele (auch für Löwenzahn verwendet, siehe dort) und der auch für andere Salatpflanzen geltende »Rapunzel«.

Sommer-Adonisröschen – Adonis aestivalis

Die einjährige, zu den Hahnenfußgewächsen (Familie Ranuculaceae) gehörende Pflanze wird 20–30 cm hoch. Der kahle Stängel ist einfach oder oben mit kurzen Ästen verzweigt. Die Blätter sind 2–3 fach fiederteilig. Die Blüten bestehen aus 6–8 leuchtend roten (seltener blassgelben) Blütenblättern, die am Grunde meist einen schwarzen Fleck tragen. Der Fruchtstand besteht aus dicht sitzenden Nüsschen, weshalb die Spindel nicht sichtbar ist. Das Sommer-Adonisröschen kommt zerstreut in Getreideäckern auf sommerwarmen, mehr oder weniger trockenen Kalkböden vor. Durch Einsatz von Herbiziden und modernen Ackerbaumethoden ist die Pflanze selten geworden und in manchen Gegenden verschwunden.

Die Pflanze enthält herzwirksame Glykoside, die früher bei Herzbeschwerden angewandt wurden. Diese und das giftige Adonitoxin sind aber in wesentlich geringerem Umfang enthalten als im Frühlings-Adonisröschen (Adonis vernalis). Im Schwäbischen wird die Pflanze als Ackerrösle, Sommerblutströpfle oder als Sommerteufelsaug bezeichnet.

Gewöhnliche Akelei – Aquilegia vulgaris

Die 40–80 cm hoch werdende, ausdauernde, krautige und besonders geschützte Pflanze aus der Familie der Hahnenfußgewächse (Ranunculaceae) weist grundständige, lang gestielte, doppelt dreizählig gefiederte Blätter auf. Am Stängel stehen 3–12 lang gestielte, bis 5 cm große, nickende, blauviolette Blüten. Diese bestehen aus fünf Blütenhüllblättern und fünf trichterförmigen, zusammenneigenden, am Ende hakenförmigen gekrümmten Honigblättern. Die Frucht ist ein vielsamiger Balg. Die gewöhnliche Akelei kommt zerstreut in lichten Laubwäldern, in Saumgesellschaften von Wäldern, Hecken und Gebüschen sowie in Wissen auf sommerwarmen, mäßig trockenen bis frischen, nährstoff- und basenreichen Böden vor. In Gärten ist sie als Zierpflanze in vielen Kultursorten, teilweise unter Einkreuzung anderer Akeleiarten, weit verbreitet. Die ganze Pflanze, besonders die Samen sind durch Alkaloide, Flavonoide sowie durch in geringer Menge vorhandenes blausäureabspaltendes Glykosid mäßig giftig. In der Volksmedizin wurde das getrocknete Akeleikraut bei Magen- und Darmbeschwerden sowie bei Leber- und Gallenleiden angewandt, wovon man heute abgekommen ist.

Der deutsche Name Akelei ist von Aquilegia abgeleitet. Der lateinische Name Aquilegia soll sich entweder von aquilegia = Wassersammlerin (die füllhornartigen Honigblätter werden als Wassergefäße angesehen) oder von aquila = Adler (die gekrümmten Honigblätter werden mit Adlerklauen verglichen) herleiten. Direkt vom Namen Akelei stammt der schwäbische Name Ag(e)le. Die hängenden Blüten werden im Schwäbischen mit Glocken, Kappen oder Hosen verglichen: (Blaues) Glöggle, Glockestock, Narre- oder Pfaffekapp, Narre- oder Pfaffeschappel, Plumphos, Pluderhos oder Schlotterhos. Auf die Blütenfarbe beziehen sich die Namen Tinteglock oder Tinteblu(e)m. Nach den nasenlochartigen Öffnungen der Honigblätter trägt die Pflanze auch den Namen Naselöchle.

Foto: Verena Mueller

Hain-Ampfer – Rumex sanguineus
Knäuel-Ampfer – Rumex conglomeratus
Krauser Ampfer – Rumex crispus
Stumpfblättriger Ampfer – Rumex obtusifolius

Die vier Ampferarten (Familie der Knöterichgewächse, Polygonaceae) werden in der Volksbenennung nicht unterschieden, weshalb die schwäbischen Namen für diese gemeinsam gelten. Bei den vier Ampferarten handelt es sich um stattliche, teilweise bis über 1 m hohe Pflanzen mit zwittrigen Blüten, deren innere Hüllblätter auffallende, bunte Schwielen tragen. Die Blätter sind verhältnismäßig groß und weisen einen herzförmigen Blattgrund auf. Diese Ampferarten kommen in Unkrautfluren an Zäunen, Wegen, Schuttplätzen, Gräben, Ufern, auch in Äckern und Wiesen oder Waldschlägen auf grundfrischen bis feuchten oder staunassen, nährstoffreichen, oft verdichteten Böden vor. Sie sind alle Pionierpflanzen und Tiefwurzler.

Der **Hain-Ampfer** ist oft gänzlich rot überlaufen, weshalb er auch als Blut-Ampfer bezeichnet wird. Der **Knäuel-Ampfer** hat einen bis zur Spitze beblätterten Blütenstand. Der **Krause Ampfer** besitzt am Rande wellig gekräuselte Blätter. Beim **Stumpfblättrigen Ampfer** sind die grundständigen Blätter groß und lang gestielt, das Blattende ist mehr oder weniger stumpflich.

Schwäbische Namen sind Dogga oder Docke (= Puppe), dazu Doggablätter, Buckele(in), Buckele(in)stock, Wilder Tobak, Menke(s)stengel, Gauls- oder Roßstrick (weil man ein Pferd braucht, um die langen Wurzeln aus dem Boden zu ziehen), Grundwurz, Fuchsschwanz (gemeint der lange Blüten- bzw. Fruchtstand), Butter- oder Schmalzblätsch (Blätsch = großes Blatt; die großen Blätter wurden zum Einwickeln von Butter verwendet).

Abb.:
Hain-Ampfer, links oben
Knäuel-Ampfer, rechts oben
Krauser Ampfer, links unten
Stumpfblättriger Ampfer, rechts unten

Großer Sauer-Ampfer – Rumex acetosa

Der Große Sauer-Ampfer aus der Familie der Knöterichgewächse (Polygonaceae) ist eine ausdauernde, krautige Pflanze, die 30–60 cm hoch werden kann. Die sauer schmeckenden Blätter besitzen einen pfeilförmigen Grund, die unteren sind lang gestielt, die oberen sitzend. Die Pflanze ist zweihäusig, die Blüten also eingeschlechtlich. Die kleinen rötlichen Blüten stehen in einer lockeren, unterbrochenen Rispe. Die Früchte sind dreikantig, grün oder braunrot.

Die Pflanze wächst verbreitet in Wiesen und Weiden, an Ufern und Wegen auf frischen bis feuchten, nährstoffreichen Böden.

Der Große Sauer-Ampfer enthält Oxalate und freie Oxalsäuren, Gerbstoffe, Flavonoide und Vitamin C. In der Volksheilkunde gilt er als blutreinigend, weshalb die jungen Blätter zu Frühjahrskuren in Salaten und Suppen genutzt werden. Bei übermäßigem Genuss kann es aber zu Oxalatvergiftungen mit Nierenschädigung kommen.

Die volkstümlichen schwäbischen Namen beziehen sich alle auf den sauren Geschmack der Blätter, der im Gegensatz zum Süßampfer (Wiesen-Bocksbart, Tragopogon pratensis) steht: Sauerämpf, Sauerämpfete, -ampfede, -ampftig, Suräpfl, Surepf(e)t(e), Suretzle, Säuerling, Säuerle, Saure Blätter. Auf den pfeilförmigen Blattgrund geht der Name Weiheschwanz zurück (abgeleitet vom gabligen Schwanz der Gabelweih = Rotmilan).

Foto: Verena Mueller

Aronstab – Arum maculatum

Der Aronstab (Familie der Aronstabgewächse, Araceae) besitzt einen stärkereichen Wurzelstock. Die dunkelgrünen Blätter sind pfeilförmig und werden bis 40 cm hoch. Die Blüten stehen an einem Kolben, unten die weiblichen, darüber die männlichen. Der obere Teil des Kolbens trägt keine Blüten, ist verdickt und braunviolett. Der untere, blütentragende Teil des Kolbens ist von einem hellgrünen Hüllblatt bauchig umhüllt, das den oberen Teil des Kolbens frei lässt, diesen aber überragt. Damit ist die Pflanze eine Kesselfallenpflanze und die durch den aasartigen Geruch angelockten Insekten können aus dem warmen Blütenbauch erst nach erfolgter Bestäubung entkommen. Die reifen Früchte sind leuchtend rot.

Der Aronstab kommt in Laubmischwäldern auf frischen bis feuchten, nährstoffreichen, tiefgründigen Böden vor, oft zusammen mit dem Hohlen Lerchensporn (Corydalis cava) und dem Bär-Lauch (Allium ursinum).

In der ganzen Pflanze, vor allem in den Beeren finden sich viel Calziumoxalat und freie Oxalsäure, weiter Aroin (ein Scharfstoffgemisch). Diese wirken giftig. Deshalb wird die Pflanze nur in der Homöopathie in entsprechender Verdünnung bei Entzündungen der oberen Atemwege angewandt. Die durch Kochen entgifteten, stärkereichen Wurzelstöcke wurden früher in Notzeiten verzehrt.

Nach einer Sage soll die Pflanze aus dem in die Erde gesteckten Stab des Aron (Bruder Moses und 1. Hohepriester Israels) entstanden sein. Davon abgeleitet ist der Name Aronstab, aber auch Aronsblu(e)m, Aronskindle (nach der frühen Blütezeit im April bis Mai), Judekindle, Judedockele (Docke = Puppe), Pfaffekindle, Kindlesblätter, Kindleskraut. Vom freien Teil des Kolbens stammen die derben Bezeichnungen Mannsrut, Buebaspitz oder Pfaffenspitz, von den Früchten Schlangebe(e)ra und Korallewurz.

Abb.:
Aronstab, Blüte

Abb.:
Aronstab, Fruchtstand

Kalk-Aster, Berg-Aster – Aster amellus

Eine bis 60 cm hoch werdende, behaarte Pflanze aus der Familie der Korbblütler (Asteraceae, früher Compositae), die im oberen Drittel des Stängels verzweigt ist und mehrere Blütenköpfe trägt. Die Blütenköpfe weisen einen Durchmesser von 2–3 cm auf. Die inneren Röhrenblüten sind gelb, die äußeren Zungenblüten blauviolett. Die besonders geschützte Art kommt im Saum sonniger Gebüsche und Wälder auf sommerwarmen, mäßig trockenen, kalkreichen Böden vor.

Im Gegensatz zur Garten-Aster wird die Pflanze im Volksmund oft als Wilde Aster, wegen ihrer späten Blütezeit im August bis Oktober auch als Herbst-Aster oder als Herbstblu(e)m bezeichnet.

Wiesen-Augentrost – Euphrasia rostkoviana

Diese kleine, nur 5–25 cm hohe, einjährige Pflanze (Familie der Sommerwurzgewächse, Orobanchaceae, früher zu den Rachenblütlern, Scrophulariaceae gestellt) ist ein Halbschmarotzer, d.h. die organischen Stoffe werden mit Hilfe der grünen Blätter selbst gebildet, während die Wurzeln auf anderen Pflanzen schmarotzen und diesen Wasser und die darin gelösten Nährsalze entnehmen. Deshalb hat der Wiesen-Augentrost im Schwäbischen die treffenden Namen Emdfresser (Emd oder Öhmd = 2. Wiesenschnitt) und Milchdieb. Die Stängelblätter sind mehr oder weniger eiförmig, sitzend und besitzen auf jeder Seite 4–6 Zähne. Die Blüten sind verhältnismäßig groß (bis 1,5 cm lang), weiß mit gelbem Unterlippenfleck und lila gefärbter Oberlippe.

Der Wiesen-Augentrost ist verbreitet in mageren Wiesen, vor allem der Berglagen, in sauren Magerweiden, auch in Moorwiesen auf frischem, mäßig nährstoffreichen und sauren Böden, auch auf Torfböden anzutreffen.

Die Pflanze und als Droge das getrocknete Kraut enthält Glykoside (z.B. Euphrosid), Gerbstoffe, Pflanzensäuren und wenig ätherische Öle. Die Droge wird als Tee ausschließlich in der Volksheilkunde bei Appetitlosigkeit, Kopfschmerzen, Augenbindehaut- und Lidrandentzündungen angewandt.

Schwäbische Namen sind Heinzele (Heinz als Koboldname; Kobolde und Zwerge galten als Milchdieb, s.oben), und wegen der späten Blütezeit von August bis Oktober Augustblü(e)mle, Herbstblü(e)mle und Herbstblu(e)st (Blust oder Bluscht = Blüte, Blütezeit).

Foto: Verena Mueller

Bachbunge – Veronica beccabunge

Die ausdauernde, niederliegende bis aufsteigende, kahle und etwas fleischige Pflanze aus der Familie der Wegerichgewächse (Plantaginaceae, früher zur Familie der Rachenblütler, Scrophulariaceae, gestellt) besitzt gegenständige, ovale bis rundliche Blätter, die kurz gestielt, ganzrandig oder gezähnt sind. Die himmelblauen Blüten stehen blattachselständig in vielblütigen, gestielten Trauben.

Die Bachbunge kommt häufig in Verlandungs- und Röhrichtgesellschaften im Saum fließender Gewässer an Bächen und Gräben und in Quellfluren, oft auch untergetaucht in Fluthahnenfußgesellschaften vor.

Das Bachbungenkraut spielt heute sowohl in der Volksmedizin als auch in der Homöopathie eine sehr geringe Rolle und wird nur noch höchst selten angewandt.

Die schwäbischen Namen Bachburgele, Bachbungele, Bachbundel und Bachbummele sind an Bachbunge angelehnt. Wegen des leicht bitterlichen Geschmacks dient die Pflanze als Salatbeilage, worauf die Namen Falsche Brunnenkresse oder Wassersalat zurückgehen. Gelegentlich wurde sie auch als Spinatersatz verwendet, was sich im volkstümlichen Namen Wasserschbinat niederschlug. Früher wurde das Kraut als leicht abführendes und harntreibendes Mittel angewandt, daher der Name Hoselupferle. Gelegentlich verglich man den Blütenstand mit dem der Esparsette, was zu dem Namen Ga(n)sesper führte.

Foto: Verena Mueller

Artengruppe Arznei-Baldrian – Valeriana officinalis agg.

Es handelt sich um eine formenreiche Artengruppe. Die stattlichen, 50–150 cm hohen Pflanzen mit gefurchten, hohlen Stängeln besitzen unpaarig gefiederte Blätter. Der Blütenstand ist oft stark verzweigt und bildet an der Spitze der Stängel eine Trugdolde. Die kleinen, 3–8 mm langen, weißen bis rosa Blüten sind trichterförmig mit fünf etwas unregelmäßigen, stumpfen Zipfeln und sind am Grunde einseitig ausgesackt. Der Wurzelstock hat einen unangenehmen Geruch. Die Artengruppe gliedert sich im Gebiet in die folgenden Arten:

Kriechender Arznei-Baldrian
Valeriana repens
Die einstängelige Pflanze besitzt an den mittleren Stängelblättern 8–12 stark gezähnte Fiederblättchen und ein breiteres Endblättchen als die seitlichen Fiederblättchen sowie ober- und unterirdische Ausläufer.

Echter Arznei-Baldrian
Valeriana officinalis
Die Pflanze hat an den mittleren Stängelblättern 14–18 lanzettliche bis eiförmige Fiederblättchen mit 5–11 Zähnen, ein gleich gestaltetes Endblättchen und meist keine Ausläufer. Sie treibt aus der Basis mehrere Stängel.
Beide Arten wachsen in Staudenfluren an Ufern von Flüssen, Bächen und Gräben, in Brachestadien von Feuchtwiesen, in Pfeifengras-Wiesen und Waldverlichtungen auf feuchten bis nassen, zeitweise überfluteten, mehr oder weniger nährstoff- und basenreichen Böden.

Hügel-Arznei-Baldrian
Valriana wallrothii
Diese Art besitzt 7–13 ziemlich schmale, gleich gestaltete Fieder- und Endblättchen, die ganzrandig oder schwach gezähnt sind, und unterirdische Ausläufer. Die Pflanze ist einstänglig und oft behaart. Die wärmeliebende Pflanze wächst im Gegensatz zu den beiden voranstehenden Arten nicht auf feuchten bis nassen sondern auf mäßig trockenen bis mäßig frischen Standorten in Trockenwäldern, im Saum von sonnigen Gebüschen, an Wegen und Böschungen sowie Halbtrockenrasen.
Die Arznei-Baldrian-Arten galten erst seit dem Mittelalter als Heilpflanzen. Sie enthalten in den Wurzeln ätherische Öle, Valeriansäuren und deren Derivate, die verantwortlich sind für den unangenehmen Geruch, sowie weitere Inhaltsstoffe. Die Baldrianwurzeln werden als mildes Beruhigungsmittel bei nervösen Erregungszuständen, Einschlafstörungen, nervös bedingten Herzbeschwerden, krampfartigen Schmerzen im Magen-Darm-Bereich, auch bei Ischiasschmerz und rheumati-

schen Beschwerden angewandt.
Auf die Heilwirkung bezieht sich der schwäbische Name Flusskraut (Fluss = rheumatische Krankheiten oder Ohrenweh), wobei es früher genügte, dass der leidende Kranke eine Wurzel an einer Schnur um den Hals trug.
Die meisten volkstümlichen Namen stehen mit Katzen in Verbindung, sei es, weil die Wurzeln unangenehm riechen und auf Katzen harntreibend wirken sollen (Katzedreck, Katzeseicher), oder weil sich auf der Pflanze Katzen herumwälzen (Katzewargel), oder weil die Wurzel einfach Katzen anzieht, da sie nach einer brünstigen Katze riechen oder auf Katzen berauschend wirkt (Katzekraut).

Abb.:
Echter Arznei-Baldrian

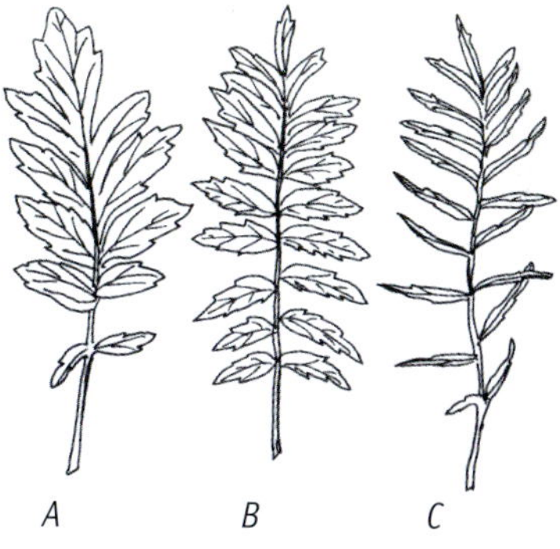

A: Kriechender Arznei-Baldrian
B: Echter Arznei-Baldrian
C: Hügel Arznei-Baldrian

Balsamkraut, Marienbalsam – Tanacetum balsamita

Die ausdauernde, aromatisch melissenartig duftende Pflanze aus der Familie der Korbblütler (Asteracea, früher Compositae) wird 50–120 cm hoch. Die ungeteilten, fein gekerbten Blätter sind sitzend. Die kleinen Blütenköpfchen mit gelben Röhrenblüten sind rispig gehäuft.

Das Balsamkraut ist eine alte, ursprünglich aus Südwestasien stammende, in Gärten kultivierte Arznei- und Gewürzpflanze, die als Wurzelkriechpionier gelegentlich verwildert und eingebürgert ist. An Inhaltsstoffen enthält die Pflanze vor allem Campher und ätherische Öle. Daneben kommen in geringen Mengen weitere Inhaltsstoffe vor. Sie wurde in der Volksheilkunde bei Blähungen, Leber-, Galle- und Menstruationsbeschwerden, als Wurm- und Wundheilmittel angewandt, im Haushalt als Gewürz, als aromatischer Zusatz zu Getränken und zur Insektenbekämpfung verwendet.

Die volkstümlichen schwäbischen Namen beziehen sich alle auf den aromatischen Duft der Pflanze: Schmecke, Fraueschmecke, Frauenminze, Balsamminze, Marienminze, Märgeminze (Märge = Maria), Salva- oder Salvesblätter (hier wird Bezug genommen auf den Garten-Salbei, Salvia officinalis).

Wiesen-Bärenklau – Heracleum sphondylium

Der 80–150 cm hoch werdende Stängel der Pflanze (Familie der Doldenblütler, Apiaceae, früher Umbelliferae) ist kantig gefurcht und wie die unterseitigen Blattrippen und die Blattoberseite rauborstig behaart. Die Blattscheiden sind bauchig aufgeblasen. Die Blätter bestehen aus 3–5, meist gestielten, fiederschnittigen Teilblättern. Die 15–30 strahligen Dolden tragen weiße, gelbgrüne oder rosa Blüten. Blütezeit ist Juni–September (meist nach dem 1. Wiesenschnitt). Die Früchte sind bis 1 cm lang.

Der Wiesen-Bärenklau ist ein Tiefwurzler und kommt verbreitet in Fettwiesen und Staudenfluren, in Auenwäldern und deren Säumen auf frischen, nährstoff- und basenreichen Böden vor. Er ist ein ausgesprochener Nährstoffzeiger, der bei Überdüngung von Wiesen einen bezeichnenden Sommeraspekt bildet. Er verträgt die Mahd sehr gut aber keine Beweidung.

Das getrocknete Kraut des Wiesen-Bärenklaus enthält ätherische Öle und Cumarinderivate. Es wird auch in der Volksheilkunde kaum noch verwendet. Man wandte es früher bei Husten, Heiserkeit und äußerlich zur Behandlung von Geschwüren an. Die reifen Früchte wurden früher in der Volksheilkunde bei Verdauungsbeschwerden und Hauterkrankungen verwendet.

Der lateinische Gattungsname Heracleum wurde nach dem Heros Herakles (Hercules) benannt, da dieser die Heilwirkung entdeckt haben soll. Der deutsche Name Bärenklau geht auf die Ähnlichkeit der behaarten, lappig geteilten Blätter zurück, die mit etwas Phantasie Bärenfüßen ähneln. Im schwäbischen Wortschatz sind davon abgeleitet Bärenpfot, Bärenfueß, Bärentatz, Bärentap. Nach den großen, harten Stängeln wird die Pflanze auch einfach Stängel genannt, oder auch Käge nach Kage für Krautstunk. Die Namen Morchelstengel (Morenstengel), Mörche oder Märre werden nicht nur für den Wiesen-Bärenklau sondern auch für den Wiesenkerbel verwendet, aus deren Stängel sich Kinder Pfeifen machen, die marren, d.h. unschön tönen. Die Früchte werden in den Namen Kreuzerle, Kimmichstengel, Ross- oder Gaulskimmich berücksichtigt.

Der Name (E(h)mdstrang steht mit der Blütezeit in Verbindung (vor dem 2. Schnitt dem Emd- oder Öhmdschnitt). Schließlich tauchen auch noch Namen auf wie Schättele, Schättich, Schertel, Scherdle, die aber auch für andere Doldenblütler verwendet werden, insbesondere für den Giersch (Aegopodium podograria).

Ähnlich dem Wiesen-Bärenklau ist der bis über 3m hoch werdende **Riesen-Bärenklau** oder **Herkulesstaude (Heracleum mantegazzanum)**. Diese aus dem Kaukasus stammende Pflanze wurde als Schmuckstaude eingeführt, ist dann verwildert und verbreitet sich agressiv. Im Umgang mit dieser Pflanze ist Vorsicht geboten. Ihr Saft enthält reichlich Cumarinderivate, die bei Sonnenschein auf der Haut bösartige Hautentzündungen hervorrufen (Phototaxis). Beim Hantieren an dieser Pflanze sollte dies immer bei bedecktem Wetter geschehen und dabei immer feste Handschuhe getragen werden.

Abb.:
Wiesen-Bärenklau

Bärlappgewächse – Lycopodiaceae

Alle Bärlappgewächse sind besonders geschützt. Es handelt sich um 10–30 cm hoch werdende, ausdauernde, immergrüne Land- und Sumpfpflanzen. Es sind sozusagen die zwergenförmigen Nachfahren der im Erdzeitalter Karbon (vor ca. 345–280 Millionen Jahren) in damaligen riesigen Mooren lebenden Bärlappgewächse (Schuppen- und Siegelbäume, bis über 20 m hoch), die zusammen mit ebenfalls baumförmigen Schachtelhalm- und Farngewächsen die Steinkohle lieferten.
Mit den Samen- oder Blütenpflanzen haben die Bärlappgewächse gemeinsam Wasserleitungsgefäße und echte Wurzeln. Sie besitzen aber noch keine Blüten und Samen sondern Sporen in Sporenbehältern. Aus den Sporen geht zunächst ein Vorkeim mit Geschlechtsorganen hervor. Nach der Befruchtung entwickelt sich die eigentliche Pflanze. Die Bärlappgewächse werden mit den Schachtelhalm- und Farngewächsen, die ebenfalls echte Wurzeln, Wasserleitungsgefäße, Sporen und Vorkeime aufweisen, als Gefäß-Sporenpfanzen (Pteridophyta) zusammengefasst.Die heimischen Bärlappgewächse besitzen kriechende, spärlich oder reich gabelig verzweigte Sprosse mit dicht gedrängten, nadel- bis schuppenförmigen kleinen Blättern. Die Sporenbehälter befinden sich einzeln in den Blattachseln oder in anders gestalteten Trieben in einer endständigen Ähre. Sie wachsen meist auf mehr oder weniger sauren, torfig-humosen, oft sandigen Böden in Nadelwäldern oder Zwergstrauchheiden (**Gewöhnlicher Flachbärlapp**, **Diphasiastrum complanatum**; **Keulen-Bärlapp**, **Lycopodium clavatum**; **Sprossender Bärlapp**, **Lycopodium annotinum**), nur der **Sumpf-Bärlapp (Lycopodiella inundata)** wächst in Moorschlenken.
Das Kraut der Bärlappgewächse ist auf Grund des Gehalts an Alkaloiden giftig. Deshalb ist seine Verwendung wie früher in der Volksmedizin nicht unbedenklich. Das reife, gelbliche Sporenpulver des Keulen-Bärlapps wurde früher als Wundstreupulver genutzt. Die Sporen enthalten fettes Öl und das Kohlenhydrat Sporonin. Das Sporenpulver ist damit wasserabweisend und wurde früher in den Apotheken verwendet zur Bestäubung selbst hergestellter Pillen, um das Zusammenkleben zu verhindern.
Volkstümliche Namen sind nach dem kriechenden Wuchs Schlangenmoos, nach den dicht beblätterten Trieben, die mit behaarten Tierfüßen verglichen werden Bärlapp und Wolfsklau, nach der Verwendung als Zaubermittel Hexekraut und das Sporenpulver Hexemehl, und schließlich als Hexenabwehrmittel Drudefu(e)ß.

Abb.:
Gewöhnlicher Flachbärlapp, links o.
Keulen-Bärlapp, rechts oben
Sprossender Bärlapp, links unten

Gewöhnlicher Beifuß – Artemisia vulgaris

Die Pflanze, eine ausdauernde Staude (Familie der Korbblütler, Asteraceae, früher Compositae) kann oft über 1 m hoch werden. die fiederteiligen Blätter sind oberseits dunkelgrün, unterseits weißfilzig. Die kleinen unscheinbaren Blütenköpfe sitzen in reich verzweigten Rispen und sind aus gelben bis rotbraunen Röhrenblüten zusammengesetzt.

Der gewöhnliche Beifuß ist weit verbreitet und verschleppt an Schutt- und Müllplätzen, an Wegrändern und Bahndämmen sowie an Ufern auf frischen bis feuchten, nährstoffreichen Böden.

Die lateinische Bezeichnung Artemisia wird schon bei Dioskurides (griechischer Arzt im 1. Jahrhundert n. Chr.) für diese Art verwendet und soll von der Göttin Artemis-Ilithia, der Göttin der Geburt, abgeleitet sein. Die Pflanze galt damals als gynäkologisches Mittel. Auch in der Volksmedizin sollte die Pflanze mit ihren ätherischen Ölen und sonstigen Inhaltsstoffen zu einer schmerzlosen Geburt verhelfen, worauf die volkstümlichen Namen Mutterkraut oder Weiberkraut hinweisen. Sonst wurde sie bei Erkrankungen der Verdauungsorgane, bei Appetitlosigkeit und Magenschmerzen angewandt. Das Beifußkraut wird heute meist nur als Gewürz verwendet, so vor allem zum Gänsebraten, worauf der Name Gänsekraut zurückgeht.

Die Namen Johanniskraut oder Johannisgürtel leiten sich von einem Volksbrauch ab. Man umgürtelte sich mit den Stängeln des Krauts und sprang durch das Johannisfeuer (Sonnwendfeuer) und warf danach den Gürtel ins Feuer. Dies sollte Krankheiten abwehren. Eine gewisse Ähnlichkeit mit den Blüten oder Früchten des Krausen Ampfers (Rumex crispus) brachte dem Gewöhnlichen Beifuß den Namen Falscher Buckelesstock ein.

Berberitze, Sauerdorn – Berberis vulgaris

Die Berberitze ist ein 2–3 m hoch werdender, sommergrüner Strauch aus der Familie der Berberitzengewächse (Berberidaceae) mit rutenförmigen Ästen und dreiteiligen Dornen. Die 2–6 cm langen Blätter sind eiförmig und am Rande spitz gezähnt. Die sechs-zähligen, gelben Blüten mit reizbaren Staubfäden bilden hängende, traubige Blütenstände. Sie weisen einen intensiven Geruch auf. Die Frucht ist eine längliche, rote Beere mit saurem Geschmack. Die Berberitze ist Zwischenwirt des für Getreide schädlichen Schwarzrostes (Puccinia graminis). Im Rahmen der "Erzeugungsschlacht" des 3. Reiches gab es einen Erlass, der vorschrieb, überall die Berberitze zu beseitigen. Deshalb ist der Strauch in manchen Gegenden selten geworden oder sogar ganz verschwunden. Heute ist der Schwarzrost durch Einsatz von Fungiziden kein Problem mehr.

Der Strauch wächst zerstreut in Hecken und Gebüschen auf sommerwarmen, trockenen bis mäßig frischen, meist kalkhaltigen Böden.

Die durch Fruchtsäuren und Ascorbinsäure (Vitamin C) säuerlich schmeckende Frucht enthält keine Alkaloide und ist deshalb genießbar. Sie eignet sich sehr gut zur Herstellung von Gsälz (Marmelade) und Saftgetränken. Die bei Überdosierung giftige, alkaloidhaltige (Berberidin) Wurzelrinde wurde früher bei Leber-Galle-Beschwerden angewandt. Das Holz, die Rinde und Wurzeln enthalten einen gelben Farbstoff, der früher zum Gelbfärben benutzt wurde, worauf die schwäbischen Namen Farbholz oder Gel(b)holz zurückgehen. Die weiteren schwäbischen Namen beziehen sich auf die Gestalt der Beeren (Spitzberle) oder auf deren sauren Geschmack (Suerberle, Essigträuble, Hagsauerich).

Foto: Peter Banzhaf

Abb:
Berberitze mit Blütenständen

Foto: Peter Banzhaf

Abb:
Berberitze mit Früchten

Besenginster – Cytisus scoparius, früher: Sarothamnus scoparius

Der Besenginster (Familie der Schmetterlingsblütler, Fabaceae, früher Papilionaceae) ist ein Strauch mit immergrünen, rutenförmigen Zweigen. Die oben ungeteilten, unten dreiteiligen Blättchen sind hinfällig. Die ziemlich großen, 2–2,5 cm langen gelben Schmetterlingsblüten stehen einzeln oder zu zweit blattachselständig im oberen Teil der Zweige. Die Frucht ist eine zusammengedrückte Hülse mit zahlreichen schwarzen Samen. Der Strauch ist frostempfindlich.

In Silikatgebieten mit wintermildem Klima ist der Besenginster häufig und gesellig in Silikat-Magerweiden, in Waldschlägen und an Waldrändern auf nährstoffarmen sauren Böden anzutreffen. An seinen Wuchsorten überzieht er zur Blütezeit Waldränder und Hänge mit dem leuchtenden Gold seiner Blüten.

Die getrockneten oberen Zweigteile und Blüten wurden früher in der Volksheilkunde ihres Alkaloid-, Flavonoid- und Cumaringehaltes wegen bei funktionalen Herz- und Kreislaufbeschwerden, bei niedrigem Blutdruck und venösen Erkrankungen angewandt. Wegen Giftigkeit, vor allem der Samen wird heute von der Anwendung abgeraten. Die getrockneten Blüten erscheinen hin und wieder als Schmuckdroge in Teemischungen.

Der Name Besenginster oder volkstümlich Besekraut und Becke(n)bese geht darauf zurück, dass die biegsamen Zweige zu Besen gebunden werden. Den Namen Brandholz verdankt der Strauch der Tatsache, dass er durch Brand gefördert wird, da die Samen erst nach einer gewissen Hitzeeinwirkung keimen. Weitere Volksnamen sind Pfriem oder Ramse. Mit den Blüten stehen in Zusammenhang die Namen Herrgottsschü(h)le oder Goldschü(h)le, Pfingstblü(e)t (Blütezeit um Pfingsten) und Ramselblu(e)st (Blust = Blüte, Blütezeit, reichliche Blüte).

Kleine Bibernelle – Pimpinella saxifraga

Die bis 50 cm hoch werdende, ausdauernde Pflanze aus der Familie der Doldenblütler (Apiaceae, früher Umbelliferae) besitzt einen runden, feingerillten, oben fast blattlosen Stängel. Die grundständigen, graugrünen und matten Blätter sind einfach gefiedert mit bis 1,5 cm langen eiförmig-stumpfen, sitzenden Fiederblättchen. Die 8–15 strahligen Dolden mit den weißen Blüten haben weder Hüllen noch Hüllchen. Die Kleine Bibernelle kommt häufig in sonnigen Magerwiesen und -weiden auf sommerwarmen, mäßig trockenen, meist kalkhaltigen Böden vor.
Als Droge werden die Wurzeln der Pflanze verwendet. Sie enthält vor allem ätherische Öle, aber auch Cumarine und Gerbstoffe. Die Nutzung erfolgt als Tee oder als alkoholischer Auszug (Tinktur). Sie werden angewandt bei Katarrhen der oberen Atemwege und bei Heiserkeit, als Gurgelwasser bei Entzündungen im Mund- und Rachenbereich. In der Volksheilkunde dient die Droge als harntreibendes Mittel sowie als Mittel bei Verdauungsstörungen.

Der Name Bibernelle wird bei Gärtnern und Kräutersammlern nicht für diese Art sondern für den Kleinen Wiesenknopf (Sanguisorba minor) verwendet. Im Schwäbischen leitet sich eine Reihe von Namen vom lateinischen Pimpinella ab wie Pimpinell, Pimpernell, Bimbernell, Bimmernell und Bumbernell. Auf die Blattgestalt bezieht sich der Name Geißleiterle, der auch für andere Pflanzen mit entsprechenden Blättern gilt. Im Vergleich mit Kümmel und Petersilie gibt es die Namen Wilder Kemmich oder Rosskemmich und Wilder Peterling.

Schwarzes Bilsenkraut – Hyoscyamus niger

Die Pflanze aus der Familie der Nachtschattengewächsen (Solanaceae) ist ein- bis zweijährig, klebrig zottig behaart mit widerlichem Geruch. Sie wird 80 cm hoch. Der Stängel ist einfach oder verzweigt. Die zahlreichen Blätter sind mattgrün und buchtig gezähnt. Die Blüten sitzen in einseitswendigen Wickeln. Die Blütenkrone ist 1,5–2,5 cm breit, weit glockenförmig, undeutlich zweilippig, schmutzig gelb, im Schlund und auf den Adern violett. Die Frucht ist eine eiförmige Kapsel, die mit einem Deckel aufspringt.

Das Schwarze Bilsenkraut wächst in Wärme- und Trockengebieten selten und unbeständig in Unkrautgesellschaften an Müllplätzen, an Wegen und Mauern auf sehr stickstoffhaltigen mehr oder weniger trockenen Böden. Die Pflanze geht allgemein zurück.

Die ganze Pflanze, insbesondere die Wurzeln und Samen sind hochgiftig durch ihren Gehalt an Alkaloiden (Hyoscyamin, Atropin, Scopolamin) und ist als Giftpflanze seit dem Altertum bekannt. Verwendet wurden früher die getrockneten Blätter als Droge zu Einreibungen bei rheumatischen und Nervenschmerzen, bei Bronchialasthma und Koliken, bei Zahnschmerzen und als Narkosemittel. Wegen der Nebenwirkungen (Aufregungs- und Erschöpfungszustände mit Bewusstlosigkeit, tiefer Schlaf bis zur Lähmung des Atemzentrums) wird das Bilsenkraut heute überhaupt nicht mehr angewandt oder nur in Fertigarzneimitteln, die normiert und auf einen bestimmten Alkaloidgehalt eingestellt sind.

Die gemahlenen Bilsenkrautsamen waren im Mittelalter ein wesentlicher Bestandteil der Hexensalbe. Diese wurde auf die Arme aufgetragen und führte zu Halluzinationen mit Flugerlebnissen, was man den Hexen als wirklich erlebt vorwarf. Auch die Bierbrauer bedienten sich damals der Droge, um ihr Getränk berauschender zu machen. Diese Verwendung wurde aber bald der Nebenwirkung wegen verboten. Die Droge spielte zu dieser Zeit auch als Zaubermittel eine wichtige Rolle.

Einige volkstümliche Namen sind von Bilsenkraut abgeleitet wie Bilsemkraut oder einfach Bilsem und für die Samen Bilsemsamen und Bilsemkörner. Auf die berauschende Wirkung geht der Name Dull(o)kraut (Dull(o) = Rausch) zurück. Der Name Zigeunerkraut soll daher kommen, dass das Bilsenkraut das Kraut der fahrenden Leute war, mit dem sie allerlei Zauberei ausführten. Es kann aber auch sein, dass der Name vom unbeständigen Auftreten der Pflanze, wie bei dem fahrenden Volk selbst, herkommt.

Wald-Bingelkraut – Mercurialis perennis

Das Wald-Bingelkraut ist eine ausdauernde, zweihäusige (weibliche und männliche Blüten auf verschiedenen Pflanzen), zu der Familie der Wolfsmilchgewächse (Euphorbiaceae) gehörende Pflanze. Der Stängel ist unten gerundet, oben kantig und nicht verzweigt. Die Blätter sind deutlich gestielt, länglich-lanzettlich, stumpf gesägt und in der oberen Stängelhälfte gehäuft. Die Blüten sind klein, grünlich und stehen in lang gestielten, blattachselständigen Scheinähren. Die Pflanze besitzt unterirdische Ausläufer, mit denen sie sich stark ausbreiten und größere Flecken bilden kann. Die Pflanze wächst häufig und gesellig in Laub- und Nadelwäldern auf frischen, nährstoff- und basenreichen, oft kalkhaltigen und steinigen, humosen Lehmböden.

Die Pflanze enthält vor allem Saponine und Falvonoide. Als Arzneipflanze war sie schon den Ärzten des 4. und 5. Jahrhunderts v. Chr. bekannt und wurde als abführende und harntreibende Droge eingesetzt. Auch in der Volksheilkunde wurde sie früher zu den gleichen Zwecken eingesetzt. Heute ist man wegen möglichen Giftwirkungen von dieser Nutzung abgekommen. Das Wald-Bingelkraut stand im Ruf, die Erzeugung von männlichen Nachkommenschaft zu begünstigen. Darauf könnte vielleicht der schwäbische Name Waldmanne zurückgehen. Der lateinische Gattungsname Mercurialis wurde nach dem Gott Merkur benannt, weil dieser der Sage nach die Heilwirkung der Pflanze entdeckt haben soll.

Foto: Verena Mueller

Zweiblättriger Blaustern – Scilla bifolia

Der zweiblättrige Blaustern ist eine 10–20 cm hoch werdende Zwiebelpflanze, die früher zu den Liliengewächsen (Familie Liliaceae) gestellt wurde und heute mit Spargel, Maiglöckchen, Hasenglöckchen, Traubenhyazinthen, Milchstern- und Weißwurz-Arten in der Familie der Spargelgewächse (Asperagaceae) zusammengefasst wird. Aus der Zwiebel sprießen im März bis April zwei sattgrüne, mit den Blüten erscheinende Blätter, die am Ende kapuzenförmig auslaufen. Der schlanke Blütenstiel trägt in lockerer Traube 2–12 sternförmig ausgebreitete, himmelblaue Blüten. Der Zweiblättrige Blaustern ist besonders geschützt und darf deshalb weder gepflückt noch ausgegraben werden. Er kommt zerstreut aber gesellig in Auenwäldern, in Kleebwäldern, in frischen Laubmisch- und Buchenwäldern auf mindestens im Frühjahr frischen, nährstoffreichen Böden vor. Die Pflanze, so insbesonders Zwiebel und Samen, ist durch herzwirksame Stoffe giftig. Der Saft kann bei empfindlichen Personen Hautreizungen hervorrufen.

Auf die Blütezeit, meist schon im März, beziehen sich die schwäbischen Namen Märzebleamle, Blaue Fastebluem oder Fürwitzle (Fürwitz früher Vorwitz), wobei letzter Name auch für andere früh blühende Pflanzen verwendet wird wie z.B. beim Fürwitz-Strauch (= Kornelkirsche oder Dirlitze, Cornus mas). Durch das Riechen an der Blüte sollen Rossmucken (Sommersprossen) verursacht werden. Vermutlich geht diese Bezeichnung aber darauf zurück, dass zur Blütezeit des Blausterns die Sonnenstrahlen wieder stärker wirken und bei empfindlichen Personen die pigmentierten Hautflecken (Sommersprossen) hervorrufen.

Blutwurz, Tormentill – Potentilla erecta, früher: Tormentilla erecta

Das bis 30 cm hoch werdende, ausdauernde Rosengewächs (Familie Rosaceae) besitzt einen walzenförmigen, gekrümmten Wurzelstock, der außen schwarzbraun, innen beim Anschnitt rot ist. Der Stängel ist aufsteigend, die Blätter an ihm mehr oder weniger sitzend. Die 3 Teilblättchen sind lineal-lanzettlich, wie die großen Nebenblätter tief und grob gezähnt. Durch die Nebenblätter scheinen die Blätter 5-zählig zu sein. Im Gegensatz zu anderen Fingerkrautarten besitzen die 7–11 mm breiten gelben Blüten der Blutwurz nur 4 und nicht 5 Kronblätter.

Die Blutwurz kommt ziemlich häufig in sauren Magerrasen, in Zwergstrauch-Heiden und Moorwiesen auf mehr oder weniger sauren, nährstoffarmen, humosen Lehm- und Tonböden, aber auch auf Torf vor (Magerkeits- und Versauerungs-Anzeiger).

Die Blutwurz ist eine alte Heilpflanze. Ihren Namen verdankt die auch als Rotwurzel bezeichnete Pflanze dem Wurzelstock, der bei Beschädigung rot erscheint. Gemäß der Signaturenlehre (die äußerlichen Eigenschaften, besonders Form und Farbe von Pflanzen zeigen an, welche Arzneiwirkung von Natur aus in ihnen steckt) wurde sie bei blutenden Wunden angewandt. Der schwäbische Name Adder- oder Atterwurzel (Adder = Natter, Otter oder einfach Schlange) geht auf den schlangenartig gekrümmten Wurzelstock zurück, weshalb dieser gemäß der Signaturenlehre (siehe oben) auch Bisse von Schlangen heilen sollte. Als Kreuzblü(e)mle wird die Pflanze wegen ihrer vier kreuzweise gestellten Kronblätter genannt. Wegen des hohen Gerbstoffgehalts des Wurzelstocks wurde dieser bei Durchfallerkrankungen als Stopfmittel angewandt, daher der Name Bauchweh- oder Scheißwurz. Bei der Tormentilltinktur (Tinktur = alkoholischer Auszug) wird ebenfalls der hohe Gerbstoffgehalt des Wurzelstocks genutzt; die Tinktur wird bei leichten Schleimhautentzündungen im Mund und Rachenraum verwendet. Schwäbische Namen wie Dorm(e)dill, Turredin, Dormädäll(e) oder Dilldapp sind vom alten Namen Tormentill abgeleitet.

Foto: Verena Mueller

Wiesen-Bocksbart – Tragopogon pratensis

Der Name der bis 70 cm hoch werdenden Pflanze (Familie der Korbblütler, Asteraceae, früher Compositae), die in Wiesen eine auffällige Erscheinung ist, stellt eine wörtliche Übersetzung des schon im klassischen Altertum verwendeten Namens dar. Er leitet sich vom griechischen trágos = Bock und pógon = Bart ab, und bezieht sich auf den bartähnlichen geschlossenen Fruchtstand. Dagegen sind die schwäbischen Bezeichnungen Wolfsbart, Schnauzbart, Judabart, Wiesabart jüngeren Datums.

Eine besondere Zierde der Wiesen in Süddeutschland sind zur Blütezeit des Östlichen oder Gold-Wiesen-Bocksbart dessen große, goldgelben Blütenköpfe (Dukatenblum) mit ihren zahlreichen Zungenblüten. Oft werden diese verglichen mit Sternen (Morgastern, Sternablum) oder mit der Sonne und werden wie der Löwenzahn als Sonneblum oder Sonnawirbele bezeichnet. Auf das eigenartige Verhalten der Blütenköpfe, dass sie sich schon um die Mittagszeit schließen, geht der Name Vormiddagsblum zurück. Auch wenn der Wiesen-Bocksbart keine Frühjahrspflanze im eigentlichen Sinn ist (Hauptblütezeit Mai - Juli) wird er doch mit dem Kuckuck (Gauch) als Frühlingsbote in Verbindung gebracht: Guckigauch, Guckigei, Gugelgau, Gugelgaich.

Der markige Stängel und die Blüten enthalten einen süßlichen Milchsaft ohne Bitterstoff, die deshalb von Kindern gekaut wurden: Süßling, Süßele, Zuckerblum, Süßampfer (im Gegensatz zum Sauerampfer), Habermark, Habermauch oder Haberwurz; die besonders süßen Blütenknospen wurden als Mauchet benamst. Rein auf Milchsaft bezogen sind die Namen Melcher, Milchblum (wie beim Löwenzahn), Milchsupp, Schmerbeutel.

Wunderschön anzuschauen ist der geöffnete, kugelige, aus zahlreichen Einzelfrüchten bestehende Fruchtstand. Die Einzelfrüchte besitzen einen gestielten Fallschirm mit federig behaarten Borsten, die untereinander spinnwebartig verflochten sind. Der Fruchtstand erhielt die Namen Pfaffaschäpple (Schäpple = Mütze) oder Märestrehl (Mähre = Mädchen, Strehl = Kamm).

Schon im klassischen Altertum wurde der Wiesen-Bocksbart als Gemüse genutzt. Die dünnen Pfahlwurzeln wurden auch bei uns wie Schwarzwurzeln verwendet (Spatzawurzel); die blähende Wirkung wie bei den Schwarzwurzeln trugen dem Wiesen-Bocksbart den Namen Bock(p)farze ein. Die gerösteten Wurzeln dienten als Kaffeeersatz wie die Zichorienwurzel, die Blätter als Salat. Die jungen Schösslinge wurden als Spargel gegessen (Wildspargel, Spatzaspargel).

Abb.:
Gold-Wiesen-Bocksbart, Blüten

Abb.:
Gold-Wiesen-Bocksbart, Fruchtstand

Acker-Bohne – Vicia faba

Die zu den Schmetterlingsblütlern (Familie Fabaceae, früher Papilionaceae) gehörende Pflanze ist einjährig. Der unverzweigte kahle Stängel wird 50–150 cm hoch. Die fleischigen, blaugrünen Blätter sind paarig gefiedert mit nur 2–3 Fiederpaaren und ohne Ranken. Die verhältnismäßig großen, weißen Blüten mit dunkelviolettem Flügelfleck stehen zu 2–6 in den Blattwinkeln. Die 8–12 cm langen und 1–2 cm dicken Schoten enthalten 2–6 große Samen. Die aus dem Mittelmeerraum stammende Acker-Bohne war bis ins 17. Jahrhundert ein wichtiges Nahrungsmittel, bis sie durch die aus Amerika stammende Garten-Bohne (Phaseolus vulgaris) verdrängt wurde. Die in verschiedenen Sorten angebaute Acker-Bohne verwildert selten. Im Gegensatz zu der Garten-Bohne wird sie im Schwäbischen als Sau- oder Rossbohne bezeichnet.

Feuer-Bohne – Phaseolus coccineus
Garten-Bohne – Phaseolus vulgaris

Bei beiden Bohnenarten handelt es sich um Hülsenfrüchtler, die aus Mittel- und Südamerika stammen. Die zu den Schmetterlingsblütlern (Familie Fabaceae, früher Paplionaceae) gehörenden Bohnen sind Linkswinder und können sich 3–4 m hochwinden. Die Blüten der Garten-Bohne (Gegensatz Acker-Bohne, Vicia faba) sind weiß und werden nicht nur als Gemüse sondern auch auch als Zierpflanzen kultiviert. Von beiden Bohnenarten gibt es viele Sorten.

Beide Bohnenarten enthalten in den Hülsen und unreifen Samen giftige Eiweißstoffe, die immer wieder zu Vergiftungen Anlass geben. Erst durch längeres Kochen werden diese Eiweißstoffe unwirksam, nicht aber durch Trocknen.

Nach ihrem Wuchs an Stangen werden im Schwäbischen beide Bohnenarten als Stecke(n)bon, Adlerbon oder Stangebon, nach ihrer Herkunft als Welschbon bezeichnet. Da die Bohnenkerne blähend wirken, erhielten sie Namen wie Furzpilla, Donnerkraut oder Musikant. Von der Garten-Bohne gibt es eine Sorte mit nur schwachen Fäden an den Hülsen und deswegen Namen wie Jungfernbon oder Faule-Weiber-Bon tragen. Eine andere Sorte der Garten-Bohne klettert nicht, sondern bleibt buschig (Busch-Bohne), weshalb sie schwäbisch als Hockerle bezeichnet wird.

Abb.:
Acker-Bohne, Blüten, links oben
Feuer-Bohne, links unten

Abb.:
Acker-Bohne, Früchte, rechts oben
Garten-Bohne, rechts unten

Knotige Braunwurz – Scrophularia nodosa

Die ausdauernde, bis 100 cm hoch werdende, nur im Blütenstand drüsig behaarte, sonst kahle Pflanze aus der Familie der Rachenblütler (Scophulariaceae) besitzt knotig verdickte Wurzeln. Der Stängel ist vierkantig und nicht geflügelt. Die Blätter sind ei-länglich und scharf gesägt. Die kleinen, 7–9 mm langen, unscheinbaren, braunroten Blüten stehen in lockeren, rispenartigen Blütenständen. Sie weisen eine bauchige Röhre und einen zweilippigen Saum auf.

Die Knotige Braunwurz wächst verbreitet in Laub- und Nadelmischwäldern sowie in Waldschlägen und an Waldwegrändern auf sickerfrischen oder grundfeuchten, nährstoffreichen Böden (Frische- und Nährstoff-Anzeiger). Die Pflanze besitzt Flavonoide, Zimtsäurederivate, Iridoide und in Spuren Alkaloide. Sie wird in der Volksheilkunde gelegentlich äußerlich bei Hautleiden, Lymphdrüsenschwellungen und Ekzemen angewandt.

Der Name Knotig Braunwurz geht auf den knotig verdickten Wurzelstock (schwäbisch Knotewurz) und die braunen Blüten zurück. Weitere volkstümliche Namen sind Stinkkraut (wegen des unangenehmen Geruchs), Krätzwurz (wurde früher gegen die Krätze angewandt), Allerweltsheilkraut (wie für andere für unterschiedliche Gebrechen verwendeten Pflanzen), Brauner Nachtschatten (Farbe der Blüten und angenommene Giftigkeit) und Hexekraut.

Große Brennnessel – Urtica dioica

Die aufrechten Stängel der Großen Brennnessel (Familie der Brennnesselgewächse, Urticaceae) werden bis 150 cm hoch, sind 4-kantig und besitzen lange Bastfasern, die früher zu Nesselgewebe verarbeitet wurden (daher der Name Nessel). Die ausdauernde, zweihäusige (weibliche und männliche Blüten auf getrennten Exemplaren) Pflanze hat Wurzelausläufer (Wurzelkriechpionier) und zahlreiche Brenn- und Borstenhaare. Die gegenständigen, länglich eiförmigen, gestielten Blätter sind grob gesägt, am Grunde herzförmig, am Ende zugespitzt. Die blattachselständigen, rispenartigen weiblichen bzw. männlichen Blütenstände sind länger als die benachbarten Blattstiele.

Überall wo der Boden nicht zu trocken und nährstoffreich ist, kann die Große Brennnessel wachsen, so verbreitet an Wegen und Schuttplätzen, besonders im Umkreis von Siedlungen, an Gräben und Zäunen, in Auenwäldern und Waldsäumen, in überdüngten Streuobstwiesen.

Die Große Brennnessel als Heilpflanze war schon den alten Griechen bekannt. Dioskurides (griechischer Arzt des 1. Jahrhunderts n. Chr.) wies besonders auf die harntreibende und blutreinigende Wirkung des Brennnesselkrautes hin. Die Kräuterbücher des 16. Jahrhunderts beschrieben sie hauptsächlich als Mittel gegen die Wassersucht. Dank zahlreicher Inhaltsstoffe des Brennnesselkrautes und der Wurzeln (Flavonoide, organische Säuren, Serotonin, Histamine, ätherische Öle, Vitamin C, Vitamin B-Komplex und K, Steroide, Proteine und weitere Stoffe) erfreut sie sich auch heute noch medizinischer Beachtung. So wird sie zur unterstützenden Behandlung bei rheumatischen Beschwerden, zur Durchspülungstherapie bei Entzündungen der ableitenden Harnwege, zur Vorbeugung und Behandlung von Nierengries und -steinen verwendet. Auch in der Volksmedizin ist die Große Brennnessel ein geschätztes Heilmittel. Sie wird angewandt als blutreinigendes Mittel, bei Arthritis, Gicht, Rheuma, Diabetes, äußerlich zur Wundbehandlung, zur Blutstillung, bei Fisteln und Furunkeln, kosmetisch bei fettigem Haar und Schuppen, als haarwuchs-förderndes Mittel.

Aber nicht nur als Heil- sondern auch als Nutzpflanze genoss die Große Brennnessel hohes Ansehen. Der Name Nessel für ein Gewebe aus Bastfasern gab der Pflanze den Namen. Die jungen Pflanzen sind noch ohne Brennwirkung und können als Salat oder Gemüse genossen werden.

Diese sind auch ein hochwertiges Grünfutter für junge Gänse, worauf die schwäbischen Namen wie Ga(n)s-gras oder Gä(n)skraut zurückgehen. Schließlich ist noch die Brennnes-seljauche (vergorenes, in Wasser an-gesetztes Brennnesselkraut) zu er-wähnen, die im Garten zur Stärkung der Pflanzen angewandt wird.
Weitere schwäbische Namen sind: Nessle und davon abgeleitet Ess-le, Brennnech(e)sler, Sengnessel (von sengen = brennen, stechen) und davon abgeleitet Zeng(n)es-sel, Zink(n)essel, Zim(n)essel und schließliche noch Seichnessel we-gen der stickstoffreichen, d.h. mit Seich (= Gülle) gedüngten Wuchsor-te, z.B. Streuobstwiesen.

Foto: Verena Mueller

Kleine Brennnessel – Urtica urens

Die Kleine Brennnessel (Familie der Nesselgewächse, Urticaceae) wird nicht so hoch wie die Große Brennnessel (Urtica dioica) und erreicht im besten Fall eine Höhe von 60 cm, meistens bleibt sie aber deutlich darunter. Die Pflanze ist einjährig und einhäusig, d.h. die Blütenrispen besitzen weibliche und männliche Blüten. Die Blütenrispen sind kürzer als die Blattstiele. Die Blätter sind eiförmig, gesägt und haben Brennhaare. Die Pflanze kam zerstreut in Unkrautfluren von Schuttplätzen, in stark gedüngten Gärten, Weinbergen und Gemüsekulturen vor allem in Dörfern oder deren Umkreis auf frischen, sehr stickstoffreichen (ammoniakalischen) Böden vor. Sie ist überall ziemlich zurückgegangen und vielfach schon ausgesprochen selten geworden.

Volkstümliche Namen sind Eiternessel (wegen der Blasenbildung durch die Brennhaare; der Name wird auch für eine zänkische Frau verwendet) und in Abwandlung dazu Heiter- oder Hadernessel sowie Habernessel.

Abb:
Kleine Brennnessel aus dem Herbarium von Theo Müller

Brombeeren – Rubus fructicosus agg.

Die Brombeere ist eine vielgestaltige Sammelart bei der nach heutigem Kenntnisstand rund 300 ökologisch spezialisierte Sippen unterschieden werden, z.B. **Samt-Brombeere** (**Rubus vestitus**). Ihre Hauptverbreitung ist in Gebüschen und Hecken, an Waldrändern oder auf Waldschlägen und Sturmwürfen, als Pioniergehölz in Rasenbrachen, in Steinbrüchen, an Böschungen und Dämmen. Mit Ausnahme von sehr trockenen und extrem nährstoffarmen oder auf überschwemmten Standorten kommen die Brombeeren sonst überall auf mehr oder weniger nährstoffreichen, meist kalkarmen Böden, bevorzugt in luftfeuchter und wintermilder Klimalage vor.

Die Brombeeren (Familie der Rosengewächse, Rosaceae) bilden 2 m hohe Sträucher. Sie treiben im 1. Jahr sterile Sprosse (Schößlinge oder Langsprosse), die im 2. Jahr Blütenstände tragen und nach dem Fruchten absterben. Die Sprosse und auch die Blätter tragen zurückgebogene Stacheln, mit deren Hilfe sie sich an anderen Stäuchern hochhakeln können (Spreizklimmer). Die Blätter sind geteilt mit meist 3 oder 5, selten 7 Teilblättern, die unterseits grün oder grau-weißlich behaart und am Rand einfach oder doppelt gesägt sind. Die traubigen Blütenstände stehen blattachselständig. Die Blüten mit weißen oder rosa Kronblättern sind 5-zählig und länger als die Kelchblätter. Die bei der Reife bläulich bis schwarzen Sammelfrüchte weisen zahlreiche Steinfrüchte auf.

Die Blätter enthalten Gerbstoffe, Flavonoide und Fruchtsäuren, darunter Zitronensäure.

Die getrockneten Blätter wurden schon im Altertum und auch heute noch als Tee bei leichten Durchfallerkrankungen, zum Gurgeln bei Entzündungen im Mund- und Rachenraum, äußerlich auch zu Waschungen bei Hauterkrankungen angewendet. Wegen des angenehmen Geschmacks des Tees finden sich Brombeerblätter in vielen Teemischungen. Die fermentierten Brombeerblätter wie auch Himbeerblätter erinnern im Geschmack an Schwarzen Tee und werden auch als dessen koffeinfreien Ersatz verwendet.

Die sehr schmackhaften Sammelfrüchte enthalten viel Zucker, Fruchtsäuren und Aromastoffe. Sie wurden schon von den Steinzeitmenschen gesammelt und verzehrt. Auch heute noch erfreuen sich die Brombeeren als Frischobst, als Gsälz (Marmelade), als Saft oder Beerenwein großer Beliebtheit. Erst seit dem 16. Jahrhundert werden durch

Abb:
Samt-Brombeere, Blüten

Abb:
Brombeere, Früchte

Auslese, auch unter Einkreuzung amerikanischer Arten gewonnene Kultursorten in Gärten angebaut.

Der deutsche Name Brombeere geht auf das mittelhochdeutsche brāme = allgemein für Dornstrauch, zurück. Von Brombeere leitet sich deren schwäbische Kurzbezeichnung Brommel ab. Wenig ästhetisch sind die volkstümlichen Namen für die Sammelfrucht im Vergleich zu gewissen Tierexkrementen wie Hirschbolle, Gaulsbeer oder Rossbolle.

Christophskraut – Actae spicata

Die krautige, ausdauernde Pflanze aus der Familie der Hahnenfußgewächse (Ranunculaceae) wird 30–60 cm hoch. Die Blätter sind lang gestielt, doppelt 3-zählig gefiedert und am Rande gesägt. Die gelblich-weißen Blüten stehen in dicht gedrängten, endständigen Trauben. Die Früchte sind erbsengroße, glänzend schwarze Beeren (einziges Hahnenfußgewächs mit Beeren).
Das Christophskraut wächst in Steinschutt-Wäldern (Linden-Ahorn-) und in Waldgersten-Buchen-Wäldern der Berglagen auf frischen, nährstoff- und basenreichen, meist kalkhaltigen, oft steinigen, humosen Böden.
Schwäbische Namen sind zunächst vom Christophskraut abgeleitet wie Kristoffeleskr(a)ut oder auch Stoffele(in)skraut. Der Name Christophskraut selbst geht auf die frühere Verwendung des Krautes gegen die Pest zurück. Der Schutzheilige gegen die Pest ist der heilige Christophorus. Dieser ist aber zugleich Patron der Zauberer, worauf der Name Hexekraut zurückzuführen ist. Die etwas giftigen Beeren verursachen Übelkeit und Erbrechen, weshalb die Pflanze auch als Teufelsbeer benannt wird. Schließlich gab die schwarze Wurzel Anlass für den Namen Schwarz-Anna-Kraut.

Abb:
Christophskraut, Blüten

Fotos: Wolfgang Herter

Dinkel, Spelz – Triticum spelta

Der Dinkel ist eine Weizenart, die bis 140 cm hoch wird. Die 1,2–1,8 cm breiten, graugrünen Blätter besitzen wie bei allen Weizenarten an ihrem Grunde lange und bewimperte Öhrchen. Zur Fruchtreife wird der Dinkel rötlich, worauf der schwäbische Name Rotkorn zurückgeht. Im Gegensatz zum Saat-Weizen (Triticum aestivum) ist die Frucht von den Spelzen fest umschlossen. Beim Dreschen zerfällt die bis 10 cm lange, mehr oder weniger 4-kantige Ähre in die einzelnen Ährchen, die mit einem Teil der Ährenspindel verwachsen sind. Dabei bleibt das Korn in den Spelzen. Vor dem Mahlen muss das Korn zunächst in einem sogenannten Gerbgang von den Spelzen befreit werden. Der ungegerbte Dinkel wird im Schwäbischen als Fesen, Fäsen oder Vesen, die beim Gerben anfallende Streu als Spreuer bezeichnet. Früher und heute auch wieder dient der Spreuer als Füllung für Matrazen und Kissen (Spreuersack, Spreuerkissen). Grün geernteter und gedörrter (gedarrter) Dinkel ergibt das Grünkernmehl bzw. der Grünkerngries. Das reife Korn liefert ein feines weißes Mehl, das sich besonders für Mehlspeisen wie z.B. Spätzle oder Knöpfle eignet.

Das Hauptanbaugebiet des Dinkels ist der schwäbisch-alemannische Raum, in dem er als Wintergetreide (schwäbisch Winterkorn) auf mehr oder weniger trockenen, kalkhaltigen Böden (vorzugsweise über Muschelkalk und Jura) angebaut wird. Er wurde schon seit der Bronzezeit als winterfestes und wenig klimaempfindliches Getreide kultiviert. Noch im 19. Jahrhundert war er im schwäbisch-alemannischen Gebiet die Hauptgetreideart, weshalb er hier einfach als Korn oder Kern, auch als Schwabekorn bezeichnet wurde. Im 20. Jahrhundert ging der Anbau des Dinkels zu Gunsten des ertragreicheren Saat-Weizens zurück. Neuerdings wird der anspruchslose und gegen Krankheiten weniger anfällige Dinkel wieder vermehrt angebaut.

Foto: Walter Wahl

Disteln – Carduus spec., Kratzdisteln – Cirsium spec.

Der schwäbische Volksmund unterscheidet nicht zwischen Disteln (Carduus spec. mit haarig entwickeltem, an der Frucht bleibendem Kelch (Pappus) mit einfachen Haaren, siehe Abb. A) und den Kratzdisteln (Cirsium spec, Pappus mit federigen Haaren, siehe Abb. B). Das gleiche gilt für die meisten Arten, weshalb nur wenige einen volkstümlichen Namen tragen. Meistens werden die Disteln im Volksmund verächtlich als Hunds-, Sau- oder Wolfsdisteln bezeichnet. Das Verhältnis des Menschen zu den Disteln ist zwiespältig. Einerseits sollen die Pflanzen mit ihren dornigen Blättern Schutz gewähren gegen Feinde und Dämonen; so fanden sie auch Eingang in manche Wappen. Andererseits genießen die Disteln ebenso wie die Brennnesseln einen schlechten Ruf. Die Abneigung ist mindestens so alt wie die Bibel, denn bei der Vertreibung des Menschen aus dem Paradies heißt es: »Verflucht sei der Acker um deinetwillen. Mit Mühe sollst du dich von ihm nähren ein Leben lang. Dornen und Disteln soll er dir tragen, und du sollst das Kraut auf dem Felde essen.« (1. Mose 3, 17–18). Diese Beurteilung ist aber ungerechtfertigt. Unter den ausdauernden Distelarten ist nur die **Acker-Kratzdistel (Cirsium arvense,** siehe S. 70) ein lästiges Unkraut. Unter den zweijährigen Disteln (im ersten Jahr wird eine Blattrosette gebildet, im zweiten Jahr wächst der Stängel mit den Blütenköpfen, nach der Fruchtreife stirbt die Pflanze ab) gibt es sehr aparte Arten wie z.B. die **Wollige Kratzdistel (Cirsium eriophorum)**, bei der nicht nur die großen Blütenköpfe mit den purpurnen Röhrenblüten bildschön, sondern auch die Blattrosetten formvollendet sind, oder die **Nickende Distel (Carduus nutans)**, mit ihren reizvollen Blütenköpfen aus purpurnen Röhrenblüten. Diese und andere zweijährige Distelarten wachsen meist in Unkrautgesellschaften an Wegen und Schuttplätzen, an ruderal beeinflussten, mehr oder weniger stickstoffreichen Stellen. Sie blühen meistens spät im Juli bis September und sind für zahlreiche Insekten, darunter viele Schmetterlinge eine wichtige Nahrungsquelle. Für den Landwirt stellen sie kein Problem dar, da bei der Ackerbearbeitung eventuell vorhandene Rosetten vernichtet werden.

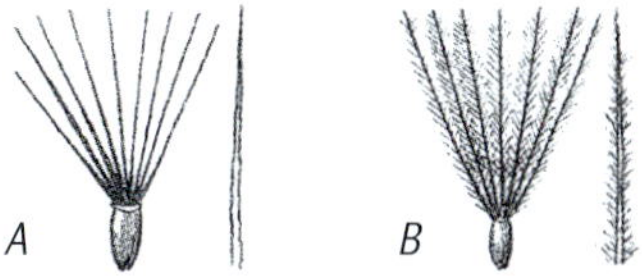

A: Samen und Pappus (siehe Text) der Disteln (Carduus-Arten) mit einfachen Haaren

B: Samen und Pappus der Kratzdisteln (Cirisium-Arten) mit federigen Haaren

Foto: Peter Banzhaf

Abb.:
Gewöhnliche Kratzdistel, links oben
Wollige Kratzdistel, links unten

Abb.:
Nickende Distel, rechts unten

› Disteln – Carduus spec., Kratzdisteln – Cirsium spec.

Neben der Acker-Kratzdistel (siehe dort) haben nur noch 3 weitere ausdauernde Distelarten besondere volkstümliche Namen:

Kohl-Kratzdistel (Cirsium oleraceum), eine Distelart mit weichen, kaum stechenden Blättern und bis 4 cm langen Blütenköpfen aus blassgelben Röhrenblüten. Sie wächst verbreitet in mäßig feuchten Glatthafer- und Goldhafer-Wiesen, vor allem in Feuchtwiesen und nassen Staudenfluren auf sicker- und staufeuchten bis -nassen, nährstoff- und basenreichen Böden. Nach ihren Wuchsorten wird sie volkstümlich als Wasserschertel, nach ihrer Blütenfarbe als Gel(b)distel bezeichnet. Die jungen Blätter und Sprosse sowie die Köpfchenböden wurden und werden gelegentlich auch heute noch als Salat oder kohlartiges Gemüse verzehrt. Darauf beziehen sich die Namen Kohl-Kratzdistel und die volkstümlichen Wiesenkohl oder Musdistel (Mus = Gemüse).

Die **Bach-Kratzdistel (Cirsium rivulare)** besiedelt entsprechende Standorte wie die Kohl-Kratzdistel, ihr Vorkommen ist aber beschränkter (im Wesentlichen Oberschwaben und Schwäbische Alb). Die 3–4 endständig am Stängel stehenden Blütenköpfe bestehen aus purpurnen Röhrenblüten. Wegen ihrer dicken Blütenknospen trägt die Pflanze wie die Flockenblumen (siehe dort) den volkstümlichen Namen Trommelschlegel.

Als einzige Kratzdistelart besitzt die **Knollige Kratzdistel (Cirsium tuberosum)** einen knollig verdickten Wurzelstock. Die einzeln auf langen Stängeln stehenden Blütenköpfe sind aus purpurnen Röhrenblüten zusammengesetzt. Sie wächst verhältnismäßig selten in Moorwiesen, auch in wechseltrockenen Mähdern auf wechselfeuchten, meist kalkhaltigen Tonböden (Wechselfeuchtigkeits-Zeiger). Die an Kühe verfütterten Wurzelknollen sollen mehr Milch und damit auch Butter ergeben, worauf die volkstümlichen Namen der Pflanze Butter- oder Schmalzballe zurückzuführen sind.

Foto: Peter Banzhaf

Foto: Peter Banzhaf

Abb.:
Kohl- Kratzdistel, links oben
Bach Kratzdistel, rechts oben
Knollige Kratzdistel, links unten

› Disteln – Carduus spec., Kratzdisteln – Cirsium spec.

Die **Acker-Kratzdistel** (Cirsium arvense) ist ein ausdauernder Korbblütler (Familie Asteraceae, früher Compositae). Sie wurzelt sehr tief (bis 280 cm) und hat zahlreiche unterirdische Ausläufer, weshalb sie meist truppweise vorkommt. Der bis 120 cm hohe Stängel besitzt keine grundständige Blattrosette, ist reich verästelt und beblättert. Die Blätter laufen am Stängel nicht herab und sind oft ungeteilt oder buchtig gezähnt mit 3-eckigen, feinstachligen Abschnitten. Der Blütenstand ist stark verzweigt. Die Blütenköpfe bestehen aus schmutzig-lila Röhrenblüten, die teilweise eingeschlechtlich sind.

Die Acker-Kratzdistel kommt verbreitet in Unkrautgesellschaften in Äckern, an Wegen, auf Schuttplätzen, in Waldlichtungen und Waldschlägen sowie an Ufern auf frischen bis mäßig trockenen , nährstoffreichen Böden vor. Sie ist ein alter Kulturbegleiter und ein lästiges Ackerunkraut, das seiner tiefgehenden Wurzeln und seiner Wurzelausläufer wegen schwer zu bekämpfen ist.

Im Schwäbischen wird die Acker-Kratzdistel als Felddistel, Haberdistel oder Habergeiß (gilt auch für Weberknechte, für dürre Mädle und Fraue) bezeichnet.

Abb.:
Acker-Kratzdistel, Blüten

Abb.:
Acker-Kratzdistel, aussamend

Dost – Origanum vulgare

Der Dost, ein aromatischer, ausdauernder Lippenblütler (Familie Lamiaceae, früher Labiatae), treibt Ausläufer und wird bis 60 cm hoch. Die Blätter sind eiförmig, bis 4 cm lang, drüsig punktiert und kurz gestielt. Der Stängel ist im oberen Teil verzweigt. Die 4–7 mm langen, blassrosa Blüten sind am Ende des Stängels und der Zweige köpfchenförmig genähert. Der Dost wächst im Saum sonniger Gebüsche und Wälder, auch in lichten Eichen- und Kiefern-Trockenwäldern, an Wegen und Böschungen, in wenig beweideten Magerrasen und aufgelassenen Mähdern auf sommerwarmen, trockenen bis mäßig frischen Lehmböden.

Der Dost ist reich an ätherischen Ölen wie Limonen, Pinen, Caryophyllen, Thymol. Dazu kommen Gerbstoffe und Flavonoide. In der Volksmedizin wurde er bei Verdauungsstörungen (soll Gallenproduktion fördern), bei Keuch- und Krampfhusten (krampflösend), als Gurgelwasser und Badezusatz verwendet. In der heutigen Schulmedizin wird der Dost kaum genutzt, in der Homöopathie bei nervösen Beschwerden.

Schon der griechische Arzt Dioscuroides (1. Jahrhundert n. Chr.) sowie Hildegard von Bingen und mittelalterliche Kräuterbücher erwähnen den Dost als Arznei- und Gewürzpflanze. Auf die Verwendung als Arzneipflanze gehen gemeinsame Namen mit Tymian, Wohlgemut (soll Freude und Mut wecken), Kiendele (abgeleitet von Quendele für Thymian). Die Verwendung als Gewürzpflanze hat sich im Namen wie Wilder Majoran, Fleisch- und Wurstkraut niedergeschlagen. Es wurden jeweils die oberirdischen Teile, insbesondere Blätter und Blüten verwendet.

Im Volksglauben galt der Dost als zauberabwehrend und sollte alle bösen Geister und selbst den Teufel vertreiben.

Sumpf-Dotterblume – Caltha palustris

Bei ihr handelt es sich um ein ausdauerndes Hahnenfußgewächs (Familie Ranunculaceae) mit großen rundlichen bis nierenförmigen, sattgrün glänzenden Blättern. Die ebenfalls glänzenden dottergelben Blüten besitzen meist 5 Blumenblätter und zahlreiche Staubblätter. Die 3–8 sternförmig ausgebreiteten Balgfrüchte sind zwei- bis mehrsamig. Die Sumpf-Dotterblume wächst nicht nur in Nasswiesen (Sumpfdotterblumen-Wiesen), sondern auch an Quellen, Bächen und Gräben, in Bruch- und Auenwäldern. Die Pflanze strotzt meist geradezu vor Üppigkeit; sie hat ja an ihren Wuchsorten reichlich Wasser und Nährstoffe zur Verfügung.

Die ganze Pflanze ist durch Saponine, Alkaloide und Protoanemonin (verliert die Giftigkeit beim Trocknen) giftig. Früher wurden die Blätter als Salat und die in gesalzenes Essigwasser eingelegten runden Blütenknospen als »Deutsche Kapern« verzehrt. Davon muss aber dringend abgeraten werden, denn der Verzehr ist gesundheitlich nicht unbedenklich, da unter Umständen Vergiftungsgefahr besteht.

Zahlreich sind die schwäbischen Namen für die auffällige und bekannte Pflanze. Viele beziehen sich auf die fettig glänzenden Blätter und Blüten: Große Schmalzbloam (im Gegensatz zu Hahnenfußarten als Kleine Schmalzbloame). Schmalzkachel (auch für Hahnenfüße und Trollblume), Große Butter- und Speckbloam oder Glitzere. Für andere Namen ist die Blütenfarbe maßgebend wie Eierblum, Gagelbloam (Gaggele in der Kindersprache für Ei), Butterballe oder Butterbolle, Butterstängel oder Ankehäfele. Der Name Ried-Füeßle geht auf die Form der Blätter zurück. Mit anderen Frühblühern teilt die Sumpf-Dotterblume die Namen Haseblum und Guguckshlum. Auch das Vorkommen an Nassstandorten prägt manche Namen wie Matteblum, Moosblum, Grabenblum, Wasserros, Bachrose, Bachkäthra (Bachkätter), Bachbummel oder Bachbundel, Krottabluem und Froschbluem. Die Ähnlichkeit der Blätter mit Pappelblättern brachte der Pflanze den Namen Bachpappel ein und davon abgeleitet Bachkappel oder einfach Käppele.

Eberesche, Vogelbeerbaum – Sorbus aucuparia

Der zu den Rosengewächsen (Familie Rosaceae) gehörende Strauch oder niedrige Baum mit glatter Baumrinde erreicht Höhen von 5–15 m. Die Blätter sind unpaarig gefiedert, die Fiederblättchen oft bis zum Grund gezähnt, ohne Blattzahndrüsen und nur anfangs unterseits locker behaart. Die Blüten sind weiß und stehen in dichten Doldenrispen. Die bis 10 mm langen Früchte sind korallenrote Beeren, die von Vögeln gern gefressen werden. Der Vogelbeerbaum wird als immissionsresistenter Zierbaum viel gepflanzt. Natürlich kommt er in lichten Laub- und Nadelwäldern, vor allem in Gebirgslagen, aber auch in Moorwäldern und als Vorholz auf Waldschlägen und Strumwurfflächen sowie an Waldrändern und in Hecken vor.

Die reifen Früchte enthalten verschiedene Fruchtsäuren und Ascorbinsäure (Vitamin C), bis ca. 11% Zucker (Saccharose, Sorbit) Gerbstoffe (bitterer Geschmack) und in sehr geringen Mengen das Blausäureglykosid Amygdalin. Früher wurden in der Volksmedizin die getrockneten Beeren bei Nierenerkrankungen, Diabetes und rheumatischen Beschwerden, als Mus bei Durchfall und als frisch gepresster Saft bei grippalen Infekten angewandt. Der Nebenwirkungen wegen ist man von der Anwendung abgekommen. Die Beeren von gerbstoffarmen Sorten können zu einem Vitamin C haltigen Gsälz (Marmelade) gekocht werden.

Eigenartig ist, dass es im Schwäbischen für den zur Fruchtreife auffallenden Baum außer Vogelbeer kaum andere Namen gibt. Solche sind: Adelsbe(e)r(baum), Heuschlinge, oder wegen des unangenehmen Geruches der Blüten Stinkbeerbaum.

Abb.:
Eberesche mit Blüten, links
Eberesche, Früchte, rechts

Eberraute – Artemisia abrotanum

Der bis 1 m hoch werdende, zitronenartig duftende Halbstrauch (untere Teile verholzend, obere krautig) aus der Familie der Korbblütler (Asteraceae, früher Compositae) besitzt 2-fach gefiederte Blätter mit fädlichen Zipfeln. Die kleinen, bis 2,5 mm breiten Blütenköpfchen sind rispig angeordnet und bestehen aus blassgelben Röhrenblüten.

Die Eberraute ist eine alte Heil- und Gewürzpflanze, die heute in Gärten nur noch selten angepflanzt wird. Sie verwildert selten. Ursprünglich stammt sie aus Südost-Europa und Vorderasien. Die getrockneten oberen Pflanzenteile enthalten ätherische Öle, Bitter- und Gerbstoffe, Flavonoide, Cumarine und Kaffeesäurederivate. In der Volksmedizin wurde die Droge als appetitanregendes und verdauungsförderndes Mittel sowie bei Wurmbefall im Verdauungstrakt angewandt. In der Homöopathie erfreut sich die Droge einer breiten Anwendung.

Schwäbische Namen wie Schmecke oder Zitronekraut gehen auf den Duft der Pflanze, Gürtele oder Gritelle, Gürtelkraut und Greutling auf den Wuchsort am Gartenzaun oder auf den gertenartigen Wuchs der Pflanze, Krätzete auf die Anwendung als Wurmmittel zurück.

Efeu – Hedera helix

Das Efeu ist eine mit Haftwurzeln kletternde, immergrüne Holzpflanze (Familie der Efeugewächse, Araliaceae), worauf sich der schwäbische Name »Kreiser« bezieht. Die Blätter nicht blühender Triebe sind 2-zeilig gestellt und 3- bis 5-eckig gelappt, die der Blütentriebe ei- bis rautenförmig und lang zugespitzt. Die unscheinbaren gelbgrünen Blüten stehen in halbkugeligen Dolden. Die Frucht ist kugelig, zuletzt blauschwarz. Sie wird von Vögeln gern gefressen, wodurch das Efeu erfolgreich ausgebreitet wird. Die frostempfindliche Pflanze kommt in Laubholz-Mischwäldern, an Felsen und Mauern auf nährstoffreichen Böden vor. Nur in tiefgelegenen, mildfeuchten Lagen klettert sie an Bäumen hoch und blüht oben in den Bäumen.

Die Beeren sind durch ein Saponingemisch giftig. Deren Genuss kann zu ernsten Vergiftungen führen (Übelkeit, Kopfschmerzen, Atembeschwerden). Die Efeublätter wurden früher als auswurffördernde und krampflösende Droge bei akuten und chronischen Infektionen der Atemwege angewandt. Wegen der Nebenwirkungen auf den Magen-Darmtrakt wurde die Anwendung aufgegeben. In der Volksmedizin wurde früher der Absud der Blätter auch äußerlich bei parasitären Hauterkrankungen und rheumatischen Beschwerden verwendet. Homöopathische Zubereitungen gibt man bei Entzündungen der Atemwege (z.B. Bronchoforton) oder bei Erkrankungen der Verdauungsorgane und Schilddrüsenüberfunktion.

Der schwäbische Name Ebheu geht auf die frühere Schreibweise Epheu zurück. Der Name Schäpele(in)skraut kommt daher, dass das Efeu als Immergrün zur Schappel (= Kranz) gebunden wurde und bei Hochzeiten von der Braut und den Brautjungfern oder an Fronleichnam getragen wurde.

Abb:
Efeu-Blätter, links oben
Efeu an Eiche, rechts oben
Efeu mit Blüte, links unten
Efeu mit Beeren, rechts unten

Foto: Peter Banzhaf

Ehrenpreis-Arten – Veronica spec.

Mit dem Namen Katzeäugle werden im Schwäbischen verschiedene niederwüchsige Ehrenpreisarten (Familie der Wegerichgewächse, Plantaginaceae, früher zur Familie der Rachenblütler, Scrophulariaceae, gestellt) mit mehr oder weniger leuchtend blauen Blüten belegt. Meist sind es einjährige Garten- und Ackerunkräuter wie der **Persische (Veronica persica)**, der **Glänzende (Veronica polita)** und der **Finger-Ehrenpreis (Veronica triphyllos)**. Aber auch der ausdauernde **Gamander-Ehrenpreis (Veronica chamaedrys)** trägt diesen Namen. Dieser kommt verbreitet in Wiesen, an Wegrainen, in Säumen von Hecken und Wäldern vor.

Unterschieden wird im Schwäbischen der einjährige **Efeublättrige Ehrenpreis (Veronica hederifolia)** mit 3–5-lappigen behaarten Blättern und blassblauen Blüten, die einzeln und an langen Stielen in den Blattachseln stehen. Er kommt in Unkrautgesellschaften in Äckern und Gärten, an Hecken, an Wegen und Mauern auf nährstoffreichen Böden vor, so früher auch in Dörfern unter dem Dachtrauf der Häuser, wo die freilaufenden Hühner scharrten und düngten. Darauf gehen die schwäbischen Namen für diesen Ehrenpreis wie Hennedärm, Hennescherre, Trockener Hühnerdarm oder Hennedreck zurück.

Abb.:
Efeublättriger Ehrenpreis

Abb.:
Persischer Ehrenpreis

A

B

C

D

E

Blätter (li) und Früchte (re) von:

A: Persischer Ehrenpreis
B: Glänzender Ehrenpreis
C: Finger-Ehrenpreis
D: Gamander-Ehrenpreis
E: Efeublättiger Ehrenpreis

Abb.:
Gamander Ehrenpreis

Eibe – Taxus baccata

Die besonders geschützte Eibe ist ein baumartig (bis 20 m hoch werdend) oder strauchig wachsendes Nadelholz aus der Familie der Eibengewächse (Taxaceae) mit zweizeilig angeordneten, verhältnismäßig weichen, oberseits dunkelgrün glänzenden Nadeln. Die Art ist zweihäusig, jeweils auf verschiedenen Pflanzen sitzen die männlichen Blüten in Knäueln, die weiblichen einzeln in den Nadelwinkeln. In den Fruchtbeeren sind die Samen von einem roten, fleischigen Wulst (Arillus) ringförmig umgeben. Dieser ist der einzige nicht giftige Teil der Eibe. Diese wächst sehr langsam und kann sehr alt werden (bis 2000 Jahre). Sie besitzt ein sehr festes und zähes Holz, das früher für Bogen und Armbrüste genutzt wurde und heute noch für Drechselarbeiten und Schnitzereien verwendet wird.

Die Eibe wächst heute nur noch selten im Unterstand von Buchen-, Tannen- und Eschenwäldern, so vor allem in Berglagen. Sie war früher wesentlich häufiger, ist aber wegen Übernutzung und Beseitigung (ist für Pferde tödlich giftig) selten geworden.

Alle Teile der Eibe bis auf den roten Arillus enthalten ein tödlich wirkendes Alkaloidgemisch, darunter das hochgiftige Taxin. Die frühere volksmedizinische Anwendung war immer mit dem Risiko einer Vergiftung verbunden. Die Giftwirkung der Eibe ist seit dem Altertum bekannt und wurde sowohl für Mordanschläge als auch für Selbstmord genutzt. Heute spielen die aufbereiteten Alkaloide in der Krebsbehandlung eine gewisse Rolle.

Schwäbische Namen für die Eibe sind Ibe oder Neib(e). Der Name Kreuzruten geht darauf zurück, dass die Palmboschen (siehe Sal-Weide) mit Zweigen der immergrünen Eibe verziert und diese nach der Weihe hinter das Kruzifix im Wohnzimmer gesteckt wurden. Die häufige Anpflanzung der Eibe auf Friedhöfen brachte ihr den Namen Toten- oder Kirchhofsbom ein.

Da der Arillus einen schleimigen Saft enthält, wurden die Beeren schwäbisch als Schnuderbe(e)re (Schnuder = Nasenschleim, Rotz) oder gleich als Rotzbe(e)re und der Baum deshalb als Schnuder- oder Rotzbe(e)rbom bezeichnet.

Foto: Peter Banzhaf

Abb:
Eiben-Baum, links oben
Männlicher Eiben-Baum mit Blüten, rechts oben
Eibe mit Fruchtbeeren, links unten

Einbeere – Paris quadrifolia

Die bis 30 cm hoch werdende, ausdauernde Pflanze aus der Familie der Spargelgewächse (Asparagaceae, früher zu den Liliengewächsen, Liliaceae, gestellt) besitzt einen kriechenden Wurzelstock. Der Stängel trägt vier (gelegentlich fünf), quirlig angeordnete, eiförmige Blätter. Diese werden von einer einzigen, ebenfalls nach der Vierzahl gebauten, grünlichen Blüte überragt. Die Frucht ist eine schwarzblaue, kirschgroße Beere.

Die Einbeere wächst ziemlich häufig in krautreichen Laub- und Nadelmischwäldern auf grund- und sickerfeuchten, nährstoffreichen Böden. Sie kann bis 50 cm tief wurzeln und wirkt bodenlockernd.

Die ganze Pflanze, insbesondere die Beere ist durch Saponine giftig. Ernste Vergiftungserscheinungen gibt es aber erst bei Verzehr größerer Mengen der Beere. Meist werden die schlecht schmeckenden Beeren von Kindern mit Heidelbeeren verwechselt und einzeln verzehrt, was zu Übelkeit und Erbrechen führen kann.

Schwäbische Namen für die Einbeere sind wie auch für andere giftige Pflanzen Giftbe(e)r, Hundsbe(e)r, Teufelsbe(e)r oder Wolfsbe(e)r. Direkt verglichen mit bestimmten Giftpflanzen tauchen Namen auf wie (Kleine) Tollkirsch (siehe dort) und Nachtschatten, weil die Beere denen des Schwarzen Nachtschattens (Solanum nigrum, siehe dort) ähnelt. Ein besonderer Name ist Schwarzblatterkraut, weil die Beere einer Schwarzblatter (Pestbeule) ähnlich sieht und deshalb nach der Signaturenlehre (äußerliche Eigenschaften, besonders Form und Farbe von Pflanzen zeigen an, welche Arzneiwirkung von Natur aus in ihnen liegt) früher gegen die Pest verwendet wurden.

Einkorn – Triticum monococcum

Beim Einkorn handelt es sich um eine seit der Jungsteinzeit (vor rund 7000 Jahren) angebaute Weizenart. Deren Halme werden 50–120 cm hoch, die Halmknoten sind dicht mit kurzen, abwärtsgerichteten Haaren besetzt. Die bis 1cm breiten Blätter besitzen im Grunde 2 kleine, sichelförmige Öhrchen. Die Ähre wird ohne Grannen 4–10 cm lang. Die Ährchen enthalten nur 1 Korn und haben nur eine, bis zu 10 cm lange Granne. Das Korn ist wie beim Dinkel (siehe dort) von den Spelzen fest eingeschlossen (Spelzweizen).
Das Einkorn wurde bis in die Mitte des 20. Jahrhunderts als ertragarmes, aber anspruchsloses Sommergetreide vereinzelt in rauer Klimalage auf mageren, kalkhaltigen Böden angebaut. Dann galt es als im Anbau verschwunden und wurde selten verwildert angetroffen. Heute wird das Einkorn, das ein gutes Mehl liefert, gelegentlich wieder angebaut und zu Backwaren verarbeitet.
Sicher zu sehen ist das Einkorn z.B. im Freilichtmuseum Beuren bei Nürtingen (Landkreis Esslingen) oder im Landwirtschaftlichen Lehrgarten der Ortsgruppe Neckarhausen des Schwäbischen Albvereins auf dem Galgenberg bei Nürtingen.
Schwäbische Namen sind Ei(n)korn oder Ei(n)kern, der langen Grannen wegen Schwabegerst oder weil das Mehl ein besonders dunkles Brot ergibt Schwarzer Emmer (siehe Emmer).

Eisenhut-Arten – Aconitum spec.

Alle einheimischen Eisenhut-Arten sind besonders geschützt. Sie sind ausdauernde, zu den Hahnenfußgewächsen (Ranunculaceae) gehörende, bis über 100 cm hoch werdende Stauden mit beblätterten Stängeln. Die wechselständigen Blätter sind handförmig geteilt, wobei die Abschnitte nochmals geteilt sind und in mehr oder weniger spitzen Zipfeln endigen. Die Blütenstände sind traubig und besitzen teilweise Seitenäste. Die zwittrigen Blüten sind zweiseitig symmetrisch. Das oberste Blütenblatt bildet einen auffallenden Helm, die vier anderen Blütenblätter sind rundlich bis oval. Die beiden lang gestielten Honigblätter ragen frei in den Helm hinein. Die Eisenhut-Arten sind bestens einer Bestäubung durch Hummeln angepasst. Aber nur langrüsselige Hummeln gelangen zu den Nektarien der Honigblätter. Kurzrüsselige Hummeln beißen deshalb den Blütenhelm an, um so an die Nektarien zu gelangen.

Als Frostkeimer meiden die Eisenhut-Arten weitgehend tiefere und damit wärmere Lagen. Sie wachsen vorwiegend in Berglagen in Auenwäldern und -gebüschen, in Schluchtwäldern, an Bächen und in Staudenfluren auf frischen bis feuchten, nährstoffreichen Böden.

Die Eisenhut-Arten gehören durch ihren Gehalt an dem Alkaloid Aconitin bzw. beim Gelben Eisenhut die Alkaloide Lycoconitin und Lycoctonin zu den giftigsten Pflanzen der heimischen Flora. Schon ca. vier Eisenhutblätter wirken tödlich. Vergiftungsfälle sind aber glücklicherweise selten. In der Homöopathie werden die Alkaloide in Verdünnungen bis eins zu einer Million bei grippalen Infekten, akuten Fieberzuständen und Nervenschmerzen angewandt.

Der Gelbe oder Wolfs-Eisenhut (Aconitum lycoctonum) besitzt blassgelbe Blüten, bei denen der Helm etwa dreimal so hoch wie breit ist.

Der Blaue Eisenhut (Aconitum napellus) hat blaue Blüten, bei denen der Helm meist breiter als hoch ist.

Nah verwandt mit dem blauen Eisenhut ist der **Bunte Eisenhut (Aconitum variegatum)**. Seine Blüten sind blau, violett oder weiß gescheckt. Der Helm ist deutlich höher als breit.

Die volkstümlich schwäbischen Namen orientieren sich zunächst an der Form der Blüten (Kappestock, Narrekapp, Soldatekapp, Altweiberkapp), dann an der Giftigkeit der Pflanze, die zur Bekämpfung von Wildtieren herangezogen wurde (Wolfstod, Fuchswurz, Hundstod), schließlich auch an der dunklen Farbe der blau blühenden Arten (Schlotfeger).

Abb.:
Gelber Eisenhut, links oben
Bunter Eisenhut, rechts oben
Blauer Eisenhut, links unten

Eisenkraut – Verbena officinalis

Dazu schreibt Fritz Schray (2000): »Keine Pflanze hat bei den Römern höheres Ansehen genossen wie das Eisenkraut (Familie der Eisenkrautgewächse, Verbenaceae; zu dieser Familie gehört auch der subtropische Teakholzbaum, Tectoria grandis). Das berichtet Plinius (23–79 n. Chr.), naturwissenschaftliche Autorität des Altertums schlechthin.
Auch Dioskurides (1. Jahrhundert n. Chr.), der berühmteste Heilmittelkundige der Antike, stellt der Pflanze ein glänzendes Zeugnis aus. Eisenkraut war die berühmteste Zauberpflanze der keltischen Druiden (Druidenkraut), mit der sie weissagten. Bei den Germanen fand es Verwendung bei den Opfern zu Kriegsbeginn und beim Friedensschluss.
Als »Tränende Juno« oder »Kraut der Venus« wurde es als Heilmittel benutzt. Es erleichtert das Gebären, bringt Glück in der Liebe und hält, am Leibe getragen, den bösen Feind fern, hilft bei Blasen-, Nieren-, Leber- und Lungenleiden, bei Fieber und Gelbsucht (Hildegard von Bingen 1098–1179). In den Taubenschlag gelegt, sorgt es für Zuflug fremder Tauben (Taubenkraut, Taubenlieb). Kinder bekommen davon Verstand und Neigung zum Lernen (Gescheidheitskraut), außerdem bringt es Wohlhabenheit und erhält den Reichtum (Segenkraut). In den Acker gesteckt, verschafft es reiche Ernte. Man müsse das Kraut sammeln beim Aufgang des Hundssterns (= Sirius im Sternbild Großer Hund; in unseren Breiten hellster Stern), wenn weder Sonne noch Mond scheinen, mit Eisen einen Kreis um die Pflanze ziehen und sie dann mit der linken Hand anfassen.«
Wer nach so viel Vorschusslorbeeren nun eine hochragende Staude oder ein blütenprächtiges Gewächs erwartet, wird seinen Augen nicht trauen. Das Eisenkraut ist eine unscheinbare Pflanze und wächst am Wegrand und auf Schuttplätzen. Fast jeder hat sie bereits gesehen, aber nur wenige haben sie wahrgenommen, denn die winzigen, blasslila Blüten fallen eben kaum auf. Sie sitzen auf hohen, sparrigen Ästen, unter denen die trübgrünen, oft tief gespaltenen Blätter an überaus zähen Stängeln sitzen.

Elsbeerbaum – Sorbus torminalis

Für den zu den Rosengewächsen (Familie Rosaceae) gehörenden Elsbeerbaum gibt es verschiedene Schreibweisen, so z.B. Elzbeerbaum, Eltzbeerbaum. Er ist ein kleiner Baum mit 5–20 m Höhe und schuppiger, Birnbaum ähnlicher Baumrinde. Die Blätter sind breit eiförmig und nicht gefiedert sondern nur bis zu einem Viertel eingeschnitten mit meist fünf ungleich gesägten Blattlappen. Diese zeigen im Herbst eine auffallende, leuchtend orangerote Verfärbung. Die weißen Blüten stehen in aufrechten, lockeren Doldenrispen. Die Früchte sind rundlich bis eiförmig., anfänglich rötlichgelb, später braun. Das besonders harte und widerstandsfähige Holz des Baumes wird sehr geschätzt. Der Baum bildet zahlreiche Wurzelausläufer.

Der Elsbeerbaum kommt vor allem in Süddeutschland in warmen Lagen in Eichen-Trockenwäldern, Eichen-Hainbuchen-Wäldern zerstreut sowie gelgentlich auch in Seggen-Buchen-Wäldern vor.

Von dem Elsbeerbaum sind keine arzneilichen Verwendungen bekannt.

Wie beim Vogelbeerbaum gibt es auch für den Elsbeerbaum nur einige wenige schwäbische Namen wie Elsbir(n)abaum, Adlerbe(e)r(e), Arlesbe(e)r(e), Wilder Speierling, oder wegen der Fruchtreife im August Augustbe(e)r(e). Auf die Beschaffenheit der Früchte gehen die Namen Sauerbir(n)le oder Lederbe(e)r(e) zurück. Die Früchte sind, nachdem sie teigig geworden sind (oft wie bei der Schlehe nach Frost) genießbar.

Abb:
Elsbeerbaum, Blätter, links oben
Elsbeerbaum, Blüten, rechts oben
Elsbeerbaum, Früchte, links unten
Elsbeerbaum, Herbstblätter, rechts u.

Foto: Peter Banzhaf

Foto: Peter Banzhaf

Emmer – Triticum dicoccon

Die Halme des Emmers werden 80–130 cm hoch, die Halmknoten sind kahl. Die bis 1,5 cm breiten Blätter weisen am Grund zwei große, sichelförmige Öhrchen auf. Die Ähre wird ohne Grannen 5–10 cm lang. Die Ährchen enthalten zwei Körner und besitzen zwei bis 15 cm lange Grannen. Das Korn ist wie beim Dinkel und Einkorn (siehe dort) fest von den Spelzen eingeschlossen (Spelzweizen).

Der Emmer wurde schon in der Jungsteinzeit (vor rund 7000 Jahren) angebaut und war lange die wichtigste Weizenart, so vor allem in Ägypten und im Römischen Reich. Er wurde als ertragsarme aber anspruchslose Sommerfrucht auf warmen Kalkböden angebaut. Bis zur Mitte des 20. Jahrhunderts wurde er noch vereinzelt, heute wieder vermehrt angepflanzt. Er liefert gutes Mehl und wurde früher auch zu Graupen sowie zur Gewinnung von Stärke verarbeitet. Zusammen mit dem Einkorn ist der Emmer im Freilichtmuseum Beuren bei Nürtingen (Landkreis Esslingen) oder im landwirtschaftlichen Lehrgarten der Ortsgruppe Neckarhausen des Schwäbischen Albvereins auf dem Galgenberg bei Nürtingen zu sehen.

Schwäbische Namen für den Emmer sind Zweikorn und Sommerspelz.

Foto: Wolfgang Herter

Deutscher Enzian – Gentianella germanica
Fransen Enzian – Gentianella ciliata
Frühlings-Enzian – Gentiana verna

Diese drei Enzian-Arten (Familie der Enziangewächse, Gentianaceae) finden sich in Kalk-Magerrasen, die in Kalkgebieten in zweierlei Form auftreten: als Kalk-Magerweiden, das sind die das Landschaftsbild prägenden Wacholder-Heiden, und die nahezu ausschließlich in Naturschutzgebieten erhaltenen Kalk-Magerwiesen, die Mähder. Beide sind einmal aus Wäldern hervorgegangen, entweder durch Beweidung, vorzugsweise mit Schafen, oder durch die vom Menschen durchgeführte »Mahd« (= das Mähen). Die Pflanzenzusammensetzung der beiden Formen wird maßgeblich von der Bewirtschaftung bestimmt: Die Mahd begünstigt andere Pflanzen als die Beweidung mit Schafen oder Ziegen.

Die drei Enzian-Arten sind sowohl durch Nutzungsaufgabe als auch durch die Nutzungsintensivierung, durch Eutrophierung der Wuchsorte, durch Aufforstungen und Pflücken gefährdet. Sie sind wie alle heimischen Enzianarten besonders geschützt und dürfen deshalb weder in irgendeiner Weise beschädigt noch gepflückt, gesammelt oder ausgegraben werden.

Der Name Gentiana erinnert an den letzten Illyrerkönig Gentius, der zwischen 180 und 167 v. Chr. regierte und als erster die heilende Eigenschaften der Enziane entdeckte, weshalb die Pflanze ihm gewidmet und Gentiana genannt wurde (nach Fritz Schray 1994).

Der **Deutsche Enzian** ist einjährig und wird 5–30 cm hoch. Der Stängel ist unten einfach, oberwärts meist reichlich verzweigt. Die Zweige sind kurz und tragen an ihren Enden mehrere Blüten. Diese sind 2,5–3,5 cm groß, rot-violett mit fünf ausgebreiteten Kronzipfeln. Der Schlund der Blütenkrone ist innen bärtig. Die Blütezeit erstreckt sich vom Hochsommer (August) bis in den Herbst. Der Deutsche Enzian wächst vorzugsweise in Wacholder-Heiden, meist zusammen mit dem Fransen-Enzian. Er fehlt aber auch in den Mähdern nicht, denn er kann bei Schädigung durch die Mahd aus den Blattachseln heraus neue Seitentriebe bilden. Er bleibt dann zwar verhältnismäßig klein, wird aber geradezu buschig. Von den Schafen wird er, wie auch der Fransen-Enzian, seines Bitterstoffgehalts wegen gemieden. Im früheren Volksglauben galt der Deutsche Enzian wie die anderen blau blühenden Enzian-Arten als gewitteranziehend, weshalb man ihn nicht pflücken und ins

Haus mitnehmen durfte. Schwäbisch wird er deshalb als Haus-A´brenner bezeichnet.

Der **Fransen-Enzian** wird 5–20 cm hoch, ist einjährig und weist einen einfachen, einblütigen Stängel auf. Die Blüten sind 2,5–5 cm lang, tief himmelblau, eng trichterförmig mit vier ausgebreiteten, am Grunde gefransten Kronzipfeln. Wie der Deutsche Enzian ist auch der Fransen-Enzian ein Spätblüher, der seine Pracht erst von August bis Oktober entfaltet. Zum Keimen braucht er offenen Boden, weshalb er fast ausschließlich in Wacholder-Heiden zusammen mit dem Deutschen Enzian wächst. In Mähdern ist er selten anzutreffen, da er durch die Mahd stark geschädigt wird. Als einstängelige, unverzweigte Art treibt er im Gegensatz zum Deutschen Enzian keine Seitentriebe, sondern stirbt ab.

Im Schwäbischen wird er ebenfalls als Haus-A´brenner bezeichnet.

Abb:
Deutscher Enzian

Foto: Peter Banzhaf

Abb:
Fransen-Enzian

› Deutscher Enzian – Gentianella germanica
› Fransen Enzian – Gentianella ciliata
› Frühlings-Enzian – Gentiana verna

Der **Frühlings-Enzian** kommt gleichermaßen in Wacholder-Heiden wie in Mähdern der höheren Lagen vor. Er ist ausdauernd und wird 5–10 cm hoch. Die grundständigen Blätter sind rosettig angeordnet, die Blütentriebe einblütig. Die rund 2 cm großen Blütenkronen sind dunkelblau mit fünf ausgebreiteten Zipfeln und weißem Schlund. Darauf bezieht sich der schwäbische Name Tag-und-Nacht-Blü(e)mle (blau für die Nacht, weiß für den Tag). Meist sind die von März bis in den Mai blühenden Blüten die ersten Frühlingsboten in den Wacholder-Heiden und Mähdern.

Neben dem auch für die beiden anderen hier aufgeführten Enzian-Arten gilt der Name Haus-A´brenner auch für den Frühlings-Enzian, für den es aber zahlreiche weitere schwäbische Namen gibt. Die gleiche Bedeutung wie Haus-A´brenner haben die Namen Blaues Wetternägele und Wetterveigele. Wegen der blauen Blütenfarbe gibt es die Namen Himmelblau, Himmelblü(e)mle, Himmel(s)schlüssel, Himmel(s)-stern, Tinteblü(e)mle, Franzose(n)nägele (nach den früheren blauen Uniformen der Franzosen), Blaue Kutten und Hose(n)färberle. Auf die frühe Blütezeit spielen die Namen Jörgenblü(e)mle und Jörgennägele an (der Georgstag ist der 24. April). Der Name Schafblü(e)mle bezieht sich auf das Vorkommen in Schafweiden, Kunkelnägele auf Kunkel (= Spinnrocken; wegen der Ähnlichkeit mit der länglichen Fruchtkapsel) und Storche(n)schnabel auf die Gestalt des Blütengriffels. Die Fruchtkapsel wird auch verglichen mit Nägeln, deshalb oft die Zusammensetzung mit Nägele (hat in diesem Fall nichts mit Nägele = Nelke zu tun) wie Schustersnägele, Schu(h)-machernägele, Schu(h)nägele, Katzenägele, Rossnägele. Gelegentlich tauchen die Namen Gauls- oder Rossveilchen auf, was unechtes Veilchen bedeutet. Der Name Rossmucka geht darauf zurück, dass man früher meinte, wenn man am Frühlings-Enzian riechen würde, bekäme man Rossmucka (= Sommersprossen). Wegen seiner prachtvollen Blüten bekam der Frühlings-Enzian auch noch den Namen Hose(n)juckerle (Jucker = hochmütiger Bursche).

Foto: Verena Mueller

Abb:
Frühlings-Enzian

Gelber Enzian – Gentiana lutea

Die besonders geschützte Pflanze (Familie der Enziangewächse, Gentianaceae) kann eine stattliche Höhe (bis 120 cm) erreichen. Sie besitzt einen dicken Wurzelstock. Der Stängel ist einfach und trägt blaugrüne, gegenständig sitzende, kahle Blätter. Die rund 1 cm lang gestielten Blüten sitzen zu drei bis zehn in den oberen Blattachseln. Die Blütenkrone ist goldgelb, fast bis zum Grund geteilt und sternförmig ausgebreitet, die bis 6 cm lange Fruchtkapsel ist spitz.

Der Gelbe Enzian wächst selten, aber meist gesellig in Kalk- und Silikat-Magerrasen der Berglagen, in Blaugras- und Buntreitgras-Halden sowie in Hochgras-Fluren auf frischen bis wechselfrischen, basenreichen Lehm-, Mergel- und Tonböden. Er ist sekundär von seinen ursprünglichen Wuchsorten durch den Menschen ausgebreitet worden. So war er z.B. auf der Schwäbischen Alb früher für die Schäfer ein Zubrot, indem sie die ausgegrabenen Wurzelstöcke entweder verkauften oder selbst den Enzianbitter brannten. Um leicht an den Wurzelstock zu kommen, verbreiteten sie Samen auf Schafweiden. So findet man ihn heute des öfteren in Wacholder-Heiden, abseits jedes natürlichen Vorkommens.

Der Wurzelstock enthält vor allem Bitterstoffe, so den bittersten bisher bekannten Naturstoff Amarogentin, vergärbare Kohlenhydrate und ätherische Öle.

Die medizinische Verwendung geht auf die römische Kaiserzeit zurück. So beschrieb Plinius (lateinischer Schriftsteller, 23–79 n. Chr.) und Dioskurides (griechischer Arzt des 1. Jahrhunderts n. Chr.) ausführlich die Pflanze und empfehlen die Wurzeldroge bei Magen- und Leberleiden. Galenus (griechisch-römischer Arzt, 122–199 n. Chr.) empfahl sie vor allem gegen Gicht.

Die Kräuterbücher des Mittelalters widmen dem Gelbem Enzian breiten Raum und empfahlen ihn als Universalheilmittel. Dabei war einst die Meinung weit verbreitet (es gibt sie auch heute noch), dass eine bittere Arznei besonders wirksam sei. Die Wurzeldroge wird heute zur Appetitanregung, bei Magen- und Darmbeschwerden, Völlegefühl und Blähungen angewandt. In der Volksheilkunde wird sie darüber hinaus bei Fieber und Wurmbefall verabreicht. Meist wird aber die Wurzeldroge nicht direkt angewandt, sondern der alkoholische Auszug (Tinktur) oder vergoren und gebrannt als Enzian-Branntwein (Enzianbitter). Er ist außerdem in vielen Kräuterschnäpsen und in Schwedenbitter enthalten.

Nur der schwäbische Name Gel(b)-wurz bezieht sich auf die gelben Blüten. Alle anderen schwäbischen Namen wie Echter Enzian (echt, weil man ihn arzneilich nutzen kann), Arzneiwurz, Edelwurz, Bitterwurz, Fieberwurz, Bran(n)twurz beziehen sich auf die Nutzung als Arzneimittel.

Lungen-Enzian – Gentiana pneumonanthe

Die besonders geschützte Pflanze aus der Familie der Enziangewächse (Gentianaceae) ist ausdauernd und wird bis 50 cm hoch. Der Stängel ist unverzweigt und besitzt keine grundständige Blattrosette. Die Stängelblätter sind lineal-lanzettlcih und nur 2–5 mm breit. Die Blüten stehen endständig in den Blattachseln. Dunkelblau sind die glockenförmigen Blütenkronen, die innen grün punktierte Streifen aufweisen. Der Lungen-Enzian ist unter den Enzian-Arten ein Spätblüher und blüht von Juli bis September.
Seine Blüten und Wurzeln galten früher als Heilmittel gegen Lungenkrankheiten, daher sein Name, schwäbisch Lungeblü(e)mle. Auf sein Vorkommen in nassen Pfeifengras-Wiesen beziehen sich die schwäbischen Namen Geifitzblu(e)m (Geifitz = Kiebitz) und Atereblu(e)m (Ater = Schlange), weil diese Tiere in solchen Nassbiotopen vorkommen können.

Schwalbenwurz-Enzian – Gentiana asclepiadea

Die wie alle heimischen Enzian-Arten besonders geschützte, ausdauernde Pflanze aus der Familie der Enziangewächse (Gentianaceae) wird 30–90 cm hoch. Der Stängel ist aufrecht, teils überhängend und dicht, auffallend gekreuzt gegenständig beblättert. Die Blüten stehen endständig zu ein bis drei in den Blattachseln. Die dunkelblaue Blütenkrone ist 3–5 cm lang, glockig mit fünf Zipfeln. Der Schwalbenwurz-Enzian wächst vor allem in moorigen Pfeifengras-Wiesen. Die Wurzeldroge gilt als wenig wertvoll und wird heute nicht mehr verwendet.
Die glockenförmigen Blüten brachten dem Schwalbenwurz-Enzian den schwäbischen Namen Blauer Fingerhut, die auffallende Blattstellung den Namen Katzeleiterle ein.

Foto: Peter Banzhaf

Foto: Verena Mueller

Erbse – Pisum sativum

Der Stängel der einjährigen Pflanze aus der Familie der Schmetterlingsblütler (Fabaceae, früher Papilionaceae) kann eine Länge bis 150 cm erreichen, bleibt niederliegend oder ist kletternd. Die Blätter sind paarig gefiedert mit zwei bis drei Fiederpaaren und einer endständigen, verzweigten Ranke. Die Nebenblätter sind meist größer als die ovalen, 2–6 cm langen Fiederblättchen. Die bis 3 cm langen, weißen oder rötlich gescheckten, zu ein bis drei in langgestielten Trauben stehenden Blüten sind typische Schmetterlingsblüten mit zwei Flügeln, dazwischen das Schiffchen und darüber die Fahne.

Die Erbse wird seit der Jungsteinzeit (vor rund 7000 Jahren) kultiviert. Heute wird sie als Grünfutterpflanze (Pisum sativum ssp. arvense) und in vielen Sorten als Hülsen- und Gemüsefrucht (Pisum sativum ssp. sativum) auf frischen, nährstoffreichen Böden angebaut.

Schwäbische Namen für die Erbse sind Erbs, Erbis oder E(r)sch. Als Brockele, Broggele oder Brockelerbs werden die noch grünen Samen bezeichnet, die als Schäfe oder Scheffe (Hülse) gebrockelt (gepflückt) und dann aus der Schäfe ausgebrockelt (ausgebrochen) werden. Die reifen Samen enthalten viel Eiweiß und ergeben nahrhafte Speisen (Erbssuppe, Erbsbrei). Bei der Varietät Zuckererbse werden die jungen Hülsen mit noch kaum entwickeltem Samen als Gemüse verzehrt und tragen den schwäbischen Namen Zugerschäfe.

Foto: Verena Mueller

Abb:
Erbse mit Blüten und Schoten

Wald-Erdbeere – Fragaria vesca

Das niedrige, bis 20 cm hoch werdende Rosengewächs (Familie Rosaceae) hat lange oberirdische Ausläufer. Die grundständigen Blätter sind lang gestielt und bestehen aus drei Teilblättern. Diese sind bis 5 cm lang, unterseits seidenhaarig und am Rand grob gezähnt, wobei der Endzahn nicht kleiner ist als die benachbarten Zähne. Die weißen Blüten (Durchmesser bis 1,5 cm) stehen in wenigblütigem, doldigem Blütenstand. Die Frucht ist eine rote, fleischige, süße Scheinbeere. Der Kelch der reifen Frucht steht ab und reißt nicht mit dieser ab.

Die bis 50 cm tief wurzelnde Pflanze kommt verbreitet in Waldschlägen, Waldverlichtungen, an Waldwegen und Waldrändern auf frischen, nährstoffreichen, nicht zu basenarmen, vorzugsweise kalkhaltigen Böden vor.

Die Blätter enthalten Gerbstoffe, Flavonoide und in Spuren ätherische Öle und werden getrocknet in Hustenteemischungen verwendet. Die Volksmedizin setzt sie ihres Gerbstoffgehalts wegen bei leichten Durchfallerkrankungen und zum Gurgeln bei entzündeten Mundschleimhauterkrankungen ein.

Die schwäbischen Namen beziehen sich alle auf die Frucht: Bodebe(e)r, Erbel, Erber oder Ädber und Häfelesber, weil die Früchte im Häfele (Töpfchen) gesammelt werden.

Die **Garten-Erdbeere (Fragaria x ananassa)** ist eine kultivierte, in vielen Sorten durch Kreuzungen verschiedener Arten entstandene Erdbeer-Sippe. Wegen ihrer großen Früchte wird sie oft als Ananas-Erdbeere oder einfach als Ananas, im Schwäbischen als Prestling, Brästling oder Bräschtling bezeichnet.

Foto: Verena Mueller

Gewöhnlicher Erdrauch – Fumaria officinalis

Die graugrün bereifte, wie angeräuchert aussehende (daher der Name), einjährige, krautige Pflanze wird im Schwäbischen als Beckamädle bezeichnet, da sie wie mit Mehl bestäubt aussieht. Die zierliche, bis 30 cm hoch werdende Pflanze (Familie der Erdrauchgewächse, Fumariaceae, früher zu den Mohngewächsen, Papaveraceae gestellt) besitzt doppelt fein gefiederte Blätter. Die kleinen, zweiseitigen, rosaroten, an der Spitze dunkelroten, gespornten Blüten stehen zu 20–40 in Trauben. Die kugelige Frucht ist etwas runzelig.
Der Gewöhnliche Erdrauch kommt ziemlich häufig in Wildkrautfluren der Hackfruchtäckern, Gärten und Weinbergen auf nährstoff- und basenreichen, humosen Böden vor. Er ist ein alter Kulturbegleiter und kann als Nährstoff- und Garezeiger (= Anzeiger für guten humosen Boden) alter Kulturböden angesehen werden.
Das Kraut wurde schon von den alten griechischen und römischen wie auch den arabischen Ärzten angewandt. Es enthält Alkaloide, Bitterstoffe, Schleim, Harz und Flavonoide. In der Volksheilkunde wurde es gegen krampfartige Beschwerden im Bereich der Gallenblase und Gallenwege sowie des Magen-Darm-Traktes angewandt. Weitere Anwendungen gab es bei Verstopfung, Lebererkrankungen, Blasenleiden, Hautkrankheiten, bei Rheumatismus, hohem Blutdruck, Arteriosklerose, Arthritis und Syphilis.
Weitere schwäbische Namen sind: Mariele, Butterbrötle, Addloch (Erdlauch wegen des scharfen Safts), Krätzekraut (wegen der Anwendung gegen die Krätze), Franzosekraut (wegen der Anwendung gegen den Franzos = Syphilis) und Teufelsschnupftobak.

Gewöhnliche Esche – Fraxinus exelsior

Der Baum aus der Familie der Ölbaumgewächse (Oleaceae) kann bis zu 30 (40) m Höhe erreichen. Seine Rinde ist mehr oder weniger grau, die Knospen sind schwarz. Die gegenständigen Blätter sind meist unpaarig gefiedert mit 4–6 Fiederpaaren und 1 Endblatt. Die Teilblättchen sind lanzettlich, fein gezähnt, sitzend oder sehr kurz gestielt. Die vor den Blättern erscheinenden Blüten sind unscheinbar (ohne Kelch und Blütenblätter) und stehen in büscheligen Rispen. Die in den Büscheln herabhängenden Früchte sind einsamig und mit schmal-ovalen, propellerartig gedrehten Flügeln ausgestattet, mit denen sie schraubig fliegend sich ausbreiten können.
Das Holz der Esche zählt zu den wertvollsten Hölzern Mitteleuropas. Es ist hart und zäh und wird heute noch für Sportgeräte, Gerätestiele und für Möbel verwendet. Früher spielte es in der Wagnerei (Radreifen, Schlittenkufen, Achsen, Deichseln) und bei der Waffenherstellung (Speere, Hellebarden, Pfeile, Bolzen) eine wichtige Rolle.
Die Esche kommt verbreitet und oft bestandsbildend an Bächen und Flüssen in Auenwäldern sowie auf frischen Kalkstein-Schutthalden mit meist nördlicher Auslage oder in Schluchten (Schluchtwald nach Gradmann) vor. Sie ist sehr ausschlagfähig und vielfach ein Pionierbaum, etwas wärmebedürftig und spätfrostgefährdet.
Eschenblätter werden lediglich in der Volksheilkunde gelegentlich als leicht harntreibendes und abführendes Mittel sowie bei Rheuma angewandt.
In der nordischen Mythologie spielte die Esche eine große Rolle. Mit den weitausladenden Ästen der im Freiland aufgewachsenen Esche Yggdrasil umspannt sie die Welt und war Gerichtsort der Götter. Unter ihren Wurzeln lebten die schicksaslenkenden Parzen. Nach einer altgermanischen Sage soll ein Mann aus einer Esche hervorgegangen sein, während die Frau aus der Erle entstand. Auch in der Wettervorhersage für den Sommer spielt die Esche eine Rolle, wie es die Bauernregel zusammenfasst: »Grünt die Esche vor der Eiche, hält der Sommer große Bleiche; grünt die Eiche vor der Esche, hält der Sommer große Wäsche.«
Weit verbreitet im schwäbisch-alemannischen Sprachraum ist für die Esche der Name Asch. Auf frühere Nutzung der abgeschnittenen (geschnaitelten) und in der Laube (luftdurchlässiger Anbau ans Haus) getrockneten Zweige als Winterfutter für das Vieh, insbesondere für

Foto: Peter Banzhaf

Abb:
Gewöhnliche Esche, Blüten

Abb:
Gewöhnliche Esche mit Früchten

das Kleinvieh (Geißen, Schafe) gehen Namen zurück wie Geißläuberne (Geiß = Ziege) oder Gaisbom (Geißenbaum). Diese werden auch für den Feld-Ahorn oder den Maßholder (Acer campestre) verwendet.

Eselsdistel – Onopordum acanthium

Bei der Eselsdistel handelt es sich um eine sehr stattliche Distelart, die bis 2 m hoch werden kann. Die zweijährige, stark verzweigte, spinnwebig grau behaarte Pflanze aus der Familie der Korbblütler (Asteraceae, früher Compositae) besitzt einen breit stachelig geflügelten Stängel mit großen fiederteiligen, stachelig gezähnten Blättern. Die 3–5 cm großen Blütenköpfe bestehen aus kräftig bedornten Hüllblättern und hellpurpurnen Röhrenblüten.

Die Eselsdistel wächst selten und unbeständig in Wärme- und Trockengebieten in Unkrautgesellschaften an Schuttplätzen, Dämmen und Wegrändern auf mäßig trockenen, nährstoffreichen Böden. Gelegentlich wird sie in Gärten als imposante Zierpflanze verwendet.

Die Pflanze enthält Bitterstoffe (z.B. Onopordopicrin), Flavonoide, Gerbstoffe und Cumarin. In der Volksheilkunde wurde sie früher als verdauungsförderndes Mittel gegen Gallenleiden und Husten, der Saft der Blätter äußerlich zur Behandlung von Ausschlägen und Geschwüren angewandt. In der Schulmedizin wird die Pflanze nicht verwendet.

Es war schon Plinius (lateinischer Schriftsteller 23–79 n. Chr.) und Dioskurides (griechischer Arzt im 1. Jh. n. Chr.) bekannt, dass Esel nach Verzehr der Distel Blähungen bekommen, was sich im Namen Onopordum = Eselswind niedergeschlagen hat und im Schwäbischen einfach Eselsfurz heißt. Außerdem gibt es die schwäbischen Namen Sche(r)tele (sonst für Wiesenkerbel, Anthriscus sylvestris, und andere Schirmblütler verwendet, siehe dort) oder Wüllen Sche(r)tele.

Futter-Esparsette – Onobrychis viciifolia

Der 30–70 cm hoch werdende Stängel dieses Schmetterlingsblütlers (Familie Fabaceae, früher Papillionaceae) wächst aufrecht oder aufsteigend. Die unpaarig gefiederten Blätter bestehen aus 7–14 Fiederpaaren und einem Endblatt. Die rosa, dunkelrot gestreiften Blüten stehen in aufrechten, ährigen Trauben. Die Flügel der Blütenkrone sind kürzer als die Kelchzipfel, das Blütenschiffchen ist kürzer als die Blütenfahne.

Die Futter-Esparsette ist eine alte Kulturpflanze und wurde in Süddeutschland seit dem 16. Jahrhundert feldmäßig angebaut. Sie verwilderte und ist heute fest eingebürgert. Sie kommt häufig in Kalk-Magerwiesen (Mähder) auf mäßig trockenen, mageren, meist kalkhaltigen Böden vor. Sie ist auch Rohbodenpionier und Bodenverbesserer. Als Tiefwurzler kann sie bis 4 m Tiefe wurzeln. Insofern war sie früher vor allem in Trockengebieten und auf Trockenstandorten eine wertvolle, sichere und geschätzte Futterpflanze. Nicht umsonst hieß es früher im Schwäbischen, wenn man einem anderen Bauern missgünstig war: »Dem sollte man 6-spännig über de Esperacker fahre!«

Im 18. Jahrhundert wurde Esparsettenanbau durch den Luzernenanbau (Medicago sativa) verdrängt, auf den folgte der Anbau von Rotklee (Trifolium pratense) und anderer Kleearten.

Schwäbische Namen für die Futter-Esparsette sind Esper oder Eschber, Esperklee, Gockele(r) nach der Blütenfarbe, Hase(n)mäule.

Nah verwandt mit der Futter-Esparsette ist die heimische **Berg-Esparsette (Onobrychis montana)**, die z.B. in den Hochlagen der Schwäbischen Alb vorkommt. Bei ihr wird der Stängel nur 15–40 cm lang und ist niederliegend bis aufsteigend. Die unpaarig gefiederten Blätter bestehen nur aus 3–7 Fiederpaaren. Die Blüten sind lebhaft rot, die Flügel der Blütenkrone ungefähr so lang wie die Kelchzipfel und das Blütenschiffchen ist länger als die Blütenfahne.

Färberkamille – Anthemis tinctoria

Sie ist eine 20–60 cm hoch werdende Pflanze aus der Familie der Korbblütler (Asteraceae, früher Compositae). Oberwärts ist sie meist verzweigt und graufilzig behaart. Die Blätter sind ein- bis zweifach fiederschnittig mit schmal-lanzettlichen, stachelspitzigen Zipfeln. Die Blütenköpfe stehen einzeln auf langen Stielen. Im Gegensatz zu anderen Hundskamillenarten (Anthemis spec.) sind auch bei der Färberkamille nicht nur die inneren Röhrenblüten sondern auch die äußeren Zungenblüten gelb.

Die Blütenköpfe enthalten einen gelben Farbstoff, der zum Gelbfärben verwendet wurde. Deshalb wurde die Färberkamille früher auch feldmäßig angebaut. Heute ist sie eine Wanderpflanze entlang von Eisenbahnlinien. Natürlich kommt sie selten aber gesellig an trockenen Orten in Trockenrasen und an Felsen vor. Ruderal besiedelt sie Böschungen und Dämme.

Auf die Verwendung als Färbepflanze gehen die schwäbischen Namen Gel(b)färber, Färberblu(e)m oder Färberringele (Ringele = Garten-Ringelblume, Calendula officinalis) zurück. Der Name Becke(n)ringele rührt daher, dass die Blüten den Bäckern die gelbe Farbe für die Beize der Laugenbretzeln lieferten.

Foto: Verena Mueller

Faulbaum – Frangula alnus

Der Faulbaum aus der Familie der Kreuzdorngewächse (Rhamnaceae) ist ein bis 4m hoch werdender, sommergrüner Strauch. Die Rinde älterer Sträucher ist graubraun und durch weißgraue Korkwarzen ausgezeichnet. Im Unterschied zum Kreuzdorn (Rhamnus cathartica, siehe dort) weisen die Zweige keine Dornen auf. Die wechselständigen, eiförmig-elliptischen Blätter sind dünn und ganzrandig. Die unscheinbaren, grünlichweißen Blüten stehen in blattachselständigen Trugdolden. Die Frucht ist eine beerenähnliche Steinfrucht, die anfangs grün, dann rot und bei der Reife schwarz ist.

Der Faulbaum wächst vor allem in Weiden-Bruchgebüschen, auch in Birkenmooren und Erlen-Bruchwäldern auf staufeuchten bis staunassen, mageren und basenarmen Torf-, Sand- und Lehmböden.

Der Faulbaum enthält in Rinde, Blättern und in den Früchten verschiedene Glykoside, Alkaloide und Gerbstoffe, die mehr oder weniger giftig sind. Der Genuss frischer Rinde oder der beerenartigen Früchte führt zu Übelkeit, Erbrechen, Koliken bis zu blutigen Durchfällen und Kollapszuständen. Nur noch selten wird wegen den Nebenwirkungen die getrocknete Rinde bei Verstopfung als Abführmittel verwendet. Von der in der Volksheilkunde beschriebenen Anwendung zur Blutreinigung, Gewichtsabnahme und als Abortivum wird dringend abgeraten.

Wegen des unangenehmen Geruchs wird volkstümlich der Faulbaum als Stinker oder Hundsbaum, wegen der stark abführenden und giftigen Wirkung als Scheißbe(e)r bezeichnet. Auf das mürbe Holz gehen die Bezeichnungen Faulbaum oder Faulholz, auf die Früchte der Namen Zapfe(n)holz zurück. Schließlich brachte die frühere Verwendung von Faulbaum-Holzkohle zur Schießpulverherstellung den Namen Pulverholz ein.

Foto: Peter Banzhaf

Abb:
Faulbaum, Blüten

Abb:
Faulbaum, Früchten

Österreichisches Federgras – Stipa eriocaulis ssp. austriaca

Als Felsefa(h)n wird das besonders geschützte Österreichische Federgras (Familie der Süßgräser, Poaceae, früher Gramineae) im Schwäbischen bezeichnet. Es kommt selten in Pfingstnelken-Fluren auf schwer zugänglichen Felsbändern im Oberen Donautal vor. Es spielte dort die gleiche Rolle wie das Edelweiß in den Alpen. Es hat hier die einzigen Wuchsorte in Deutschland und ist durch Gämsen und Kletterer stark gefährdet.

Rote Fetthenne – Sedum telephium

Die zu den Dickblattgewächsen (Crassulaceae) gehörende, ausdauernde Rote Fetthenne ist völlig kahl und kann 20–50 cm hoch werden. Die flachen Blätter sind fleischig, über 1cm breit und gezähnt. Die purpurroten Blüten besitzen 5 Kronblätter mit einer Länge von 4–5 mm. Sie sind kurz gestielt und sitzen in dichten Trugdolden.

Die Pflanze kommt nicht selten in Pioniergesellschaften, im Saum von Gebüschen, auf (Lese-)Steinwällen und -schutt, und nur noch selten in Äckern auf mäßig trockenen, meist steinigen Lehmböden vor. Sie wird oft in Gärten als Zierpflanze kultiviert und verwildert daraus.

Die Rote Fetthenne enthält Flavonoide, organische Säuren, Schleime und in geringen Mengen Alkaloide. Sie wird heute kaum noch angewandt. In der Volksheilkunde wurde sie, so vor allem der Saft als Wund- und Schmerzmittel bei inneren und äußeren Verletzungen, Schwellungen und Hautausschlägen verwendet.

Schwäbische Namen sind ihrer Gestalt wegen Fettkraut oder Fettwurz, wegen der Verwendung des Saftes gegen Warzen Warzekr(a)ut, wegen der angenommenen Heilwirkung bei Brüchen Bruchkr(a)ut oder bei Hämorrhoiden (schwäbisch Goldader) Goldaderkr(a)ut. Des unangenehmen Geruchs wegen wird sie auch als Wilde Stinkete bezeichnet.

Foto: Wolfgang Herter

Frühlings-Fingerkraut – Potentilla neumanniana

Das ausdauernde, sehr früh im Jahr (März bis April) blühende Frühlings-Fingerkraut (Familie der Rosengewächse, Rosaceae) besitzt 5-teilige, gefingerte Grundblätter. Die Teilblättchen sind kurz gestielt, 1–2 cm lang, behaart und haben jederseits 2–4 stumpfe Zähne. Der Blattstiel ist ebenfalls behaart. Der 5–15 cm hoch werdende Stängel ist liegend bis aufsteigend, locker abstehend behaart und oben verzweigt. Die 1–2 cm breiten, 5-zähligen Blüten sind gelb. Die Pflanze hat kurze, oberirdische Kriechtriebe und kann deshalb Rasen bilden.

Das Frühlings-Fingerkraut kommt häufig an sonnigen, felsigen Hängen und Felsköpfen, an Dämmen und Wegen in Kalk-Magerrasen und in Kiefern-Trockenwäldern auf warmen, mäßig trockenen, basenreichen, kalkreichen und -armen Böden vor.

Das Frühlings-Fingerkraut wird im Schwäbischen als Klei(ne)s Schmalzblü(e)mle oder Schmalzkächele bezeichnet im Gegensatz zu den großblütigen Schmalzblu(e)me wie Sumpf-Dotterblume oder Trollblume (siehe dort). Angeblich soll die Pflanze bei Wespenstichen helfen, worauf der Name Wespeblu(e)m zurückgeht.

Gänse-Fingerkraut – Potentilla anserina

Das Gänse-Fingerkraut (Familie der Rosengewächse, Rosaceae) ist eine niederwüchsige Pflanze mit lang kriechenden (bis 50 cm) Stängeln, die sich an den Knoten bewurzeln und neue Pflanzen bilden. Die rosettigen Grundblätter sind unterbrochen gefiedert, die Fieder tief gesägt, bis 20 cm lang und unterseits seidenhaarig weiß. Die gelben Blüten sind verhältnismäßig groß (bis 2,5 cm im Durchmesser) und stehen einzeln auf langen Stielen.

Die salzertragende Pflanze kommt als Kriechpionier verbreitet in Pionierrasen an Weg- und Straßenrändern, Ufern, in Dörfern und ihrer Umgebung, in Gänseweiden auf frischen und staufeuchten, nährstoffreichen, dichten Böden vor. Sie ist ein ausgesprochener Nährstoff-, Bodenverdichtungs- und Feuchtezeiger.

Das Gänse-Fingerkraut ist eine alte Heilpflanze. Wegen ihres Gehalts an Gerbstoffen, Glykosiden, Flavonoiden, Cumarinen und unbekannten krampflösenden Stoffen wurde es früher bei Durchfallerkrankungen, als Gurgelmittel bei Entzündungen der Mund- und Rachenschleimhaut, als krampfstillendes Mittel und äußerlich bei schlecht heilenden Wunden angewandt, so vor allem der Aufguss der getrockneten Blüten. Es wurde auch gegen die Mauche (Fußgeschwulst des Viehs) eingesetzt.

Im Schwäbischen gehen Namen wie Silberkraut (nach der silbrigen Blattunterseite) oder Scharch, Schar(t)ele (Scharte nach den gesägten Fiedern) auf die Blätter, Ga(n)skraut und Gä(n)sgras auf das Vorkommen auf Gänseweiden und Krampfkraut und Mauchskraut auf die früher angenommene Heilwirkung zurück.

Foto: Verena Mueller

Gewöhnlicher Flieder – Syringa vulgaris

Der 2–6 m hoch werdende Strauch aus der Familie der Ölbaumgewächse (Oleaceae) besitzt breit eiförmige, am Grunde herzförmige, 10–15 cm lange Blätter. Die vierzipfligen, violetten, manchmal auch rötlich oder weißen Blüten stehen in dichten, 10–20 cm langen Blütenrispen. Der Strauch ist ein Intensivwurzler und stark ausläufertreibend.

Der Gewöhnliche Flieder stammt ursprünglich aus Südosteuropa und wird seit dem 16. Jahrhundert, heute in zahlreichen Sorten und Hybriden in Gärten und Parks angepflanzt. Gelegentlich ist er in Hecken und Gebüschen verwildert, z. B. in Haigerloch.

Im Schwäbischen gibt es Namen für den Flieder, die sich vom lateinischen Syringa ableiten wie Siringe, Ziring(e) oder Zirang. Ursprünglich galt der Name Flieder für den Schwarzen Holunder oder Holder und Holler (Sambucus nigra, siehe dort). Umgekehrt wurde dann dieser Name nach Einführung des Gewöhnlichen Flieders auf diesen übertragen, wie Blauer Holder, oder wegen seiner ausländischen Herkunft Welscher, Spanischer und Türkischer Holder bzw. Holler. Auf die Blütezeit im April bis Mai spielen folgende volkstümlichen Namen an: Blauer Bluest (Blu(e)st = Blüte oder Blütezeit), Maie, Maiele, Maieblümle, Mairösle, Himmelfahrte- oder Pfingstbluem, Pfingst-Maie und Pfingstblu(e)st. Weil der Duft des Gewöhnlichen Flieders dem Duft der Nägele (Nelken) oder dem der Gewürznelken (Eugenia caryophyllata, benannt nach Prinz Eugen, der ein eifriger Förderer der Botanik war) entspricht, erhielt er auch die schwäbischen Namen Geßnägele, Himmelfahrts- oder Auffahrtsnägele, Pfingstnägele.

Foto: Verena Mueller

Wiesen-Flockenblume – Centaurea jacea
Skabiosen-Flockenblume – Centaurea scabiosa

Der Volksmund unterscheidet diese beiden Flockenblumen nicht und benennt sie mit den gleichen Namen. Sie gehören zu den Korbblütlern (Familie Asteraceae, früher Compositae) und sind ausdauernd. Die Blütenknospen und -köpfe sind ziemlich groß. Sie bestehen aus Röhrenblüten, wobei die randlichen zur Erhöhung des Auffälligkeit vergrößert und geschlechtslos sind. Die Hüllblätter des Blütenkopfs endigen mit einem trockenhäutigen, fransig zerteiltem Anhängsel.

Der aufrechte, einfache oder nur über der Mitte verzweigte Stängel der **Wiesen-Flockenblume** kann bis 80 cm hoch werden. Die unteren Blätter sind lanzettlich und in den Stiel verschmälert, die mittleren und oberen mit abgerundetem Grund sitzend. Die braunen Hüllblattanhängsel lassen die Knospen perückenartig aussehen. Die Röhrenblüten sind rotviolett. Die Wiesen-Flockenblume wächst verbreitet in Wiesen auf mäßig trockenen bis feuchten, nährstoff- und basenreichen Böden.

Der aufrechte, erst im oberen Teil in mehrere aufrecht abstehende, meist ziemlich lange Äste geteilte Stängel der **Skabiosen-Flockenblume** kann bis 120 cm hoch werden. Die Blätter sind 1–2 fach fiederschnitig bis fast fiederig, die unteren in den geflügelten Stiel verschmälert, die oberen sitzend. Die Blütenköpfe sind bis 6 cm breit, ihre Röhrenblüten trüb purpurn. Die Skabiosen-Flockenblume wächst nicht selten in Kalk-Magerwiesen (Mähder) auch in mäßig trockenen Glatthafer-Wiesen, auf sommerwarmen, mäßig trockenen, meist kalkreichen Böden.

Im schwäbischen Volksmund werden beide Arten wegen ihrer dicken Knospen mit einem Schlägel (schwäbisch Schlegel) verglichen, dem Bergmannshammer, der aber auch auf andere Geräte übertragen wird, die am Stielende einen Schlagkopf tragen, wie z.B. Trommelschlägel. Solche schwäbischen Namen sind: Trommelschlegel, Pauke(n)schlegel, Balkenschlegel, Avemariaschlegel (Schlägel der Glocke, die das Avemaria läutet), Donnerschlegel, davon abgeleitet Dorschlegel oder Dornschlegel. Auf die Größe der Knospen- und Blütenköpfe beziehen sich die Namen Rosskopf oder Donnerkopf.

Foto: Peter Banzhaf

Abb:
Wiesen-Flockenblume

Abb:
Skabiosen-Flockenblume

Flügelginster – Chamaespartium sagittale, früher: Genista sagittalis

Die ausdauernde, im Mai bis Juni blühende Pflanze aus der Familie der Schmetterlingsblütler (Fabaceae, früher Papilionaceae) ist ein kleiner Halbstrauch mit verholzter, kriechender Grundachse und zahlreichen, aufrechten, meist unverzweigten, krautigen, 10–20 cm hoch werdenden Stängeln, Diese besitzen kleine, spitzeiförmige Blättchen, die früh abfallen. Dafür sind die Stängel abgeflacht und geflügelt, und damit blattähnlich. Der Blütenstand ist endständig, traubig und besteht aus 5-16 dicht gedrängten, gelben Blüten.
Der Flügelginster kommt verhältnismäßig häufig in sauren Magerrasen und sauren Ausbildungen von Kalk-Magerrasen auf mehr oder weniger nährstoffarmen , mäßig sauren aber basenreichen Böden vor.
Volkstümlich wird der Flügelginster mit dem Besenginster (Ramse, Pfriem, siehe dort) verglichen, der ebenfalls hinfällige Blättchen aufweist, und deshalb als Ramsele oder Pfriemle bezeichnet wird.

Gewöhnliche Frauenmäntel – Alchemilla vulgaris agg.

Die ausdauernden Gewöhnlichen Frauenmäntel (Familie der Rosengewächse, Rosaceae) sind eine vielgestaltige, oft schwierig zu bestimmende Artengruppe mit sehr zahlreichen Kleinarten. Allen gemeinsam sind die nieren- bis kreisförmigen grundständigen Blätter. Diese besitzen 7–11 halbkreisförmige, gezähnte, höchstens bis auf ein Drittel der Blattspreite eingeschnittene Lappen. Die Blattoberfläche ist oft etwas gefaltet. Der Blattstiel ist ziemlich lang. Die kleinen, gelbgrünen Blüten bilden knäuelig-rispige Blütenstände. Sie weisen 4 äußere und 4 innere Kelchblätter, 4 Staubblätter und einen vom Kelchbecher umschlossenen Fruchtknoten auf.

Die Gewöhnlichen Frauenmäntel besiedeln ganz unterschiedliche Standorte und kommen deshalb in unterschiedlichen Pflanzengesellschaften vor, so vor allem in Wiesen und Weiden der Berglagen, aber auch in Säumen, Hochstaudenfluren und Trittgesellschaften.

Die Pflanzen enthalten Gerbstoffe, Flavonoide, Bitterstoffe und wenig ätherische Öle. Als Droge verwendet werden die getrockneten oberirdischen Teile der Pflanze. Auf Grund des Gerbstoffgehalts wird die Droge als Tee bei Durchfallerkrankungen, als Gurgelwasser, Badezusatz und Wundheilmittel angewandt. In der Volksheilkunde wurde sie auch bei Frauenleiden verwendet, daher der Name. Der lateinische Name Alchemilla geht darauf zurück, dass die in den Blättern gesammelten, silbrig glänzenden Tautropfen von den mittelalterlichen Alchemisten als himmlisches Wasser zur angeblichen Herstellung von Silber verwendet wurden.

Von Frauenmantel abgeleitet sind volkstümliche Namen wie Marienmäntele oder -kr(a)ut und Märgemäntele (Märge = Maria) oder -krut. Die Blätter werden hin und wieder mit einem Regenschirm verglichen, worauf der Name Regedächle zurückgeht. Die silbrigen Tautropfen an und in den Blättern gaben der Pflanze die Namen Tauschüssele, Schüsselkr(a)ut und Silbertau.

Foto: Verena Mueller

Frauenschuh – Cypripedium calceolus

Die besonders geschützte, ausdauernde, 20–50 cm hoch werdende Pflanze besitzt einen einfachen Stängel mit 3–4 großen Blättern und 1–2, selten 3 großen Blüten. Diese sind die größten aller europäischen Knabenkräuter (Familie Orchidaceae) und bestehen aus einer schuhförmigen aufgeblasenen großen gelben Lippe und weiteren, 3–4 cm langen, purpurbraunen Blütenblättern. Die aufgeblasenen Lippe stellt für Insekten eine Kesselfalle dar, aus der sie erst nach erfolgter Bestäubung entlassen werden. Im Gegensatz zu anderen Orchideen weist der Frauenschuh keine Wurzelknollen sondern einen Wurzelstock auf. Der Frauenschuh kommt selten, aber meist gesellig in mehr oder weniger lichten, artenreichen Laub- und Nadelwäldern, auch in Nadelholzforsten auf kalkhaltigen, basenreichen, gern modrig-humosen Böden vor. Trotz besonderem Schutz ist die attraktive Pflanze durch Pflücken und Ausgraben gefährdet.

Der lateinische, von Linné geprägte Name geht in seinem ersten Teil auf Kypris zurück, dem Beinamen der Aphrodite (lateinisch Venus) nach ihrer alten Kultstätte in der Stadt Paphos auf Zypern, der zweite Namensteil vom lateinischen Pes, Genitiv pedis = Fuß. Schließlich bedeutet der Artnamen calceolus einen kleinen Schuh oder Pantoffel, was sich auf die schuhförmige, aufgeblasenen Lippe bezieht. Der Name bedeutete ursprünglich Schuh der Aphrodite oder Venusschuh. Daraus wurde im christlichen Bereich Marien- oder Frauenschuh.

Davon leitet sich im Schwäbischen die Namen Muttergottesschü(h)le, Herrgottsschü(h)le, Pfaffenschühle (Pfaff = Pfarrer) oder etwas salopp Pfaffaschlappe und Pfaffe(n)säckel (Vergleich der Lippe mit einem Beutel) ab. Weitere Namen sind Pantoffelblu(e)m, Kapuziner (Vergleich der Lippe mit der Kapuze der Kapuziner), Schneckeblu(e)m (Vergleich der Lippe mit einem Schneckenhaus) oder Schäppele (Vergleich der Lippe mit einer Frauenhaube: siehe bei Efeu).

Garten-Fuchsschwanz – Amaranthus caudatus

Die einjährige Pflanze (Familie der Amarantgewächse, Amaranthaceae) wird 30–80 cm hoch. Wegen den auffallend großen und roten blattachsel- und endständigen Scheinähren wurde sie früher (seit dem 16. Jahrhundert) in Bauerngärten und Friedhöfen ziemlich häufig angepflanzt. Nach einer Zeit des Rückgangs ist sie neuerdings wieder in Mode gekommen und wird wieder häufiger in Gärten und Parks als Zierpflanze verwendet. Die vermutlich aus Südamerika stammende Pflanze kommt gelegentlich verwildert auf Müllplätzen vor.
Schwäbische Namen für den Garten-Fuchsschwanz sind Ha(h)nekamm, Gockeler- oder Gückelkamm, Katzeschwanz, Würstle.

Gänseblümchen – Bellis perennis

Das Gänseblümchen ist ein kleiner, nur bis 15 cm hoch werdender Korbblütler (Familie Asteraceae, früher Compositae) mit einer dem Boden angeschmiegten Blattrosette. Aus dieser erheben sich meist mehrere Stängel, die jeweils nur einen Blütenkopf tragen. Dieser besitzt in der Mitte gelbe Röhrenblüten, um die ein Kranz von weißen Zungenblüten steht. Diese sind oft rot angelaufen. Die gefüllte Gartenform wird als Maßliebchen oder Tausendschön bezeichnet.

Das Gänseblümchen fehlt kaum in einer Wiese, wächst aber in dieser mehr vereinzelt, da die niederwüchsige Pflanze zwischen den hochwüchsigen Gräsern und Kräutern wenig Licht erhält. Anders ist es in niederwüchsigen Viehweiden, da kann sich die Pflanze kräftig ausbreiten. Dies gilt insbesondere für Gänseweiden (Gänseanger), die meist neben einem Fließgewässer, Dorfweiher oder Dorfteich (Wette) lagen, woher die Pflanze auch ihren Namen hat.

Im Schwäbischen wurde aus dem Gänseblümchen ein Gas- oder Gäsblüemle, woraus im schwäbisch-alemannischen Raum Gaisblüemle wurde (irrtümlich als Geißblüemle geschrieben; der Name hat nichts mit Geißen = Ziegen zu tun). Weitere Namen sind Ga(ä)sveigele (Veigele = Veilchen als Symbol für die frühe Blütezeit; entsprechend Gelveigele für Goldlack) oder Ga(ä)sringele (Ringele = Ringelblume). Auf das ganzjährige Blühen spielen die Namen Monatsblüemle oder Monaterle an (entsprechend wie bei der Monatserdbeere). Eine ganz andere Herkunft hat der Name Muzelein, der sich von Munz (Munzel, Munsele, Münsele, Mu(ü)zerle) ableitet, einer schmeichelnden Bezeichnung einer Katze. Der Name Marienblüemle kommt im 16. Jahrhundert auf und ist wohl hauptsächlich kirchlichen Ursprungs. Er nimmt Bezug auf die Legende, nach der sich die heilige Maria als sie für das Jesuskind Gänseblümchen pflückte, am Finger verletzte; von dem herabtropfenden Blut haben die weißen Zungenblüten den roten Rand erhalten. Früher flochten Kinder aus den Stängeln und Blüten Kränzchen, worauf die Namen Kränzlesbluem und Kindsblüemle zurückgehen.

Übrigens ist das Gänseblümchen essbar. Die jungen Blätter der Blattrosette ergeben einen rezenten Salat. Die Blütenköpfe auf einen Salat gelegt, verzieren diesen nicht nur, sondern bereichern diesen um eine besondere Geschmacksnote. Die geschlossenen Knospen können eingelegt und als Kapernersatz verwendet werden.

Foto: Verena Mueller

Kohl-Gänsedistel – Sonchus oleraceus

Der einjährige Korbblütler (Familie Asteraceae, früher Compositae) besitzt einen kräftigen, hohlen Stängel, der oberwärts meist verästelt ist. Die hellblaugrünen, matten und weichen Blätter sind fiederteilig, spitz gezähnt aber kaum stechend, am Blattgrund breit stängelumfassend. Die Blütenköpfe bestehen aus gelben Zungenblüten. Die Früchte tragen eine weiße Haarkrone (Pappus).

Die Kohl-Gänsedistel ist ein alter Kulturbegleiter. Sie kommt verbreitet in Unkrautfluren an Wegen, Schuttplätzen, Mauern, in Äckern und Gärten auf nährstoff-(stickstoff-)reichen, mehr oder weniger frischen Böden vor. Früher war sie eine Gemüsepflanze, deren Blätter als Salat oder Spinat verzehrt wurden.

Der Volksmund unterscheidet meist nicht zwischen der Kohl-, der Rauen- (Sonchus asper, mit stechend gezähnten Blättern) und der Acker-Gänsedistel (Sonchus arvensis, mit stechend gezähnten Blättern, ausdauernder Wurzelkriecher). Deshalb gelten die folgenden schwäbischen Namen meist auch für alle drei Arten. Die Verwendung der Kohl-Gänsedistel als Gemüsepflanze brachte ihr den Namen Musdistel, der stark milchende Stängel die Namen Milchdistel, -kr(a)ut und -stock ein. Auf den Wuchsort des Unkrauts gehen die Namen Egerte(n)distel (Egert = unbebautes Land), Saudistel und Schwei(n)distel zurück. Die Verwendung der Blätter als Futter für junge Gänse führte zum Namen Gänsedistel, schwäbisch Ga(n)sdistel. Schließlich wurde mit den Namen Maddistel (mad = matt, kraftlos) und Maredistel (mittelhochdeutsch mar = mürb) auf die weichen Stacheln der Art im Gegensatz zu den Disteln (Carduus-Arten) und Kratzdisteln (Cirsium-Arten, siehe dort) eingegangen.

Foto: Verena Mueller

Stinkender Gänsefuß – Chenopodium vulvaria

Diese nur 10–20 cm hoch werdende, einjährige Pflanze aus der Familie der Amarantgewächse (Amaranthaceae, früher eine eigene Familie der Gänsefußgewächse, Chenopodiaceae bildend) besitzt niederliegende Stängel, ist graugrün und dicht mit Mehlstaub belegt. Die dicklichen Blätter sind rautenförmig, 1–2 cm lang und meist ganzrandig. Die Blütenstände sind end- und blattachselständig und bestehen aus ährig angeordneten Knäueln.

Die wärmebedürftige Art war einst in Dörfern der warmen Tieflagen an Wegen, Zäunen, Mauern, Kandeln und Hühnerausläufen auf sehr nährstoffreichen, meist ammoniakalischen Böden ziemlich verbreitet. Ihr Vorkommen sind enorm zurückgegangen und heute ist sie vom Aussterben bedroht.

Die Pflanze riecht unangenehm nach Heringslake (Trimethylamin). Darauf beziehen sich alle volkstümlichen schwäbischen Namen wie Stinker, Stinkerne, Fotzenkraut oder Stinkende Hure.

Foto: Wolfgang Herter

Acker-Gauchheil – Anagallis arvensis

Kleines, niederliegendes bis aufsteigendes Kraut mit vierkantigen Stängeln aus der Familie der Primelgewächse (Primulaceae). Die Blätter sind eiförmig bis lanzettlich, 0,5–2 cm lang, gegenständig und kahl. Die Blüten sitzen einzeln auf langen Stielen, die länger sind als das zugehörige Blatt. Die ziegelrote, selten blaue (var. azurea) Blütenkrone ist fast bis zum Grunde geteilt mit fünf flach ausgebreiteten Zipfeln. Die Frucht ist eine kugelige Kapsel.

Der Acker-Gauchheil kommt häufig in Unkrautgesellschaften gehackter Äcker, in Gärten und Weinbergen, aber auch in Getreideäckern oder an Schuttplätzen auf frischen, nährstoffreichen Böden vor.

Die Pflanze enthält Glykoside, Flavonoide und Gerbstoffe. Als Droge werden die frischen, oberirdischen Teile der Pflanze zur Blütezeit verwendet. In der Schulmedizin hat die Art keine Bedeutung. In der Volksheilkunde wurde das getrocknete Kraut trotz seiner Giftigkeit gegen Husten, als harntreibendes Mittel, bei Warzen, Gelenkschmerzen, bei Leber- und Nierenerkrankungen verwendet. Aus heutiger Sicht muss vor diesen Anwendungen abgeraten werden.

Schwäbische Namen gehen auf die Blütenfarbe (Blutströpfle, Roter Hühnerdarm, Roter Augentrost, Rotes Katzeäugle), auf die späte Aufblühzeit gegen 9 Uhr am Morgen (Neunerblüemle, -kraut, Faule Lies), auf die Tatsache, dass die Blüten bei Regen geschlossen sind (Schönwetterblümle) zurück.

Foto: Verena Mueller

Geißbart – Aruncus dioicus

Die bis zu 2 m hoch werdende, ausdauernde Staude gehört zur Familie der Rosengewächse (Rosaceae). Sie besitzt sehr große, 2-3-fach gefiederte Blätter. Der bis 50 cm lange, rispige Blütenstand überragt die Pflanze und hängt zuletzt über. Er weist sehr zahlreiche kleine, weiße, eingeschlechtliche Blüten auf (weibliche und männliche Blüten auf verschiedenen Pflanzen). Die Balgfrüchte sind mehrsamig.

Der Geißbart kommt in luftfeuchten Berglagen in Schluchtwäldern, an Bächen, an schattigen Berghängen und in Hochstaudenfluren auf sickerfrischen bis -feuchten, nährstoffreichen, vorzugsweise kalkarmen Böden vor. Der Geißbart wird gerne in Gärten als Zierstaude angepflanzt.

Die giftige Pflanze enthält Saponine und Glykoside. In der Volksheilkunde wurde früher das getrocknete Kraut bei Fieber und Frauenleiden, sowie als zusammenziehendes (Adstringens) oder als stärkendes Mittel (Tonikum) angewendet.

Der Name Geißbart wie auch die weiteren schwäbischen Namen wie Bocksbart, Geißwedel oder Weihwedel beziehen sich alle auf den rispigen Blütenstand. Der Name Geißleiterle geht auf die Gestalt der Blätter zurück. Weil früher der Korb zum Fassen von Bienenschwärmen mit den Blättern des Geißbarts ausgerieben wurden, gibt es auch die Namen Immekr(a)ut oder Bienlekr(a)ut.

Wald-Gelbstern – Gagea lutea, früher: Gagea sylvatica
Acker-Gelbstern – Gagea villosa, früher: Gagea arvensis

Bei den Gelbsternen handelt es sich um kleine Liliengewächse (Familie Liliaceae) mit Zwiebeln zum Überwintern. Die verhältnismäßig kleinen (unter 3 cm Breite), sternförmig ausgebreiteten gelben Blüten stehen zu mehreren in doldigen Blütenständen, Die Blüten bestehen aus 6 Blütenblättern, die in 2 gleichgestalteten Kreisen angeordnet sind, 6 Staubblättern und einem Fruchtknoten. Die Frucht ist eine 3fächerige, vielsamige Kapsel.

Der **Wald-Gelbstern** wird 10–25 cm hoch und besitzt nur ein 0,5–1 cm breites, flaches Blatt mit kapuzenförmiger Spitze. Die Blütenstiele und die Außenseite der Blütenblätter sind kahl. Die Pflanze wächst zerstreut in Laubwäldern auf sickerfeuchten, nährstoffreichen, humosen Böden gerne zusammen mit Bär-Lauch, (Allium ursinum) und dem Gelben Windröschen (Anemone ranunculoides). Die Pflanze enthält in den Zwiebeln Flavonoide, die früher in der Volksheilkunde in Form von Pflastern bei Geschwüren angewandt wurden. Schwäbische Namen wie Goldstern, (G)Ilgenstern beziehen sich auf die sternförmigen Blüten oder auf die frühe Blütezeit im März bis Mai: Gel(b)e Fastenblu(e)m und Märzestern.

Der **Acker-Gelbstern** ist dem Wald-Gelbstern sehr ähnlich. Er wird aber nur 5–15 cm hoch und besitzt zwei schmal lineale, 1–2 mm breite, flache bis rinnige Grundblätter. Die Blütenstiele und die Außenseiten der Blütenblätter sind mehr oder weniger flaumig behaart. Der wärmebedürftige Acker-Gelbstern ist selten in Äckern und Weinbergen auf mäßig trockenen, nährstoffreichen Böden zu finden. Seine kleinen Zwiebelchen wurden früher im Frühjahr eingelegt gegessen. Darauf gehen die schwäbischen Namen Wilder Knoblich, Himmelbrod, Himmelgerst (die kleinen Zwiebelchen werden mit einem Gerstenkorn verglichen) und Hasenbrod zurück.

Foto: Verena Mueller

Abb:
Wald-Gelbstern

Foto: Peter Banzhaf

Abb:
Acker-Gelbstern

Giersch – Aegopodium podagraria

In meist schattigen Streuobstwiesen (Obstgärten), aber auch an anderen halbschattigen Orten wie Hecken- und Waldrändern und an Gartenzäunen begegnet man dem meist in großen Herden auftretenden Giersch (ein alter, seit dem 12. Jahrhundert belegter Eigenname). Er ist ein ansehnliches, bis ungefähr 90 cm hoch werdendes Doldengewächs (Familie Apiaceae, früher Unbelliferae) mit tief in den Boden eindringenden (bis rund 50–60 cm) Ausläufern und saftigen, hohlen Stängeln. Die unteren Blätter sind 3-zählig gefiedert (daher der Name Dreifuß) und werden mit den Fußabdrücken von Tieren verglichen: Geißfuß (Übersetzung der griechischen Wörter aíx, aígos = Ziege und pódion = Füßchen), auch als Geißtritt, Hirschtritt, Hirschstampfete oder einfach Geißekraut bezeichnet. Der Blütenstand ist eine 15–25 strahlige Dolde mit weißen Blüten.

Die Pflanze wächst auf nährstoffreiche, frischen Böden. In den Obstgärten kommt sie gern im Bereich der Kronentraufe der Bäume vor, weshalb sie auch den Namen Baumtropfe trägt. Ob der schwäbische Name Schättele sich von den halbschattigen Wuchsorten ableitet, oder ob es sich um einen eigenen Pflanzennamen handelt, der auch für andere Doldengewächse verwendet wurde, ist unklar.

Der Giersch, im Schwäbischen Girsch geschrieben, ist ein lästiges Unkraut, das mit seinen Ausläufern, von denen beim Ausgraben jedes kleinste zurückbleibende Stück mit einer Seitenknospe wieder austreibt und eine neue Pflanze bilden kann. Daher ist er der Schrecken aller Gartenfreunde. Der Giersch ist ein schlechtes Futterkraut und wird vom Vieh ungern gefressen, Ausnahme Stallhasen (= Kaninchen), daher die Namen Hasenschättele oder Hasenschertele. In Wiesen ist der Giersch deshalb, und weil er andere, bessere Futterpflanzen verdrängt, unbeliebt. Es ist aber aus dem oben ausgeführten Grund schwierig, gegen ihn anzukämpfen. Laufende Mahd oder Beweidung vermögen ihn langfristig zurückzudrängen.

In der älteren Heilkunde wurde und in der Homöopathie wird der Giersch gegen (Fuß-)Gicht (Podagra, Zipperlein) und Rheumatismus angewandt. Das Wort podágra stammt aus dem Griechischen und bedeutet eigentlich Fußschlinge, abgeleitet von pús, podós = Fuß und ágra = Fang. Davon haben sich die Namen Gichtkraut, Zipperleinkraut und Podagrakraut gebildet.

Ob nun mit oder ohne Wirkung auf die Gicht, die jungen Blätter werden im Frühjahr gerne als Gemüse oder als wohlschmeckender Wildsalat zur »Frühjahrskur« verzehrt.

Kriechendes Gipskraut – Gypsophila repens

Das niederliegende bis aufsteigende, 10–25 cm hohe ausdauernde Kriechende Gipskraut aus der Familie der Nelkengewächse (Caryophyllaceae) hat zahlreiche sterile Triebe. Die bis 3 cm langen, bläulich bereiften Blätter sind lineal. Die weißen oder rosafarbenen, kleinen Blüten stehen in lockeren Blütenständen.
Die natürlichen Wuchsorte der Pflanze sind bewegte Kalkschutthalden der alpinen Stufe oder als Alpenschwemmling auf offenen Kiesbänken der Alpenflüsse. Die attraktive, reichblütige Pflanze wird häufig in Gärten als Zierpflanze angepflanzt und im Schwäbischen wie das Zittergras (Briza media) als Zitter(le) bezeichnet.

Glockenblumen – Campanula spec.

Die meist ausdauernden, seltener einjährigen Glockenblumen (Familie der Glockenblumengewächse, Campanulaceae) besitzen einzelne endständige Blüten oder rispige, traubige, kopfige Blütenstände. Die Blüten in verschiedenen Blau- oder Violetttönen sind glockenförmig mit 5 mehr oder weniger tief eingeschnittenen Zipfeln. Alle Glockenblumen haben Milchsaft.

Im schwäbischen Volksmund werden meist die einzelnen Glockenblumenarten nicht unterschieden und werden pauschal als Gloggeblu(e)me, verkürzt einfach als Glogge, Schelle oder Becher bezeichnet. Im Folgenden werden nur die Glockenblumen behandelt, die zusätzlich einen eigenen Namen aufweisen.

Nach der früheren Volksvorstellung durfte man Glockenblumen nicht pflücken, da sonst ein schlimmes Gewitter aufziehen würde, daher die schwäbischen Namen Wetterglogg oder Donnerglogg. Vermutlich geht dies auf die früher in manchen Gegenden verbreitete Wandersage zurück, dass, wenn man eine bestimmte Glocke zu einer bestimmten Zeit läute, es ein böses Gewitter oder Unwetter gäbe, oftmals nicht am Ort des Läutens sonder bei einem unbeliebten Nachbarort.

Die klassische Glockenform zeigt die ausdauernde **Rundblättrige Glockenblume (Campanula rotundifolia)**. Die 10–30 cm hohe Pflanze besitzt außer den blütentragenden Trieben auch nichtblühende. Beide haben grundständige Blattrosetten mit gestielten, rundlichen Blättern, die aber an den blütentragenden Trieben zur Blütezeit meistens schon vergangen sind. Die Stängelblätter sind schmal lanzettlich. Der Blütenstand ist mehr oder weniger reichblütig. Die 2–3 cm langen, hellblauen Blüten stehen einzeln an langen Stielen. Die rundblättrige Glockenblume kommt verbreitet in Magerrasen, Heiden und mageren Wiesen, in lichten Eichenwäldern, an Wald- und Wegrändern, in Fels- und Mauerspalten vor. Sie kann bis 120 cm tief wurzeln und ist oft ein ausgeprägter Wurzelkriecher.

Im Schwäbischen wird sie als Kleines Glöggle, Grasglöggle, Wiesenglöggle oder als Fingerhut bezeichnet.

Abb:
Rundblättrige Glockenblume

› Glockenblumen – Campanula spec.

Sehr ähnlich aber deutlich größer (30–80 cm hoch, hellblaue Blüten bis 5 cm lang) ist die ausdauernde **Pfirsichblättrige Glockenblume (Campanula persicifolia)**, die ebenfalls lanzettliche Blätter in einer grundständigen Rosette und am Stängel aufweist sowie einen kriechenden Wurzelstock. Sie wächst ziemlich häufig in lichten, besonnten Eichen-Mischwäldern, in Wald- und Gebüschsäumen, an Wegrainen auf sommerwarmen Böden. Schwäbische Namen für sie sind: Große Glogg, Waldglogg, Waldschell, Märlesglogg (Märle = Märchen), weil sie so schön ist wie in einem Märchen, weshalb sie oft als Gartenzierpflanze verwendet wird.

Anders gestaltet ist die ausdauernde, bis 80 cm hoch werdend **Nesselblättrige Glockenblume (Campanula trachelium)**. Der Stängel ist mehr oder weniger scharfkantig und wie die Blätter steif behaart. Die lang gestielten Grundblätter sind herzförmig, brennnesselartig gesägt. Die 3–4 cm großen, blauviolletten Blüten sitzen in einer allseitswendigen Traube. Die Pflanze kommt in Laub-Mischwäldern, in Hecken und Waldverlichtungen auf frischen, nährstoffreichen Böden vor. Schwäbische Namen für sie sind: Große Glogg, Waldglogg, Braune Glogg (braun bedeutet hier violett) und Fingerhut.

Ähnlich aber etwas kleiner (nur 30-60cm hoch, die blauvioletten Blüten nur 2–3 cm lang) als die Nesselblättrige Glockenblume ist die **Acker-Glockenblume (Campanula rapunculoides)**. Die Blüten sitzen bei dieser im Gegensatz zur Nesselblättrigen Glockenblume in einer einseitswendigen Traube. Die mit weitkriechenden, unterirdischen Ausläufern ausgestattete Pflanze wächst zerstreut aber gesellig in sonnigen Säumen von Wäldern und Gebüschen, an Wegrändern, am Fuße von Kalkfelsüberhängen (Balmen) und in Äckern. Hier wird sie abwertend als Rotzglogg oder Mauso(h)r bezeichnet.

Abb:
Pfirsichblättrige Glockenblume, links oben
Nesselblättrige Glockenblume, rechts oben
Acker-Glockenblume, links unten

› Glockenblumen – Campanula spec.

Von der blauvioletten Blütenfarbe her ähnlich den beiden vorgenannten Glockenblumen, in der Gestalt aber anders ist die ausdauernde **Knäuel-Glockenblume (Campanula glomerata**. Der unverzweigte Stängel mit eiförmigen bis lanzettlichen Blättern kann bis 60 cm hoch werden. Die 1,5–2,5 cm langen Blüten stehen in einem endständigen, von Hüllblättern umgebenen Kopf. Die Pflanze kommt verhälnismäßig häufig in Kalk-Magerwiesen, im Saum von Wäldern und Gebüschen, an Wegrändern in sommerwarmer Lage auf vorzugsweise kalkhaltigen Böden vor. Der schwäbische Name für sie ist Büschelschell.

Anders gestaltet als bei den bisher beschriebenen Glockenblumen sind die Blüten der zweijährigen **Wiesen-Glockenblume (Campanula patula)**. Die bis 50 cm hoch werdende Pflanze besitzt lanzettliche, in den Blattstiel verschmälerte Blätter. Der Stängel ist unverzweigt, der Blütenstand armblütig. Die lila, 1,5–2 cm langen Blüten sind weit trichterförmig und bis auf die Hälfte eingeschnitten. Die Pflanze wächst in etwas mageren Glatthafer-Wiesen, aber auch an Wegen und in Brachen. Trotz ihrer weiten Verbreitung ist diese Glockenblumenart infolge intensiver landwirtschaftlicher Nutzung mancherorts ziemlich zurückgegangen (sie wird durch starke Düngung zurückgedrängt). Auf Schwäbisch heißt sie einfach Wieseglogg.

Bei der **Rapunzel-Glockenblume (Campanula rapunculus)** sind die Blüten in Form und Farbe denen der Wiesen-Glockenblume sehr ähnlich. Die Pflanze kann aber bis 100cm hoch werden und der Blütenstand ist sehr reichblütig. Die zweijährige Art hat eine spindelige bis rübenförmige, fleischige Wurzel. Diese wurde früher als Wurzelgemüse verzehrt, woher sich der Name ableitet (Rapunzel ist allgemein die Bezeichnung für Wurzelgemüse, die für verschiedene Pflanzen verwendet wird). Sie wächst zerstreut in Halbtrockenrasen, in mageren Ausbildungen von Glatthafer-Wiesen, im Saum von Gebüschen, an Böschungen, Wegrainen und Erdanrissen auf mäßig trockenen Böden Im Schwäbischen wird sie als Rapünzlesglogg oder einfach als Rapünzle bezeichnet.

Foto: Peter Banzhaf

Abb:
Knäuel-Glockenblume, links oben
Wiesen-Glockenblume, rechts oben
Rapunzel-Glockenblume, links unten

Golddistel, Gewöhnliche Eberwurz – Carlina vulgaris

Die einjährige Golddistel (Familie der Korbblütler, Asteraceae, früher Compositae) kann bis 50 cm hoch werden. Der Stängel besitzt längliche, buchtig dornig gezähnte Blätter und ist im oberen Teil spärlich verzweigt. Die im Gegensatz zur Silberdistel (Carlina acaulis, siehe dort) deutlich kleineren Blütenköpfe (nur 2–3 cm breit) sitzen einzeln am Ende der Zweige und bestehen nur aus Röhrenblüten. Die äußeren Hüllblätter sind dornig gezähnt, die inneren strohgelb und wie bei der Silberdistel ausgebreitet (daher der Name Golddistel).

Die etwas wärmebedürftige Golddistel trifft man in Kalk-Magerwiesen und -weiden, an Weg- und Waldrändern, an Rutschungen auf mäßig trockenen, meist kalkhaltigen, oft rohen Böden (Rohbodenpionier).

Im Vergleich mit der Silberdistel wird im Schwäbischen die Golddistel oft als Kleine oder Wilde Eberwurz, als Kleine Wetterdistel und als Kleine Ägartdistel (Egart = unbebautes Land) bezeichnet. Außer Golddistel heißt sie der Blütenfarbe wegen auch Strohdistel. Fraue(n)-distel wird sie genannt, weil sie am Frauentag (Mariä Himmelfahrt am 15. August) im Kräuterbüschel geweiht wird. Die Namen Herrgottsdistel oder Herrgottsnägele gehen auf die dornenkronähnlichen Blütenköpfe zurück.

Foto: Peter Banzhaf

Goldlack – Erysimum cheiri

Der Goldlack ist ein 20–50 cm hoher, halbstrauchartiger (Stängelgrund verholzend) Kreuzblütler (Familie Brassicaceae, früher Cruciferae) mit meist verzweigtem Stängel. Dieser und die lanzettlichen Blätter sind mit anliegenden 2–4 strahligen Haaren ausgestattet. Die 15–25 mm langen Kronblätter der Blüten sind goldgelb, heute in vielen Farbvarietäten gezüchtet. Auf die goldgelben, lackartig glänzenden Blüten geht der deutsche Name zurück. Die Fruchtschoten sind 1–3 cm lang und stehen aufrecht ab.

Die Pflanze stammt ursprünglich aus dem östlichen Mittelmeergebiet und wurde schon im Altertum als Zier- und Arzneipflanze gezogen. Hier wurde sie seit dem Mittelalter als Zierpflanze kultiviert, so in erster Linie in Bauerngärten. Sie ist in der gelbblühenden Form in Wärmegebieten in Mauerfugen verwildert, so vor allem im Umkreis alter Stadt- und Burgmauern, und kann an manchen Orten als eingebürgert angesehen werden. Ein schönes Beispiel dafür findet man an der Ringmauer der Regiswindiskirche in Lauffen a. N. (vgl. Titelbild der Blätter des Schwäbischen Albvereins Heft 3/1995).

Die giftige Pflanze enthält verschiedene Senfölverbindungen und weitere fette Öle sowie ähnlich dem Roten Fingerhut (Digitalis purpurea) ein Herzgift. Nach den griechischen Ärzten Hippokrates (460 –375 v. Chr.) und Dioskurides (lebte im 1. Jahrhundert n.Chr.) war der Goldlack schon im Altertum eine beliebte Heilpflanze. Sie wurde schon damals wie auch später in entsprechenden Dosierungen eingesetzt bei Krämpfen, zur Blutreinigung, als Abführmittel, bei Leber- und Herzleiden sowie zur Beschleunigung der Menstruation.

Der Goldlack wurde von den alten Botanikern wegen des ähnlichen Geruchs als eine Art Veilchen angesprochen. Plinius der Ältere (23–79 n. Chr.) beschrieb in seiner Naturalis historia den Goldlack als »viola lutea« (Gelbes Veilchen). Insofern geht die schwäbische Bezeichnung Gelveigele oder Gele Veiele auf eine alte Tradition zurück. Abwandlungen davon sind Gelnägele, weil die Blüten ähnlich riechen wie die Nägele (Nelken), dazu die Marianägele (duftende Zierpflanzen wurden oft zu Ehren der hl. Maria benannt). An der Wuchsform orientiert sich der Name Gele Stangeveiele oder Mariastängel, währen der Name Maienägele auf die Blütezeit (April–Mai) zurückzuführen ist.

Goldnessel – Lamiastrum galeobdolon

Die ausdauernde Goldnessel aus der Familie der Lippenblütler (Lamiaceae, früher Labiatae) wird bis 45 cm hoch und ist niederliegend bis aufsteigend. Die brennnesselähnlichen aber nicht brennenden Blätter sind eiförmig bis lanzettlich und unregelmäßig grob gezähnt. Die bis 2,5 cm langen gelben Blüten stehen quirlig in den oberen Blattachseln. Die Pflanze besitzt meist zahlreiche, oberirdische Ausläufer.

Die Goldnessel kommt verbreitet in Laub- und Nadel-Mischwäldern auf frischen, nährstoffreichen Böden vor.

Für die Goldnessel gibt es zahlreiche schwäbische Namen, die aber meist auch für andere Taubnesseln gelten wie Bienesaug, Immenkr(a)ut oder Hummelkr(a)ut (nach den häufigsten Bestäubern), Hang- oder Hungessel (Hang oder Hung = Honig), Hang- oder Hungschlotzerle oder einfach Schlotzerle (weil Kinder aus den Blüten Honig schlotzen oder saugen), Hang- oder Hungsauger, Sugessel, Hang- oder Hungglöggle, Zuckerhütle. Um diese Namen speziell auf die Goldnessel anzuwenden wird einfach Gel(b) vorangesetzt wie bei Gel(b)e Daubnessel (Taubnessel weil die brennnesselartige Pflanze nicht brennt) oder Gel(b)-er Bienesaug. Nur für die Goldnessel geltende Namen sind Butteressel (die gelben Blüten werden mit Butter verglichen) und Kreisessel (nach den zahlreichen, im Kreise wachsenden Ausläufern).

Echte Goldrute – Solidago virgaurea

Die ausdauernde, bis 100 cm hoch werdende Pflanze aus der Familie der Korbblütler (Asteraceae, früher Compositae) besitzt im Gegensatz zu den eingewanderten und inzwischen weit verbreiteten Kanadischen Goldrute (Solidago canadensis) und Riesen-Goldrute (Solidago gigantea) keine unterirdischen Ausläufer. Die Blätter sind breit- bis schmal-lanzettlich, gesägt bis fast ganzrandig. Der Stängel ist im oberen Teil verzweigt und trägt in endständigen Rispen zahlreiche, 1–1,5 cm breite Blütenköpfchen mit gelben Röhrenblüten und 6–12 gelben Zungenblüten.

Die Echte Goldrute ist verbreitet in lichten Laub- und Nadelwäldern, in Heiden und Magerrasen auf mäßig frischen Böden.

Die Pflanze enthält Saponine, Flavonoide, Glykoside, ätherische Öle und Kaffeesäurederivate. Als Droge wird das zur Blütezeit gesammelte Kraut verwendet.

Abb:
Echte Goldrute, aufblühend, links
Echte Goldrute, Blüten, rechts

In der Volksheilkunde wird die Droge seit dem 13. Jahrhundert in vielfältiger Weise genutzt, so vor allem als Wundheilmittel, bei rheumatischen Beschwerden, Gicht und Prostataerkrankungen. In der Homöopathie werden die frischen Blütenstände bei Erkrankungen der Leber, Galle und Bauchspeicheldrüse, sowie der Nieren und ableitenden Harnwege angewandt.

Auf die Heilwirkung gehen die volktümlichen Namen Gülden Wundkr(a)ut oder einfach Wundkr(a)ut zurück.

Foto: Peter Banzhaf

Gewöhnliches Greiskraut, Gewöhnliches Kreuzkraut – Senecio vulgaris

Wer kennt es nicht, das kleine lästige Unkraut, das in Unkrautfluren der Gärten und Äcker manchmal sogar massenhaft auftritt und selbst im Winter noch blüht und fruchtet? Es ist ein alter Kulturbegleiter, das überall, wo es offene Stellen auf nährstoff- und stickstoffreichen Böden gibt, vorkommen kann.

Das Gesöhnliche Greiskraut ist ein Korbblütler (Familie der Asteraceae, früher Compositae), einjährig und kann 10–30 cm hoch werden. Die Blätter sind buchtig fiederteilig, kahl oder zerstreut spinnwebig behaart, mit rechtwinklig abstehenden Abschnitten, daher der Name Kreuzkraut. Die Pflanze besitzt zahlreiche Blütenköpfe, die in unregelmäßigen Rispen stehen. Die Blütenköpfe sind zylindrisch und haben nur gelbe Röhrenblüten, keine Zungenblüten.

Die Pflanze weist Alkaloide (z.B. Senecionin), Flavonoide und in Spuren ätherische Öle auf. Die Alkaloide, die auch in anderen Greiskrautarten vorkommen wie im **Jakobs-Greiskraut (Senecio jacobaea), Raukenblättrigem Greiskraut (Senecio erucifolius), Fuchs-Greiskraut (Senecio ovatus = S. fuchsii)** oder **Alpen-Greiskraut (Senecio alpinus)** sind leberschädigend und krebsauslösend, daher für diese Greiskrautarten die Bezeichnung Teufelsabbiss, die sonst für Succisa pratensis (Teufelsabbiss) verwendet wird. Deshalb ist heute ihre Anwendung nicht mehr vertretbar. Früher wurde das Gewöhnliche Greiskraut wie auch die anderen aufgeführten Greiskrautarten in der Volksmedizin gegen Blutungen und Eingeweidewürmer, bei Koliken und Epilepsie, äußerlich bei Wunden (auch eiternden) eingesetzt, wovon sich Namen wie Arztbräschte, Eiterkraut oder Grindkraut (Grind = Ausschlag mit Borkenbildung) ableiten. Auf die gelben Blüten bezieht sich der Name Goldkraut, während der Name Ga(n)stod auf die giftige Wirkung der Alkaloide zurückzuführen ist. Das Weidevieh meidet in der Regel die Greiskrautarten, wenn es sie trotzdem frisst, führt es zu Durchfall, was in den Namen Sch(e)isskraut oder Kuhscheiße zum Ausdruck kommt. Die Samen dienen den Vögeln als Futter, weshalb die Pflanze auch Vogelkraut genannt wird.

Gundermann – Glechoma hederacea

Die ausdauernde Pflanze aus der Familie der Lippenblütler (Lamiaceae, früher Labiatae) besitzt lang kriechende und wurzelnde, oberirdische Ausläufer. Der Blütenstängel ist aufrecht und kann bis 20 cm hoch werden. Die lang gestielten und glänzenden Blätter sind rundlich bis nierenförmig und am Rande gekerbt. Die blauvioletten, 1–2 cm langen Blüten stehen zu 2–3 einseitswendig in den Blattachseln.

Der Gundermann kommt verbreitet in Säumen an Hecken- und Waldrändern, auch in Wiesen und Weiden auf frischen, nährstoffreichen Böden vor. Als Kriechpionier wächst er ausgesprochen gesellig.

Die Pflanze enthält ätherische Öle, Terpene, organische Säuren und Flavonoide. Sie ist eine alte Heilpflanze, die schon von den Germanen geschätzt wurde. Das Kraut wird heute nur noch selten angewandt. In der Volksheilkunde war es sehr beliebt als Heilmittel bei Erkrankungen der Atemwege, der Verdauungsorgane, vor allem bei Durchfall, bei Blasen-, Stein- und Frauenleiden. Äußerlich wurde es angewandt zu Waschungen bei Hauterkrankungen und bei schlecht heilenden Wunden.

Volkstümliche Namen für den Gundermann sind Gundelreb oder die Umkehrung Rebgundel, Kunkelreb (angelehnt an Kunkel = Spinnrocken), Heilreb (Nutzung als Heilpflanze), Fraueréb (Anwendung bei Frauenleiden), Donnerreb (man darf die Pflanze nicht pflücken, sonst kommt ein Gewitter; vergleiche dazu bei Glockenblumen), Gödelre(e)m(e) oder Gond(e)re(e)m(e) (angelehnt an die riemenförmigen Ausläufer).

Kriechender Günsel – Ajuga reptans

Der Kriechende Günsel (Familie der Lippenblütler, Lamiaceae, früher Labiatae) wird 10–30 cm hoch und besitzt oberirdische, beblätterte Ausläufer. Die gestielten grundständigen Blätter sind verkehrt eiförmig, die stängelständigen eiförmig und mehr oder weniger sitzend. Die blauen Blüten sitzen zu 2–6 in Scheinquirlen in den Hochblattachseln. Die Oberlippe der 1–1,5 cm langen Blüten ist sehr kurz.
Die Pflanze wächst verbreitet in Wiesen und artenreichen Laubwäldern und an Waldwegen auf frischen, nährstoffreichen Böden.
Das Kraut enthält Glykoside, Bitter- und Gerbstoffe. Es wird seit alters her genutzt und sollte am besten vor Sonnenaufgang oder bei Neumond Ende Mai bis Juni gesammelt werden. In der Volksmedizin wird es nur noch selten angewandt bei Leber- und Gallenbeschwerden, als Gurgelmittel bei Mund- und Kehlkopfentzündungen sowie äußerlich zur Wundbehandlung.
Schwäbische Namen für den Kriechenden Günsel sind Blo Jörg (= Blauer Georg), Polezeier (nach der blauen Polizeiuniform), Katzeäugle, Hummelblu(e)m oder auch verkürzt einfach nur Hummel sowie Rossmuck (das Riechen an der Pflanze soll Rossmucken = Sommersprossen verursachen).

Gurke – Cucumis sativa

Die Gurke aus der Familie der Kürbisgewächse (Cucurbitaceae) hat einen oft mehrere Meter langen, auf dem Boden liegenden oder kletternden, vierkantigen, mit steifen Haaren bedeckten Stängel. Die einjährige Art besitzt verhältnismäßig große, fünfeckige Blätter mit spitzen Ecken. Die goldgelben, weiblichen oder männlichen Blüten sind klein.

Die Gurke ist eine alte Kulturpflanze und stammt aus Indien. Die ältesten Gurkensamen fand man bei Ausgrabungen in der assyrischen Stadt Nimrud (am Oberlauf des Tigris) aus dem 7. Jahrhundert v. Chr.

Die Gurke benötigt für ihren Anbau einen frischen, nährstoffreichen Boden. Die sehr frostempfindliche Pflanze braucht zum Gedeihen viel Sommerwärme. Sie wird in zahlreichen Sorten angebaut.

Die Gurke besteht zu 95% aus Wasser. Weitere Inhaltsstoffe sind Kohlenhydrate, Eiweiß, Fett, Mineralien (Kalium, Kalzium, Phosphor und Natrium), Rohfasern und wenig Vitaminen (Vitamin C, Carotin, Vitaminkomplex B). In der Volksmedizin wurden früher die unreifen Früchte bei Infektionen der Harnwege und bei Pigmentierungsstörungen angewandt.

Die schwäbischen Namen für die Gurke lehnen sich alle an den lateinischen Cucumis an: Guckummer, Gugommr und Kukumer.

Hirsch-Haarstrang – Peucedanum cervaria

Die stattliche, bis 120 cm hohe, ausdauernde Pflanze aus der Familie der Doldenblütler (Apiaceae, früher Umbelliferae) besitzt einen kräftigen Wurzelstock und an dessen Hals einen ausgeprägten Haarschopf. Dieser wird mit Hirschhaaren und Hirschwedeln verglichen, was der Pflanze den Namen gab. Die unteren Blätter sind 2-fach fiederteilig, die Fiederblättchen länglich eiförmig, fein scharf gesägt und unterseits graugrün. Die vielstrahligen Dolden haben weiße Blüten.

Der Hirsch-Haarstrang wächst zerstreut, auf der Schwäbischen Alb ziemlich häufig, oft gesellig im Saum von sonnigen Gebüschen und Trockenwäldern, in Staudenhalden auf sommerwarmen, mäßig trockenen, basenreiche, meist kalkhaltigen Böden.

Der oft verwendete Namen Hirschwurz, schwäbisch auch Hirschwurzle, wird volkstümlich nicht nur für den Hirsch-Haarstrang verwendet sondern genauso für andere hochwüchsige Doldenblütler mit Faserschöpfen am Wurzelhals und würzigem Duft. Dazu gehören das ausdauernde **Breitblättrige Laserkraut (Laserpitium latifolium)** und das ebenfalls ausdauernde **Berg-Laserkraut (Laserpitium siler)**. Ebenfalls wird er für die **Heilwurz (Libanotis pyrenaica, früher Seseli libanotis)** verwendet, die zwar mehrjährig ist, aber nach dem ersten Blühen und Fruchten (meist erst im 4. Jahr oder noch später) abstirbt (monokarpisch).

Abb: Hirsch-Haarstrang

Foto: Peter Banzhaf

Abb:
Breitblättriges Laserkraut

Abb:
Berg-Laserkraut

Kleines Habichtskraut – Hieracium pilosella

Der ausdauernde, bis 30 cm hoch werdende Korbblütler (Familie Asteraceae, früher Compositae) besitzt lanzettliche Rosettenblätter, die am Rande und auf der Oberfläche lange einfache Haare tragen und lange beblätterte Ausläufer besitzen. Der Stängel ist blattlos und trägt endständig nur einen Blütenkopf. Dieser besteht aus hellgelben Zungenblüten; die äußeren sind unterseits meist rotstreifig.

Die Pflanze kommt verbreitet in Magerrasen, auf Weiden, an Wegen, in Heiden auf kalkarmen, mäßig trockenen Böden vor.

Das Kleine Habichtskraut enthält Flavonoide, Cumarine und Gerbstoffe. Das Kraut wurde früher bei Darmkatarrhen und Erkrankungen der Atemwege angewandt. Selbst in der Volksheilkunde wird es heute kaum noch verwendet.

Schwäbische Namen für die Pflanze sind Mausö(h)rle und Katzepfötle, beide nach der Form der Blätter gebildet.

Foto: Verena Mueller

Abb:
Scharfer Hahnenfuß

Foto: Wolfgang Herter

Abb:
Wolliger Hahnenfuß

Hahnenfuß-Arten – Ranunculus spec.

Es handelt sich um einjährige oder ausdauernde Pflanzen aus der Familie der Hahnenfußgewächse (Ranunculaceae). Die Blätter sind meist handförmig geteilt, wovon sich die schwäbischen Namen Schleißkr(a)ut oder Schleiß(e)le ableiten (schleißen = schlitzen). Mit Ausnahme von Hahnenfuß-Arten des Hochgebirges, des Eisenhutblättrigen und Platanenblättrigen Hahnenfuß (Ranunculus aconitifolius, R. platanifolius) sowie der Wasserhahnenfüße (siehe dort) besitzen die übrigen Hahnenfuß-Arten 5-zählige, meist glänzend gelbe Blüten. Auf diese gehen die schwäbischen Namen Butter- oder Schmalzblu(e)m, Schmalzkachel, Schmalzkist, Schmalzweichle, Eierblu(e)m und Glitzerle (meist für das Scharbockskraut, Ranunculus ficaria, verwendet, siehe dort) zurück. Der schwäbische Name Hanefu(e)ß wurde vielfach in Hennefu(e)ß abgewandelt, da der Hahn mundartlich nicht besonders geläufig ist (mundartlich meist Gockel oder Gückel). Der Volksmund unterscheidet meist nicht zwischen den einzelnen Hahnenfuß-Arten, weshalb die genannten schwäbischen Namen für verschiedene Arten gelten.

Die Hahnenfuß-Arten sind alle mehr oder weniger giftig. Sie enthalten das giftige Alkaloid Protanemonin, das sich beim Trocknen in unwirksame Stoffe zersetzt. Vergiftungen sind aber beim Menschen selten, da kaum jemand frisches Hahnenfußkraut in größerer Menge zu sich nimmt. Beim Vieh ist dies bei massenhaftem Auftreten von Hahnenfüßen im Weidegras oder durch Verfütterung von hahnenfußreichem Frischgras schon möglich; im Heu spielen aber die Hahnenfüße keine Rolle. Gefährlich für den Menschen ist der frische, scharfe Saft der Hahnenfüße, der auf der Haut Rötungen und Blasen (Blattern) hervorrufen kann, daher der schwäbische Name Blatternkr(a)ut.

Die oben aufgeführten Namen gelten insbesondere für den ausdauernden, 30–100 cm hoch werdenden, reich verzweigten **Scharfen Hahnenfuß (Ranunculus acris)**. Seine Blütenstiele sind rund, die Kelchblätter der 2–3 cm breiten Blüten den Kronblättern anliegend. Die Art wächst weit verbreitet in Wiesen und Weiden auf frischen bis feuchten, nährstoffreichen Böden. Die Pflanze gilt als ausgesprochener Nährstoffzeiger und wird durch Düngung gefördert. Durch Stickstoffeintrag aus der Luft kommt er in den letzten Jahrzehnten in den Wiesen verstärkt vor und bildet im Frühjahr in den Wiesen vielfach einen auffallenden gelben Aspekt.

Entsprechende Größe erreicht der **Wollige Hahnenfuß (Ranunculus lanuginosus)**, dessen Blätter dicht abstehend weichhaarig sind. Er kommt zerstreut in Laubmischwäldern auf frischen bis feuchten, nährstoff- und kalkreichen Böden vor. Im Schwäbischen wird er deshalb als Waldhanefu(e)ß bezeichnet.

Deutlich niedriger (nur 10–30 cm hoch) ist der **Knollige Hahnenfuß (Ranunculus bulbosus)**. Der Stängel ist am Grunde knollig verdickt und oberwärts anliegend behaart. Die Blütenstiele sind gefurcht. Die Kelchblätter der 2–3 cm breiten goldgelben Blüten (dunkleres Gelb als beim Scharfen Hahnenfuß) sind nach dem Aufblühen zurückgeschlagen. Die Art kommt ziemlich häufig in Kalk-Magerrasen, in mageren Wiesen und Weiden, an Böschungen und Rainen auf mäßig trockenen bis mäßig frischen, mäßig nährstoffreichen Böden vor. Im Schwäbischen trägt die Art die Namen Knolleblu(e)m und Bolleblu(e)m.

Die meisten eigenständigen schwäbischen Namen unter den Hahnenfuß-Arten hat der **Kriechende Hahnenfuß (Ranunculus repens)**. Die ausdauernde, 10–30 cm hohe Pflanze ist niederliegend bis aufsteigend. Sie besitzt lange oberirdische Ausläufer, die an den Knoten wurzeln und neue Pflanzen bilden. Die Blütenstiele sind gefurcht, die Kelchblätter der 2–3 cm breiten, gelben Blüten den Kronblättern anliegend. Der Kriechende Hahnenfuß kommt verbreitet in Pioniergesellschaften auf Äckern, in Brachen und Gärten, an Ufern, Gräben und Wegen, in Wiesen auf frischen bis feuchten, nährstoffreichen, oft verdichteten Böden (Bodenverdichtungszeiger) vor. In Äckern und Gärten ist er ein lästiges Unkraut. Wegen seiner Ausläufer heißt er im Schwäbischen Gel(b)er Hünerdarm (Hühnerdarm wird sonst für die Vogelmiere, Stellaria media, siehe dort, verwendet). Da er oft auch in Weinbergen vorkommt hat er die Namen Wengerthanefu(e)ß oder Wengertkr(a)ut. Auf den verdichteten Böden steht öfters das Wasser, daher die Namen Wasserschnall und Wettekr(a)ut (Wette = Wasserlache, Pfütze, Tümpel).

Die größte Hahnenfuß-Art ist der besoders geschützte, ausdauernde **Zungen-Hahnenfuß (Ranunculus lingua)**. Er kann bis 150 cm hoch werden und hat ungeteilte, lineallanzettliche Blätter und große, bis 4 cm breite gelbe Blüten. Er kommt verhältnismäßig selten in Röhrichten an Ufern und Gräben, im flachen Wasser auf Schlammböden vor. Auf die Blattform gehen die volkstümlichen Namen Speerkr(a)ut oder Speerhanefu(e)ß und davon abgeleitet Sperrkr(a)ut oder einfach Sperr zurück. Außerdem gibt es für die Art wegen ihrer Giftigkeit den Namen Giftpfändle.

Foto:Peter Banzhaf

Abb:
Knolliger Hahnenfuß, links oben
Kriechender Hahnenfuß,rechts oben
Zungen-Hahnenfuß, links unten

Acker-Hahnenfuß (Ranunculus arvensis) siehe bei Klebkraut.

Hainbuche, Weißbuche – Carpinus betulus

Die bis 25 m hoch werdende Hainbuche (Familie der Birkengewächse, Betulaceae) hat einen Stamm mit glatter, grauer Rinde, die oft mit gedrehten Längswülsten versehen ist. Die Blätter sind länglich eiförmig, doppelt gezähnt, etwas rauh und besitzen meist höchstens 14 Paare Seitennerven. Die hängenden männlichen Kätzchen sind 4–6 cm lang, die weiblichen zur Blütezeit nur 1,5 cm, später zu einer 15 cm langen, hängenden, lockeren Traube anwachsend. Die Frucht weist eine 3-zipflige Fruchthülle auf, die als Flugorgan dient.

Die Hainbuche ist in Tieflagen verbreitet und bestandsbildend in Eichen-Hainbuchen-Wäldern, an Waldrändern und in Hecken auf frischen, in der Tiefe gern grundwasserbeeinflusssten, bis mäßig trockenen, mäßig nährstoffreichen und etwas sauren Böden. Ihr weißes Holz (daher der Name Weißbuche) ist sehr hart. Der frostharte Baum ist sehr ausschlagfreudig und wird deshalb vielfach als Schnitthecke genutzt. Aus dem gleichen Grund wurde er durch den früher weit verbreiteten Nieder- und Mittelwaldbetrieb begünstigt und konnte sich vor allem auf Kosten der Rotbuche weiter ausbreiten. Die Hainbuche kann bis zu 150 Jahre alt werden.

Der Name Hainbuche kommt von Hain = kleiner, lichter Wald und Buche = Rotbuche wegen der Ähnlichkeit der Blätter mit dieser, mit der sie aber nicht verwandt ist. Im Schwäbischen wird sie wegen der häufigen Verwendung als lebender Zaun (= Hag, s. bei Weißdorn) als Hagbu(e)ch(e) oder wegen der rauen Blätter als Raubu(e)ch(e) bezeichnet. Nach der Verwendung des harten Holzes wird sie Flegel- (für Dreschflegel), Spindel- oder Well- (für Wellen) -baum, -bu(e)ch oder -holz genannt.

Abb:
Hainbuche mit weiblichen (links) und männlichen Blüten (rechts)

Abb:
Hainbuche, Blätter

Abb:
Hainbuche mit Fruchtständen

Wald-Hainsimse – Luzula sylvatica
Weißliche Hainsimse – Luzula luzuloides

Beide Hainsimsenarten aus der Familie der Binsengewächse (Juncaceae) sind ausdauernd und kommen häufig in artenarmen Laub- und Nadelmischwäldern auf mehr oder weniger nährstoffarmen, kalkfreien, sauren Böden vor. Sie tragen den volkstümlichen Namen Marbel, der wohl ursprünglich aus dem tirolisch-salzburgischen Raum stammt. Eine andere Deutung bezieht sich auf die Spielkugeln „Marmeln" (= Murmeln, Klunker), die aus Marmor bestehen. Die glänzenden, oft weißberandeten Kelchblätter der beiden Arten erinnern an Marmor.

Die **Wald-Hainsimse** wird 30–100 cm hoch, ihre dunkelgrün glänzenden, breit-linealen Blätter sind bis 1 cm breit und am Rand lang bewimpert. Der Stängel ist aufrecht, das Hochblatt kürzer als der lockere, ausladende, mehrfach verzweigte Blütenstand. Die Blüten sind zu 2–4 gebündelt, ihre Blütenspelzen braun. Sie benötigt für ihr Vorkommen eine deutlich höhere Luftfeuchtigkeit als die Weißliche Hainsimse. Volkstümliche Namen sind (Große) Marbel, Hirschgras und – wie bei der Weißlichen Hainsimse – Fländerle (nach den auf den dünnen Stielen zitternden Blüten; wird auch für Zittergras, Briza media verwendet.

Die **Weißliche Hainsimse** wird nicht so hoch wie die Wald-Hainsimse (nur 30–60 cm) und ihre anliegend bewimperten Blätter werden nur 3–6 mm breit. Der Stängel ist aufrecht, das unterste Hochblatt überragt meist den ausladenden, überhängenden Blütenstand. Die Blüten sind zu 2–8 gebündelt, ihre Blütenspelzen weißlich bis gelblich. Volkstümliche Namen sind wie bei der Wald-Hainsimse (Silber) Marmel und Fländerle.

Abb:
Wald-Hainsimse

Abb:
Weißliche Hainsimse

Blutroter Hartriegel – Cornus sanguinea

Auf mehr oder weniger kalkreichen Böden findet man häufig den etwas wärmebedürftigen Blutroten Hartriegel (Familie der Hartriegelgewächse, Cornaceae), so vor allem in Hecken und an Waldrändern, aber auch in lichten Wäldern. Mit seinen Wurzelausläufern und der großen Ausschlagfähigkeit ist er ein ausgezeichneter Pionier- und Bodenfestigungsstrauch.

Dieser kann bis 4 m hoch werden. Die Rinde der jungen Zweige ist im Herbst und Winter rot. Die Blätter sind oval mit 3–4 Paaren bogig verlaufenden Seitennerven. Die kleinen, weißen, 4-zähligen Blüten stehen zu 20–100 in doldigen Blütenständen. Die kugelige Frucht ist schwarz (schwäbisch Tintebe(e)re).

Die bitter schmeckende und deshalb ungenießbare Frucht ist durch verschiedene Inhaltsstoffe leicht giftig und kann in rohem Zustand Bauchschmerzen mit Übelkeit und Erbrechen hervorrufen. Die wertlosen Beeren werden deshalb im Schwäbischen als Hundsbe(e)re bezeichnet. Auf das harte Holz beziehen sich die Namen Rotes Bei(n)holz und Bei(n)le. Die zahlreichen Blüten in den doldigen Blütenständen gaben dem Strauch den Namen Hecke(n)maiele (Maiele = Blumenstrauß). Da die Blätter gerne von Geißen gefressen werden, erhielt der Staruch den Namen Geißläuberne. Der Name Bei(n)lene Zaungert(e) geht auf die Verwendung als Gerte zum Flechten von Zäunen zurück. Aus den Zweigen fertigten Kinder Nestchen für den Osterhasen, was dem Strauch den Namen Has(n)rütle verlieh. Schließlich wird der Rote Hartriegel mit der Kornelkirsche (Cornus mas) verglichen und als Wilde Dirlitz angegeben.

Foto:Verena Mueller

Foto: Peter Banzhaf

Foto: Peter Banzhaf

Abb:
Blutroter Hartriegel mit Blüten, links oben
Blutroter Hartriegel mit Früchten, rechts oben
Blutroter Hartriegel im Herbst, links unten

Hasel – Corylus avellana

Die Hasel aus der Familie der Birkengewächse (Betulaceae) ist ein bis 6m hoch werdender Strauch (schwäbisch Haselbosche). Die Blätter sind oval, rundlich oder herzförmig und doppelt gezähnt. Die männlichen Blütenstände stehen meist zu 2-4 als hängende Kätzchen und blühen lange vor dem Laubaustrieb, oft schon im Spätwinter. Diese haben im Schwäbischen vielerlei Bezeichnungen wie Würstle, Lämmerschwänzle, Hudelemäh, Märzemockele, Maiekätzle (Mai für Frühjahr), Sättele, Sattler, Haselzutter und Hasezetter. Die weibliche Blüte ist klein und unscheinbar und hat deshalb keine volkstümlichen Namen; sie ist in der Knospe eingeschlossen und nur die roten Narben ragen daraus hervor. Die Frucht ist eine längliche, hartschalige Nuss (Haselnuss), die von einer unregelmäßig zerschlitzten Fruchthülle umgeben wird.

Die Hasel kommt verbreitet im Unterholz von Laubwäldern, bestandsbildend in Hecken, an Waldrändern und in Niederwäldern auf frischen nährstoffreichen Böden vor. Sie ist sehr frosthart und konnte deshalb in der Nacheiszeit sehr früh wieder einwandern (Haselzeit vor 9000-8000 Jahren vor heute).

Haselnüsse ergeben ein wertvolles Speiseöl. Die Blätter enthalten Gerbstoffe, Flavonoide, ätherische Öle, organische Säuren, Paraffin, Zucker und weitere Inhaltsstoffe. Sie werden als Tee bei Krampfadern, Venenentzündungen, Geschwüren und bei Hämorrhoiden angewendet.

Im Volksglauben des klassischen Altertums spielte die Hasel keine Rolle, in den nördlichen Breiten dagegen war sie ein kultisch bedeutsamer Strauch, der dem Donnergott Donar geweiht war. Zweige ans Fenster gesteckt sollten vor Gewitter und Blitzschlag schützen. Daraus wurde die christliche Legende, dass die Hasel gewitterabwehrend sei, weil Maria mit dem Jesuskind bei einem Gewitter Zuflucht unter einem Haselstrauch fand: Wenn man unter einer Haselnussstaude untersteht, trifft einen ´s Wetter net, weil do d´Mueter Gottes ondergstande isch.

Die Haselnuss selbst ist ein uraltes Fruchtbarkeitssymbol und wurde entsprechend angewandt, wovon sich in der Volkserotik der Ausdruck »in die Haseln gehen« ableitet. Aus einem gegabelten Haselzweig bestehen auch die Wünschelruten, mit denen angeblich nach Wasser und sonstigen Schätzen gesucht werden kann.

Abb:
Weibliche Hasel-Blüte und Hasel-würstchen, links oben
Hasel-Blätter, rechts oben
Hasel-Nüsse, links unten

Haselwurz – Asarum europaeum

In Laubwäldern auf frischen, meist kalkhaltigen Böden findet man die Haselwurz (Familie der Osterluzeigewächse, Aristolochiaceae) recht häufig. Die nierenförmigen, sattgrün glänzenden wintergrünen Blätter erregen Aufmerksamkeit. Da die bis 10 cm hoch werdende Pflanze sich kriechend ausbreitet, tritt sie öfters in größeren Flecken auf. Die unscheinbaren rotbraunen Blüten sind unter den Blättern versteckt und riechen stark nach Pfeffer. Da sie wie die ganze Pflanze auch scharf schmecken, nutzte man sie früher als Pfefferersatz. So vor allem in der Zeit der von Napoleon 1806 verhängten Kolonialsperre, in der kein Pfeffer eingeführt werden konnte.

Die Haselwurz enthält würzig riechende ätherische Öle (Haselwurzkampfer, Asaron), die auf der Zunge pfefferartiges Brennen erzeugen. Bei höherer Dosierung reizen sie die Magenschleimhaut so stark, dass Erbrechen eintritt, dann kommt es zu Entzündungen innerer Organe mit Todesfolge. Früher verwendete man die Pflanze in geringer Dosierung als Brechmittel, missbräuchlich zu Abtreibungen und auch als Zusatz zu Niespulvern.

Schwäbisch wird die Pflanze auch als Haselkraut und Haselblatt genannt, nach Umdeutung auf Hase Hase(n)kraut, Hase(n)blätter, Hase(n)wurz und Hase(n)pfeffer. Nach der Anwendung gemäß der Signaturenlehre (äußerliche Eigenschaften, besonders Form und Farbe von Pflanzen zeigen an, welche Arzneiwirkung von Natur in ihnen liegt) bei Leber- und Nierenbeschwerden trägt die Pflanze auch die Namen Leber- und Nierenkraut. Der schwäbische Name Schneckeblätter geht auf den frischen und schattigen Wuchsort zurück, der Aufenthaltsort von Schnecken ist oder diese unter den Blättern Schutz suchen. Der Name Haselmönch dürfte eine Anspielung auf die Abortivwirkung der Pflanze sein. Der Vergleich mit glänzenden Pappelblättern brachte ihr den Namen Haselpappel ein.

Hasenlattich – Prenanthes purpurea

Die bis 150 cm hoch werdende, ausdauernde Staude aus der Familie der Korbblütler (Asteraceae, früher Compositae) ist oberwärts reich verzweigt. Die Blätter sind länglich-lanzettlich, meist buchtig gelappt und herzförmig stängelumfassend. Die Blütenköpfchen bestehen nur aus 2–5 violetten bis purpurnen Zungenblüten.

Der Hasenlattich kommt nicht selten vom Hügelland bis ins Gebirge mit Verbreitungsschwerpunkt in den Berglagen in Laub- und Nadelwäldern, oft gehäuft in Waldverlichtungen und an Waldwegen, auch in Hochstaudenfluren auf frischen, mehr oder weniger nährstoffreichen, vorzugsweise kalkarmen Böden vor.

Im Schwäbischen hat er die Namen (Rauder) Waldlattich sowie Berglattich.

Sichel-Hasenohr – Bupleurum falcatum
Acker-Hasenohr – Bupleurum rotundifolium

Die beiden Hasenohr-Arten aus der Familie der Doldenblütler (Apiaceae, früher Umbelliferae) besitzen köpfchenartige Döldchen mit kleinen gelben Blütchen. Die Blütendöldchen haben einen breitblättrigen Hüllchenkranz, die Blätter sind einfach, ganzrandig, eiförmig-lanzettlich.

Das **Sichel-Hasenohr** ist ausdauernd und kann bis 90 cm hoch werden. Die grundständigen Blätter sind eiförmig oder elliptisch und lang gestielt, die oberen lineal bis lanzettlich, oft sichelförmig gebogen. Die Pflanze kommt nicht selten in sonnigen Staudenhalden, in Gebüsch- und Waldsäumen, in lichten Eichen-Trockenwäldern, an Böschungen und Rainen auf mäßig trockenen, mageren, meist kalkreichen Böden vor. In der Volksheilkunde wurde das Kraut wie auch das des Acker-Hasenohrs bei Schwellungen, Kropf, Hautentzündungen, Magenschmerzen und als Aphrodisiakum verwendet. Deshalb gilt für beide Arten der volkstümlche Name Wundkr(a)ut.

Das einjährige **Acker-Hasenohr** kann bis 50 cm hoch werden und ist ausgezeichnet durch eiförmige bis rundliche Blätter. Die unteren umfassen den Stängel, die oberen werden vom Stängel durchwachsen. Beim Blütenstand fehlen die Hüllen, die Hüllchen bestehen aus 5–6 breiten, die Blüten umhüllenden Hochblättern. Die Pflanze kam früher in lückigen Halmfruchtäckern in Kalkgebieten, vor allem auf der Schwäbischen Alb zerstreut vor. Heute ist sie durch moderne Ackerbaumethoden und Herbizideinsatz in Baden-Württemberg vom Aussterben bedroht und wird wohl nur in Feldflora-Reservaten überleben können.

Volkstümliche Namen für das Acker-Hasenohr beziehen sich im Wesentlichen auf die vom Stängel durchwachsenen Blätter, Durchwachs oder Durchgang sowie daraus abgeleitet in Zusammensetzung Durchgang-Hasenö(h)rle, Durchwachswundkr(a)ut und Ackerdurchwachs.

Das Acker-Hasenohr wurde früher als Heilpflanze stärker genutzt als das Sichel-Hasenohr. Für die Anwendung spielte die Signaturenlehre (es zeigen äußerliche Eigenschaften, besonders Form und Farbe von Pflanzen an, welche Arzneiwirkung von Natur in ihnen liegt) eine wichtige Rolle. Nach dieser sind die Blätter einem Nabel ähnlich und wurden deshalb gegen einen Nabelbruch angewandt. Davon leiten sich die volkstümlichen Name Nabelkr(a)ut und Bruchkr(a)ut ab. Auf die gleiche Eigenschaft der Blätter geht der Name Stopfloch zurück, weil das Loch des Blattes durch den Stängel verstopft wird. Wenn die Blätter eine Wirkung auf den Nabelbruch haben

Abb:
Sichel-Hasenohr

Abb:
Acker-Hasenohr

sollen, dann haben sie auch eine auf den Hodenbruch, woher der volkstümliche Name Knabekr(a)ut kommt (sonst für die Knabenkraut-Arten, Orchis spec. verwendet, siehe dort).

Schließlich gibt es aus dem gleichen Grund auch noch den Namen Schosskr(a)ut, weil das Kraut besonders bei Schussverletzungen helfen sollte.

Dornige Hauhechel – Ononis spinosa

Diese Pflanze gehört zu den Schmetterlingsblütlern (Familie Fabaceae, früher Papilionaceae), ist ein 30–60 cm hoher Halbstrauch (unten verholzt, oben krautig). Die Zweige laufen in Dornen aus. Die Blätter sind dreizählig und fast sitzend. Die Blüten sind rosa und sitzen meist einzeln in den Blattwinkeln.

Die Dornige Hauhechel kommt als Unkraut in sonnigen Kalk-Magerweiden und gelegentlich auch in Kalk-Magerwiesen, an Wegen und Böschungen auf mäßig trockenen oder wechseltrockenen, meist kalkhaltigen Böden vor.

Die Wurzel der Pflanze enthält ätherische Öle, Flavone (z.B. Ononin) und Sterate. Sie wurde in der Volksheilkunde als Gallenabsonderung förderndes Mittel, bei Beschwerden im Bereich der Gallenblase, der Gallenwege und des Magen-Darm-Traktes, als Harn treibendes Mittel, bei Verstopfung und chronischen Hauterkrankungen angewendet. Auch gegen Gicht und rheumatische Beschwerden wurde sie verwendet.

Die meisten schwäbischen Namen beziehen sich auf die dornige, d.h. stechende Pflanze, die ein Weideunkraut ist, wie Gweisschwurz oder G(e)weisschwurzele (G(e)weisch = Unkraut), Kleube, Motzklee (Motz = Schmutz), Oagne(h)mte, oder Wetzsteinkraut (mit der Pflanze bestrich man die Sense, um sie zu schärfen, oder man gab sie in den Behälter für den Wetzstein, den Kumpf, damit die Sense besser schneidet).

Obwohl die Pflanze ein Weideunkraut ist, wird sie in jungem Zustand vom Weidevieh gern gefressen, was im schwäbischen Namen Schmalzklaie (Schmalzklee) zum Ausdruck kommt. Für den Esel ist sie auch später ein besonderer Leckerbissen.

Wegen ihrer Dornen wird die Pflanze mit einer Hechel (zum Durchziehen des Flachses) verglichen. Und so hängt auch Haar und Wolle in der Hechel, wenn Tiere vorbeigezogen sind. Das »Hau« im Namen hat aber nichts mit »hauen« zu tun. Es ist das Heu gemeint, denn bei der Heuernte bleibt Heu darin hängen. Die Heumägde hatten einst ihre liebe Not, wenn sie hier nachrechen mussten. Sie standen auf Kriegsfuß mit diesem Weideunkraut. Von daher kommen Namen wie Frauen- oder Weiberkrieg, die vielleicht auch aufs »Durchhecheln« mit Worten Bezug nehmen (nach Fritz Schray 1994).

Foto: Peter Banzhaf

Dach-Hauswurz – Sempervivum tectorum

Die besonders geschützte, ausdauernde Pflanze aus der Familie der Dickblattgewächs (Crassulaceae) besitzt grundständige, bis 12 cm breite Blattrosetten mit fleischigen, sternförmig ausgebreiteten Blättern. Diese sind bis 6 cm lang und bis 2 cm breit, zugespitzt und am Rande bewimpert. Mit vegetativer Vermehrung durch rosettenbildende Ausläufer können Polster gebildet werden. Der Blütenstängel kann bis 40 cm hoch werden und ist dicht beblättert. Der endständige Blütenstand ist reich verzweigt, dichtblütig mit 12–16 Blüten von 2–3 cm Breite. Die Blüten haben 12–16 sternförmig ausgebreitete, blass rosenrote, rötlich gestreifte Kronblätter. Nach der Fruchtreife stirbt sowohl der Stängel mit dem Fruchtstand als auch die zugehörige Blattrosette ab.

Die lichtbedürftige Pflanze wächst auf warm-trockenen Standorten, so auf Felsen, aber häufig auch auf Mauern und Dächern, wo sie wie in Gärten angepflanzt wird. Ob die Art in unserem Gebiet ursprüngliche Wuchsorte hat, ist sehr zweifelhaft. Meist gehen die Vorkommen auf Verwilderungen und gezielte Anpflanzungen (nach der Apothekersprache »Ansalbungen«) zurück.

Die Dach-Hauswurz gilt als alte Heilpflanze. Sie enthält organische Säuren, darunter Apfelsäure, Gerbstoffe, Harz und Schleimstoffe. In der Volksheilkunde wurden die gequetschten Blätter oder der Presssaft aus ihnen äußerlich zur Wundbehandlung, bei Verbrennungen, Hautentzündungen, Quetschungen, Insektenstiche, Augenentzündungen, gegen Hühneraugen und Sommersprossen, auch bei Gicht angewandt. Auf diese Wirkungen gehen volkstümliche Namen zurück wie Brandwurz, Brandblu(e)m (bei Verbrennungen), Schezerblatt (bei Hautentzündungen; Schezer = Risse und Schrunden in der Haut) oder Augewurz (bei Augenentzündungen und Hühneraugen).

Die Dach-Hauswurz ist aber auch eine alte Zauberpflanze. Auf dem Dach angepflanzt sollte sie vor Blitzschlag schützen. Ihr dichter Bewuchs schützte einst die Strohdächer vor mechanischen Beschädigungen. Auf diese Bedeutung gehen volkstümliche Namen wie Donner- oder Donderwurz, Donderbart, Gwitterwurz und Gähblitzkr(a)ut zurück.

Foto: Verena Mueller

Foto: Peter Banzhaf

Rote Heckenkirsche – Lonicera xylosteum

Überall dort, wo Wald auf kalkreichem Boden wächst, findet man diesen bis zu 2 m hoch werdenden Strauch mit gegenständigen, ganzrandigen, breit eliptischen, beiderseits weichhaarigen Blättern. Die Blüten des zur Familie der Geißblattgewächse (Caprifoliaceae) gehörenden Strauchs sind gelblich-weiß, zweilippig und sitzen zu zweit auf einem gemeinsamen, bis 2 cm langem Stiel. Die roten Beeren sind zu zweit am Grunde verbunden.

Die Beeren enthalten Alkaloide und leicht giftig wirkende Saponine. Deren Genuss verursachen Leibschmerzen, Übelkeit, Durchfall und Erbrechen. Gleiches gilt für die **Alpen-Heckenkirsche (Lonicera alpigena)**, die **Blaue Heckenkirsche (Lonicera caerulea)**, die **Schwarze Heckenkirsche (Lonicera nigra)**, das **Wald-Geißblatt (Lonicera periclymenum**) und das **Wohlriechende Geißblatt (Jelängerjelieber, Lonicera caprifolium)**.

Auf der Giftigkeit der Beeren beruhen die Namen Teufelsbe(e)r(e), Teufelskirsch, Teufelsholz, Hundsbe(e)r und Hundsholz.

Der schwäbische Name Rotes Bei(n)-holz geht auf das beinharte, spröde Holz der Roten Heckenkirsche zurück. Da das Mark der Äste früh schwindet, sind die Zweige hohl, was in den Namen Durchröhrle, Röhrlesholz, Tobaksröhrlesholz oder Pfeiferöhrlesholz zum Ausdruck kommt. Die giftigen Beeren sitzen am Stiel wie zwei Räder, was den Namen Teufelsrädle einbrachte.

Abb:
Rote Heckenkirsche mit Blüten, links oben
Alpen-Heckenkirsche mit Blüten, links unten

Abb:
Rote Heckenkirsche mit Früchten, rechts oben
Wald-Geißblatt mit Blüten, rechts unten

Hederich – Raphanus raphanistrum

Die Pflanze aus der Familie der Kreuzblütler (Brassicaceae, früher Cruciferae) ist einjährig und kann bis 60 cm hoch werden. Die unteren Blätter sind fiederschnittig mit 2–5 entfernt stehenden Fiederpaaren und einem größeren Endblatt, die oberen ungeteilt. Die 4 Kronblätter sind meist weiß mit violetten Adern, seltener blassgelb. Die Fruchtschote kann bis 9cm lang werden und enthält 2–10 Samen. Sie ist zwischen den Samen perlschnurartig eingeschnürt und bricht bei der Reife auseinander.

Der Hederich war früher in Getreideäckern, vor allem in Roggenfeldern, aber auch an Schuttplätzen auf frischen, nährstoffreichen, kalkarmen und mäßig sauren Böden weit verbreitet und häufig. Durch moderne Ackerbaumethoden und Herbizideinsatz ist sein Vorkommen deutlich zurückgegangen.

Im Schwäbischen Volksmund wird oft nicht zwischen dem Hederich und dem Acker-Senf (Sinapis arvensis) unterschieden und beide mit dem gleichen Namen benannt. Es werden aber genau so oft die beiden Arten durch den Zusatz weiß für den Hederich und gel(b) für den Acker-Senf unterschieden:

Weißer Hädrich, Gel(b)er Hädrich, Weiße Hedere, Gel(b)e Hedere, Weiße Dille, Gel(b)e Dille, Weißer Sempf, Gel(b)er Sempf, Weißes Steikr(a)ut, Gel(b)es Steikr(a)ut.

Für den Hederich spezifische Namen sind: Ackerredich oder einfach Redich, Hungerblu(e)m (weil beim früheren massenhaften Auftreten der Getreideertrag geschmälert wurde), nach der Gliederschote Zepfe oder Zapfe, Betringele (Vergleich mit den Rosenkranzperlen).

Heidekraut – Calluna vulgaris

Das oft fälschlicherweise als Erica (Glockenheide) bezeichnete Heidekraut (Familie der Heidkrautgewächse, Ericaceae) ist ein Zwergstrauch mit dichten, aufsteigenden Zweigen. Diese sind besetzt mit schuppenförmigen, immergrünen, 1–4 mm langen Blättern. Der Blütenstand ist einseitswendig traubig, die Blütenkrone mit 2 mm nur halb so lang wie der blütenblattartige, ebenfalls rotviolette Kelch. Die Frucht ist eine Kapsel.

Das Heidekraut kommt ziemlich verbreitet und gesellig in lichten Eichenwäldern, in Zwergstrauchheiden, Silikat-Magerweiden und in Mooren auf nährstoffarmen, sauren Böden vor. Durch Nährstoffeintrag wird die Pflanze geschädigt.

In der Volksmedizin wird das ganze Kraut oder nur die abgestreiften Blüten ihres Flavonoiden- und Gerbstoffgehalts wegen als harn- und schweißtreibendes Mittel, bei Nieren- und Blasenleiden sowie bei rheumatischen Beschwerden angewandt. Gelegentlich werden die Blüten als Schmuckdroge verwendet.

Volkstümliche Namen sind Heide, Heide(n)rösle, Besenheide oder Besenkraut, weil die Zweige zu Besen gebunden werden.

Foto: Peter Banzhaf

Foto: Peter Banzhaf

Abb:
Heidelbeere mit Blüten

Foto: Peter Banzhaf

Abb:
Heidelbeere mit Beeren

Heidelbeere – Vaccimium myrtillus

Die Heidelbeere ist ein kleines Sträuchlein aus der Familie der Heidekrautgewächse (Ericaceae). Es kann bis 60 cm hoch werden und ist sommergrün. Die flachen, bis 3 cm langen Blättchen sind am Rand fein gezähnt. Die Blüten stehen einzeln in den Blattachseln, sind krugförmig, grünlich bis rot, mit 5 meist zurückgeschlagenen Zipfeln. Die blauschwarze Beere ist kugelig, ihr Fleisch und Saft intensiv dunkelrot bis rotviolett.

Die Pflanze kommt verbreitet und gesellig in artenarmen Laub- und Nadelwäldern auf frischen, nährstoff- und basenarmen, sauren Böden in humider Klimalage vor. Die Heidelbeere ist ein bis 1 m tief wurzelnder Wurzelkriecher und mit Hilfe von Wurzelpilzen ein ausgesprochener Rohhumuszehrer. Sie ist ziemlich spätfrostempfindlich.

Als Droge werden in erster Linie die getrockneten Beeren verwendet. Sie enthalten neben geringem Gehalt an verschiedenen Inhaltsstoffen vor allem Gerbstoffe und sind deshalb ein beliebtes Mittel bei Durchfall. Der Genuss frischer Beeren in größerer Menge wirkt aber abführend.

Neben dem durchaus auch volkstümlich verwendeten Namen Heidelber treten davon abgeleitete Namen auf wie Heidel oder Heidle, Hei- oder Haibe(e)r, Hoadle. Nach der Fruchtfarbe und ihrem Vorkommen im Wald heißt sie Blau-, Schwarz-, Wald- und Eichbe(e)r. Weitere schwäbische Namen sind Auge-, Ater- oder Aderbe(e)r.

Heideröschen, Rosmarin-Seidelbast – Daphne cneorum

Das Heideröschen ist ein niedriger, locker verzweigter Kleinstrauch aus der Familie der Seidelbastgewächse (Thymelaeaceae). Die wintergrünen Blätter sind ledrig, verkehrt eiförmig, 1–2 cm lang und gleichmäßig an den Zweigen verteilt. Die stark duftenden, dunkelrosa bis roten Blüten stehen in doldenähnlichen Büscheln. Die besonders geschützte Pflanze ist stark gefährdet.

Das Heideröschen kommt in lichten Kiefern-Trockenwäldern, in Kalk-Magerweiden und Felsband-Gesellschaften auf trockenen, mageren, meist kalkhaltigen, oft feinerdearmen Böden vor. Durch Pflücken, Aufgabe der Beweidung, Schädigung durch die Palpenmotte (Anchinia cristalis), im Donautal durch Kletterer und Gamsverbiss ist der Bestand ziemlich zurückgegangen, in manchen Teilen der Schwäbischen Alb erloschen.

Die Inhaltsstoffe und die Giftigkeit sind die Gleichen wie beim Gewöhnlichen Seidelbast (siehe dort).

Die auffallend schöne und wunderbar duftende Pflanze, die ein Juwel der Wacholderheiden und Felsen darstellt, besitzt im Schwäbischen ebenso schöne Dialektnamen. Auf den Wuchsort beziehen sich Namen wie Ägetle, Egertenägele (Egert = unbebautes Land, Nägele = Nelke), Steinnägele, Heiderösle, Wiesennägele. Die Blütezeit schlägt sich nieder in Namen wie Mairösle und Himmerlfahrtsblü(e)mle. Besonders nett ist der Name Reckhölderle, der im Vergleich mit einem kleine Reckholder (= Wachholder) steht.

Das Heideröschen galt als zauberabwehrend und sollte böse Geister verjagen und selbst den Teufel bannen.

Guter Heinrich – Chenopodium bonus-henricus
Weißer Gänsefuß – Chenopodium album

Im Volksmund werden die verschiedenen Gänsefußarten (schwäbisch Ga(n)sfuß) meistens nicht unterschieden. Für alle werden die von Melde (Artiplex) abgeleiteten Namen wie Molde, Mulde, Mildekraut verwendet. Einige Arten haben abführende Wirkung wie der **Weiße Gänsefuß (Chenopodium album)** und werden deshalb als Schissmeldestock, Scheißmeld oder Schisskraut bezeichnet. Der Weiße Gänsefuß wurde früher auch als Gemüse verzehrt und erhielt die schwäbischen Namen Meldemus, Schmotziger Heiner oder Schmotzheiner, im Gegensatz zum Guten Heinrich, sowie Schwäbisches Kraut.

Der **Gute Heinrich** (Familie der Amarantgewächse, Amaranthaceae, früher die Familie der Gänsefußgewächse, Chenopodiaceae, bildend) ist im Gegensatz zu den meisten einjährigen Gänsefußarten ausdauernd und wird bis 60 cm hoch, die dreieckigen bis spießförmigen Blätter sind trübgrün, matt und höchstens jung etwas mehlig bestäubt. Der Blütenstand mit den zahllosen kleinen Blüten ist blattlos, kegelförmig und oft nickend.

Der Gute Heinrich war früher in den Dörfern an Misten, Hauswänden, an Ställen, Straßen, Wegen, Zäunen und Viehlägern (Lagerstellen von Vieh auf Weiden) auf nährstoffreichen, meist ammoniakalischen Böden weit verbreitet. Heute ist er weitestgehend verschwunden und man findet ihn nur noch an Schafställen und Viehlägern.

Der Gute Heinrich spielte früher als Blattgemüse eine wichtige Rolle und wurde wie Mangold (siehe dort) oder Spinat genossen. Diese Nutzung geht bis ins Altertum zurück und wurde erst später vom Spinat (Spinacea oleracea) verdrängt.

Abb:
Weißer Gänsefuß

Abb:
Guter Heinrich

Acker-Hellerkraut – Thlaspi arvense

Das einjährige Acker-Hellerkraut aus der Familie der Kreuzblütler (Brassicaceae, früher Cruciferae) kann bis 30 cm hoch werden. Der Stängel kann einfach oder verzweigt sein. Bei den bis 6 cm langen Blättern sind die unteren gestielt, die oberen sitzend und pfeilförmig den Stängel umfassend. Die 3–4 mm langen Kronblätter sind weiß. Die Fruchtschötchen sind flach, fast kreisrund, vorn etwas eingeschnitten, bis 1,5 cm breit und rundum 2–5 mm breit geflügelt.

Das Acker-Hellerkraut kommt ziemlich häufig in Unkrautfluren der Hackfruchtäcker und in Weinbergen, aber auch an Schuttplätzen auf frischen, nährstoffreichen Böden vor. Es ist seit der Jungsteinzeit ein Kulturbegleiter.

Abb:
Acker-Hellerkraut mit Blüten und Samenschötchen, links

Foto links: Verena Mueller

Schwäbische Namen sind Täschelkr(a)ut, Großes Säckelkr(a)ut (im Gegensatz zum Kleinen Säckelkraut, Capsella bursa-pastoris), Pfennigkr(a)ut, Judepfennig, Goldsame, Kläpperle und wie für andere Ackerunkräuter, die früher den Ertrag minderten, Hungerblu(e)m.

Abb:
Acker-Hellerkraut mit Samenschötchen im Rapsfeld

Sumpf-Herzblatt – Parnassia palustris

Die besonders geschützte ausdauernde Pflanze aus der Familie der Herzblattgewächse (Parnassiaceae, früher zu den Steinbrechgewächsen, Saxifragaceae, gestellt) wird bis 20 cm hoch, hat grundständige, lang gestielte herzförmige Blätter. Der kantige Stängel ist blattlos oder weist ein stängelumfassendes Blatt auf und ist einblütig. Die weißen Blüten sind 1–3 cm breit.

Das Sumpf-Herzblatt kommt zerstreut aber gesellig in Nieder- und Quellmooren, auch in Moorwiesen und Kalk-Magerrasen auf sickernassen, wechselfrischen Sumpf- und Lehmböden vor.

Das getrocknete blühende Kraut besitzt reichlich Gerbstoffe und wurde deshalb bei Durchfallerkrankungen verwendet. Gemäß der Signaturenlehre (äußerliche Eigenschaften, besonders Form und Farbe von Pflanzen zeigen an, welche Arzneiwirkung von Natur aus in ihnen liegt) wurde die Pflanze wegen ihrer herzförmigen Blätter in der Volksheilkunde bei Herzklopfen, nervöser Unruhe und Ängsten verwendet. Da die Pflanze heute besonders geschützt ist, darf sie nicht mehr für diese Verwendungen gesammelt werden.

Volkstümlich wird die Pflanze als Studentenrösle oder -raisle bezeichnet, weil zu ihrer Blütezeit im Spätsommer die Studentenferien zu Ende gehen.

Foto: Peter Banzhaf

Gewöhnliches Hexenkraut – Circaea lutetiana

Die ausdauernde Pflanze aus der Familie der Nachtkerzengewächse (Onagraceae, früher Oenotheraceae) wird 20–50 cm hoch. Die bis 10 cm langen Blätter sind breit lanzettlich, lang gestielt, entfernt gezähnt und am Grund oft etwas herzförmig. Der Blütenstand ist einfach oder verzweigt. Die kleinen 2–4 mm langen Blüten sind weiß. Die Frucht, ein kleines Nüsschen von 3–4 mm Länge besitzt Hakenborsten.

Das Gewöhnliche Hexenkraut kommt verbreitet in feuchten Laub- und Nadelwäldern auf frischen bis feuchten, nährstoffreichen Böden vor. Nicht selten ist die Pflanze an verdichteten Waldwegrändern angereichert. Die Klettausbreitung erfolgt mit Hilfe der Hakenborsten an den Früchten.

Auf Grund der Hakenborsten an den Früchten, die sich an die Kleidung anheften, erhielt die Pflanze im Schwäbischen den Namen Waldläus. Der lateinische Name geht auf die Hexe Circe, die Odysseus betörte (wovon sich auch bezirzen ableitet) und lutetia (= Paris) zurück. Er bedeutet also Pariser Hexe.

Himbeere – Rubus idaeus

Die Himbeere aus der Familie der Rosengewächse (Rosaceae) ist ausdauernd und treibt verholzende, kurzbestachelte Ruten. Diese blühen und fruchten aber erst im 2. Jahr und sterben nach der Fruchtreife ab. Die sommergrünen, unterseits weißfilzigen Blätter sind 3–5-teilig gefiedert; das Endblatt ist gestielt. Die Blüten stehen in einem rispigen Blütenstand. Die weißen Blütenblätter sind kürzer als die Kelchblätter. Die rote Sammelfrucht mit zahlreichen Steinfrüchten lässt sich leicht vom kegelförmigen Fruchtträger lösen. Von der Himbeere gibt es zahlreiche angepflanzte Kultursorten.

Die Himbeere kommt verbreitet in Waldverlichtungen, auf Sturmwürfen und Schlägen, in Staudenfluren auf frischen, nährstoffreichen Böden vor. Mit ihren Kriechwurzeln und Wurzelbrut ist sie eine Waldpionierpflanze. Seit der Jungsteinzeit wird sie als Beerenobst gesammelt.

Die getrockneten Blätter enthalten reichlich Gerbstoffe, aber auch Flavonoide und Fruchtsäuren. Sie werden in der Volksheilkunde als Tee bei Durchfallerkrankungen, zum Gurgeln bei Entzündungen im Mund- und Rachenraum sowie auch zu Waschungen bei Hauterkrankungen verwendet. Die Früchte enthalten außer Fruchtaromen Mineralstoffe, Fruchtsäuren und Vitamine. Sie ergeben ein geschmackvolles Gsälz (Marmelade) und einen feinen Saft, der bei Fieber kühlend wirkt.

Schwäbische Namen sind meistens an den Namen Himbeere angelehnt wie Himber, Imber und Hindel. Dazu kommt wie bei der Wald-Erdbeere (s.dort) der Name Häfelesber, weil auch die Himbeere im Häfele gesammelt wird.

Abb:
Himbeere, Blüten

Abb:
Himbeere, Früchte

Hirtentäschel – Capsella bursa-patoris

Die einjährige Pflanze aus der Familie der Kreuzblütler (Brassicaceae, früher Cruciferae) besitzt eine grundständige Blattrosette und Stängelblätter mit breiten, stängelumfassenden Öhrchen. Der Blütenstand verlängert sich während der Blütezeit. Die weißlichen Blüten sind klein, die 4 Kronblätter nur 2–3 mm lang. Bezeichnend für das Hirtentäschel sind die dreieckig-herzförmigen Schötchen auf langen Stielen.

Das Hirtentäschel ist ein alter Kulturbegleiter und kommt dank seiner großen Samenproduktion verbreitet in unterschiedlichen Unkrautfluren auf nährstoffreichen, humosen Böden vor (Stickstoff- und Gareanzeiger).

Dank verschiedener Inhaltsstoffe wurde die Pflanze schon in der Antike als schwaches Blutstillmittel gegen jede Art von Blutungen angewandt, wobei die griechischen und römischen Ärzte die Samen bevorzugten. In der Volksheilkunde wurde dagegen die oberirdischen Teile der blühenden Pflanze angewandt.

Der deutsche Name der Pflanze ist eine wörtliche Übersetzung des lateinischen, der schon in der Antike verwendet wurde. Auf den deutschen Namen sind die schwäbischen Bezeichnungen Bätzele, Säckelkraut und auch Säckeldieb zurückzuführen, d.h. es ist das Täschchen, in dem die Batzen (Geldstücke) aufbewahrt und vor Dieben geschützt wurden.

Foto: Verena Mueller

Abb:
Hirtentäschel, Blüten und Schötchen

Gewöhnlicher Hohlzahn – Galeopsis tetrahit

Die einjährige, bis 60 cm hoch werdende, verzweigte Pflanze gehört zur Familie der Lippenblütler (Lamiaceae, früher Labiatae). Der Stängel ist unter den Knoten deutlich verdickt und borstig behaart. Die eiförmig bis breit-lanzettlichen , mit groben Zähnen versehenen Blätter sind gestielt. Die roten bis weißen, oft gelb gefleckten, mit violetter Zeichnung und weißer Röhre ausgestatteten Blüten stehen kopfig gehäuft in Scheinquirlen. Die Kelchblätter sind stechend.
Der Gewöhnliche Hohlzahn kommt verbreitet in Unkrautgesellschaften auf Äckern, in Waldschlägen, an Wegen und Schuttplätzen auf frischen, nährstoffreichen Böden vor. Er ist ein Stickstoffzeiger und alter Kulturbegleiter mit Klettausbreitung.

Im Schwäbischen werden die verschiedenen Hohlzahn-Arten nicht unterschieden, so dass die Namen für den Gewöhnlichen Hohlzahn auch für die anderen gelten wie Wilder Hanf wegen der faserigen Stängeln, Brandnessel, Brendeler oder Braunnessel (braun gilt hier für violett) nach der Blütenfarbe. Nur für den Gewöhnlichen Hohlzahn gilt der Name Dorenessel (Dornnessel), der auf die stechenden Kelchblätter zurückgeht.

Roter Holunder, Trauben-Holunder – Sambucus racemosa

Der Rote Holunder (Familie der Moschuskrautgewächse, Adoxaceae; früher zu den Geißblattgewächsen, Caprifoliaceae gestellt) bildet bis ungefähr 4 m hohe Sträucher. Das Mark der Äste ist gelbbraun. Die Blätter sind unpaarig gefiedert mit 5–7 Teilblättern. Die Blätter erscheinen gleichzeitig mit den in dichten, aufrechten Rispen stehenden grünlichgelben Blüten. Die Früchte sind leuchtend rote Beeren.

Der Rote Holunder ist in Waldverlichtungen, auf Waldschlägen und Sturmwurfflächen als Vorwald, in Hecken des Berglands verhältnismäßig häufig anzutreffen. Er wächst auf frischen, nährstoffreichen, und meist kalkarmen Böden.

In den Samen sind schleimhautreizende, harzartige Substanzen enthalten, die zu leichten Vergiftungserscheinungen (Übelkeit, Brechreiz) führen. Nach Entfernen der Samen kann das rote Fruchtfleisch zu Gsälz (Marmelade) verarbeitet werden.

Als Gegensatz zum Schwarzen Holunder wird diese Art als Roter Holder oder als Wilder Holder bezeichnet. Ein besonderer Name ist Hirschholder, der nur besagen will, dass der Rote Holunder im Unterschied zum Schwarzen Holunder, der gern bei menschlichen Siedlungen wächst, an abgelegenen Orten wie dem Wald vorkommt. Der Name Trauben-Holunder geht auf den traubigen Blüten- bzw. Fruchtstand zurück.

Foto: Wolfgang Herter

Abb:
Roter Holunder, Blüten

Abb:
Roter Holunder, Beeren

Schwarzer Holunder – Sambucus nigra

Der Schwarze Holunder (Familie der Moschuskrautgewächse, Adoxaceae; früher zu den Geißblattgewächsen, Caprifoliaceae gestellt) bildet hohe Sträucher oder kleine Bäume und kann bis 8 m hoch werden. Das Mark der Äste ist rein weiß. Die Blätter sind unpaarig gefiedert und besitzen meist 5 Teilblätter. Die angenehm duftenden, kleinen, weißlichen Blüten mit gelben Staubblättern stehen in großen, flachen Trugdolden. Die Früchte sind schwarze Beeren.

Der Schwarze Holunder kommt verbreitet in Waldverlichtungen, in Hecken, in Siedlungsnähe auf Schuttplätzen, vor allen im Vorwald von Waldschlägen und Sturmwürfen auf frischen bis feuchten, nährstoff- und stickstoffreichen (Stickstoffzeiger) Böden vor.

Blätter, Blüten und Früchte weisen zahlreiche Inhaltsstoffe auf, darunter Flavonoide, ätherische Öle, Gerbstoffe, die Früchte auch Vitamine und Fruchtsäuren, die Samen, Blätter und die Rinde Blausäureglykoside. Die Blüten als heißer Tee (Fliedertee) in größerer Menge getrunken gelten als schweißtreibendes Mittel, das bei fiebrigen Erkältungskrankheiten angewendet wird. Die vitamin- und mineralstoffreichen Früchte werden gekocht und ergeben einen aromatischen Saft und ein feines Gsälz (Marmelade). Roh in größeren Mengen genossene Früchte wirken wegen der Blausäureglykoside leicht giftig (Übelkeit, Erbrechen). Die in Teig getauchten und in Schmalz aufgebackenen Blütendolden ergeben die schmackhaften Holunderküchle.

Der ursprüngliche Namen für den Schwarzen Holunder, der volkstümlich auch als Holder oder Holler bezeichnet wird, war Flieder. Im Unterschied zum Flieder im heutigen Sinn (Syringa vulgaris), auf schwäbisch Ziring oder Zirang, der sonst auch als Welscher, Spanischer , Türkischer oder Blauer Holder bezeichnet wird, gab man dem Schwarzen Holunder nach der Blütenfarbe den Namen Weißer Holder. Weitere schwäbische Namen sind Schwarzholder (wegen der schwarzen Beeren), Zahmer Holder, Baumholder (im Gegensatz zum Attich, dem Krautholder). Eine besondere Bewandtnis hat es mit dem Namen Läusbosch, der auf den oft vorkommenden starken Läusebefall an den jungen Zweigen und Doldenäste zurückgeht. Der Name Holunder hat nichts mit der Sagengestalt »Frau Holle« zu tun, sondern hat andere Wurzeln.

Bei den Germanen galt der Schwarze Holunder als heilig, weil in ihm die Baumgöttin Holda wohnte, die die Menschen und ihr Vieh vor vielerlei Unheil und bösen Geistern beschützte. Deshalb pflanzte man den

Abb:
Schwarzer Holunder, Blüten

Abb:
Schwarzer Holunder, Früchte

Strauch gern in die Nähe von Haus und Hof. Jede Beschädigung des Strauchs, Abhauen und Verbrennen des Holzes soll Unheil und sogar den Tod gebracht haben. Im Christentum wird der Strauch mit dem Teufel in Verbindung gebracht, weil sich Judas angeblich an einem Holunderstrauch erhängt haben soll.

Zwerg-Holunder – Sambucus ebulus

Widerlich riechende Staude (Familie der Moschunskrautgewächse, Asoxaceae; früher zu den Geißblattgewächsen, Capriofoliaceae gestellt), die ungefähr um 1 m hoch wird. Die Blätter sind unpaarig gefiedert. Die weißen Blüten sind in flachen Trugdolden vereinigt. Auffallend an der Blüte sind die roten Staubbeutel. Bei den Früchten handelt es sich um glänzend schwarze Beeren.

Der Zwerg-Holunder kommt ziemlich häufig in Staudenfluren und Waldverlichtungen, an Waldwegen und sonstigen Wegrändern, an Schuttstellen auf frischen, sehr nährstoffreichen, meist kalkhaltigen, tiefgründigen Böden vor. Der Wurzelkriechpionier ist ein sommerwärmeliebender Stickstoffzeiger.

Blätter, Blüten und Wurzeln des Zwerg-Holunders wurden früher in der Volksheilkunde genutzt. Bei Einnahme größerer Mengen wirken diese aber giftig, weshalb man von ihrer Nutzung abgekommen ist.

Der Name Attich geht auf das griechische Wort akté (= Holunder) zurück, das schon von Plinius (lateinischer Schriftsteller, 23–79 n. Chr.) und Dioskurides (griechischer Arzt des 1. Jahrhunderts n. Chr.) für diese Pflanze verwendet wurde.

Im Gegensatz zum Schwarzen Holunder (Sambucus nigra) wird der Zwerg-Holunder im Schwäbischen als Wilder Holder, Laddich (angelehnt an Lattich), Holler-, Holderladdich, als Krautholder, Ackerholder und Feldholder bezeichnet. Wegen seines widerlichen Geruchs trägt er die Namen Stinkholder oder Stinkladdich. Auf die schwarzen Beeren geht der Name Tintebe(e)re zurück. Weil der Absud der Pflanze gegen den Schinholder, ein Hautausschlag des Viehs, angewandt wurde, ist dieser Name auf den Zwerg-Holunder übertragen worden. Schließlich kommt noch der Name Zigeunerkraut vor, weil die Pflanze wie die Stinkende Nieswurz (Helleborus foetidus) von den Zigeunern als Viegarznei verwendet wurde.

Echter Honigklee, Echter Steinklee – Melilotus officinalis

Der **Echte Honigklee** ist eine einjährige Pflanze aus der Familie der Schmetterlingsblütler (Fabaceae, früher Papilionaceae) wird bis über 1 m hoch. Bei den 3-zähligen Blättern sind die Teilblättchen gestielt, länglich-eiförmig und gezähnelt. Die hängenden gelben Blüten stehen in bis zu 10 cm langen, bis 70-blütigen Trauben. Bei den bis 7mm langen Blüten sind die Fahne und die Flügel länger als das Schiffchen. Die Frucht ist kahl und oft querrunzelig.

Der Echte Honigklee kommt ziemlich verbreitet in Unkrautfluren an Wegen und Straßen, Dämmen, in Bahngelände, in Steinbrüchen, auf Erdanrissen und an Schuttplätzen auf sommerwarmen, mäßig trockenen, bevorzugt kalkhaltigen Böden vor. Er kann bis 1 m tief wurzeln und ist ein ausgesprochener Rohbodenpionier sowie eine beliebte Bienenweide, daher der Name Honigklee.

Die Pflanze enthält neben Flavonoiden, Saponinen und Schleim vor allem Cumaringlykoside, die beim Trocknen das nach Waldmeister duftende Cumarin abspalten. Als Droge wurden die getrockneten Blätter und Blüten ohne Stängel bei Venenerkrankungen, Wadenkrämpfen, Schwellungen und Hämorrhoiden genutzt. Da der Cumaringehalt der einzelnen Pflanzen sehr stark schwanken kann, ist man von der direkten Nutzung der Droge abgekommen und zu standardisierten Fertigpräparaten übergegangen. In der Volksheilkunde wurde der Echte wie auch der Weiße Honigklee (siehe unten) eingesetzt als schleimlösendes Mittel bei Husten und äußerlich zu Umschlägen bei Verstauchungen, Prellungen und Blutergüssen. In der Homöopathie wurden sie angewandt bei Krampfadern, aber auch bei Kopfweh und Nasenbluten.

Schwäbische Namen für den Echten Honigklee, die aber genau so für den Weißen Honigklee gelten sind Stoaklai (Steinklee), nach der Wirkung des Cumarins Motte- oder Schabekr(a)ut (im Schwäbischen werden oft die Motten als Schaben bezeichnet) und nach den Blüten Fraueschü(h)le und Himmelschlüssel wie bei den Schlüsselblumen.

Der **Weiße Honigklee** oder **Weiße Steinklee (Melilotus albus)** ist dem Echten Honigklee sehr ähnlich und besiedelt die geichen Wuchsorte wie dieser. Der wesentliche Unterschied sind die weißen Blüten. Er wird oft als Bienenweide, zur Gründüngung und als Bodenfetiger angesäht. Im Samenhandel läuft er unter dem Namen Bokharaklee.

Abb:
Echter Honigklee

Abb:
Weißer Honigklee

Hopfenklee – Medicago lupulina

Der ein- bis zweijährige oder ausdauernde Hopfenklee aus der Familie der Schmettelingsblütler (Fabaceae, früher Papilionaceae) ist niederliegend bis aufsteigend und kann bis 30 cm hoch werden. Der Stängel ist etwas kantig, verzweigt und mehr oder weniger anliegend behaart. Die Blätter sind 3-zählig, die Teilblättchen breit verkehrt eiförmig, vorne am Rand gezähnelt, ausgerandet und mit einem Spitzchen versehen, alle sind nur kurz gestielt (bei dem sehr ähnlichen Kleinen Klee, Trifolium dubium, und dem Feld-Klee, Trifolium campestre, fehlen das Spitzchen und das Endblättchen ist länger gestielt als die beiden seitlichen). Die lang gestielten Blütenköpfchen stehen einzeln in den Blattachseln, sind nur 0,5 cm breit und haben 10–50 kleine gelbe Blütchen. Nach der Blüte fällt die Blütenkrone ab, bei den ähnlichen Kleearten ist sie bleibend. Die Hülse ist nierenförmig eingerollt.

Der etwas wärmebedürtfige Hopfenklee kommt ziemlich verbreitet in Kalk-Magerrasen und in mäßig frischen bis mäßig trockenen Fettwiesen, auch an Wegen und Dämmen, seltener in Äckern auf mäßig trockenen, basenreichen, sommerwarmen Böden vor.

Schwäbische Namen für den Hopfenklee (die Blütenköpfchen werden mit Hopfenzapfen verglichen), die teilweise auch für den Kleinen und Feldklee gelten, sind Hopfeklaie, Gel(b)klaie, Zetterklaie, Schneckeklaie (nach den eingerollten Hülsen), Kleiner Stoaklaie (Kleiner Steinklee im Gegensatz zum Großen Steinklee, dem Echten Honigklee), Immeklaie und Herrgottsschü(h)le.

Foto: Verena Mueller

Gewöhnlicher Hornklee – Lotus corniculatus

Der Stängel der aufsteigenden bis aufrechten, ausdauernden Pflanze wird bis 40 cm hoch und ist markig 4-kantig. Die 3-zähligen Blätter des Schmetterlingsblütlers (Familie Fabaceae, früher Papilionaceae) sind gestielt mit sitzenden Teilblättchen, die am Blattrand bewimpert sind. Der lang gestielte Blütenstand weist 4–8 gelbe Blüten auf, die vor dem Aufblühen oft rötlich sind. Die hornartige Hülse ist gerade. Der Wurzelstock ist meist stark verzweigt und oft weitkriechend.

Der Gewöhnliche Hornklee kommt verbreitet in mäßig frischen bis mäßig trockenen Fettwiesen, in Kalk-Magerrasen, an Wegen und Böschungen auf warmen, basen- und nährstoffreichen Böden vor.
Schwäbische Namen, die sich alle auf die Blüten beziehen, sind Pantöffele, Fraueschü(h)le, Herrgottsschü(h)le, Heilandsschua(h)le und Himmelsschlüssel (wie bei Schlüsselblumen).

Acker-Hornkraut – Cerastium arvense

Das ausdauernde, aufsteigende oder aufrechte, behaarte und mehr oder weniger drüsige, nicht weißfilzige Kraut wird bis 30 cm hoch und gehört zu der Familie der Nelkengewächse (Caryophyllaceae). Die Pflanze bildet mit Kriechtrieben lockere Rasen, wobei die sterilen Triebe fast so lang sind wie die fertilen. Die Blätter sind länglich-lanzettlich und besitzen in den Blattachseln meist Blattbüschel. Der endständige Blütenstand ist armblütig. Die 5 Kronblätter sind weiß und ausgerandet. Die Fruchtkapsel ist ein- bis zweimal so lang wie der Kelch.

Das Acker-Hornkraut wächst ziemlich häufig in lückigen Pionierrasen an Wegen, Erdanrissen und Böschungen auf sommertrockenen, mageren Böden.
Schwäbische Namen für das Acker-Hornkraut sind Schnaiblu(e)m (nach der weißen Blütenfarbe), Seidegras (nach der Behaarung), Schlosse- und Spitzgras (nach den Kriechtrieben).

Foto: Peter Banzhaf

Foto: Peter Banzhaf

Huflattich – Tussilago farfara

Die bis 20 cm hohen Blütenschäfte der ausdauernden Pflanze mit spinnwebig behaarten Schuppenblättern erscheinen vor den Blättern, oft schon im Februar. Sie tragen einen endständigen Blütenkopf mit gelben Röhren- und Zungenblüten. Die mit unterirdischen Ausläufern ausgestattete Pflanze, ein Korbblütler (Familie Ateraceae, früher Compositae), tritt meistens in Herden auf. Die lang gestielten, herzförmigen, oberseits dunkelgrünen, unterseits weißfilzigen Blätter erscheinen erst nach der Fruchtreife. Die Frucht hat einen weißborstigen Haarschopf.
Der Huflattich wächst häufig in Pioniergesellschaften an Schuttplätzen, Wegen, in Äckern, auf Erdanrissen und Mergelrutschen auf mehr oder weniger offenen, grundfrischen oder staufeuchten, basenreichen, vorzugsweise kalkhaltigen, humusarmen, oft verdichteten schweren Böden. Er ist ein Wasserzugzeiger und Wurzelkriechpionier, der mit seinen Ausläufern einen guten Bodenfestiger abgibt.
Der Huflattich gilt als alte Heilpflanze. Sie enthält Schleimstoffe, Gerbstoffe, Flavonoide und Alkaloide. Die getrockneten Blüten und Blätter als Tee aufbereitet waren ein beliebtes und viel gebrauchtes Mittel bei Husten und zum Gurgeln bei Entzündungen im Mund- und Rachenraum. Da einige nicht zu unterscheidende Sippen des Huflattichs wie auch Greiskraut-Arten (siehe dort) das krebserregende und leberschädigende Alkaloid Senecionin enthalten, sollte man von der direkten Anwendung der Huflattichblüten und -blätter Abstand nehmen. Dafür kann man auf Fertigpräparate zurückgreifen, die aus angebauten, alkaloidfreien Sippen gewonnen werden.
Zahlreich sind die schwäbischen Namen für den Huflattich. Die meisten beziehen sich auf die Blätter, die mit Hufen oder Tierpfoten verglichen werden: Eselshu(e)f, Rosshu(e)f, Füllefu(e)ßblü(e)mle und Teufelshu(e)f und davon abgeleitet Hufele, Huffeln, Huebele, Hurbele, Rosshueb(e), Rosstrapp und Gaulstrapp oder auch Hasetatz. Auf die Verwendung der Pflanze gehen zurück: Husteblü(e)mle, Hustekr(a)ut, Brustblü(e)mle Lungekr(a)ut, Teeblü(e)mle, Hitzblätter (kühlende Wirkung durch Auflegen der Blätter auf Wunden) und ebenso Brandblätter (bei Brandwunden), Butter- oder Schmalzblätsche (Schmalz = Butter, Blätsche = großes Blatt, benützt zum Einwickeln und Kühlhalten von Butter), Wilder Duwak oder Tobak (als Tabakersatz). Weil Schnecken unter den Blättern Schutz suchen vor Austrocknung, gibt es auch

Foto: Verena Mueller

Abb:
Huflattich, Blüten

Abb:
Huflattich, Blätter

den Namen Schneggeblätter. Das Vorkommen auf schweren, zur Vernässung neigenden Böden gaben die Namen Lehmblätter, Loimablätter und Loamesuche ab. Der Name Merzeblu(e)m bezieht sich auf die frühe Blütezeit des Huflattichs. Die Wolle an den Blättern und Wurzelstöcken wurden früher zu Zunder (= altes Zündmittel) verarbeitet, daher der Name Zonderkr(a)ut.

Foto: Verena Mueller

Hühnerdarm, Vogelmiere – Stellaria media

Der Name des einjährigen Nelkengewächs (Familie Caryophyllaceae) Hühnerdarm oder auch Mäusedarm geht darauf zurück, dass die niederliegenden weichen Stängel darmartig verschlungen sind, und dass der Gefäßbündelstrang aus der Stängelrinde herausgezogen werden kann; der Name Vogelmiere bezieht sich darauf, dass die Samen Vögeln als Nahrung dienen. Der Stängel hat meist eine Haarleiste und spitz eiförmige Blätter. Die nur etwa 2 mm langen, weißen Kronblätter sind fast bis zum Grunde 2-spaltig und ungefähr so lang wie die Kelchblätter.

Der Hühnerdarm ist in lückigen Unkrautgesellschaften auf Äckern und in Gärten, in Weinbergen, an Mauern, Wegen und Schuttplätzen, an Ufern, auf mehr oder weniger frischen, nährstoffreichen Böden (= Stickstoffzeiger) weit verbreitet.

Er ist seit der Jungsteinzeit ein Kulturbegleiter.

Die Pflanze wird sowohl in der Volksmedizin als auch in der Homöopathie kaum mehr genutzt. Früher wurde das Kraut in der Volksheilkunde bei Lungenkrankheiten und frisch als Auflage bei Hautausschlägen verwendet.

Volkstümliche Namen sind Hennedreck, G(e)serfkr(a)ut oder einfach G(e)serf, Henneserb (von serbeln = siechen, weil man das Kraut kranken Hennen gab), verächtlich Maudrich oder Modrich (Maud oder Mod = Dreck).

Foto: Peter Banzhaf

Acker-Hundskamille – Anthemis arvensis

Die einjährige, 20–50 cm hoch werdende, wenig aromatische Pflanze (Familie der Korbblütler, Asteraceae, früher Compositae) ist seit der Jungsteinzeit ein Kulturbegleiter. Die Blätter sind 2–3 fach fiederschnittig mit schmal lanzettlichen, zugespitzten Zipfeln. Die im Durchmesser 2–3 cm breiten Blütenköpfe stehen einzeln am Ende der Stängel. Die Zungenblüten sind weiß und bis 12 mm lang, die inneren Röhrenblüten gelb. Der kegelförmige Blütenboden ist im Gegensatz zur Echten Kamille (Matricaria recutita) markig und nicht hohl.

Die Acker-Hundskamille war früher als Unkraut in Getreidefeldern, aber auch in anderen Unkrautgesellschaften an Wegen und Schuttplätzen auf kalkarmen, mäßig sauren Böden ziemlich häufig. Das lästige Unkraut wurde deshalb verächtlich als Hunds-Kamille, schwäbisch als Krot(t)enblu(e)m oder Kröte(n)gras sowie als Ga(n)s- oder Gä(n)sstock bezeichnet. Ein weiterer schwäbischer Name ist Kornglöckele, der sonst meist für den Klatsch-Mohn (siehe dort) verwendet wird. Heute ist die Acker-Hundskamille allgemein zurückgegangen.

Hundspetersilie – Aethusa cynapium

Die einjährige, bis 100 cm hoch werdende Pflanze aus der Familie der Doldenblütler (Apiaceae, früher Umbelliferae) hat einen runden, kahlen Stängel, der oft bereift ist. Die Blätter sind doppelt bis dreifach gefiedert, oberseits dunkelgrün, unterseits hellgrün und stark glänzend (Unterschied zur Garten-Petersilie, Petroselinum crispum); zerriebene Blätter haben einen unangenehmen Geruch. Die flachen Dolden sind 5–15-strahlig. Die Hüllblätter fehlen meistens; die Hüllchenblätter hängen nach unten und sind länger als die Döldchen. Die Blüten sind weiß.

Die Hundspetersilie wächst ziemlich häufig in Äckern, Gärten und Weinbergen, auf Schuttplätzen, an Waldwegen und Waldrändern auf frischen, basen- und nährstoffreichen Böden.

Die ganze Pflanze ist stark giftig; Vergiftungen sind trotzdem verhältnismäßig selten, da das Kraut seines unangenehmen Geschmacks wegen kaum verzehrt wird.

Schwäbische Namen gehen entweder auf die glänzende Blattunterseit zurück wie Gleiße oder Glitzere (auch für das Scharbockskraut verwendet, siehe dort) oder wegen der Giftigkeit abwertend im Vergleich zur Garten-Petersilie wie Hundspeterling, Katzepeterling Wilder oder Giftpeterling.

Immenblatt – Melittis melissophyllum

Das Immenblatt ist eine ausdauernde Pflanze aus der Familie der Lippenblütler (Lamiaceae, früher Labiatae) mit aufrechtem, bis 60 cm hohem, 4-kantigem, unverzweigtem, abstehend behaartem Stängel. Die bis 9 cm langen, gestielten Blätter sind eiförmig, gekerbt. Frisch haben sie einen schwachen Honigduft, getrocknet einen Cumaringeruch, daher der Name Mottekr(a)ut. Die Blüten sitzen zu 2–3 in den oberen Blattachseln und sind gestielt. Die Blütenkelche sind aufgeblasen mit 4–5 stumpflichen Zipfeln. Die Blütenkrone ist ziemlich groß (3–4,5 cm lang), rosa und weiß, wovon sich der Name Tag und Nacht ableitet.

Die wärmebedürftige Pflanze wächst selten aber meist gesellig in lichten Laubwäldern auf mäßig frischen, basenreichen, vorzugsweise kalkhaltigen Böden.

Die Pflanze enthält Bitterstoffe und wurde in der Volksmedizin als Wundheilmittel eingesetzt. Nach der Signaturenlehre (die äußerlichen Eigenschaften, besonders Form und Farbe von Pflanzen, zeigen an, welche Arzneiwirkung von Natur in ihnen liegt) wurden die Blätter bei Herzkrankheiten angewandt, worauf die volkstümlichen Namen Herzenstrost und Herzensfreund zurückgehen. Auch Hebammen verwendeten die Pflanze bei der Geburtshilfe und bei Frauenleiden, daher der volkstümliche Name Waldmutterkraut. Weitere schwäbische Namen wie Immesuggele, Bienekr(a)ut, Hummelsugge, Saugerle, Saugblu(e)m, Honigblu(e)m, Honigblatt beziehen sich auf den Honiggehalt der Blüten bzw. den Honigduft der Pflanze. Die Verwandtschaft mit der Zitronen-Melisse (Melissa officinalis) schlägt sich nieder in den Namen Honigmelisse, Bergmelisse, Waldmelisse und Melissenblatt.

Foto: Peter Banzhaf

Kleines Immergrün – Vinca minor

Die ausdauernde Pflanze aus der Familie der Immergrüngewächse (Apocynaceae) besitzt aufrechte, bis 30 cm hoch werdende Blütentriebe und lange, niederliegende sterile Triebe. Die lanzettlichen Blätter sind immergrün. Die blauen, 2,5–3 cm breiten Blüten stehen einzeln in den Blattachseln.
Das Kleine Immergrün breitet sich mit Wurzelausläufern aus und bildet deshalb oft große Herden. Es wurde und wird häufig gepflanzt, so vor allem in Friedhöfen und früher in Burgen. Die Vorkommen in Wäldern und Gebüschen gehen auf Verwilderung zurück und weisen meist auf Wüstungen (abgegangene frühere Siedlungen) hin.
Wegen der häufigen Verwendung des Kleinen Immergrüns als Zierpflanze auf Friedhöfen hat es die schwäbischen Namen Totekr(a)ut, Toteblu(e)m und Grabimmergrün. Wie beim Frühlings-Enzian (siehe dort) soll man beim Riechen an der Pflanze Rossmucke (Sommersprossen) bekommen, worauf der Name Rossmuckeveigele zurückgeht.

Falscher Jasmin, Pfeifenstrauch – Philadelphus coronarius

Der bis 3 m hoch werdende Strauch aus der Familie der Hortensiengewächse (Hydrangeaceae) stammt ursprünglich aus südosteuropäischen Flaumeichengebüschen. Heute ist er ein beliebter und in Gärten oft angepflanzter Zierstrauch. Er verwildert verhältnismäßig selten. Der Blütenstand ist eine mehrblütige Traube. Die ziemlich großen, stark duftenden Blüten bestehen aus vier ovalen, ungefähr 1,5 cm langen, weißen Kronblättern.

Die meisten schwäbischen Namen beziehen sich auf den starken Blütenduft: Zimmetrösle, Balsambäumle, Falscher Siringe- oder Ziringbom bzw. -strauch (Vergleich mit dem ebenfalls stark duftenden Flieder, siehe dort). Vom aufdringlichen Duft und der weißen Blütenfarbe her wird die Pflanze auch mit einem Nachttopf verglichen: Brunzkächele und Scheißhafe. Wie andere stark duftende Pflanzen erhielt der Falsche Jasmin den Namen Kopfwehblu(e)m.

Rote, Berg- und Schwarze Johannisbeere
Ribes rubrum, Ribes alpinum , Ribes nigrum

Die früher zu der Familie der Steinbrechgewächse (Saxifragaceae) gestellten Johannisbeeren bilden nach neuen Erkenntnissen die eigene Familie der Stachelbeergewächse (Grossulaceae). Ihren Namen verdanken die Johannisbeeren ihrer Fruchtreife um Johanni (24. Juni). Es handelt sich bei ihnen um kleinere Sträucher (meistens bis 150 cm, ausnahmsweise bis 200 cm hoch), die 3–5-lappige Blätter aufweisen. Die Blüten wie auch die runden Beeren stehen in kleinen Trauben (schwäbisch Träuble, Zetterle oder Hättel), die hängend sind, Ausnahme ist die **Berg-Johannisbeere** mit aufrechten Blüten- und Fruchttrauben.

Die Rote Johannisbeere kommt in 2 Varietäten vor, als **Rote Wald-Johannisbeere (Ribes rubrum var. rubrum)** mit kleinen Beeren und unterirdischen Kriechsprossen und als **Rote Garten-Johannisbeere (Ribes rubrum var. domesticum)** mit großen Beeren und ohne Kriechsprosse. Die Rote Wald-Johannisbeere wächst selten in Bach-Auenwäldern auf sicker- und grundfeuchten, nährstoffreichen Böden. Sie ist die wichtigste Stammform der seit dem 15. Jahrhundert in vielen Sorten, teils unter Einkreuzung anderer Johannisbeerarten, kultivierten Roten Garten-Johannisbeere. Diese enthält viel Ascorbinsäure (Vitamin C), Fruchtsäuren, Pektine und Tannin. In der Volksheilkunde wird der Saft als erfrischendes Getränk bei Fieber, im Haushalt die Beeren zur Bereitung von Gsälz (Marmelade, Gelee) und Saft verwendet. Schwäbische Namen für die Rote Garten-Johannisbeere sind Johannisträuble, Hanseträuble, Zarte Hansträuble, Hanse(n)gackele oder einfach Träuble oder Rote Träuble.

Die mit der Roten Wald-Johannisbeere nah verwandte **Berg-Johannisbeere** besitzt aufrechte Blüten- und Fruchttrauben. Diese sind armbeerig, schmecken fad und werden daher auch nicht gesammelt. Deshalb trägt die Art im Schwäbischen den Namen Wilde Träuble(heck). Die Berg-Johannisbeere ist in höheren Lagen auf meist kalkhaltigen Böden in Bergmischwäldern nicht selten anzutreffen.

Die **Schwarze Johannisbeere** kommt selten in staunassen Erlenbrüchen auf zum Teil zeitweise überfluteten, nährstoffreichen Bruchtorfböden vor. Die Fruchttrauben sind armbeerig, die Beeren ziemlich groß und schwarz. Wegen des hohen Gehalts an Vitamin C der Beeren und

Abb:
Rote Garten-Johannisbeere

› Rote, Berg- und Schwarze Johannisbeere
› Ribes rubrum, Ribes alpinum , Ribes nigrum

auch der Blätter wird die Art seit dem 16. Jahrhundert kultiviert. Der Tee aus den getrockneten Blättern wird in der Volksmedizin zur Erhöhung der Harnmenge, bei schmerzhaftem Harndrang, bei Gicht und rheumatischen Beschwerden, auch bei Leber- und Gallenleiden angewandt. Die Früchte und Stiele enthalten zusätzlich Anthocyane, Flavonglykoside, Fruchtsäuren und Pektin. In der Volksheilkunde wird der aus den Früchten hergestellte Saft und Gelee bei Erkältungskrankheiten, Heiserkeit und Husten, auch beiDurchfällen und Magenschmerzen verwendet, die getrockneten Beeren bei Harnbeschwerden gekaut. Auf die schwarzen Beeren beziehen sich die schwäbischen Namen Schwarze Johannisträuble oder einfach Schwarze Träuble, während die Namen Wanzebe(e)r, Wanzeträuble, Katzeseicherle oder Katzedreck auf den eigenartigen Geruch der Blätter und den Geschmack der Beeren zurückgehen. Den Namen Wasserbe(e)r soll die Art deshalb tragen, weil sie gegen Wassersucht, schmerzhaftes Harnlassen und Harndrang helfen soll, vielleicht aber auch, weil sie wild an nassen Wuchsorten wächst.

Foto: Wolfgang Herter

Abb:
Berg-Johannisbeere mit Blüten

Abb:
Schwarze Johannisbeere mit Blüten, links oben
Schwarze Johannisbeere mit Früchten, rechts oben
Rote Garten-Johannisbeere mit Blüten, links unten

Tüpfel-Johanniskraut, Tüpfel-Hartheu – Hypericum perforatum

Die ausdauernde, bis 60 cm hoch werdende Pflanze aus der Familie der Johanniskraut- oder Hartheugewächse (Hypericaceae) hat einen deutlich 2-kantigen, markigen, gegen oben verzweigten Stängel. Die sitzenden, ganzrandigen, bis 2 cm langen Blätter sind dicht und durchscheinend punktiert (Öldrüsen). Die goldgelben Blüten aus 5 Kronblättern stehen in vielblütigen Rispen. Die Frucht ist eine Kapsel.

Das Tüpfel-Johanniskraut kommt verbreitet in Waldschlägen, an Gebüsch- und Waldrändern, an Wegen und Böschungen, als Pionierpflanze in Magerrasen, auf frischen bis mäßig trockenen Böden vor.

Das Tüpfel-Johanniskraut ist seit dem Altertum eine viel angewandte Heil- und Kultpflanze. Wichtigster Inhaltsstoff der Blüten und Blätter ist das rote Hypericin (Johannisblut, Herrgottsblut). Dieses wirkt photoallergisch (verursacht Überempfindlichkeit gegenüber Sonnenlicht). Als Ölauszug (gequetschte Blüten in Olivenöl) wird es als Wundheilmittel bei Verbrennungen, außerdem bei rheumatischen Beschwerden angewandt. Die zur Blütezeit gesammelten und getrockneten oberirdischen Teile der Pflanze, die zusätzlich Gerbstoffe enthalten, werden als Tee aufbereitet und bei depressiven Verstimmungen und nervöser Unruhe verwendet.

Der Name Johanniskraut geht darauf zurück, weil die Pflanze um Johannis (24. Juni) blüht, wovon die schwäbischen Namen Hansekr(a)ut und Sonnwendkr(a)ut sich ableiten. Die Pflanze spielte in den altgermanischen Sonnwendkulten eine wichtige Rolle. Bei der Christianisierung wurde sie Johannes dem Täufer geweiht. Die Bezeichnung Hartheu leitet sich davon ab, weil die harten Stängel ein schlechtes, hartes Heu ergeben. Aus Ärger über die Heilwirkung des Tüpfel-Johanniskrautes soll der Sage nach der Teufel oder Hexen mit Nadeln die Löcher in die Blätter gestochen haben, daher die Namen Teufels- und Hexekr(a)ut; das hat aber der Pflanze nicht geschadet, weshalb sie am Haus aufgehängt vor Teufel, Hexen und anderen bösen Geistern schützen soll. Das Tüpfel-Johanniskraut ist ein wichtiger Bestandteil des an Mariä Himmelfahrt (15. August) geweihten Kräuterboschen, der aufgehängt ebenfalls vor allen bösen Geistern und Gewittern mit Blitzschlag und Hagel schützen soll. Auf die Anwendung bei Wunden und Fieber gehen die Namen Wundkr(a)ut, Wundblü(e)mle und Fieberkr(a)ut zurück, die aber

Foto: Verena Mueller

auch für andere Pflanzen mit entsprechender Heilanwendung gelten. Der blurote Blütensaft soll auf Tränen und Blut der Muttergottes und des Täufers Johannes zurückgehen; sie geben Namen ab wie Blutkr(a)-ut, Marienbettstroh, Frauekr(a)ut und -bluem, Muttergotteskr(a)ut, Johanniskr(a)ut, Johannisblu(e)m und Johannisblu(e)t. Einen ganz anderen Ursprung hat der Name Ofewischle, ein Büschel (= Wisch) des Johanniskrauts wird zum Reinigen des Ofens benützt.

Judenkirsche – Physalis alkekengi

Die ausdauernde Pflanze aus der Familie der Nachschattengewächse (Solanaceae) hat eine kriechende Grundachse. Der Stängel kann bis 50 cm hoch werden. Die gestielten Blätter sind eiförmig, zugespitzt. Die radförmigen,schmutzig-weißen, gestielten Blüten stehen einzeln in den Blattachseln. Die Frucht ist eine kirschgroße rote Beere, die vom aufgeblasenen, orangen Kelch umgeben ist.

Die Zierpflanze ist vor allem in Weinbaugebieten aus Gärten verwildert. Die ganze Pflanze mit Ausnahme der genießbaren Beere ist giftig. Die Beeren enthalten Bitterstoffe, Carotinoide, Gerbstoffe, Schleimstoffe und wurden in der Volksheilkunde bei Nieren- und Blasenleiden, bei Gicht und Rheuma angewandt.

Auf die aufgeblasenen Kelche beziehen sich die volkstümlichen Namen Blasekirsch, Laterne- und Lampionblu(e)m. Die Namen Judekirsch und Judehütle gehen darauf zurück, dass die aufgeblasenen Kelche der Kopfbedeckung, die Juden im Mittelalter trugen, ähneln.

Foto: Peter Banzhaf

Abb:
Judenkirsche, Frucht, links
Judenkirsche, Blüte, rechts

Echte Kamille – Matricaria recutita, früher: Marticaria chamomilla

Die Echte Kamille (Familie der Korbblütler. Asteraceae, früher Compositae) ist eine einjährige, bis 40 cm hohe Pflanze mit angenehmem Kamillengeruch. Die Blätter sind 2–3 fach fiederteilig. Im Gegensatz zur Acker-Hundskamille (siehe dort) ist der kegelförmige Blütenkopfboden hohl. Die Blütenköpfchen bestehen aus den äußeren weißen, zuletzt zurückgeschlagenen Zungenblüten und den inneren gelben Röhrenblüten.

Die Echte Kamille war früher häufig, heute deutlich seltener in Getreidefeldern, aber auch an Schuttstellen, auf frischen, nährstoffreichen, kalkarmen und mäßig sauren Böden anzutreffen. Sie ist seit der Jungsteinzeit eine Kulturbegleiterin.

Die Echte Kamille ist eine alte Heilpflanze. Sie fand schon in der Antike als auch im Mittelalter und bis heute eine hohe Wertschätzung. Verwendet werden dabei die Blütenköpfe, die viel ätherische Öle, Flavonoide, Cumarine und Schleimstoffe enthalten. Angewandt werden diese als Tee bei Magen-Darm-Beschwerden, bei Leber- und Gallenerkrankungen, äußerlich bei Haut- und Schleimhautentzündungen, als Dampfbäder bei Erkältungen.

Auf die Heilwirkung der Echten Kamille hat der Dichter Karl Heinrich Waggerl ein kleines Gedicht geschrieben: »Die Kraft, das Weh im Leib zu stillen, verlieh der Schöpfer den Kamillen. Die blühn und warten unverzagt auf jemand, den das Bauchweh plagt. Der Mensch jedoch in seiner Pein, glaubt nicht an das, was allgemein zu haben ist. Er schreit nach Pillen. Verschont mich, sagt er, mit Kamillen, um Gottes Willen!«

Im Schwäbischen wird die Pflanze als Gramill oder Kromill, nach ihrem Duft als Apfelkr(a)ut oder Apfelblü(e)mle und nach ihrer Verwendung als Teekr(a)ut oder Teeblu(e)m bezeichnet. Da der Auszug von Kamillen schöne lange Haare ergeben soll, wird sie nach der heiligen Maria Magdalena (sie wird meist mit Salbgefäß und langen Haaren dargestellt) auch Magdalenenkr(a)ut genannt. Die heilige Maria Magdalena ist deshalb auch Schutzpatronin des Friseurgewerbes.

Nah verwandt ist die aus Nordostasien eingeschleppte, heute eingebürgerte **Strahllose Kamille (Matricaria discoidea)**. Sie kommt vor allem in Trittrasen in Siedlungen und in deren Nähe auf nährstoffreichen, verdichteten Böden vor. Sie gleicht weitgehend in Gestalt und Duft der Echten Kamille, besitzt aber keine weißen Zungenblüten. Sie kann wie diese verwendet werden.

Foto: Verena Mueller

Kapuzinerkresse – Trapaeolus majus

Die aus Südamerika stammende, einjährige Gartenzierpflanze aus der Familie der Kapuzinerkressengewächse (Trapaeolaceae) ist kriechend oder klettert mit Hilfe der Blatt- und Blütenstiele. Die Blätter sind schildförmig rund, glatt und etwas fleischig. Die roten, gelben oder orangen Blüten sind 5-zählig und besitzen einen nach hinten gerichteten Sporn.
Die Pflanze enthält Senfölglykoside (kresseähnlicher Geschmack), Vitamin C, Flavonoide und Carotonoide. Sie ist ein pflanzliches Antibiotikum ohne Nebenwirkungen. Deshalb findet sie eine breite Anwendung, so bei Infekten der Harnwege, bei Katarrhen der oberen Atemwege, äußerlich bei Muskelschmerzen und Prellungen. Im Haushalt werden die kresseartig schmeckenden Blätter und Blüten als Salatbeilage, die in Essig eingelegten Blütenknospen als Kapern verwendet.
Schwäbische Namen für die Kapuzinerkresse sind Rauter oder Gel(b)er Rittersporn (nach dem Blütensporn) und Steigauf (nach der Wuchsform).

Foto: Verena Mueller

Wilde Kardendistel – Dipsacus fullonum, früher: Dips. sylvestris

Die ein- bis zweijährige Pflanze aus der Familie der Kardengewächse (Dipsacaceae) kann bis zu 2 m hoch werden. Der kantige Stängel hat 1–5 mm lange Stacheln. Die unteren Blätter sind lanzettlich, bis 30 cm lang, gezähnt. Die oberen stacheligen Blätter sind paarweise verwachsen und bilden ein tütenförmiges Wasserreservoir. Die bis 8 cm langen Blütenköpfe sind eiförmig bis zylindrisch und werden von linealen, stacheligen Hüllblättern überragt. Die stechenden Spreublätter sind wesentlich länger als die lila Blüten.
Die Wilde Kardendistel ist in krautigen Unkrautfluren an Wegen, Dämmen, Ufern, auf Brachen mit frischen bis feuchten, nährstoffreichen, vorzugsweisen kalkhaltigen Böden nicht selten. Mit der Zunahme von Brachflächen hat auch das Vorkommen der Art in den letzten Jahren zugenommen.
Die Wurzeln der Wilden Kardendistel wurden früher in der Volksheilkunde angewandt. In der Schulmedizin wurde sie nicht und in der Homöopathie wird sie kaum noch verwendet.
Die Pflanze wird für Trockensträuße gesammelt und heißt deshalb im Schwäbischen Kerzle. Die Blütenköpfe der Wilden Kardendistel wurden wie die der Weber-Karde (Dipsacus sativus) zum Aufrauen von Geweben verwendet, Darauf gehen die schwäbischen Namen Weberkard, Kartätsche, Strehl (= Kamm) zurück. Verächtlich wird sie als Hundsdistel bezeichnet.

Abb:
Wilde Kardendistel, Blütenstand (mit Hummel), links
Wilde Kardendistel, rechts

Foto rechts: Verena Mueller

Kartoffel – Solanum tuberosum

Die Art ist eine alte Kulturpflanze der südamerikanischen Hochkulturen. Die zu den Nachtschattengewächsen (Solanaceae) gehörende Kartoffel kam im 16. Jahrhundert nach Europa. Es dauerte aber rund 150 Jahre bis sie in Europa ihren Siegeszug antreten konnte. Heute wird sie weltweit in zahllosen Sorten als wichtige Nahrungspflanze, auch als Industriepflanze zur Gewinnung von Stärke angebaut. Hauptbestandteil der unterirdischen Sprossknollen ist Stärke: sie enthält aber auch Eiweiß, Vitamine, Mineralien und Spurenelemente.

Die grünen Pflanzenteile und die Früchte haben einen hohen Gehalt an dem Alkaloid Solanin und sind deshalb giftig. Auch die durch Belichtung grün gewordenen Teile der Knolle enthalten in größerer Menge Solanin und sind deshalb gesundheitsschädlich.

In der Volksheilkunde werden die gekochten und zerstampften Kartoffeln als gut wärmehaltende Wickel angewandt bei Geschwüren, bei Rheumatismus, Angina, bei Mumps, grundsätzlich immer dann, wenn Wärme gut tut.

Die meisten schwäbischen Namen, die es in Abwandlungen auch in anderen Dialekten gibt, beziehen sich zumeist auf die Knollen: Erdäpfel, Herdäpfel, Erdbire, Ebbire, Grundbire, Grumbire, Bodebire, Schambol (aus dem Rotwelsch). Die giftigen Früchte wurden als Sausäckel oder als Schleiderbolle (Kinder steckten einst die Früchte auf Ruten oder Stecken und schleuderten sie fort) bezeichnet.

Katzenpfötchen – Antennaria dioica

Die kleine, nur bis 15 cm hoch werdende, ausdauernde und besonders geschützte Pflanze aus der Familie der Korbblütler (Asteraceae, früher Compositae) ist zweihäusig (weibliche und männliche Blüten auf verschiedenen Pflanzen). Die filzig behaarte Rosettenpflanze hat oberirdische, beblätterte Ausläufer. Die rosa oder weißen Blütenköpfchen sind zu 3–12 endständig.

Das Katzenpfötchen wächst in sauren Magerrasen und Heiden auf mäßig frischen, kalkarmen, mäßig sauren, mageren Böden.

Die konkurrenzschwache Art benötigt für ihr Fortkommen offene Stellen in niederwüchsigen Rasen. Sie geht überall zurück und ist durch Nutzungsaufgabe mit Verbuschung bzw. Aufforstung, durch Nährstoffeintrag, aber auch durch das verbotene Pflücken gefährdet.

Die Pflanze hat heute keine pharmazeutische Bedeutung mehr, zumal das Sammeln der besonders geschützten Art verboten ist.

Früher wurde das Katzenpfötchen zu Immortellensträußchen (= Trockensträußchen) gepflückt, was heute verboten ist. Die aufgehängten Sträußchen sollten vor Blitzschlag sowie sonstigen Wetterunbillen schützen. Der schwäbische Namen Ewigkeitsblü(e)mle geht auf die Immortelle zurück. Einige schwäbische Namen beziehen sich auf die Blütezeit wie Himmelfahrtsblü(e)mle, Auffahrtsblü(e)mle, und Donnerstagsblü(e)mle (Himmelfahrt wird immer an einem Donnerstag gefeiert). Weitere Namen berücksichtigen die Blätter wie Mausö(h)rle, Maushir(e)le, Katzedäple, Katzeschwänzle, Busele (kleine Kätzchen) oder Hundsdäple.

Abb:
Katzenpfötchen mit rosa, weiblichen Blüten, links
Katzenpfötchen mit weißen, männlichen Blüten, rechts

Fotos: Peter Banzhaf

Wiesen-Kerbel – Anthriscus sylvestris

Die zweijährige bis ausdauernde, 60–100 cm hohe Staude (Familie der Doldenblütler, Apiaceae, früher Umbelliferae) besitzt einen aufrechten, hohlen, kantig gefurchten Stängel, der weder rote Flecken noch Verdickungen unter den Knoten hat. Die Blätter sind 2–3-fach gefiedert. Die weißen, mehr oder weniger gleich großen, duftenden Blüten stehen an 5–10-strahligen Döldchen und diese an 8–15 strahligen Dolden. Die Blüte findet meist vor dem 1. Wiesenschnitt (Heuschnitt) statt. Die Früchte sind so lang wie ihre Stielchen.

Der Wiesen-Kerbel kommt verbreitet in Glatthafer- und Goldhafer-Wiesen sowie in Streuobst-Wiesen, aber auch an Wald-, Hecken- und Wegrändern auf frischen, nährstoffreichen Böden vor. Durch kräftige Düngung, vor allem mit Gülle, wird er stark gefördert und bildet dann vor dem Heuschnitt einen bezeichnenden weißen Aspekt. Er ist gut mahdverträglich aber nicht weidefest.

Die Pflanze besitzt im Saft Inhaltsstoffe, die bei empfindlichen Personen bei Sonnenschein auf der Haut Entzündungen hervorrufen können (= Fototaxis; siehe auch bei Wiesen-Bärenklau).

Der schwäbische Volksmund unterscheidet bei den Doldenblütlern oft die einzelnen Arten nicht, sondern bezeichnet verschiedene Arten mit dem gleichen Namen wie Schättel(e) (siehe bei Giersch), Schierling oder nach dem Gewürzkraut Kerbel (Anthriscus cerefolium); im besten Fall wird zur Unterscheidung noch ein Wort davor gesetzt wie Wiesen-Kerbel, Wilder Kerbel, Wiesen-Schierling und Wiesenschättel(e). Es gibt aber für den Wiesen-Kerbel auch spezifische schwäbische Bezeichnungen. So trägt er den Namen Widerich (Wüterich), weil er bei starker Gülledüngung wertvollere Pflanzen verdrängt. Das Vieh frisst nur den jungen Wiesen-Kerbel, den älteren mit den Harten Stängeln (Morchestengel) verschmäht es dagegen. Im Heu zerbröseln die Blätter und übrig bleiben die harten Stängel (Heustengel). Frisst das Vieh zu viel jungen Wiesen-Kerbel, dann kann es Durchfall (Kättere) bekommen, worauf der Name Kätterleskr(a)ut zurückgeht. Weil Kinder früher aus den hohlen Stängeln gerne Pfeifen oder Flöten bastelten, erhielt er die Namen Pfeifekr(a)ut oder Pfeifestengel.

Mit dem Wiesen-Bärenklau gemeinsam hat der Wiesen-Kerbel die Namen Ross- oder auch Gaulskimmich (Kimmich = Kümmel). Eine ganz andere Herkunft haben einige andere

schwäbische Namen des Wiesen-Kerbels. Seine Blätter werden beim Färben der Ostereier auf diese gebunden, was dann auf den Eierschalen baumähnliche Zeichnungen ergibt. Davon leiten sich ab Gackelesgras (Gackele = Ei) oder im Hinblick auf den Osterhasen Hasekr(a)ut, Hasegras oder Haseschättele.

Dem Wiesen-Kerbel sehr ähnlich (vor allem die Blätter), sind die Kälberkropf-Arten (Chaerophyllum spec., schwäbisch Wüterichstengel, Gäsbart). Sie unterscheiden sich vom Wiesenkerbel durch die am Stängelgrund vorhandenen braunroten Flecke und/oder durch die abstehende borstige Behaarung sowie zum Teil durch die Stängelverdickungen unterhalb der Knoten.

Wald-Kiefer – Pinus sylvestris

Der bis 50 m hoch werdende Nadelbaum aus der Familie der Kieferngewächse (Pinaceae) hat bis 6 cm lange, blaugrüne Nadeln. Diese stehen zu 2 an Kurztrieben. Die männlichen Blüten sind sehr zahlreich an Stelle von Kurztrieben, die weiblichen an der Spitze von jungen Trieben Der Stamm der Wald-Kiefer ist grobborkig, im oberen Teil rötlich. Die Zapfen sind gestielt, rundlich bis kegelförmig und reif hängend.

Die Wald-Kiefer ist häufig angepflanzt. Natürliche Vorkommen sind auf laubholzfeindliche Standorte wie Felsen, Mergelrutschhänge, sowie stark wechseltrockene Mergelböden und Moore beschränkt. Der Baum kann bis 500 Jahre alt werden und ist ein wertvolles Nutzholz. Früher wurde das Harz zur Pechherstellung durch Ritzen der Stämme gewonnen.

Heilkundlich werden vor allem die ätherischen Öle (Terpene) zum Inhalieren bei Atemwegserkrankungen, zum Einreiben bei Rheumatismus und als durchblutungsfördendes Mittel in Badezusätzen verwendet.

Schwäbische Namen für die Wald-Kiefer sind Föhre und davon abgeleitet Forle, Fore, Forebom, Fe(e)re. Auf die frühere Nutzung gehen die Namen Pechbom (Pechgewinnung aus dem Harz) und Schleißholz (Schleiß = Span) zurück.

Sauer-Kirsche, Weichsel – Prunus cerasus

Die Sauer-Kirsche aus der Familie der Rosengewächse (Rosaceae) bildet Sträucher oder kleine, bis 10 m hohe Bäume. Die bis 12 cm langen Blätter sind zugespitzt. Die Blüten stehen in Büscheln. Unterschiedlich ausgebildet sind die Früchte, worauf sich die verschiedenen volkstümlichen Namen beziehen.

Die **Strauch-Weichsel (Prunus cerasus ssp. acida)** ist ausläufertreibend, die Äste sind mehr oder weniger hängend. Die dunkelrote, verhältnismäßig kleine Frucht hat einen färbenden Saft und ist ziemlich sauer. Die Sippe ist verhältnismäßig häufig verwildert im Schlehen-Liguster-Gebüsch.

Die **Baum-Weichsel (Prunus cerasus ssp. cerasus)** besitzt keine Ausläufer. Sie wird häufig angepflanzt, da sie größere Früchte aufweist als die Strauch-Weichsel. Sie gliedert sich in 2 Varietäten, in die Schattenmorelle oder einfach Morelle genannt (var.austera) mit dunkelroten Früchten, dunkelrot färbendem Saft und sich leicht vom Stiel lösendem Steinkern, und die Glas-Kirsche oder Amarelle (var. cerasus) mit hellroter, glasiger Frucht ohne färbendem Saft. Der Steinkern löst sich nicht vom Stiel.

Die Sauer-Kirsche stammt ursprünglich aus Südosteuropa und Kleinasien. In Mitteleuropa ist sie seit der Römerzeit bekannt. Sie ist eine ausgesprochen häufig in zahlreichen Sorten angebaute Kulturart. Die Früchte ergeben einen erfrischenden Saft und ein geschmackvolles Gsälz (Marmelade). Die getrockneten Blätter enthalten Gerbstoffe, organische Säuren, Flavonoide sowie Cumarin und wurden früher in der Volksheilkunde bei Blutarmut und Bleichsucht angewandt. Sie dienten auch als Tabakersatz oder wurden zum Strecken von Tabak verwendet.

Abb:
Schattenmorelle

Süß-Kirsche – Prunus avium

Der stattliche, bis 30 m hoch werdende Baum gehört zur Familie der Rosengewächse (Rosaceae). Seine Rinde löst sich in bandförmigen Lappen quer zur Stammachse ab. Die 10–15 cm langen Blätter haben meist an ihrem Grund Grübchen und die Blattstiele vorne 1 bis 2 Drüsen. Die weißen Blüten stehen in Büscheln ohne Blätter. Diese erscheinen erst nach der Blüte. Die Frucht ist kugelig, rot bis schwarz mit saftigem Fleisch und glattem Steinkern

Schwäbische Namen für die Süß-Kirsche sind Kirsa, Krisa, Kries, Krisber und Kirschber.

Die **Vogel-Kirsche** oder **Wald-Kirsche (Prunus avium ssp. avium)** ist die kleinfrüchtige Wildform der Süß-Kirsche. Sie kommt zerstreut in krautreichen Laub-Mischwäldern der tieferen Lagen an Waldrändern und in Hecken auf frischen, nährstoff- und basenreichen Böden vor. Sie wurde seit der Jungsteinzeit als Wildobst genutzt. Die Früchte haben wenig Fleisch von bitter-süßem Geschmack. Diese waren früher Grundlage für das Kirschwasser, das heute fast ausschließlich aus Herz-Kirschen hergestellt wird. Die robuste Vogel-Kirsche wurde deshalb auch in höheren Lagen, meist in der Nähe der Bauernhöfe angepflanzt. Die Stämme ergeben ein sehr schönes Hartholz, das bei der Möbelherstellung sehr geschätzt wird.

Die **Herz-Kirsche (Prunus avium ssp. juliana)** wurde aus der Vogel-Kirsche gezüchtet. Die Früchte sind größer als bei der Wildsippe (bis 1,5 cm im Durchmesser), meist schwarzrot oder gelbrot und weißgescheckt (im Volksmund als Schecken bezeichnet). Das Fruchtfleisch ist weich und sehr saftig. Die Frucht wird als Frischobst, zur Herstellung von Saft, Gsälz (Marmelade) und Schnaps verwendet. Die spätfrostgefährdete Herz-Kirsche, die im Gebiet seit der Römerzeit vorkommt, wird heute in warmen Lagen in vielen Sorten verbreitet angebaut.

Die **Knorpel-Kirsche (Prunus avium ssp.duracina)** besitzt ein mehr oder weniger hart-knackiges Fruchtfleisch. Sie gibt es in hellrot oder gelb. Auch von dieser alten Kulturart gibt es zahlreiche Sorten.

Abb:
Herzkirsche, Blüten

Abb:
Vogel-Kirsche, Früchte

Kirschpflaume – Prunus cerasifera

Die ursprünglich aus dem Raum Persien-Turkestan-Westsibirien stammende Art aus der Familie der Rosengewächse (Rosaceae) bildet kleine, bis ungefähr 10 m hoch werdende Bäume.

Sie ist nicht spätfrostempfindlich und blüht sehr früh, oft schon im März vor der Schlehenblüte. Deshalb wird sie in Gärten und Parkanlagen als Zierbaum angepflanzt, vor allem in der rotblättrigen Varietät (Blutpflaume). Da sie keine Ausläufer treibt, ist sie eine beliebte Pfropfunterlage für die ausläufertreibenden Pflaumen (Prunus insititia) und Zwetschgen (Prunus domestica). Vielfach sind in brachgefallenen Obstgrundstücken die Pflaumen- und Zwetschgenbäume abgestorben und haben aus den Wurzelstöcken die Kirschpflaumen ausgetrieben. Durch Vögel wurden die Steinkerne weiter verbreitet, so dass heute in den wärmeren Gebieten die Kirschpflaume als eingebürgert angesehen werden muss. Die Anfang August reifen Früchte sind gelb oder rot. Sie schmecken fad- säuerlich, das Fruchtfleisch löst sich nicht vom Steinkern.

Im Schwäbischen heißt die Kirschpflaume nach ihrer Herkunft Türkische oder Welsche Kirsch, wegen ihrer abführenden Wirkung auch Scheißpfläumle.

Abb:
Kirschpflaume, Stammaustrieb

Abb:
rechte Seite:
Kirschpflaume, Blüten, links oben
Kirschpflaume mit gelben Früchten, rechts oben
Kirschpflaumen-Hecke, links unten
Kirschpflaume mit roten Früchten, rechts unten

Zottiger Klappertopf – Rhinanthus alectorolophus

Die einjährige, bis zu 50 cm hohe Pflanze gehört zur Familie der Sommerwurzgewächse (Orobanchaceae, früher zu den Rachenblütlern, Scrophulariaceae, gestellt). Der Stängel, die Tragblätter der Blüten und die Blütenkelche sind dicht zottig behaart, daher der Artname. Die gelben Blüten sind zweilippig, die Oberlippe ist helmartig ausgebildet und hat an der Spitze einen violetten oder weißlichen Zahn. Der abgeflachte, bauchige Kelch vergrößert sich bei der Fruchtreife und wirkt aufgeblasen. Die reifen Samen klappern im Fruchtkelch. Darauf bezieht sich der schwäbische Namen Klaff, Mehrzahl Klaffa, abgeleitet vom mittelhochdeutschen klaffen=klappern. Dieser Name wird aber auch für andere Pflanzen mit klappernden Samen verwendet, wie z.B. für die Kornrade (s.dort).

Der Zottige Klappertopf ist wie alle anderen Klappertopf-Arten, die der Volksmund nicht unterscheidet, ein Halbschmarotzer. Diese besitzen zwar Blattgrün, assimilieren und produzieren die organischen Verbindungen selbst, schmarotzen aber auf anderen Pflanzen, vor allem auf Gräsern, denen sie Wasser und anorganische Nährstoffe entnehmen. Die Wurzeln der Klappertopf-Arten haben deshalb wenig Wurzelhaare, dafür aber zahlreiche Saugorgane, mit denen sie in die Wurzeln der Wirtspflanzen eindringen. Früher war der Zottige Klappertopf ein gefürchteter Ackerschädling, worauf Namen wie Korn- oder Dinkelfresser hinweisen. Heute kommt er in Getreideäckern infolge guter Saatgutreinigung sowie Mineraldüngereinsatzes und Tiefpflügens kaum noch vor und stellt deshalb auch kein ackerbauliches Problem mehr dar.

Genau so war er früher als Wiesenschädling gefürchtet, worauf der Name Milchdieb hindeutet. Heute ist er in gut und richtig gedüngten Frischwiesen, die regelmäßig vor der Samenreife des Zottigen Klappertopfs gemäht werden, kein Problem mehr. Dagegen kann er sich in warm-trockenen Wiesen wie etwa in Salbei-Glatthaferwiesen oder in Kalk-Magerwiesen (Mähder), die zusätzlich aus Naturschutzgründen erst ziemlich spät nach der Samenreife des Klappertopfs gemäht werden, stark ausbreiten. Als einjährige Art ist er auf dauernden Samennachschub angewiesen, wobei die Samen ungefähr 3 Jahre lang keimfähig bleiben. Will man bei starkem Befall den Klappertopf zurückdrängen, dann ist ein frühe Mahd über mehrere Jahre hinweg, möglichst schon bei der Blüte des Klappertopfs, erforderlich.

Foto: Peter Banzhaf

Abb:
Wiese mit Zottigem Klappertopf

Abb:
Zottiger Klappertopf

Dem Klappertopf hat der Dichter Karl Heinrich Waggerl in seinem »Heiteren Herbarium« einen heiteren Vierzeiler gewidmet: »Was hat der Klappertopf in seinem hohlen Kopf? Nur wieder Klappertöpfe ihr Plapperköpfe!«

Klebkraut – Galium aparine
Acker- oder Möhren-Haftdolde – Caucalis platycarpos
Acker-Hahnenfuß – Ranunculus arvensis

Im Schwäbischen werden verschiedene Ackerwildkräuter als Klaiba bezeichnet, was sich von Kleben ableitet. Die Früchte dieser Arten besitzen Widerhaken, mit denen sie sich an Tieren oder an Kleidern der Menschen festhaken können und so verbreitet werden.

Am weitesten verbreitet ist das **Klebkraut (Galium aparine).** Die Pflanze aus der Familie der Rötegewächse (Rubiaceae; zu dieser gehört auch der Kaffee- und Chinarindenbaum, der das Malariamittel Chinin liefert) besitzt schlaffe vierkantige Stängel. Diese tragen rückwärts gerichtete Stachelborsten, mit denen sie sich an anderen Pflanzen festhalten können (Spreizklimmer). Die 6–8 Blätter stehen in Quirlen; auch sie weisen Stachelborsten auf. Die kleinen, weißen oder grünlichen Blüten sind mit 4 spitzen Zipfeln flach ausgebreitet. Die Frucht ist kugelig und besitzt zahlreiche, an der Spitze widerhakig gekrümmte Borsten. Das Klebkraut ist häufig anzutreffen, nicht nur in Getreideäckern sondern auch in staudenreichen Wildkrautfluren, in Säumen von Hecken, an Ufern auf frischen stickstoffreichen Böden.

Die Pflanze hatte in der Volksheilkunde einen guten Ruf und wurde bei Nierensteinleiden und Blasenerkrankungen sowie Geschwüren angewandt. Für ihre Wirksamkeit als Krebsheilmittel gibt es aber bis heute keine Beweise.

Die beiden folgenden Arten, die ausschließlich Ackerwildkräuter auf kalkreichen Böden sind, kommen heute bei der modernen Ackerbewirtschaftung nur noch selten vor. Die **Acker-Haftdolde (Caucalis platycarpos)**, ein kleiner einjähriger Doldenblütler (Familie Apiaceae) mit 2–3-fach gefiederten Blättern und kleinen weißen Blüten, ist insbesondere ausgezeichnet durch die Früchte mit den widerhakigen Stacheln. Diese brachten der Pflanze zusätzlich die Namen Strigela (die stachelige Frucht wird mit einem Striegel = Kamm verglichen) und Digele (von d´Igele nach der stacheligen Frucht) sowie zusammen mit der folgenden Art die Bezeichnungen Bubalaus, Sacklaus oder Häslaus (von schwäbisch Häs oder Häß für Kleidung).

Der **Acker-Hahnenfuß (Ranunculus arvensis)**, ein kleines einjähriges Hahnenfußgewächs (Familie Ranunculaceae) mit verzweigten Stängeln, zerteilten Blättern und kleinen, schwefelgelben Blüten ist auffäl-

Foto: Verena Mueller

Foto: Karin Weiß

lig durch die großen Früchte mit den seitlich stehenden, an der Spitze oft hakigen Stacheln. Auf diese geht der Name Stachel-Hahnafuß zurück. Auf die glänzenden Blätter bezieht sich die Bezeichnung Gleis(s)e.

Abb:
Klebkraut mit Blüten, links oben
Acker-Haftdolde, rechts oben
Acker-Hahnenfuß, rechts unten

Foto: Wolfgang Herter

Klee-Arten – Trifolium spec.

Vielfach unterscheidet der schwäbische Volksmund nicht die verschiedenen Klee-Arten. Meist werden alle dreiblättrigen Schmetterlingsblütler (Familie Fabaceae, früher Papilionaceae) als Klai bezeichnet, also nicht nur die Klee-Arten.

Einige wenige Klee-Arten, die besonders häufig sind, werden durch Zusätze unterschieden oder haben eigene, nur für diese Art geltende Namen.

Wohl die häufigste Pflanze überhaupt ist der **Weiß-Klee (Trifolium repens)**. Die Stängel der ausdauernden Pflanze sind niederliegend-kriechend, wurzeln an den Knoten und sind oft verzweigt. Die Einzelblättchen sind ungefähr 1 cm lang, vorne ausgerandet, oft hell gefleckt, unterseits kahl und randlich gezähnt. Die Blütenköpfe stehen auf bis 15 cm langen Stielen. Die Blüten sind weiß bis hellrosa, nach dem Verblühen bräunlich. Der Weiß-Klee ist verbreitet in Fettweiden aber auch in Fettwiesen, in Parkrasen, an Wegen, in Äckern und Gärten auf frischen, nährstoffreichen, oft verdichteten Böden. Im Schwäbischen heißt er Weißer Klai, nach seinem kriechenden Wuchs Bodeklai oder Kriechklai, nach dem reichlichen Vorkommen in Viehweiden Weidklai oder Kuhklai. Die nektarreichen Blüten können im Gegensatz zum Wiesen-Klee auch von Bienen besucht werden, daher die Namen Bieneklai oder Honigklai.

Ebenfalls recht häufig in Wiesen aber auch feldmäßig angebaut auf frischen, nährstoffreichen Böden ist der ausdauernde **Wiesen-Klee (Trifolium pratense)**. Seine Teilblättchen sind eiförmig, zugespitzt und meist gefleckt, unterseits oft behaart und randlich mehr oder weni-

Foto: Verena Mueller

Abb:
Wiesen-Klee, links
Weiß-Klee, rechts

ger bewimpert. Die aufrechten Stängel können bis 50 cm hoch werden und tragen am Ende ein oder zwei kugelige, bis 3 cm breite Blütenköpfe. Die Blüten sind rot. Der Wiesen-Klee hat keine Ausläufer.

Verhältnismäßig zahlreich sind seine volkstümlichen schwäbischen Namen. Nach der Blütenfarbe heißt er Fleischklai, nach den nektarreichen Blüten Zuckerblü(e)mle, Zuckerbrod, Herrgottsbrod, Himmelbrod, Frauebrod und Johannisbrod. Da die etwas kurzrüsseligen Bienen den Nektar der Blüten kaum erreichen, werden sie nicht von Bienen sondern von den längerrüsseligen Hummeln besucht, daher die Namen Hummelsuger, Hummelklai oder einfach Hummeler.

Beim ausdauernden **Berg-Klee (Trifolium montanum)**, der keine Ausläufer hat, sind der Stängel und die Blätter weichhaarig. Der aufrechte, meist unverzweigte Stängel kann bis 40 cm hoch werden und trägt am Ende bis 1,5 cm breite Blütenköpfe mit weißen Blüten. Die Teilblättchen sind randlich deutlich gezähnt. Der Berg-Klee wächst verhältnismäßig selten in Kalk-Magerwiesen, im Saum von Gebüschen und Wäldern auf mäßig trockenen, kalkhaltigen, mageren Böden. Im Schwäbischen hat er den Namen Steiklai.

Beim niederliegenden, einjährigen **Kleinen Klee (Trifolium dubium)** ist an den Blättern das Endblättchen viel länger gestielt als die Seitenblättchen. Die kleinen, nur 7–10 mm langen Blütenköpfchen haben 5–15 gelbe Blüten. Der Kleine Klee sieht dem Hopfenklee (siehe dort) sehr ähnlich, hat aber am Ende der Blättchen keinen kleinen Zahn. Die Pflanze kommt verhälnismäßig häufig in lückigen Wiesen, an Wegen und Böschungen, in Äckern (daher der schwäbische Name Stoppelklai) auf mäßig trockenen Böden vor.

Foto: Peter Banzhaf

Abb:
Berg-Klee

Abb:
Kleiner Klee

Kletten-Arten – Arctium spec.

Kletten (Familie der Korbblütler, Asteraceae, früher Compositae) sind mehr oder weniger stattliche, zweijährige Stauden mit einer dicken, verholzenden Pfahlwurzel. Sie bilden im 1. Jahr eine grundständige Blattrosette, aus der im 2. Jahr der aufrechte, verzweigte Stängel sprießt, der die kugeligen, vielblütigen Blütenköpfe trägt. Die Hülle der Blütenköpfe besteht aus mehreren Reihen Hüllblättern. Die äußeren Hüllblätter sind lanzettlich und laufen in einen kurzen Widerhaken aus, so dass die Blütenköpfe nach der Samenreife leicht an vorübergehenden Tieren oder Menschen hängen bleiben (Klette) und so die Samen verbreitet werden. Die roten Röhrenblüten sind zwitterig.

Bei uns gibt es 4 Klettenarten, die nicht immer eindeutig anzusprechen sind, da sie alle untereinander bastardieren können. Bei 2 Klettenarten sind mindestens die Stiele der Grundblätter immer mehr oder weniger markig und nicht hohl. Bei der einen sind die Hüllblätter spinnwebig-wollig verbunden: **Filzige Klette (Arctium tomentosum)** , die bis 120 cm hoch wird. Bei der anderen Art sind die Hüllblätter kahl: **Große Klette (Arctium lappa)** die bis 150 cm hoch wird.

Bei den 2 weiteren Klettenarten sind mindestens die Stiele der grundständigen Blätter hohl.Die eine besitzt lange, zunächst mehr oder weniger waagrecht abstehende, später überhängende Äste: **Hain-Klette (Arctium nemoreum)**, die bis 250 cm hoch wird. Die andere weist zahlreiche, aufrecht abstehende Äste auf und wird bis 120 cm hoch: **Kleine Klette (Arctium minus)**.

Mit Ausnahme der Hain-Klette, die in Waldschlägen, Waldverlichtungen oder an Waldwegen zu finden ist, kommen die übrigen Klettenarten auf stickstoffreichen Böden in der Nähe von menschlichen Siedlungen sowie an sonstigen, vom Menschen beeinflussten Stellen wie Schuttplätze, Wegränder, Raine, an Zäunen und Mauern vor.

Die Klettenwurzeln gehörten zu den viel gebrauchten Hausmitteln und wurden bei Geschwüren, Flechten, Verbrennungen, Ausschlägen usw., aber auch bei Rheumatismus, Gicht, Krämpfen und als Abführmittel benützt. Waschungen mit der Wurzelabkochung gelten seit altersher als ein Haarwuchsmittel, ebenso das mit Olivenöl aus den Wurzeln ausgezogene Klettenwurzelöl und der mit Alkohol ausgezogene Klettenwurzelspiritus. Jung wurden die Wurzeln wie auch die jungen Triebe gegessen. In der Tierheilkunde diente die Wurzelabkochung gegen Räude, Haarausfall und Hautjucken.

Der schwäbische Volksmund unterscheidet die verschiedenen Klettenarten nicht und bezeichnet sie alle als Glufestock. Glufen sind Stecknadeln, mit denen man etwas zusammensteckt; es wird hier eindeutig auf die widerhakigen Hüllblätter Bezug genommen, mit denen sich die Fruchtköpfe an Vorbeigehende anheften (ankletten), was heute beim Klettverschluss genau so geschieht. Stock wird nicht im Sinne eines Steckens, z.B. Spazierstock, sondern als Bezeichnung einer gesamten Pflanze verwendet (vgl. dazu Blumenstock oder Stockhafen für Blumentopf).

Abb:
Filzige Klette

Knabenkraut-Arten – Orchis spec.

Nicht nur die Knabenkraut-Arten sondern auch die gesamte Familie der Knabenkräuter (Orchidaceae) ist besonders geschützt, d.h. sie dürfen weder gepflückt noch ausgegraben oder in irgendeiner Weise beschädigt werden. Die Knabenkraut-Arten haben zur Blütezeit zwei rundliche Wurzelknollen, die vorjährige verdtrocknende und etwas schwärzliche (Teufelshand) und die diesjährige, glatte und weißliche (Gottes-, Christus-, Jesus- oder Glückshand). Schon in der Antike (Theophrast, griechischer Philosoph und Naturforscher 371–287 v. Chr.; Plinius, lateinischer Schriftsteller 23–79 n. Chr.; Dioskurides, griechischer Arzt des 1. Jahrhundert n. Chr.) wurden die Knollen mit Hoden verglichen. Der griechische Name Orchis bedeutet auf Deutsch Hode. Daraus wurde im Deutschen Knabenkraut.

Die Knollen wurden als Aphrodisiakum genutzt, obwohl bis heute kein pharmakologischer Nachweis für eine diesbezügliche Wirksubstanz erbracht werden konnte. Die Anwendung basierte auf der Signaturenlehre (die äußerlichen Eigenschaften, besonders Form und Farbe von Pflanzen oder Pflanzenteilen zeigen an, welche Arzneiwirkung von Natur in ihnen liegt) Dabei soll die vorjährige Knolle zum Beischlaf untüchtig machen, die diesjährige zum Beischlaf stärken. Im Volksmund beziehen sich die meisten Namen auf die Hodenähnlichkeit der Knollen, wobei diese meist für alle Knabenkraut-Arten gelten: Bockshödle, Hasehode, Hundshödle, Narrehode, Pfaffehödle, Erdgeil (Geilen = Hoden), Geilwurz, Bocksgeil, Mune- oder Hommelseckel (Hodensack des Stiers = Mune oder Hommel), Herreblu(e)m.

Die Knabenkraut-Arten haben grundständige, etwas fleischige Blätter, die meist ungefleckt sind. Der Stängel hat nur blattlose Blattscheiden. Die Hochblätter sind häutig und nicht länger als der Fruchtknoten. Bei den Blüten neigen meist fünf Kronblätter helmförmig zusammen, das sechste bildet eine deutlich größere Lippe. Die Blüten haben einen Sporn.

Das **Kleine Knabenkraut (Orchis morio)** wird nur 20 cm hoch und blüht von allen heimischen Knabenkraut-Arten am frühesten im Jahr (April bis Mai), was ihm, wie auch anderen frühblühenden Pflanzen die volkstümlichen Namen Guckigauch oder Kleiner Kuckuck einbrachte. Die Blüten sind violett, rot, rosa oder selten weiß. Die helmförmig zusammenneigenden Blüten-

Abb:
Bastard Helm x Purpur-Knabenkraut

Foto: Verena Mueller

blätter sind grün gestreift. Die Pflanze wächst zerstreut aber meist gesellig in Magerrasen. Die Knollen enthalten reichlich Schleimstoffe, Stärke und Eiweiß. Sie wurden früher als Salepdroge angewandt. Heute darf die besonders geschützte Pflanze nicht mehr gesammelt und mit ihr auch nicht gehandelt werden, weshalb sie nicht mehr verwendet wird. Sie war auch die wesentliche Aphrodisiakumdroge, für die das Gleiche gilt wie für die Salepdroge. Weitere volkstümliche Namen sins Saleblu(e)m, Herrgottsblu(e)m, Heilandsschü(h)le, Ragwurzmennle, Liebes- oder Heiratskr(a)ut bzw. -wurz.

Nicht wesentlich größer (bis 30 cm hoch) ist das **Brand-Knabenkraut (Orchis ustulata)**. Bei ihm sind die helmbildende Blütenblätter außen dunkelrot-braun, weshalb der noch nicht aufgeblühte Blütenstand wie angebrannt aussieht. Die Lippe ist weiß mit purpurnen Flecken. Das Brand-Knabenkraut kommt verhältnismäßig selten in Kalk-Magerwiesen auf mäßig trockenen Böden vor. Für diese Pflanze gibt es die schwäbischen Namen Ko(h)lmännle, Brändle, Dubeknöpfle und Kleinblütigs Knabekr(a)ut.

Die häufigste Knabenkraut-Art ist das **Helm-Knabenkraut (Orchis militaris)** das bis 50 cm hoch werden kann. Der Blütenstand ist locker. Die helmbildenden Blütenblätter sind außen blassrosa, innen hellviolett. Die Lippe ist hellrot mit behaarten, dunklen Flecken. Das Helm-Knabenkraut wächst ziemlich häufig in Kalk-Magerwiesen, in Weinbergbrachen und an Böschungen auf mäßig trockenen bis wechseltrockenen, kalkreichen Böden. Ein volkstümlicher Name für die Pflanze ist Soldatekr(a)ut.

Die stattlichste, bis 80 cm hoch werdend Knabenkraut-Art ist das **Purpur-Knabenkraut (Orchis purpurea)**. Der Blütenstand kann bis 20 cm lang werden und weist 20–90 große Blüten auf. Die helmbildenden Blütenblätter sind außen rotbraun bis purpurn, innen heller. Die Lippe ist hellrosa bis weiß mit behaarten, dunklen Flecken. Die wärmebedürftig und frostempfindliche Halbschattpflanze kommt selten in lichten Eichen-Trockenwäldern und -gebüschen, auch in Kalk-Magerwiesen auf mäßig trockenen, kalkreichen Böden vor. Volkstümliche Namen sind Braunes- oder Großes Knabekr(a)ut, Hommeler. Verhältnismäßig oft gibt es den Bastard

Abb:
Kleines Knabenkraut, links oben
Brand-Knabenkraut, rechts oben
Helm-Knabenkraut, links unten
Purpur-Knabenkraut, rechts unten

Foto: Peter Banzhaf

Foto: Peter Banzhaf

Foto: Peter Banzhaf

Foto: Verena Mueller

zwischen dem Helm- und dem Purpur-Knabenkraut. Daraus kann man schließen, dass sie die gleichen Bestäuber haben.

Das **Stattliche Knabenkraut (Orchis mascula)** wird bis 40 cm hoch und hat Blätter, die oft am Grund fein rot gefleckt sind. Der Blütenstand ist vielblütig und hat 10–30 purpurrote, etwas anders gestaltete Blüten als die obigen Knabenkraut-Arten. Beim Stattlichen Knabenkraut sind nur drei Blütenblätter zusammenneigend, die beiden seitlichen äußeren aufwärts abstehend. Die Art kommt zerstreut in mageren Bergwiesen und Kalk-Magerwiesen, in Eichen-Hainbuchen-, Seggen-Buchen- und Eichen Trocken-Wäldern auf mäßig trockenen bis frischen, oft auch kalkarmen Böden vor.

Wegen der oft gefleckten Blättern hat das Stattliche Knabenkraut gemeinsam mit den Kuckucksblumen (s. unten) die Namen Fleckekr(a)ut, Märgeträne (Märge=Maria als Mutter Christi), außerdem Hodesäckle, Großer Kuckuck, im Gegensatz zum Kleinen Kuckuck = Kleines Knabenkraut.

Die **Kuckucksblumen (Dactylorhiza spec.)** wurden früher mit den Knabenkraut-Arten zusammengefasst. Da sie aber gegenüber diesen wesentliche Unterschiede aufweisen (Wurzelknollen nicht rundlich sondern handförmig geteilt, beblätterte Stängel, Blätter meist grob rot gefleckt, Hochblätter krautig und länger als der Fruchtknoten) werden sie heute als eigene Gattung behandelt.

Nur die **Breitblättrige Kuckucksblume (Dactylorhiza majalis)** hat schwäbische Voksnamen. Die bis 50 cm hoch werdende Pflanze hat einen hohlen Stängel. Die 4–6 Blätter sind fast immer grob gefleckt. Der dichte Blütenstand ist vielblütig (15–20 Blüten). Die Blüten sind mittelgroß und lilapurpurn. Die Lippe weist eine dunkelpurpurne Zeichnung auf. Die Art kommt zerstreut bis häufig in Nass- und Pfeifengras-Wiesen, in Kleinseggen-Niedermooren auf meist kalkarmen, mäßig sauren Nassböden vor. Sie ist in den letzten Jahrzehnten überall zurückgegangen. Schwäbische Namen für diese Pflanze sind Fleckekr(a)ut und Märgeträne (beide auch für das Stattliche Knabenkraut, siehe oben) sowie ebenfalls auf die gefleckten Blätter bezogen Rossmuckekr(a)ut (Rossmucke = Sommersprossen), Storchekr(a)ut (nach dem Vorkommen auf Nassstandorten, wo es auch Störche gibt).

Foto: Verena Mueller

Abb:
Stattliches Knabenkraut

Foto: Peter Banzhaf

Abb:
Breitblättrige Kuckucksblume

Knoblauch – Allium sativum

Die Zwiebel des ausdauernden Knoblauchs aus der Familie der Lauchgewächse (Alliaceae, früher zu den Liliengewächse, Liliaceae, gerechnet) ist weißhäutig mit zahlreichen inneren Nebenzwiebeln (Zehen). Der bis 80cm hoch werdende Stängel ist bis zur Mitte beblättert mit linealen, flachen 4–8 mm breiten Blättern. Das weiße Hüllblatt des Blütenkopfes mit langem weißem Schnabel überragt den Blütenstand weit. Dieser besitzt außer den Blüten meist zahlreiche Brutzwiebeln, manchmal sogar nur diese.

Die aus Zentralasien stammende Pflanze ist eine alte Gewürz- und Heilpflanze, die vorwiegend in Südeuropa und im Orient angebaut wird. Die Zwiebel mit ihren Zehen enthält reichlich organische Schwefelverbindungen. Beim Zerkleinern entstehen daraus durch Enzymeinwirkung Lauchöle, die nach Verzehr für den unangenehmen Geruch verantwortlich sind. Die Knoblauchzwiebel hat antibakterielle Wirkung und dient zunächst zur Darmdesinfizierung, dann zur Förderung der Verdauung und wird auch bei Atemwegserkrankungen angewandt. Weitere Wirkungen sind die Senkung von Blutfetten, die Blutverflüssigung, Auflösung von kleinen Blutgerinnseln, Senkung des Blutdrucks, Senkung des Blutzuckers bei Diabetes und Prophylaxe altersbedingter Gefäßveränderungen. Für eine längere Knoblauchskur werden 4 g frischer Knoblauch pro Tag empfohlen, was ungefähr 1 Zehe pro Tag entspricht.

Schwäbische Namen sind Knoblich, Knofel, Knofe, Gnöfel Knobel und Gnöbel, die alle von der Schriftform Knoblauch abgeleitet sin.

Eine Unterart des Knoblauchs ist die **Perlzwiebel (Allium sativum ssp. ophioscorodon)**, bei der der Stängel vor dem Aufblühen schlangenartig gewunden ist.

Abb:
Knoblauch, Hüllblatt, links oben
Knoblauch, Blütenstand, rechts oben
Knoblauch, Zwiebeln, links unten
Perlzwiebel, rechts unten

Knoblauchsrauke – Alliaria petiolata

Die zweijährige bis ausdauernde Art aus der Familie der Kreuzblütler (Brassicaceae, früher Cruciferae) wird 20–90 cm hoch. Der Stängel ist oberwärts mehr oder weniger verzweigt. Die gestielten Blätter sind unten am Stängel rundlich bis herzförmig, die oberen mehr dreieckig. Sie sind unregelmäßig gekerbt bis gezähnt, netzrunzelig und riechen zerrieben nach Knoblauch. Die weißen Blüten stehen in endständigen Trauben. Die bis 7 cm lange, gestielte, vierkantige Fruchtschote ist aufrecht abstehend.

Die Knoblauchsrauke kommt verbreitet in mehr oder weniger beschatteten Unkrautfluren, in lichten Wäldern, an Waldrändern und Waldwegen, in und an Hecken, auf Walschlägen, an Zäunen und Mauern, in verwilderten Gärten und Parkanlagen auf frischen, nährstoffreichen Böden vor. Die Knoblauchsraukenbestände haben nit der allgemeinen Eutrophierung der Landschaft in den letzten Jahrzehnten erheblich zugenommen.

Die Pflanze enthält Senfölglykoside, Provitamin A und Vitamin C. In der Volksheilkunde wird die Pflanze gelegentlich noch bei Erkältungskrankheiten, bei Erkrankungen der Atemwege, bei rheumatischen Beschwerden und Gicht sowie als Mundwasser gegen Zahnfleischentzündungen, das frische, zerquetschte Kraut äußerlich bei schlecht heilenden Wunden und Geschwüren angewandt. Im Haushalt wird die Knoblauchsrauke als Gewürzkraut zu Salaten verwendet.

Die schwäbischen Namen beziehen sich alle auf den knoblauchsähnlichen Geruch der Blätter: Wilder Knoblich, Waldknoblich, Knoblichskr(a)ut und Knofelkr(a)ut.

Abb:
Knoblauchsrauke mit Blüten und Fruchtschoten

Foto: Verena Mueller

Knöterich-Arten – Polygonum spec.

Die Knöterich-Arten aus der Familie der Knöterichgewächse (Polygonaceae) besitzen länglich lanzettliche Blätter und weiße bis rosa Blüten mit 5 gleichen Kronblättern.

Der **Schlangen-** oder **Wiesen-Knöterich (Polygonum bistorta)** hat bis 15 cm lange Grundblätter, die oberseits dunkelgrün, unterseits bläulichgrün sind und in den wellig geflügelten Stiel verschmälert sind. Die oberen Stängelblätter sind mit herzförmigem Grund sitzend. Die rosaroten Blüten sind in einer dicht walzlichen Blütenähre angeordnet, die an dem bis 80 cm hoch werdenden Stängel endständig ist. Die Wurzel der ausdauernden Pflanze ist verdickt und schlangenartig gekrümmt. Der Wiesen-Knöterich kommt meist häufig und gesellig in Feuchtwiesen, in höheren Lagen auch in Goldhaferwiesen auf feuchten bis nassen, nährstoffreichen Böden vor. Er ist eine gute Bienenweide aber eine schlechte Heupflanze (harte Stängel, zerbröselnde Blattspreiten). Schwäbische Namen für die Pflanzen sind Oter- und Naterwurz (an ihren Wuchsorten gibt es Schlangen, die Kreuzotter und die Ringelnatter), Schlangewurz (aus dem gleichen Grund, wohl auch wegen des Wurzelstocks) Schaf- und Lämmerzong (nach den Blättern).

Abb:
Schlangen- oder Wiesen-Knöterich

Foto: Peter Banzhaf

Der **Floh-** oder **Pfirsichblättrige Knöterich (Polygonum persicaria**) ist eine einjährige Art und kann bis 60 cm hoch werden. Der Stängel ist reich beblättert, ästig mit mehreren Blütenähren. Die Blätter sind lanzettlich und tragen oft auf der Oberseite einen dunklen Fleck. Die Blüten sind rosa. An den Knoten hat er häutige Blattscheiden (Ochrea), die am Rande lang bewimpert sind (Unterschied zu dem ähnlichen Ampfer-Knöterich, Polygonum lapathifolium, mit kahlen oder nur bis 0,2 mm lang bewimperten Blattscheiden). Der Floh-Knöterich ist eine verbreitete und lästige Unkrautart in Äckern und Gärten, aber auch an Gräben und Ufern sowie Schuttplätzen auf frischen, sehr nährstoffreichen Böden. Volkstümliche Namen sind Riedager oder Riedacher, Blutkr(a)ut, Jesusblut und Märgeblut (Märge = Maria als Mutter Christi; nach der Blütenfarbe), Pfersichkr(a)ut (nach der Blattform), Floh- und Muckekr(a)ut (zum Vertreiben von Ungeziefer).

› Knöterich-Arten – Polygonum spec.

Beim einjährigen **Vogel-Knöterich (Polygonum aviculare)** sind die fädlichen, verzweigten Stängel meist niederliegend, seltener aufsteigend. Die 0,5–2 cm langen Blättchen sind eiförmig bis lanzettlich, die Blattscheiden oben häutig-durchsichtig und zerschlitzt. Die weißlichen bis rosa, oft grün gestreiften Blüten stehen zu 1–3 in den Blattachseln. Die dunkelbraune Frucht ist 1,5–3 mm lang und kann länger sein als die Blütenhülle. Der Vogelknöterich wächst verbreitet in offenen Trittgesellschaften an Wegen, in Pflaster- und Asphaltritzen, auch auf Schutt, in Gärten und Äckern auf mehr oder weniger trockenen, nährstoffreichen Böden. Die Pflanze ist seit der Jungsteinzeit ein Kulturbegleiter. Die Samen breiten sich klebrig aus und bleiben bis zu 400 Jahren keimfähig.

Als Droge werden die oberirdischen Teile verwendet, die Kieselsäure, Gerbstoffe, Flavonoide, Cumarine und Schleimstoffe enthalten. Angeblich soll die Droge bei Tuberkulose helfen, daher der Name Lungekr(a)ut. In der Volksheilkunde wurde sie als Gurgelwasser bei Entzündungen im Mund- und Rachenraum, bei inneren Blutungen, daher die Namen Blutkr(a)ut, Blutstillkr(a)ut und Blutwurz, sowie das frische Kraut zur Wundbehandlung angewandt. Weitere schwäbische Namen, die sich vor allem auf den Wuchsort beziehen sind Wegtreter, Wegkr(a)ut, Weggras, Weggrattler (grattle = mühsam gehen), während andere auf die niederliegend sich ausbreitende Wuchsform zurückzuführen sind wie Wegkreiser, Treibschnur, Schu(h)r(i)eme oder Queckgras. Schließlich gibt es Namen, die auf die Samen als Vogelnahrung zurückgehen wie Vogelknötrich, Vogelkr(a)ut, Spatzekr(a)ut, Spatzezong, Spatzegras und Hennegras.

Abb:
Floh-Knöterich

Abb:
Vogel-Knöterich

Kohl – Brassica oleracea

In Deutschland gibt es die Stammpflanze der seit der Antike als Gemüsepflanze in vielen Formen kultivierten Art, den **Wilden Kohl (Brassica oleracea ssp. oleracea,** Familie der Kreuzblütler, Brassicaceae, früher Cruciferae) nur an den Strandfelsen Helgolands. Er ist zweijährig bis ausdauernd. Die etwas fleischigen Blätter sind blaugrün, am Grunde abgerundet sitzend oder herzförmig stängelumfassend. Die Kelchblätter sind aufrecht, die 1,5–2,5 cm langen vier Kronblätter schwefelgelb. Die 4–10 cm lange, deutlich geschnäbelte Fruchtschote ist auf langen Stielen abstehend. Die Kultursorten werden im ersten Jahr vor der Blüte geerntet. Nur zur Samengewinnung lässt man sie im 2. Jahr zur Blüte kommen.

Die in vielen Sorten gezogenen Kulturarten sind:

Kopfkohl (Brassiva oleracea ssp. oleracea var. capitata). Eine bläuliche Rasse ist das Blau- oder Rotkraut, schwäbisch Blau- oder Rotkabes. Die grüne Rasse wird als Weißkraut bezeichnet. Sie gibt es als Rundkopf, schwäbisch Kabes, Kabis, Kabeskr(a)ut, Kabeshaupt und -kopf, und als Spitzkraut, schwäbisch Filderkr(a)ut oder Spitzkabes. Aus dem Weißkraut wird durch Milchsäuregärung das Sauerkraut, schwäbisch Saure Hälmle (nach den in schmale Streifen geschnittenen Blättern) gewonnen. Die Bezeichnung Sauerkr(a)ut wird öfters auch auf die Krautpflanze übertragen. Das Weißkraut enthält verschiedene Senfölglukoside, Eiweiße

Abb:
Wilder Kohl auf Helgoland, aus U. Körber-Grohne: Nutzpflanzen in Deutschland (1987). Mit freundlicher Genehmigung der Autorin

Foto: Leonie Meßner

Abb:
Blaukraut, links oben
Weißkraut (Rundkopf), rechts oben
Weißkraut (Spitzkraut), links unten

und Vitamine. In der Volksheilkunde wird der frische Krautsaft bei Magen- und Zwölffingerdarmgeschwüren, bei Verdauunsstörungen und Schilddrüsenunterfunktion angewandt, äußerlich werden die gequetschten Blätter zur Heilung von Wunden, Geschwüren und Furunkeln aufgelegt.

Wirsing(kohl) (Brassica oleracea ssp.oleracea var. sabauda) mit etwas krausen Blättern, die zu einem lockeren Kopf vereinigt sind. Schwäbische Namen sind Savoyer Kohl, Welschkohl, Wirz oder Werz.

Rosenkohl (Brassica oleracea ssp, oleracea var. gemmifera) hat viele kleine, köpfchenartige Kurztriebe aus den Blattachseln, schwäbisch die Rösle, die ganze Pflanze wird Rösleskohl oder Brüsseler Kohl genannt.

Brokkoli (Brassica oleracea ssp. oleracea var. italica) mit fleischigem, grünen, lockerem Blütenstand. Diese Varietät wird auch als Spargelkohl bezeichnet, da der fleischige Blütenstand wie Spargel zubereitet werden kann.

Blumenkohl (Brassica oleracea ssp. oleracea var. botrytis) mit fleischigem, weißem, dichtem Blütenstand. Auf Schwäbisch heißt er Blu(e)mekohl oder Karfiol.

Kohlrabi (Brassica oleracea ssp. oleracea var. gongylodes) mit am Grund über dem Boden rundlich angeschwollenem Stängel, auf Schwäbisch liebevoll Kohlräble genannt.

Abb:
linke Seite:
Wirsing

rechte Seite:
Rosenkohl, links oben
Brokkoli, rechts oben
Blumenkohl, links unten
Kohlrabi, rechts unten

Foto: Verena Mueller

Kleinblütige und Großblütige Königskerze – Verbascum thapsus und Verbascum densiflorum, früher: Verbascum thapsiforme

Die beiden Königskerzen-Arten werden im Volksmund nicht unterschieden, weshalb sie hier zusammen behandelt werden. Beide Arten sind 2 jährig. Im 1. Jahr bilden sie eine grundständige Blattrosette mit großen, bis 40 cm langen, von Sternhaaren filzig-wolligen Blättern (so auch die übrigen Pflanzenteile) Darauf beziehen sich die schwäbischen Namen wie Wollkr(a)ut, Wulle(n)kr(a) ut, Wolle(n)hansen, Wulleblu(e)m, Wollestaud oder Wulle(n)staud und davon abgeleitet Wolkestaud(e). Im 2. Jahr treibt die zu der Familie der Rachenblütler (Scrophulariaceae) gehörenden Pflanzen einen bis zu 200 cm hohen Blütenstängel mit kleineren, meist bis zum nächst unteren Blatt herablaufenden Blättern. Die Blüten des langen, ährenförmigen Blütenstands sind gelb und besitzen 2 untere, kahle oder lockerhaarige Staubfäden, die deutlich länger sind als die 3 übrigen, behaarten Staubfäden. Bei der **Kleinblütigen Königskerze (Verbascum thapsus)** sind die Blüten 1,5–2 cm breit und die beiden kahlen unteren Staubfäden sind so lang wie die Staubblätter. Die **Großblütige Königskerze (Verbascum densiflorum)** besitzt dagegen 3–5 cm breite Blüten und die kahlen unteren Staubfäden sind höchstens doppelt so lang wie die Staubblätter.

Die beiden Königskerzen-Arten wachsen in besonnten Unkrautfluren an Schuttplätzen, Wegrändern, Dämmen und in Waldschlägen auf nicht zu trockenen, nährstoff- und basenreichen Böden.

Wie schon Plinius (lateinischer Schrifsteller 22–79 n. Chr.) berichtet, wurden früher die getrockneten Blütenstängel mit Harz, Pech oder Wachs getränkt und als Fackeln oder Kerzen benutzt, daher der 2.Wortteil des Namens Königskerze. Darauf gehen die schwäbischen Namen wie Feldkerz, Wegkerz, Hauskerz, Wetter- oder G(e)witterkerz, Wulle(n)-kerz und Fackelkr(a)ut zurück.

Der 1. Wortteil der Königskerze bezieht sich darauf, dass der Blütenstängel den Mittelpunkt des an Mariä Himmelfahrt (Frauentag, 15. August) geweihten Kräuterbüschels, den König bildet. Kombiniert mit der Kerzenfunktion ergeben sich die schwäbischen Namen Frauekerz, Himmelskerz, Himmelsbrand und Zangekerz (Zange = Kräuterbüschel).

Die frisch gesammelten und getrockneten Blüten enthalten Schleimstoffe, Saponine , Flavonoide und weitere Inhaltsstoffe. Sie werden in erster Linie in Husten- und Erkältungstees angewandt. Sie wirken bei Husten und Rachenkatarrhen durch die Schleimstoffe reizmindernd und durch die Saponine auswurfför-

Foto: Peter Banzhaf

Abb:
Kleinblütige Königskerze

Abb:
Großblütige Königskerze

dernd. Die Volksheilkunde verwendet die Blüten auch als harntreibendes Mittel, gegen Rheuma, äußerlich zur Förderung der Wundheilung. Auf diese arzneiliche Nutzung gehen die schwäbischen Namen Lungenstengel und Husteblu(e)m zurück. Angeblich sollen die Wurzeln der beiden Königskerzen-Arten gegen Schlaganfall wirken, daher der schwäbische Name Schlagwurz(el). Schließlich gibt es noch weitere schwäbische Namen wie Hirschstengel, Fuchs- oder Wolfsschwanz, die sich alle auf die stattlichen Blütenstängel beziehen.

Kornblume – Centaurea cyanus

Die zu der Familie der Korbblütler (Asteraceae, früher Compositae) gehörende Pflanze wird 30–80 cm hoch. Der Stängel wie auch die lineal-lanzettlichen 2–5 mm breiten Blätter sind weißfilzig behaart. Die Blütenköpfe tragen tiefblaue Röhrenblüten, wobei die äußeren stark vergrößert sind.
Die Kornblume war früher ziemlich häufig in Getreideäckern auf meist kalkarmen Böden anzutreffen. Durch Herbizideinsatz, Saatgutreinigung und moderne Ackerbaumethoden ist sie heute in Äckern selten geworden und vielfach sogar ganz verschwunden. Sie ist ein alter Kulturbegleiter und seit der Jungsteinzeit nachgewiesen.

Die Pflanze enthält in den Blüten Farbstoff (Centaurocyanin) und Bitterstoffe. Sie wurde deshalb früher als Heilmittel bei Appetitlosigkeit und Verdauungsstörungen, bei Fieber, zur Anregung der Funktion von Leber und Galle, als schleimlösendes und harntreibendes Mittel verwendet. Heute dienen die getrockneten Blüten als Schmuckdroge in Teemischungen.

Foto: Verena Mueller

Kornelkirsche – Cornus mas

Die Kornelkirsche kommt im schwäbischen Sprachbereich natürlich nicht vor, sie wird aber als Zier- und bodenfestigendes Gehölz sehr viel angepflanzt. Der Strauch oder kleine Baum aus der Familie der Hartriegelgewächse (Cornaceae) kann bis 6 m hoch werden. Im Gegensatz zum Blutroten Hartriegel (siehe dort) bleiben die jungen Zweige grün. Die breit-lanzettlichen, bis 8 cm langen Blätter haben meist 4 Paare bogig verlaufende Seitennerven. Die kleinen gelben, 4-zähligen Blüten in kleinen Dolden erscheinen an seitenständigen Kurztrieben, oft schon im Februar und sind eine wertvolle Bienenweide. Die längliche, rote Frucht mit einem Stein wie bei einer Kirsche (daher der Name) ist sehr saftig. Die Früchte eignen sich hervorragend zur Herstellung von Saft, und Gsälz (Marmelade, Gelee). Sonst sind die Früchte (Kornell) in der Volksmedizin bedeutungslos.

Weit verbreitet ist für die Kornelkirsche der volkstümliche Namen Dirlitz. Etwas seltener tauchen die davon abgeleiteten Bezeichnungen Herlitz, Hirlitz, Dörrlitze, Zirlitzle, Dirlitzbaum und Dirbaum auf. Im Vergleich zum Blutroten Hartriegel mit weißlichen Blüten wird die Kornelkirsche als Gel(b)er Hartriegel bezeichnet. Das Holz der Kornelkirsche ist sehr hart und wurde früher für mathematische Instrumente oder Maschinenteile, heute noch für Drechslerarbeiten verwendet. Deshalb taucht auch der Name Bei(n)-holz auf. Auf die sehr frühe Blütezeit sind die Namen Vorwitz- oder Fürwitzelbaum zurüchzuführen.

Abb:
Kornelkirsche, Blüten, links
Kornelkirsche, Früchte, rechts

Kornrade – Agrostemma giothago

Das einjährige Nelkengewächs (Familie Caryophyllaceae) findet sich bei uns seit der Jungsteinzeit und wurde mit dem Getreideanbau eingeschleppt-. Die Kornrade war früher in Getreideäckern, so vor allem im Wintergetreide (Saatunkraut) ziemlich häufig. So gibt Robert Gradmann 1950 in der 4. Auflage seines Pflanzenleben der Schwäbischen Alb sie noch als häufig an. Heute ist sie durch moderne Saatgutreinigung und Herbizideinsatz in den Getreideäckern praktisch ausgestorben. Die bis 100 cm hoch werdende Kornrade ist anliegend seidig behaart. Die Blätter sind linealisch einander gegenüberstehend (gegenständig), die Blüten einzeln endständig an den Zweigen. Die Blüten besitzen fünf 2–4 cm lange, violettrote Kronblätter, die von den langen Zipfeln des Kelchs weit überragt werden. Die Frucht ist eine Kapsel mit zahlreichen, ziemlich großen schwarzen Samen.

Die ganze Pflanze ist sehr giftig, insbesondere die Samen. Die Kornrade galt deshalb im Mittelalter als gefürchtetes Ackerunkraut. Mangels möglicher Getreidereinigung gelangten die Samen ins Brotgetreide und damit ins Mehl. Deshalb waren durch diese und zusammen mit dem Mutterkorn (hornartiges, schwarzviolettes, festes Gebilde aus Fäden des Pilzes Claviceps purpurea, vorzugsweise beim Roggen, aber auch bei anderen Gräsern) verursachten Vergiftungen ziemlich häufig, zumal die Giftstoffe beider durch Kochen oder Backen nicht zerstört werden. Die Giftwirkung zeigte sich vor allem in Kreislaufschädigung, in schlimmen Fällen führte sie durch zentrale Atemlähmung zum Tod. Vermutlich gibt es sogar einen Zusammenhang zwischen Kornradengift und der im Mittelalter auch in Europa verbreiteten Lepra (Aussatz). Dabei wird davon ausgegangen, dass länger anhaltende, nicht tödlich wirkende Einnahme von Kornradengift im Mehl zu einer Nebennierenschädigung führte, die den Ausbruch der Lepra gefördert haben soll. Heute kommen Vergiftungen durch Kornradensamen kaum noch vor, da die Pflanze praktisch vollkommen aus den Getreideäckern verschwunden ist.

Im Schwäbischen trägt die Kornrade auch den Namen Rote Kornblu(e)m, im Gegensatz zur blauen Kornblume (siehe dort). In Bezug zu Nelken (schwäbisch Nägele) wurden auch die Namen Kornnägele oder Rossnägele (im Gegensatz zu den edlen Gartennelken) verwendet. Wegen

Foto: Peter Banzhaf

der Blütenfarbe teilte sie zusammen mit dem Klatsch-Mohn (siehe dort) die Bezeichnung Kornros oder Gockeler. Um Kinder vor dem Laufen im Getreidefeld abzuschrecken, wurde die Kornrade auch als Kornmändle (Koaremändle) bezeichnet, wobei das schwäbische Mändle als Schreckgestalt verwendet wurde. Schließlich gab es noch den Namen Kornbeißer, d.h. die Pflanze beißt das Getreide (nimmt diesem den Wuchsplatz weg und verdrängt es). Dieser Name wurde aber nicht nur für die Kornrade sondern auch für alle anderen Getreideunkräuter angewandt.

Gewöhnliche Küchenschelle – Pulsatilla vulgaris

Bei der Gewöhnlichen Küchenschelle (schwäbisch Kucheschell) handelt es sich um eine ausdauernde, 20–40 cm hohe, zu den Hahnenfußgewächsen (Familie Ranunculaceae) gehörende Staude mit einer bis über 100 cm tief gehenden Pfahlwurzel. Die Pflanze ist dicht seidig behaart, so vor allem die Knospen (kein Kälte- sondern ein Verdunstungsschutz). Die erst nach der Blüte erscheinenden Blätter sind 2–3 fach gefiedert mit 100–150 spitzigen Blattzipfeln, die 2–4 mm breit sind. Die Blüten stehen einzeln endständig an den aufrechten Stängeln, sind erst glockig und tiefviolett, später mehr geöffnet und hellviolett, und besitzen dottergelbe Staubblätter. Die Früchte sind federartig geschwänzt und bilden einen schopfigen Fruchtstand (schwäbisch Federewisch, Alte Manne).

Die besonders geschützte, etwas kalkliebende Pflanze kommt auf warmen und trockenen Standorten in Trockenrasen auf Felsen, aber auch in Kalk-Magerwiesen (Mähder) und -weiden vor.

Die Gewöhnliche Küchenschelle ist in allen Teilen giftig durch das in vielen Hahnenfußgewächsen vorkommende Alkaloid Protoanemonin, das beim Trocken unwirksam wird.

Auf die frühe Blütezeit (März-Mai, meist um die Osterzeit) beziehen sich die schwäbischen Namen Osterglock oder Osterblu(e)m. Auch der Name Herreschlaufe (Haireschlaufe) hat mit Ostern als Fest des Herrn zu tun, wobei Schlaufe alles umfasst, was zur Verzierung der Kleidung dient. Der Name Hoseglock ist eine Umdeutung von Haseglock (Hase als tierischer Frühlingsbote). Da die Pflanze zur Zeit der Hafersaat blüht, wird gebietsweise der Name Haferblu(e)m verwendet. Der Name Heuschlafe geht darauf zurück, dass die Knospen im Heu (vertrocknetes Gras des Vorjahrs) versteckt schlafen. Schließlich gibt es noch die Bezeichnung Schafblu(e)m, weil die Küchenschelle oft in trockenen Schafweiden vorkommt.

Foto: Verena Mueller

Abb:
Gewöhnliche Küchenschelle, Blüten

Abb:
Gewöhnl. Küchenschelle, Fruchtstände

Wiesen-Kümmel – Carum carvi

Die zweijährige, bis 50 cm hoch werdende, sparrig verzweigte Pflanze aus der Familie der Doldenblütler (Apiaceae, früher Umbelliferae) hat 2–3 fach gefiederte Blätter mit linealen, nicht über 1 mm breiten Zipfeln. An den Dolden fehlen meist Hülle und Hüllchen oder sind wenigblättrig. Die Blüten sind weiß bis blassrosa. Die Früchte zerfallen bei der Reife in zwei, etwas gekrümmte Teilfrüchte. Die Wurzel ist rübenförmig.

Der Wiesen-Kümmel ist in Fettwiesen und -weiden der Berglagen ziemlich verbreitet. Er wächst auf frischen, nährstoffreichen Böden in kühl-humider Klimalage.

Als Droge werden die Samen verwendet. Sie enthalten vor allem ätherische Öle, die den Geruch und Geschmack bestimmen. Weitere Inhaltsstoffe sind fette Öle, Eiweiße, Kohlenhydrate, Cumarine und Flavonoide.

Man verwendet die Kümmelsamen bei Verdauungsstörungen, Blähungen und Völlegefühlen (bei Säuglingen als Tee) sowie für die Herstellung von Schnäpsen und Likören.

Die schwäbischen Namen Kimmich, Kümmich oder Kemmich sind an die hochdeutsche Bezeichnung Kümmel angelehnt.

Foto: Verena Mueller

Abb:
Wiesen-Kümmel mit Blüten, links
Wiesen-Kümmel mit Früchten, rechts

Echtes Labkraut – Galium verum
Weißes Labkraut – Galium album

Nach dem Echten Labkraut erhielt die Gattung Labkraut (Galium) aus der Familie der Rötegewächse (Rubiaceae) ihren Namen. Das Echte Labkraut enthält Stoffe, die Milch zum Gerinnen bringt wie das Labenzym des Kälbermagens. Das frische Kraut wurde früher als Ersatz für das Kälberlab bei der Käseherstellung verwendet. Die Labkrautarten sind einjährige oder ausdauernde Pflanzen mit an mehr oder weniger 4kantigen Stängeln in Quirlen stehenden Blättern. Ihre radförmig-trichterigen Blüten besitzen eine kurze, undeutliche Blütenröhre und sind 4-zipflig. Zur Familie der Rötegewächse gehört nicht nur die früher angepflanzte Färberröte (Rubia tinctorum, als Krapp zum Rotfärben) sondern auch der Kaffeestrauch (Coffea arabica, aus der tropischen Bergwaldstufe Abessiniens stammend) und der Chinarindenbaum (Cinchona officinalis, aus Südost-Asien stammend, aus dem Chinin hergestellt wird).

Das **Echte Labkraut** ist ausdauernd und kann bis 70 cm hoch werden. Die schmalen Blätter sitzen in 6–12-zähligen Quirlen. Die kleinen, 2-3 mm breiten, duftenden, leuchtend gelben Blüten stehen in einer reichblütigen, endständigen Rispe. Als etwas wärmebedürftiger, tiefwurzelnder Wurzelkriecher kommt es in Kalk-Magerrasen, an Böschungen und Wegrainen, in Gebüschsäumen auf mäßig trockenen bis wechseltrockenen, meist klakhaltigen Böden häufig vor. Als Droge wird das getrocknete blühende Kraut verwendet. Es enthält außer der Labsubstanz Flavonoide und Glykoside. In der Volksheilkunde wird es bei geschwollenen Knöcheln, als harntreibendes Mittel und bei Katarrhen der Harnwege sowie äußerlich bei schlecht heilenden Wunden und Hautleiden genutzt. Die volkstümlichen schwäbischen Namen beziehen sich zunächst auf die Labwirkung des echten Labkrauts: Gel(b)es Käslabkr(a)ut, Gel(b)es Kälberkr(a)ut, Kälbertmage. Die weiteren Namen gehen auf die Ähnlichkeit des dicht pyramidalen Blütenstands mit einer Kunkel (= Spinnrocken oder Spindel am Spinnrad) zurück: Gel(b)es Kunkenägele, Kunkle, Künkele, Spindlegras. Der Legende nach wurde die Krippe des Jesuskinds mit Stroh aus dem Echten Labkraut ausgepolstert, weil der daneben stehende Esel dies nicht fraß, daher die Bezeichnung »unserer lieben Frau Bettstroh«.

Das bis 100 cm hoch werdende **Weiße Labkraut** besitzt einen ausgeprägt 4-kantigen Stängel mit in regelmäßigen Abständen angeordneten, in Quirlen stehenden Blättern. Diese sind 2–8 mm breit, 3–7

Abb:
Echtes Labkraut

Abb:
Weißes Labkraut

mal solang und beidseitig grün. Die 3–4 mm breiten, weißen Blüten mit 1–3 mm langen Stielen stehen in einem endständigen, schlanken, pyramidenförmigen Blütenstand. Der etwas wärmebedürftige, kurz kriechende Tiefwurzler kommt verbreitet in Fettwiesen, in Wald und Gebüschsäumen, auch in Steinschutthalden, vor allem in tieferen Lagen, auf frischen, nährstoff- und basenreichen Böden vor. Als Droge wurde das frische, blühende Kraut verwendet, das Glykoside, Gerbsäure, ätherisches Öl, Flavonoide und Zitronensäure enthält. In der Volksmedizin wurde es bei Hautausschlägen, Magen- und Darmkatarrhen genutzt. Schwäbische Namen sind Geißleiterle oder einfach Leiterle (nach den in regelmäßigen Abständen angelegten Blattquirlen, die wie Sprossen eines Leiterbaums = einholmige Leiter aussehen), Wiesenkünkele, Weiß Kunkelnägele (Kunkel s. oben bei Echtem Labkraut) und Hämmedscheißerle (weiße Blüten werden verglichen mit einem mit weißen Hemd bekleideten Kleinkind).

Blauer Lattich – Lactuca perennis
Kompass-Lattich – Lactuca serriola
Garten-Lattich – Lactuca sativa

Bei den Latticharten handelt es sich um 1-jährige (oft überjährige) oder ausdauernde, krautige Pflanzen aus der Familie der Korbblütler (Asteraceae, früher Compositae). Sie besitzen reichlich weißen Milchsaft. Die Blütenköpfchen sind klein bis mittelgroß und bestehen aus 5–16 Zungenblüten. Die Früchte haben einen langen Schnabel auf dem die weiße Haarkrone (Pappus) sitzt, so dass diese wie gestielt aussieht.

Der **Blaue Lattich** ist ausdauernd und kann bis 60 cm hoch werden. Der gefurchte Stängel trägt weiche, blaugrüne Blätter, die tief fiederschnittig sind und lanzettliche Abschnitte aufweisen.Die Zungenblüten sind blau. Die wärmeliebende Pflanze kommt selten in sonnigen Trockenrasen, an Felshängen und auf Felsbänder auf vorzugsweise kalkhaltigen, felsig-steinigen Böden vor. Volkstümliche Namen für die Art sind Bergsalat, Fluhsalat (Fluh = Fels), und Blauer Heidelattich.

Abb:
Blauer Lattich, links

Foto links: Wolfgang Herter

Der **Kompass-Lattich** ist ein- bis zweijährig und kann bis zu 120 cm hoch werden. Die meist buchtig fiederspaltigen, blaugrünen Blätter stehen senkrecht. Sie sind unterseits auf der Mittelrippe mehr oder weniger stachelig. Die zahlreichen, kleinen Blütenköpfchen mit hellgelben Zungenblüten sind in einer ver-

Abb:
Kompass-Lattich

längerten, pyramidenförmigen Rispe angeordnet. Die wärmeliebende Pflanze kommt ziemlich häufig in lückigen Unkrautfluren an Weg- und Straßenrändern, Schuttplätzen, an Bahnanlagen, an Mauern und Dämmen auf mäßig trockenen, nährstoffreichen, vorzugsweise kalkhaltigen und sandig-steinigen Böden vor. Die Pflanze wurzelt bis 2 m tief und ist ein ausgeprägter Kulturbegleiter. Volkstümliche Namen für den Kompass-Lattich sind Feldlattich, Ackerlattich, Wilder Lattich, Zaunlattich, Stachellattich und Sausalat.

Der **Garten-Lattich** kann bis 100 cm hoch werden. Die Stängelblätter sind herzförmig stängelumfassend, kaum fiederspaltig und meist nur gezähnt. Der Blütenstand ist ausladend doldig und hat kleine Blütenköpfchen mit hellgelben Zungenblüten. Der Garten-Lattich wird seit der Antike kultiviert, seine Herkunft ist unbekannt. Er enthält appetitanregende Bitterstoffe. Er gliedert sich in mehrere Unterarten, die zahlreiche Sorten aufweisen.

Kopfsalat (Lactuca sativa ssp. capitata), schwäbisch Häuptlessalat, Lattichsalat, mit bekannten Sorten wie Krachsalat und Eissalat.

Pflücksalat (Lactuca sativa ssp. longifolia) mit bekannter Sorte Eichblattsalat. Die lockeren Blattrosetten können über längere Zeit von außen nach innen gepfückt werden.

Schnittsalat oder **Lattich (Lactuca sativa ssp. secalina)** ist bekannt unter dem Namen Sommer-Endivie (Endivie siehe bei Gewöhnlicher Wegwarte). Er kann wochenlang geschnitten werden, wenn man das Herz stehen lässt.

Ziemlich unbekannt ist hierzulande der **Römische Salat (Lactuca sativa ssp. romana)**, auch als Binde- oder Kochsalat bezeichnet, der schmale, langovale, mehr oder weniger lockere Köpfe bildet. Er kann roh als Salat, gekocht als schmackhaftes Gemüse verzehrt werden.

Abb:
Garten-Lattich (Kopfsalat)

Abb:
Garten-Lattich, fruchtend

Bär-Lauch – Allium ursinum

Der Bär-Lauch (Familie der Lauchgewächse, Alliaceae, früher zur Familie der Liliengewächse, Liliaceae, gestellt) besitzt eine schlanke, fingerförmige Zwiebel. Schon im zeitigen Frühjahr treiben die beiden grundständigen, deutlich gestielten Blätter aus, die einen starken Knoblauchgeruch verströmen, den man schon von weitem riecht. Zwischen den Blättern sprießt ein schlanker Stiel empor, der in einer Scheindolde zahlreiche, rein weiße, sternförmige Blüten aufweist.

Der Bär-Lauch wächst meist in bodendeckenden Herden in Laubmischwäldern auf feuchten, nährstoffreichen und tiefgründigen Böden. Der Wald ist durch ihn mit dem Knoblauchgeruch erfüllt, der besonders intensiv wird beim Einziehen der Frühjahrspflanze. Verursacht wird der aufdringliche Geruch durch schwefelhaltige Verbindungen (Knoblauchöl), die in allen Laucharten vorkommen, insbesondere im Knoblauch und Bär-Lauch.

Diese Verbindungen sind es auch, weswegen der Bär-Lauch in der Volksheilkunde bei Verdauungsstörungen, gegen Gefäßveränderungen und Bluthochdruck eingesetzt wurde. Nachdem die blutdruck- und blutfettsenkende sowie die blutverflüssigende Wirkung des Bär-Lauchs wissenschaftlich nachgewiesen worden ist, erfreut er sich neuer Beliebtheit. Gesammelt werden die jungen Blättern vor der Blüte, aber Vorsicht dabei, es besteht die Verwechslungsmöglichkeit mit der tödlich giftigen Herbst-Zeitlose und dem giftigen Maiglöckchen (siehe jeweils dort). Verwendet werden die Blätter als Salat, als Beigaben zu Suppen und Soßen, zu Spinat, Käse und Backwaren sowie zur Herstellung von Pesto.

Als früher Waldweiden betrieben wurde, war für Kühe der Bär-Lauch, der als erstes, vitaminreiches Grün auftrat, ein Leckerbissen. Fraßen sie zuviel davon, dann nahm auch die Milch den Bär-Lauchgeschmack an. Schwäbisch sagte man dann von der Milch, sie »rämseled«. Davon leiten sich die Bezeichnungen Ramse(n) oder Ramsele für den Bär-Lauch ab. Weitere schwäbische Namen sind Wald- oder Wilder Knoblich, die ebenfalls mit dem Geruch und Geschmack des Bär-Lauchs in Verbindung stehen.

Schnitt-Lauch – Allium schoenoprasum
Küchen-Lauch, Winter-Lauch, Porree – Allium porrum

Beide Arten gehören zur Familie der Lauchgewächse (Alliaceae, früher zur Familie der Liliengewächse, Liliaceae, gestellt). Die Stauden besitzen Zwiebel. Ihre Blüten stehen in Trugdolden und haben 6 Blütenblätter, 6 Staubblätter und 3 Fruchtblätter in einem oberständigen Fruchtknoten. Die Frucht ist eine Kapsel. Sie enthalten schwefelhaltige Verbindungen und wurden deshalb in der Volksheilkunde gegen Darmwürmer angewandt.

Schnitt-Lauch und Petersilie sind wohl die bekanntesten und auch am meisten verwendeten Küchenkräuter. Der Schnitt-Lauch als Gewürzkraut hat appetitanregende, verdauungsfördernde und harntreibende Wirkung. Die röhrig hohlen, stielrunden Blätter sind 1–2 mm dick. Die Blütenstängel können bis 30 cm hoch werden. Die Blütendolden haben keine Brutzwiebel, die Blüten sind hellrosa. Es werden unterschieden die Kulturform (var. schoenoprasum) mit 1–2 mm dicken Stängeln und bis 1 cm langen Blütenblättern, und die Wildform (var. alpinum) mit 2–3 mm dicken Stängeln und bis 1,5 cm langen Blütenblättern. Die Wildform kommt am Bodenseeufer in zeitweise überschwemmten Flutrasen und Pfeifengras-Wiesen, auf der Schwäbischen Alb (bei Glems und Pfullingen und im oberen Laucherttal) in feuchten bis nassen Mähwiesen vor, die im Frühjahr teilweise überschwemmt sein können. Schwäbische Namen für die Kulturform sind alle an die Schriftform angelehnt: Schnittlich, Schnittlig und Schnittlao(ch).

Der **Küchen-Lauch** ist eine alte Gemüsepflanze und wurde schon in einer Grabbeigabe im Neuen Reich in Ägypten nachgewiesen. In Mitteleuropa wurde er seit dem Mittelalter kultiviert. Die flachen Blätter der Kulturpflanze können bis 3cm breit sein. Der dünne, nicht wie bei der Küchen-Zwiebel aufgeblasene Stängel wird bis 80 cm lang und trägt endständig eine brutzwiebellose, 5–10 cm breite, sehr reichblütige Scheindolde mit weißlichen oder rosafarbenen Blüten.

Die vor allem im Winterhalbjahr beliebte Gemüsepflanze hat folgende schwäbische Namen: Wälschlauch, Lauchstängel und Breitlauch.

Abb:
Schnitt-Lauch, Blütenstand

Abb:
Küchen-Lauch, Blütenstand

Sumpf-Läusekraut – Pedicularis palustris

Die besonders geschützte Art aus der Familie der Sommerwurzgewächse (Orobanchaceae, früher zu den Rachenblütlern, Scrophulariaceae, gestellt) ist 2-jährig und wird bis 70 cm hoch. Der Stängel des Halbschmarotzers (besitzt zwar Blattgrün und assimiliert, schmarotzt aber auf anderen Pflanzen, denen er Wasser und Nährstoffe entnimmt) ist meist etwas verzweigt und kahl. Die Blätter sind fiederspaltig mit gezähnten Abschnitten. Der Blütenstand ist locker, besitzt aber zahlreiche Blüten. Die Tragblätter sind oft länger als die rosa Blüten. Diese bestehen aus einer langen Röhre, einer helmförmigen Oberlippe und einer flachen, dreiteiligen, am Rande fein bewimperten Unterlippe.

Das Sumpf-Läusekraut wächst ziemlich selten in Nieder- und Zwischenmooren auf nassen, mäßig nährstoffreichen, meistens kalkarmen, mäßig sauren Sumpfhumus-Böden.

Die ganze Pflanze ist durch das Glykosid Aucubin giftig, insbesondere für Insekten. Deshalb wurde früher der Absud des Krautes gegen Läuse bei Mensch und Tier verwendet. Davon leitet sich der lateinische Name Pedicularis (pediculus = Laus) wie auch der deutsche Läusekraut ab. Weitere volkstümliche Namen sind Rodel, Rodelkraut, Sumpfrodel oder Klaffe wie für den Zottigen Klappertopf (siehe dort), weil auch hier die Samen in den reifen Früchten klaffen oder rodeln (= klappern). Bei starkem Auftreten ist die Pflanze ein Wiesenschädling, worauf Namen wie Wieseteufel, Wolfskr(a)ut oder Streuteufel zurückzuführen sind.

Foto: Roland Banzhaf

Leberblümchen – Hepatica triloba

Die ausdauernde, 5–15 cm hoch werdende Pflanze gehört zur Familie der Hahnenfußgewächse (Ranunculaceae) und ist besonders geschützt. Sie hat in einer grundständigen Blattrosette nach der Blüte erscheinende, auf langen, behaarten Stiele sitzende, 3-lappige Blätter. Der Stängel ist blattlos. Die bis 2,5 cm breiten Blüten mit 3 grünen Hochblättern und 5–10 blauen Blütenblättern stehen einzeln endständig an den Stängeln. Die Samen besitzen einen kleinen Ölkörper (Eleiosom), der von Ameisen gesammelt und gefressen wird, die damit zur Ausbreitung des Leberblümchens beitragen.

Das Leberblümchen kommt von der Ostalb über den Schwäbisch-Fränkischen Wald bis ins hohenlohische Muschelkalkgebiet sowie auf der Südwestalb, im Donautal, im Hegau, Wutachgebiet, Klettgau und im westlichen Bodenseegebiet in krautreichen Eichen- und Buchen-Mischwäldern auf mäßig trockenen bis mäßig frischen, nährstoffreichen und meist kalkhaltigen Böden vor.

Auf Grund des Protoanemoningehalts ist das frische Kraut der Pflanze giftig. Es enthält außerdem Flavonoide, Saponine und ein Alkaloid. Das getrocknete Kraut wurde früher in der Volksheilkunde bei Leber- und Gallenbeschwerden verwendet. Die Wirksamkeit ist aber nicht belegt; die Anwendung dürfte wohl auf die Signaturenlehre (die äußerlichen Eigenschaften, besonders Form und Farbe von Pflanzen zeigen an, welche Arzneiwirkung von Natur aus in ihnen liegt) zurückzuführen sein, wobei man die 3-lappigen Blätter mit der Leber verglich, worauf auch der deutsche Name zurückgeht.

Die schwäbischen Namen des Leberblümchens beziehen sich alle auf seine frühe Blütezeit im März bis Mai: Märzeblu(e)m, Fasteblu(e)m, Gugauchele (nach dem Kuckuck als Frühlingsbote), Märzevei(g)ele und Blaue Schlüsselblu(e)m.

Foto: Verena Mueller

Nickendes Leimkraut – Silene nutans

Aus dem schwäbischen Namen Klebnägele kann man die Zugehörigkeit der ausdauernden Pflanze zur Familie der Nelkengewächse (Caryophyllaceae) erschließen. Das Nickende Leimkraut hat außer Blätter an blütentragenden Stängeln auch grundständige Blätter. Diese sind lanzettlich-spatelig und weichhaarig. Der 25–50 cm lange Stängel ist oben drüsig klebrig und trägt den einseitswendigen, nickenden Blütenstand. Die weißen Blüten besitzen eine Nebenkrone (Schlundschuppen) und sind als Nachtfalterblüten nur nachts voll geöffnet und duftend. Die fünf, 1,5–2,5 cm langen Kronblätter sind tief 2-spaltig. Die Frucht ist eine bis 1,5 cm lange Kapsel.
Das Nickende Leimkraut wächst ziemlich häufig in lichten Gebüschen oder in trocken-warmen artenarmen Eichen-Wäldern, in Waldsäumen, an Felsen, in Magerrasen auf mäßig nährstoffreichen, oft kalkarmen, meist flachgründigen Steinböden oder steinig-sandigen Lehmböden.
Weitere schwäbische Namen für das Nickende Leimkraut sind Weiße Pechblu(e)m, Weißes Pechnägele, Nachtnägele (Nägele = Nelke) und nach dem nächtlichen Duft Frauerösle.

Foto: Verena Mueller

Gewöhnliches Leinkraut – Linaria vulgaris

Die ausdauernde Pflanze wird 20–40 cm hoch und gehört zur Familie der Wegerichgewächse (Plantaginaceae, früher zu den Rachenblütlern, Scrophulariaceae, gestellt). Sie treibt im Frühjahr aus einem kriechenden, walzlichen Wurzelstock einen aufrechten, dicht beblätterten Stängel. Die wechselständigen, flachen und dünnen Stängelblätter sind lineal-lanzettlich. Die hellgelben Blüten stehen in den Achseln von Deckblättern,dicht gedrängt an den Enden der Stängel. Die bis 3 cm langen Blüten haben einen orangen Schlundfleck und einen Sporn, der kürzer ist als die 3-lappige Unterlippe. Die Oberlippe ist 2-spaltig, die Frucht eine Kapsel.

Die etwas wärmeliebende Art kommt verbreitet in offenen, besonnten Unkrautfluren im Bahngelände, an Wegen und Schuttplätzen, in Steinbrüchen und in gestörten Rasen und Wiesen auf mäßig frischen, nährstoff- und basenreichen, gern auf rohen Böden vor (Rohbodenpionier).

Das getrocknete blühende Kraut enthält Flavonglykoside, Alkaloide, Pektine und Ascorbinsäure (Vitamin C). In der Volksheilkunde wird es als harntreibendes und mildes Abführ-Mittel, als Salbe zur Behandlung von Hämorrhoiden, äußerlich zu Waschungen von Wunden und zu Umschlägen bei Hauterkrankungen angewandt. In der Homöopathie wird es bei Leberschwäche und Blasenentzündung verwendet.

Im Schwäbischen wird das Gewöhnliche Leinkraut als Fraueflachs, Maulaufreißer, Maulaufsperrer, Gel(b)es oder Kleines Löwenmäulchen, auch als Schlössler bezeichnet. Im Volksglauben galt die Pflanze früher als Schutz vor Hexenzauber und gegen Verwünschungen kleiner Kinder, daher der Name Hexekr(a)ut.

Foto: Wolfgang Herter

Hohler Lerchensporn – Corydalis cava

Die ausdauernde, krautige Pflanze aus der Familie der Erdrauchgewächse (Fumariaceae, früher zu den Mohngewächsen, Papaveraceae, gestellt) besitzt eine hohle Knolle. Aus dieser treibt im zeitigen Frühjahr (März-Mai) der bis 30 cm hohe Blütenstängel, der zwei Blätter hat. Diese sind ziemlich lang gestielt und doppelt 3-spaltig. Die rötlichen oder weißen Blüten haben ein ganzrandiges Hochblatt, sind zweiseitig symmetrisch und besitzen einen Sporn. Die schotenförmige Frucht ist vielsamig.

Der Hohle Lerchensporn kommt zerstreut, aber sehr gesellig in krautreichen Laubmischwäldern, sowie auch in Weinbergen und Obstgärten auf grundfrischen, nährstoff-, basen- und humusreichen Böden vor.

Die ganze Pflanze, besonders die Knolle ist durch das Alkaloid Corydalin und weitere Alkaloide giftig. Früher wurden in der Volksheilkunde die Knollen als Wurmmittel und als Narkotikum verwendet. In der Homöopathie werden sie in entsprechender Dosierung bei Erkrankungen des Nervensystems, der Augen, des Herzens und des Magen-Darm-Traktes angewandt.

Schwäbische Namen für den Hohlen Lerchensporn sind Hohlwurz, Knabe- und Mädleskr(a)ut, nach den roten Blüten Gockeler oder Gückel, nach den weißen Henne und nach den schwarzen Samen Henne- oder Hexedreck.

Foto: Peter Banzhaf

Kuckucks-Lichtnelke – Lychnis flos-cuculi

Die ausdauernde, 30–60 cm hoch werdende Art gehört zu den Nelkengewächsen (Caryophyllaceae). Der fast kahle Stängel besitzt am Grunde nicht blühende Blattrosetten und ist erst im Blütenstand verzweigt. Die Blätter sind schmal-lanzettlich und etwas rau. Der rispige Blütenstand ist ziemlich locker. Die 1,5–2,5 cm langen, 5 fleischroten Blütenblätter sind tief vierteilig mit schmalen Zipfeln.

Die Kuckucks-Lichtnelke kommt verbreitet in Feucht- und Pfeifengras-Wiesen, auch in mäßig feuchten Glatthafer-Wiesen auf feuchten bis wechselfeuchten, nährstoffreichen Böden (Sumpfhumusböden) vor. Da sie sich auch vegetativ mit Ausläufern ausbreiten kann, tritt sie meist gruppenweise auf. Bei Massenauftreten der im Mai bis Juli blühenden, minderwertigen Futterpflanze kann sie in den Wiesen einen roten Aspekt bilden. An den Blütenstängeln findet man oft den sogenannten »Kuckucksspeichel« (daher der Name), einen luftdurchsetzten Schleim, in dem sich Larven einer Schaumzikade entwickeln.

Nach den zerschlitzten Blütenblätter wird die Kuckucks-Lichtnelke im Schwäbischen als Zottelnägele bezeichnet (Nägele = Nelke).

Rote Lichtnelke – Silene dioica, früher: Melandrium rubrum

Die 1–2-jährige oder ausdauernde Pflanze aus der Familie der Nelkengewächse (Caryophyllaceae) besitzt grundständige Rosetten- und Stängelblätter sowie nichtblühende Triebe. Die Blätter sind breit-lanzettlich bis eiförmig, bis 8 cm lang und bis 4 cm breit. Sie sind wie der bis 80 cm hoch werdende Stängel dicht behaart. Der Blütenstand ist locker mit eingeschlechtlichen Blüten (zweihäusige Pflanze). Die 5 roten Blütenblätter sind verschieden tief geteilt. Blütezeit ist April bis Juni, Nachblüte erfolgt im September.

Die Rote Lichtnelke wächst in tiefen Lagen vor allem in Saumgesellschaften von Auenwäldern, Im Bergland verbreitet in Feuchtwiesen, in Berg-Glatthafer- und Goldhafer-Wiesen, ferner in Hochstaudenfluren auf frischen bis feuchten, nährstoff- und basenreichen Böden.

Die schwäbischen Namen beziehen sich alle auf die Blüten: Bachnägele (Nägele = Nelke) nach dem

Foto: Peter Banzhaf

Wuchsort, Blut- oder Bubenägele nach der Blütenfarbe, Pfingstnägele nach der Blütezeit, Rossnägele im Unterschied zur edlen Garten-Nelke, Kopfwehnägele wegen der Ähnlichkeit mit dem Ruprechtskraut (siehe dort), das als Kopfwehstinker bezeichnet wird.

Liguster, Rainweide – Ligustrum vulgare

Der Liguster ist ein bis 5 m hoch werdender Strauch aus der Familie der Ölbaumgewächse (Oleaceae). Die jungen Zweige sind sehr biegsam, worauf der Name Rainweide zurückgeht. Die 2–5 cm langen, gegenständigen, länglich-lanzettlichen, etwas lederigen Blätter sind überwiegend sommergrün, überwinternde Blätter fallen im Frühjahr ab. Von den Blättern lebt die Raupe des Liguster-Schwärmers. Die weißen Blüten stehen in dichten, aufrechten Rispen. Sie verströmen einen süßlichen Duft, der bestäubende Insekten anlockt. Die Frucht ist eine kugelige, schwarze Beere, die bis in den Winter, manchmal bis ins Frühjahr am Strauch verbleibt. Die für Vögel nicht giftigen Beeren sind eine beliebte Vogelnahrung, wodurch die Samen verbreitet werden.

Der Strauch kommt in warmen Lagen in Gebüschen, an Waldrändern und in lichten Wäldern auf sommerwarmen, mäßig trockenen, basenreichen, oft kalkhaltigen Böden häufig vor. Er ist ein Intensivwurzler mit Ausläufern, womit er ein guter Bodenfestiger ist. Da der Liguster sehr ausschlagsfähig ist, wird er oft als Schnitthecke angepflanzt.

Die schwarzen Beeren (schwäbisch Deufelsbe(e)r, Dintabe(e)r, Dintabaire, davon abgeleitet Dintabeerstrauch, Schwarze Hundsbe(e)r, Hagbe(e)r, Schwarze Vogelbe(e)r) sind durch bittere Glykoside für den Menschen giftig und rufen Magen-Darm-Entzündungen hervor, begleitet von Erbrechen, Durchfällen, Krämpfen und Kreislaufversagen.

Die jungen Zweige sind sehr biegsam und wurden zur Korbflechterei, auch zum Zusammenbinden von Baumstämmen zu Flößen benutzt. Deshalb und wegen der Ähnlichkeit der Blätter mit denen von Weiden nennt man den Strauch W(e)idlesholz und Gertlesreis (Gerte = lange Rute). Das ältere Holz ist sehr hart und wurde für Holzriegel, Rechenzähne und Drechslerarbeiten verwendet. Davon leiten sich die schwäbischen Namen Nagelholz, Drechselholz, Hartriegel, und Weißbei(n)holz, ab.

Auf die im Juni bis Juli blühenden Blüten geht schließlich der Name Johannisblü(e)mle und Johannisholz zurück.

Abb:
Liguster mit Blüten, links
Liguster mit Beeren, rechts

Foto: Peter Banzhaf

Türkenbund-Lilie – Lilium martagon

Der deutsche Name nimmt Bezug auf die Blüte, die einem Turban ähnlich ist. Diese Bezeichnung ist aber entlehnt und geht auf das türkische Wort »martagon« zurück, das für eine besondere Art von Turban verwendet wurde, die von Sultan Mohamed I. (1413–1421) eingeführt wurde.

Die Pflanze gehört zusammen mit den Tulpen, der Schachbrettblume, den Gelbsternen und der Faltenlilie zu der heute eingeengten Familie der Liliengewächse (Liliaceae). Die besonders geschützte Türkenbund-Lilie ist eine 40–100 cm hohe Zwiebelpflanze. Die Zwiebel weist gelbe Schuppen auf. Der Stängel wächst einfach aufrecht und ist in seiner Mitte quirlig beblättert. Am Ende des Stängels sind die nickenden Blüten traubig angeordnet. Sie bestehen aus 6 dicken, fleischigen, zurüchgeschlagenen hellpurpurnen, dunkler gefleckten Blütenblätter, 6 orangeroten Staubblätter und einem Fruchtknoten. Die Kapselfrucht steht aufrecht ab.

Die Art wächst in Laubmisch- und Buchenwäldern, aber auch in Hochstaudenfluren auf frischen, nährstoff- und basenreichen, vorzugsweise kalkhaltigen Böden.

Die Knospen der Türkenbund-Lilie werden oft von Rehen verbissen. Früher nahm man an, dass der Rehbock die Knospen als Aphrodisiakum abäst. Neuere Untersuchungen ergaben aber, dass die Rehgeiss die Knospen verbeißt, da diese anscheinend eine die Wehen auslösende Substanz enthalten.

In der Volksheilkunde wurde die Zwiebel zahnenden Kindern als Amulett umgehängt. Besonders wurde diese gegen die »güldene Ader« (Hämorrhoiden) verwendet (Goldaderwurz). Wegen der Farbe der Zwiebelschuppen spielte die Pflanze in der mittelalterlichen Alchemie eine wichtige Rolle. Dabei versuchte man, aus unedlen Stoffen mit Hilfe von Fermenten, u.a. farblich ähnlich aussehenden Substanzen, in diesem Fall die goldgelben Zwiebelschuppen, Silber und Gold herzustellen. Darauf gehen volkstümliche Namen wie Goldwurz(el), Goldbolle oder Goldbölle (Bolle oder Bölle = Zwiebel), Goldilg oder -gilge (Ilg oder Gilge für Lilien und Schwertlilien) zurück.

Foto: Peter Banzhaf

Weiße Lilie – Lilium candidum

Die Weiße Lilie ist eine 60–150 cm hoch werdende Zwiebelpflanze aus der Familie der Liliengewächse (Liliaceae). Die Zwiebel wird von zahlreichen, dachziegelartig sich deckenden, fleischigen Niederblättern gebildet (Schuppenzwiebel). Der Stängel ist dicht beblättert. Die großen, trichterigen, weißen Blüten sind waagrecht abstehend bis nickend. Als Nachtfalterblume duften die Blüten erst abends und nachts. Eine Frucht wird selten ausgebildet.
Die aus Vorderasien stammende Weiße Lilie ist eine beliebte, selten verwilderte Zierpflanze. Sie wurde schon bei den Griechen und Römern angepflanzt und wurde als Sinnbild der Reinheit und Keuschheit angesehen. In der Kirche galt sie als Symbol der himmlischen Reinheit, weshalb sie auf vielen Madonnenbildern abgebildet ist. Auch in vielen Wappen ist sie in stilisierter Form dargestellt, so z.B. die bekannte Bourbonen-Lilie.
Schwäbische Namen für die Weiße Lilie sind Weiße Ilge, Ilche oder Gilge, Josefsilg Madonnenilg (Ilg = Weiße Lilie oder Schwertlilie) Die Blumenblätter wurden früher in Öl, Essig oder Wasser eingelegt und ergaben das Ilgenöl. Dieses wurde bei Brandwunden, Quetschungen und Ausschlägen verwendet. Auf diese Verwendung gehen die Namen Brand- und Dokterilg zurück.

Linse – Lens culinaris

Die Linse ist wie die Erbse (siehe dort) eine alte Kulturpflanze, die schon in der Jungsteinzeit (vor rund 7000 Jahren) angebaut wurde. Sie war früher eine wichtige Nahrungspflanze, enthält sie doch ca. 60% Stärke, ca. 20–45 % Eiweiße und ca. 1% Fett. Die einjährige, aus dem vorderen Orient stammende Pflanze aus der Familie der Schmetterlingsblütler (Fabaceae, früher Papilionaceae) kann bis 50 cm lang werden. Der Stängel ist meist von Grund an verzweigt und rankend aufsteigend, weshalb die Linse Stützpflanzen benötigt; meist wird dafür Sommer-Gerste verwendet. Bei den paarig gefiederten Blättern endigen die unteren in einem Spitzchen, die oberen in einer Ranke. Die Blütenstände sind 1–3-blütig. Die Kelchzipfel sind so lang oder länger als die bläulich-weißen Blüten. Die kahle Frucht ist 2-samig, die Samen sind abgeflacht rund.

Die Linse (schwäbisch Lins, Leis, Läes) wurde früher in verschiedenen Sorten in Kalkgebieten häufig angebaut, so vor allem auf der Schwäbischen Alb. Im 20. Jahrhundert, ab den 1950er Jahren ging der Anbau der Linse mehr und mehr in Vergessenheit; die Linsen wurden von den Hauptanbaugebieten in Süd- und Osteuropa, Ägypten und Vorderasien eingeführt. Heute wird die Linse auf der Schwäbischen Alb wieder angebaut und die Albleise gelten als ein Qualitätsprodukt.

Foto: Verena Mueller

Löwenschwanz, Echtes Herzgespann – Leonurus cardiaca

Die bis 100 cm hoch werdende, ausdauernde Staude aus der Familie der Lippenblütler (Lamiaceae, früher Labiatae) hat scharf 4-kantige Stängel, die im oberen Teil verzweigt sind. Die gegenständigen, gestielten Blätter sind in der unteren Hälfte des Stängels handförmig 3–7-spaltig zerteilt und grob gezähnt. Nach oben werden die Blätter kleiner und weniger zerteilt. In dem langen, ährenartigen, beblätterten Blütenstand stehen die 8–12 mm langen rosa, außen behaarten Blüten in Scheinquirlen in den Blattachseln. Der Kelch hat 5 stachelige Zähne. Nach dem Blütenstand mit den stechenden Kelchzähnen trägt die Pflanze den Namen Löwenschwanz.

Der Löwenschwanz kommt nur noch selten in Unkrautfluren der Dörfer, an Wegen, Mauern und Zäunen auf nährstoffreichen Böden vor (Stickstoffzeiger). Früher wurde er in Bauerngärten als Heilpflanze gezogen.

Als Droge genutzt wurden die getrockneten oberirdischen, nicht holzigen Teile des Löwenschwanzes. Sie enthalten Bitterstoffe, Betaine, Flavonoide, Gerbstoffe und in Spuren ätherische Öle. Die Droge wurde bei Herzbeschwerden (daher der Name Herzgespann), bei Schilddrüsenüberfunktion, Blähsucht und Frauenkrankheiten angewandt.

Schwäbische Namen sind Herzkr(a)ut und Heilblätter (nach der arzneilichen Verwendung), Wolfstrapp (nach den Blättern), Bienleskr(a)ut (Blüten bieten Bienen Nahrung) und Bschreikr(a)ut (als Gegenzauber).

Löwenzahn – Taraxacum officinale

Alle kennen ihn, die Kinder als Pusteblume, die Erwachsenen meist als Unkraut, vielleicht auch als Futterpflanze für Haustiere oder als Wildsalat. Wer aber kennt die vielen Volksnamen? Diese erklären sich aus der großen Häufigkeit der Pflanze, wobei hier nur auf die schwäbischen Namen eingegangen werden soll. Der Löwenzahn fehlt so gut wie nie in einer Wiese; aber erst durch die Überdüngung mit Gülle und Schwemmmist konnte er sich in den Wiesen so stark ausbreiten, dass diese zu seiner Blütezeit in der Landschaft gelb leuchten. Ganz allgemein ist er ein Kulturbegleiter.

Seine Blätter sind grob und scharf gezähnt, wovon sich sein Name ableitet. Er wird daneben auch als Wolfs- oder Hundszahn benannt. Die Blätter sind in einer dem Boden mehr oder weniger anliegenden Rosette angeordnet, die als Kuhblätsche (=Kuhfladen) bezeichnet wurde. Aus ihr erhebt sich der kahle, röhrige Stängel (Pfaffenröhrle), aus dem Kinder Ringe fertigten oder zu Ketten zusammen steckten (Ringlesblum, Ketteblum oder Kettebosch).

Der goldgelbe Blütenkopf besteht aus zahlreichen Zungenblüten, er ist ja ein Korbblütler (Familie Asteraceae, früher Compositae). Diese Blütenköpfe sind wunderschön, der Allgegenwart des Löwenzahns wegen werden sie aber kaum beachtet. Oft wurden die Blütenköpfe mit der Sonne verglichen, was der Pflanze die Namen Sonneblu(e)m oder Sonnewirbele einbrachte. Auf die Blütezeit beziehen sich die Namen Märzeblu(e)m, Märzebosch, Märzestock, Maieblu(e)m bzw. Gel(b)e Maieblu(e)m im Gegensatz zu dem weiß blühenden Maiglöckchen. Da die halb geöffneten Blütenköpfe einer Schelle ähnlich sind, wurde der Löwenzahn auch als Schälleblu(e)m benannt.

Der kugelige Fruchtstand besteht aus zahlreichen Einzelfrüchten, die einen gestielten Fallschirm mit feinen Haaren tragen und schon bei leichtem Wind davonfliegen. Bei Kindern ist das Wegblasen dieser Früchte ein beliebtes Spiel, wovon sich die Bezeichnungen Blaserle, Blaslichter Pusteblu(e)m, und Fliegerblu(e)m ableiten.

Die ganze Pflanze enthält einen bitteren Milchsaft, in dem Taraxin vorkommt, das die gleiche Wirkung wie die Galle hat. Deshalb wurden und werden heute wieder die jungen Blätter vor der Blüte für Salat (Salatblu(e)m, Zigeunersalat) zur Frühjahrskur als Blutreinigungsmittel gesammelt. Der Milchsaft brachte der Pflanze die Namen Milchblu(e)m, Milchstock, Mil(ch)bosche, Milchlingsstock, Milch(e)ling und Milchschapf ein. Da teilweise der bittere Milchsaft für giftig

Foto: Verena Mueller

Abb:
Löwenzahn, Blütenkopf

Foto: Verena Mueller

Abb:
Löwenzahn, Fruchtstand

gehalten wurde, gab es deshalb die Namen Hexa- oder Teufelsblu(e)m.
Als Futterpflanze trug sie dem Löwenzahn die Namen Kuh-, Sau- Haseblu(e)m und Hasekr(a)ut ein.
Hühner sollen bei Verfütterung von Löwenzahn mehr Eier legen, daher die Namen Eierblu(e)m, Gackelesbosch oder Gackelesstock (Gackele = Ei). Auf das weit verbreitete Vorkommen des Löwenzahns nehmen oft etwas verächtliche Namen wie Drecksblu(e)m, Kuhschiss, Krotte- und Hondsblu(e)m Bezug.
Schließlich sei noch auf die Harn treibende Wirkung des Tees aus Löwenzahnblüten und das manchmal nach abendlichem Trinken auftretenden Missgeschicks hingewiesen, die dem Löwenzahn die Namen Bettseicher, Bettbrunzer, Seichblu(e)m, Seichblu(e)mestock und Bettpisser einbrachten. Diese Namen beziehen sich also nicht, wie oft angenommen wird, auf den Milchsaft. Die Namen klingen derb, aber im Französischen heißt der Löwenzahn offiziell »pissenlit«, was genau dasselbe bedeutet.

Rauer Löwenzahn – Leontodon hispidus

Die ausdauernde Pflanze aus der Familie der Korbblütler (Asteraceae, früher Compositae) hat grundständige Blätter. Der mehr oder weniger borstig behaarte, bis 30 cm hoch werdende, einfache Stängel ist blattlos oder hat ein bis zwei schuppenförmige Hochblätter. Er trägt am Ende nur einen, anfänglich nickenden, später aufgerichteten Blütenkopf mit sattgelben Zungenblüten. Die Früchte haben alle eine Haarkrone (Pappus) mit mehr oder weniger gefiederten Haaren.

Der Raue Löwenzahn ist in mageren Wiesen weit verbreitet und kann bis in den Oktober hinein blühen. Die vielgestaltige Art kommt im Bergland und Gebirge in Steinschutt, auf steinigen Mergelhalden oder in Schotterfluren an Flüssen vor.

Schwäbische Namen für den Rauen Löwenzahn sind Milchkr(a)ut, Rossblu(e)m und Wolfsza(hn).

Dunkles Lungenkraut – Pulmonarioa obscura
Geflecktes Lungenkraut – Pulmonaria officinalis

Öfters wird zwischen den beiden Arten nicht unterschieden und beide zusammen als Gebräuchliches Lungenkraut (Pulmoria officinalis) zusammengefasst, obwohl sie deutliche Unterschiede aufweisen.
Beim **Dunklen Lungenkraut** (Früher Pulmonaria officinalis ssp. obscura) sind die Blätter nicht oder kaum sichtbar gefleckt, nicht überwinternd, die weich behaarten Blattspreiten der Grundblätter so lang wie oder länger als die Blattstiele. Die Art ist in „Kalkgebieten", so vor allem auf der Schwäbischen Alb, im Oberen Neckargebiet, in der Baar und im Klettgau, zerstreut aber auch im Neckarland, im Schwäbisch-Fränkischen Wald, in Hohenlohe, im Taubergrund und Alpenvorland verbreitet. Sie ist im Gebiet das häufigste Lungenkraut.
Beim **Gefleckten Lungenkraut** (früher Pulmonaris officinalis ssp. maculosa) haben die Blätter scharf berandete weiße Flecken. Die Blätter sind meist überwinternd, die Blattoberseite ist durch Stachelhöcker ziemlich rau. Die Blattspreiten sind deutlich kürzer als die bis 20 cm langen Blattstiele. Die mehr südöstlich verbreitete Art kommt nur im südöstlichen Württemberg (Illergebiet bis um Ulm, im Argental und Schussengebiet, östliches Bodenseegebiet) vor.

Beide Arten sind ausdauernd und gehören zur Familie der Raublattgewächse (Boraginaceae). Ihr Wurzelstock ist mehr oder weniger ausläuferartig verlängert. Die Blattspreiten der Grundblätter sind am Grunde scharf herzförmig gegen den Blattstiel abgesetzt. Die bis 30 cm hohen Stängel haben 4–9 mehr oder weniger eiförmig-schmallanzettliche Blätter. Die Blütenstände sind endständig. Die Blüten mit glockigem Kelch sind zuerst rosa, dann violett, später blau. Die Samen besitzen einen kleinen Ölkörper (Elaiosom), der von Ameisen gesammelt und gefressen wird, womit sie die beiden Arten verbreiten.
Das Dunkle und Gefleckte Lungenkraut wachsen in krautreichen Laubwäldern auf grundfrischen, vorzugsweise kalkhaltigen Böden.
Als Droge wird das getrocknete Kraut beider Arten, vor allem das des Gefleckten Lungenkrauts verwendet, das Schleimstoffe, Flavonoide, Glykoside, Gerbstoffe, Mineralstoffe (darunter lösliche Kieselsäure), Ascorbinsäure (Vitamin C), etwas Saponine und organische Säuren enthält. Die Droge wird als Tee bei Erkrankungen der Atemwege genutzt, was schon von Hildegard von Bingen (1098–1179) empfohlen wurde und worauf der Name Lungenkraut zurückgeht.

Foto: Verena Mueller

Abb:
Dunkles Lungenkraut

Abb:
Geflecktes Lungenkraut

In der Volksheilkunde wird sie außerdem bei Erkrankungen des Magen-Darm Trakts und der Harnwege, sowie äußerlich für Umschläge und Bäder bei entzündlichen Hauterkrankungen angewandt.
Für die beiden Arten gibt es zahlreiche schwäbische Namen. Als Frühlingspflanzen und einer gewissen Ähnlichkeit mit der Wiesen-Schlüsselblume (Primula veris, siehe dort) tragen sie die Namen Blaue Schlüsselblu(e)m oder Blaue Batenke (Badenga). Auf die Blütenform, die mit weiten Hosen verglichen wird, gehen Namen zurück wie Pluderhos, Pflutterhos, Schlotterhos, Lotterhos, Güggelhos und Hoseschießer. Auf die wechselnde Blütenfarbe spielen folgende Namen an: Blutnägele, Franzos oder Franzosekr(a)ut (nach deren früheren bunten Uniformen), Güggele, Goggahä(n)le, Guckehä(n)le und Häela. Die rauen Blätter gaben Anlass für Namen wie Hirschzong, Hundszong und Katzezong.

Luzerne – Medicago sativa

Die ausdauernde, bis 80 cm hohe, aufrechte Pflanze gehört zur Familie der Schmetterlingsblütler (Fabaceae, früher Papilionaceae). Die Blätter sind 3-zählig, die Teilblättchen bis 3 cm lang, spitz gezähnt, vorne meist ausgerandet mit einem Zähnchen. Die heller oder dunkler blauen bis violetten Blüten stehen in endständigen, bis 25-blütigen, dicht gedrängten Trauben. Die Fruchthülse ist locker 2–3 mal gewunden.

Die Luzerne ist eine wertvolle, eiweiß- und mineralstoffreiche Futterpflanze. Meistens kommt sie nicht rein sondern als Bastard-Population mit der gelb blühenden, wild vorkommenden **Gelben Luzerne (Sichelklee, Medicago falcata)** vor. Bei dieser Bastard-Luzerne (Medicago x varia = M. sativa x falcata) spielen die Blütenfarben von hellem Violett über Grün zu Gelb, oder sind die Blüten gescheckt, je nach Anteil der Stammarten.

Als Droge wird das getrocknete Kraut der Luzerne im weiten Sinn verwendet. Es enthält Saponine, Cumarine, Flavonoide, Vitamine, unter anderen A, B-Gruppe, C und K. In der Volksheilkunde wird sie als harntreibendes Mittel, in der Homöopathie bei Appetitlosigkeit, Müdigkeit und bei verzögerter Rekonvaleszenz angewandt.

Im Schwäbischen wird die Luzerne als Hau(h)er Klai (Hoher Klee), Ewiger Klai oder als Wälscher Klai (Klai = Klee) bezeichnet.

Abb:
Luzerne

Abb:
Gelbe Luzerne

Mädesüß – Filipendula ulmaria, früher: Spiraea ulmaria

Das Mädesüß ist eine bis 150 cm hoch werdende ausdauernde Staude aus der Familie der Rosengewächse (Rosaceae). Die Blätter sind unterbrochen unpaarig gefiedert (zwischen den großen Fiederblättern sind zusätzlich kleine Teilblättchen). Das endständige Fiederblatt ist deutlich größer als die übrigen und 3–5-spaltig. Die Fiederblätter besitzen einen doppelt gesägten Blattrand und sind auf der Unterseite silbrig behaart. Die kleinen (3–8 mm lang), weißen, stark duftenden Blüten stehen in einer dichten, reichblütigen Rispe.

Die Pflanze wächst häufig in Nasswiesen, an Gräben, in Verlandungsbeständen und Moorwiesen, an Ufern, in nassen Hochstaudenfluren, in Ufergebüschen und Auenwäldern auf feuchten bis nassen sowie nährstoffreichen Sumpfhumusböden und auch auf Torf. Das Mädesüß kommt in brachgefallenen Nasswiesen reichlich vor und bildet hier ein von ihm beherrschtes Verkrautungsstadium.

Pharmazeutisch werden getrocknet sowohl die Blüten als auch die Blätter genutzt. Sie enthalten ätherische Öle, Salicylsäureverbindungen, Flavonoide, Glykoside, Gerbstoffe und Schleim. Beide werden zur unterstützenden Behandlung bei Erkältungskrankheiten, bei fiebrigen zur Schweißkur und zur Erhöhung der Harnmenge angewandt. In der Volksheilkunde werden sie auch bei rheumatischen Beschwerden, bei Blasen- und Nierenleiden und bei Magenerkrankungen verwendet. Die frischen, unterirdischen Teile (Wurzeln) der blühenden Pflanzen werden bei Rheumatismus und Schleimhautentzündungen genutzt.

Aus dem ätherischen Öl der Pflanze isolierte 1835 der Chemiker Karl Jakob Löwig eine kristalline Substanz, die er nach Spiraea ulmaria, dem alten Namen für das Mädesüß, Spirsäure nannte. Dann wurde festgestellt, dass diese mit der Salicylsäure identisch ist, die vor allem in der Rinde von Weiden (Salix-Arten) vorkommt. 1899 brachte die damalige Farbenfabrik Friedrich Bayer & Co (heute Bayer AG) das bekannte Schmerz- und Fiebermittel Acetylsalicylsäure unter dem Namen Aspirin heraus. Dabei bedeutet A Acetyl und Spir geht auf die Spirsäure = Salicylsäure zurück.

Weitere Namen für das Mädesüß, die aber heute kaum noch gebraucht werden, sind Spierstaude und Rüsterstaude. Der Name Mädesüß selbst ist eine Umdeutung des Wortes medesoet, das darauf zurückgeht, dass in den nordischen Ländern die stark duftenden Blüten dem Met zuge-

Abb:
Mädesüß

Abb:
Mädesüß, Blüten

setzt wurden, um ihm einen angenehmen Geschmack zu geben.
Volkstümliche Namen für das Mädesüß sind Wiesegeißbart (nach dem Blütenstand), Geißleiterla und Ga(n)sleiterle (nach den Blättern, beide wie bei, Geißbart, siehe dort) Riedkr(a)ut, Mauchkr(a)ut (nach der Verwendung gegen die Mauch = Geschwulst am Fuß des Viehs).

Maiglöckchen – Convallaria maialis

Die kleine, bis 25 cm hoch werdende, ausdauernde, zur Familie der Spargelgewächse (Aperaginaceae, früher zu den Liliengewächse, Liliaceae gestellt) gehörende Pflanze besitzt einen ausläuferartig kriechenden Wurzelstock, aus dem meist zwei breit-lanzettliche Blätter sprießen. Die kugelig-glockigen, weißen und wohlriechenden Blüten stehen an langen Stielen einseitig überhängend. Die Frucht ist eine leuchtend rote Beere.

Das Maiglöckchen ist ziemlich häufig und wächst meist in Eichenmisch- und Buchen-Wäldern auf mäßig trockenen und nährstoffreichen Böden.

Alle Pflanzenteile, insbesondere die Beeren sind stark giftig. In der Homöopathie wird ein Extrakt aus der Pflanze in starker Verdünnung bei Herzleiden verwendet. Vergiftungen ergeben sich beim Verzehr der Beeren (vor allem bei Kindern) und bei Verwechslung mit dem Bär-Lauch. Im Gegensatz zur Herbst-Zeitlose (siehe dort) kommt das Maiglöckchen aber so gut wie nie zusammen mit dem Bär-Lauch vor. Das Pulver der getrockneten Blüten erzeugt Niesen und war deshalb früher Hauptbestandteil eines Niespulvers sowie des Schneeberger Schnupftabaks, daher der schwäbische Name Tobaksbü(e)mle.

Die weiteren schwäbischen Namen beziehen sich alle auf die Blütezeit im Mai: Maieblü(e)mle (Maiebleamle), Maiaglöggle, Maiala, Maiarösle, Maiaraisle, Maiarisle.

Foto: Peter Banzhaf

Abb:
Maiglöckchen, Blüten, links
Maiglöckchen, Früchte, rechts

Foto links: Verena Mueller

Mais – Zea mays

Die 1–3 m hoch werdende, einjährige Pflanze aus der Familie der Süßgräser (Poaceae, früher Gramineae) ist eine alte Kulturpflanze der indianischen Hochkulturen Mexicos und Mittelamerikas. 1520 kam sie nach Spanien. Heute wird sie häufig angebaut als Körnerfrucht und Futterpflanze (meist als Silage). Durch Züchtung neuer Sorten kann jetzt der ursprünglich wärmebedürftige Mais bis in mittlere Berglagen angebaut werden, hier allerdings meist nur als Futterpflanze. Heute zählt der Mais zu den weltwirtschaflich wichtigsten Kulturpflanzen.

Die Maiskörner enthalten ca. 55–72% Stärke, die vielfältig, auch zu technischen Zwecken genutzt wird. Für die Ernährung wertvoll ist das Maiskeimöl, das aus den Maiskeimlingen gewonnen wird und in diesen zu ca. 30–50% enthalten ist. Das Öl besteht aus Glyceriden der Linolsäure (ca. 34–62%), der Ölsäure (ca. 19–49%), Palmitinsäure (ca. 8–2%), Stearinsäure (ca. 2–4%) und Linolensäure (ca. 1%) sowie Vitamin E. Das Öl dient nicht nur als Speiseöl, sondern wird auch verwendet zur Herstellung von Haut- und Körper-Pflegemitteln.

Die Blätter der Pflanze können bis 1m lang und 4–12 cm breit werden. Sie ergeben das Maisstroh, das zur Herstellung von Papier, Zellulose, Linoleum, Zelluloid und anderen Produkten verwendet wird.

Die Blüten des Mais´ sind eingeschlechtlich. Die männlichen Blütenährchen sind in einer 20–40 cm langen, ausgebreiteten, endständigen Rispe angeordnet. Die weiblichen Blütenstände sind endständig an kurzen Seitentrieben in den Blattachseln. Die zahlreichen Ährchen sitzen in mehreren Längsreihen an der dicken, fleischigen Achse eines Kolbens. Die bis 25 cm langen Narben treten gemeinsam an der Spitze des Kolbens aus den Hüllblättern heraus und hängen herab. Die Hüllblätter des Kolbens (Lieschen) werden als Packmaterial, zum Flechten von Matten, Hüten und Pantoffeln sowie zur Herstellung von Zigarettenpapier genutzt.

Volkstümliche Namen für den Mais sind Türkischer Weizen oder Wälschkorn, womit zum Ausdruck gebracht wird, dass der Mais keine einheimische Pflanze ist. Allerdings war man früher der irrtümlichen Meinung, dass der Mais aus der Türkei stamme. Im Unterschied zu den »edlen« Getreidekörnern wird der Mais als Rosskorn bezeichnet. Verbreitet ist auch der aus dem Slawischen stammende Namen Kuskuru(t)z.

Malven-Arten – Malva spec.

Die heimischen Malven-Arten (Familie der Malvengewächse, Malvaceae) haben undeutlich gelappte bis tief eingeschnittene, behaarte Blätter. An der Blüte besitzen sie einen meist 3-blättrigen Außenkelch, der am Grund mit dem 5-blättrigen Innenkelch verwachsen ist. Die Staubblätter sind zu einer den Griffel umgebenden Röhre verwachsen. Der Fruchtknoten hat zahlreiche Fruchtblätter mit 1er Samenanlage je Fach. Die Früchte sind flach und zerfallen bei der Reife in die radiär angeordneten 1-samigen Teilfrüchte.

Bei der ausdauernden **Rosen-Malve (Sigmarswurz, Malva alcea)**, die bis 1m hoch werden kann, sind die oberen Stängelblätter fast bis zum Grund tief 3–7-teilig. Die verhältnismäßig großen Blüten (Blütenblatt 2,0–3,5 cm lang) sitzen einzeln in den Blattachseln, nur die oberen sind kopfig gehäuft. Diese Merkmale treffen auch für die Moschus-Malve zu (s.unten). Spezifisch für die Rosen-Makve sind die Sternhaare am Stängel, die eiförmig bis lanzettlichen, bis 7mm langen und 3 mm breiten Außenkelchblätter und die duftlosen Blüten. Wie die Moschus-Malve kommt die Art in staudenreichen Unkrautfluren an Wegen und Böschungen, in vernachlässigten Wiesen auf frischen, nährstoff- und basenreichen Böden vor. Schwäbische Namen für die Rosen-Malve sind Rosenpappel und Rosa Wegwarte.

Für die **Moschus-Malve (Malva moschata)** sind außer den mit der Rosen-Malve (siehe oben) gemeinsamen Merkmale spezifisch die einfache Behaarung des Stängels, die lineal-lanzettlichen, mur 1 mm breiten Außenkelchblätter und der Moschusgeruch der Blüten. Ein zusätzlicher Name für die Moschus-Malve ist Bisamkr(a)ut.

Die einjährige bis ausdauernde **Wilde Malve (Malva sylvestris)** besitzt höchstens nur gelappte Stängelblätter und kann bis 1 m hoch werden. Die Blüten stehen zu zweit bis mehreren in den Blattachseln. Die 1,5–2,5 cm langen- rosavioletten Kronblätter mit kräftigen dunklen Längsstreifen sind länger als die sternhaarigen Kelchblätter. Die typische Unterart (Malva sylvestris ssp.sylvestris) wächst in lückigen Unkrautfluren an Wegen, Mauern und Schuttplätzen auf mehr oder weniger sommertrockenen, nährstoffreichen Böden.

Die dunkelviolett blühende Unterart **Mauretanische oder Mohren-Malve (Malva sylvestris ssp. mauritiana)** ist im südlichen Mittelmeergebiet heimisch und wurde mit Kleesaaten eingeschleppt. Inzwischen hat sie sich in Äckern und an Wegen ausgebreitet und muss als eingebürgert angesehen werden. Schwäbische Namen für die Wilde Malve sind

Foto: Peter Banzhaf

Abb:
Rosen-Malve, links oben
Wilde Malve, links unten

Abb:
Moschus-Malve, rechts oben
Mauretanische Malve, rechts unten

› Malven-Arten – Malva spec.

Feld-Malve, Pappel(e), Brotlaible, Schmerlaible, Brandküchle, Kraftküchle und Hundsköpf.

Die **Weg-Malve (Malva neglecta)** ist einjährig oder gelegentlich auch ausdauern und besitzt einen bis 40 cm langen, ästigen, niederliegenden bis aufsteigenden Stängel. Die rundlichen, am Grunde herzförmigen Blätter sind 5–7-teilig gelappt. Die Blüten haben einen 3-teiligen, bis zur Hälfte verwachsenen Außenkelch und sitzen meist zu zweit auf langen Stielen in den Blattachseln. Die 5 Kronblätter sind blassrosa und bis 1,2 cm lang. Die Pflanze kommt in lückigen Unkrautfluren an Mauern und Wegen, an Ackerrändern, in Weinbergen und Gärten auf sehr nährstoffreichen, stickstoffreichen (ammoniakalischen), oft überdüngten Böden vor. Früher wuchs die Weg-Malve häufig im Traufbereich ländlicher Gebäude, in dem sich Hühner aufhielten und durch Scharren den Boden offen hielten sowie diesen stark eutrophierten. Die Frucht ist eine flache bis 7mm breite Scheibe. Die Teilfrüchte sind mehr oder weniger kahl, die Fruchtstiele nickend.

Schwäbische Namen sind nach den früher von Kindern gern verzehrten Früchten Käslaible und Käspappel sowie Gä(n)smalve.

Neuerdings taucht in Feldblumenmischungen neben anderen bunt blühenden Arten die **Quirl-Malve (Malva verticillata)** auf. Die einjährige bis zweijährige Art kann bis 150 cm hoch werden. Die Blätter sind seicht 5–7-lappig, am Rande oft wellig kraus. Die Blütenstiele sind kurz, die Blüten deshalb fast sitzend. Die 5 kleinen, weißlichen Blütenblätter sind bis 7 mm lang und so lang wie der Kelch. Die vermutlich aus China stammende Pflanze wurde früher in Bauerngärten als Heilpflanze angebaut und ist nur gelegentlich verwildert. Wie sie sich künftig verhält, wenn sie häufiger in Feldblumenmischungen angesäht wird, ob sie auf die betreffenden Flächen beschränkt bleibt oder sich ausbreitet, muss abgewartet und beobachtet werden.

Die getrockneten Blätter und Blütenblätter der Malven enthalten Schleim- und Gerbstoffe, Flavonoide und Anthocyane. Sie werden als Tee bei Schleimhautreizungen im Mund- und Rachenraum sowie im Magen-Darm-Bereich, bei Reizhusten und Katarrhen der oberen Luftwege angewandt. Sie sind Bestandteil von Brust- und Hustentees. Früher wurden die Blütenblätter wegen ihres Anthocyangehalts als Färbemittel für Lebensmittel genutzt.

Abb:
Weg-Malve, oben
Quirl-Malve, unten

Margeriten, Wucherblumen – Leucanthemum spec.

Die Margeriten, jene ziemlich groß blühenden, ausdauernden Korbblütler (Familie Asteraceae, früher Composirae) mit den leuchtend gelben Röhrenblüten in der Mitte des Blütenkorbs und dem Kranz der weißen Zungenblüten sind auch heute noch bekannte Pflanzen. Weniger bekannt ist aber, dass es sich dabei um 3 verschiedene Arten handelt, deren besiedelten Wuchsorte und die Blattgestaltung unterschiedlich sind. Die Margeriten enthalten in den zur Blütezeit geernteten und getrockneten oberirdischen Pflanzenteile vor allem Flavonoide. In der Volksmedizin wurden sie bei Erkrankungen der Atemwege, bei Keuchhusten, bei Asthma und bei nervösen Zuständen, äußerlich zur Behandlung von Wunden angewandt.
Da im Volksmund die 3 Arten nicht unterschieden werden, sind für alle die zahlreichen schwäbischen Namen die gleichen. Auf die großen Blütenköpfe gehen folgende Namen zurück: Groß Ga(n)sblu(e)m, Ga(n)smaie, Radblu(e)m, Glässer (glässen = mit weit aufgerissenen Augen glotzen), Kaisersblu(e)m, Papstblu(e)m und Messblu(e)m. Das Vorkommen in Wiesen, das bei starkem Auftreten der mit unterirdischen Ausläufern wuchernden Pflanze den Heuertrag schmälert, brachte die Namen Wucherblu(e)m, Heublu(e)m und Bettelblu(e)m ein. Auch heute noch werden die Blumen als Orakel verwendet, indem man die weißen Zungenblüten abzupft und dabei ja und nein spricht, weshalb sie auch als Orakelblu(e)m, Zupfblu(e)m, Losblu(e)m und Liebesblu(e)m bezeichnet werden.
Die häufigste Margeriten-Art ist die **Wiesen-Margerite (Leucanthemum ircutianum)**. Bei ihr sind die mittleren Stängelblätter zum Blattgrund hin wenig verschmälert, im oberen Teil gekerbt, im unteren gezähnt ohne Öhrchen. Der Stängel ist öfters verzweigt und behaart. Die Art ist in Fettwiesen und -weiden, auch in Mähdern (Kalk-Magerwiesen) auf mäßig nährstoffreichen Böden weit verbreitet. Allerdings ist sie, da sie zu fette Wuchsorte scheut, in den letzten Jahrzehnten infolge verstärkter Düngung der Wiesen überall deutlich zurückgegangen bzw. aus manchen Wiesen ganz verschwunden.

Foto: Verena Mueller

Abb:
Wiesen-Margeriten in Mähder

› Margeriten, Wucherblumen – Leucanthemum spec.

Die **Frühe Margerite (Leucanthemum vulgare)** dagegen ist ziemlich selten und kommt auf mageren Böden in Kalk-Magerrasen vor. Bei ihr sind die mittleren Stängelblätter zum Blattgrund hin verjüngt und stark, fast fiederspaltig gezähnt und geöhrt. Der Stängel ist meist kahl. Sie blüht deutlich früher als die Wiesen-Margerite, daher der Name.

Die **Berg-Margerite Leucanthemum adustum)** ist insgesamt selten, aber an den Felsen und Mergelhalden der Schwäbischen Alb, der Baar, des Wutachgebiets und des Hegaus ziemlich verbreitet in Felsband-Fluren, Blaugras-Steinrasen und in Buntreitgras-Halden anzutreffen. Bei ihr sind die mittleren Stängelblätter nahe der Mitte am breitesten, zum Teil parallelrandig, meist fein gezähnt und etwas fleischig (so vor allem die grundständigen). Die Stängel tragen nur in der unteren Hälfte Blätter, sind nie verzweigt und besitzen nur einen endständigen Blütenkopf.
In Gärten wird als Zierpflanze die **Große Margerite (Leucanthemum maximum)** angepflanzt. Sie stammt aus den Pyrenäen und ist bis jetzt sehr selten verwildert.

Abb:
Berg-Margerite

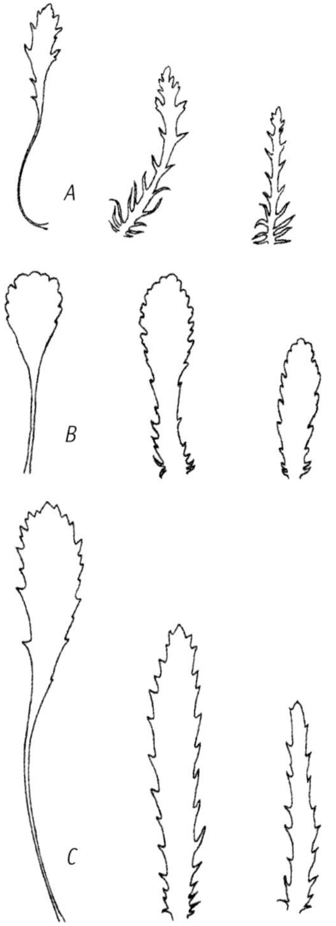

A: Frühe Margarite
(Leucanthemum vulgare)

B: Wiesen-Margarite
(Leucanthemum ircutianum)

C: Berg-Margarite
(Leucanthemum adustum)

Abb:
Blattformen der Margeriten, jeweils
links: unteres Stängelblatt
Mitte: mittleres Stängelblatt
rechts: oberes Stängelblatt

Abbildungen aus G. Wagenitz: Zur Bestimmung der Leucanthemum-Arten in Mitteleuropa nördlich der Alpen. Gött. Flor. Rundbriefe 10 (4), S. 80–85. Göttingen 1977.

Märzenbecher, Frühlings-Knotenblume – Leucojum vernum

Der besonders geschützte Märzenbecher ist eine ausdauernde, 10–30 cm hoch werdende Zwiebelpflanze aus der Familie der Narzissengewächse (Amaryllidaceae). Die linealen, glänzend dunkelgrünen Blätter stehen zu drei bis vier. Der Stängel ist meist ein-, selten zweiblütig. Die überhängenden, glockenförmigen Blüten mit sechs gleichartigen, weißen, an der Spitze gelbgrün getupften Blütenblättern blühen ziemlich früh im Jahr (Februar bis April), meist 1–2 Wochen später als die Schneegöckchen (Galanthus nivalis, siehe dort). Sie blühen einen halben Monat lang und duften veilchenartig. Die Frucht ist eine Kapsel. Die Vermehrung der Pflanze erfolgt durch neu gebildete Nebenzwiebel und Samen.

Die Art wächst selten aber gesellig, manchmal geradezu Massenbestände bildend in Auen- und Linden-Ahorn-Wäldern (z.B. Schluchtwälder) sowie in anderen frisch-feuchten, reichen Laubmischwäldern und Gebüschen, auch in Nasswiesen (z.B. im Naturschutzgebiet Krottental-Karbach, Markungen Leupolz und Amtzell der Stadt Wangen i.A., Landkreis Ravensburg) auf frisch-feuchten, nährstoff- und basenreichen, aber nicht unbedingt kalkhaltigen humosen Böden, vorzugsweise in Berglagen. Manche Vorkommen, so vor allem in tiefer gelegenen Lagen gehen auf Anpflanzungen oder Verwilderungen zurück (z.B. das Vorkommen beim Kirbachhof, Markung Ochsenbach der Stadt Sachsenheim, Landkreis Ludwigsburg). Die Verbreitungsschwerpunkte sind die Schwäbische Alb, das Baar-Wutachgebiet und das südliche Alpenvorland. Trotz gesetzlichem Schutz wird die Pflanze oft gepflückt und ausgegraben, wodurch sie in individuenarmen Beständen gefährdet ist.

Zwiebel und Blätter sind wie bei den meisten Narzissengewächsen giftig. Sie enthalten herzwirksame Alkaloide, die zu Übelkeit, Erbrechen, Durchfall und Herzrhythmusstörungen führen.

Dis schwäbischen Namen beziehen sich alle auf die Blüte und die Blütezeit: Großes Schnaiglöggle, Schnaitröpfle, Märzeglöggle, Märzeblu(e)m, Märzekappel, Aprilestern, Aprelle, Gloggere, Stern, Hu(e)tblü(e)mle und Weiß Veiele (nach dem Duft).

Foto: Verena Mueller

Mauerlattich – Mycelis muralis

Der ausdauernde, 30–100 cm hoch werdende Korbblütler (Familie Asteraceae, früher Compositae) mit weißem Milchsaft besitzt unterbrochen fiederteilige Blätter mit großem, 3–5-eckigem Endblatt. Der hohle Stängel ist oben sparrig-rispig verzweigt und trägt an jedem Ast einen kleinen Blütenkopf mit meist nur 5 Zungenblüten. Die Früchte sind kurz geschnäbelt und haben eine weiße Haarkrone (Pappus) mit einfachen Haaren.

Der Mauerlattich kommt verbreitet in krautreichen Laub- und Nadelwäldern, auch in Nadelholzforsten, in Waldverlichtungen und Schlägen, an Waldwegen, an schattigen Felsen und Mauern, am Fuße von Felsüberhängen (Balmen) auf mehr oder weniger frichen, nährstoffreichen Böden vor.

Obwohl der Mauerlattich verbreitet vorkommt, hat er nur wenige schwäbische Namen wie Mauersalat, Hasesalat, Haselattich und Waldsalat.

Scharfer Mauerpfeffer – Sedum acre
Weißer Mauerpfeffer – Sedum album

Der lateinische Gattungsname Sedum leitet sich von sedere = sitzen ab, da beide Arten aus der Familie der Dickblattgewächse (Crassulaceae) nahezu sitzend, dicht über dem Boden wachsen. Beide Arten sind ausdauernd, rasenbildend mit zahlreichen kriechenden, sterilen Trieben und aufsteigenden Blütenstängel. Die fleischigen Blätter sind mehr oder weniger stielrund und am Stängel gleichmäßig verteilt. Die Blüten haben 5 Kronblätter.

Auch die schwäbischen Namen sind bei beiden Arten teilweise die gleichen, wobei beim Weißen Mauerpfeffer einfach »Weiß« davor gesetzt wird: Würstle, Fettkr(a)ut, Mauerkr(a)ut, Winterkr(a)ut, Wintergrün, Judeträuble, Krausele, Märgler, Ränderkr(a)ut, Wonderblu(e)m (weil die an ein Kruzifix gehängte Büschel noch lange ohne Wasser weiterblühen), Schue(h)schmier, Schue(h)salberle und Schue(h)wichs (weil Kinder früher die Schuhe mit den saftigen Blättern wichsten), Warzekr(a)ut.

Der **Scharfe Mauerpfeffer** besitzt etwas abgeflachte, dicht stehende, bis 4 mm lange, grüne Blätter. Die Blüten sind gelb, die Blütenblätter zugespitzt. Die Pflanze hat einen scharfen, pfefferartigen Geschmack. Obwohl der Scharfe Mauerpfeffer giftig ist, wurde er früher in der Volksmedizin bei hohem Blutdruck, Herz- und Kreislaufschwäche, bei fiebrigen Erkrankungen sowie äußerlich zur Wundheilung, bei Hühneraugen, Warzen und Flechten angewandt. Die Pflanze kommt häufig in lückigen Pionierrasen auf Felsköpfen und Mauern, an Dämmen, in Bahnschottern, auf Kiesdächern und -gruben, als Flachwurzler auf feinerdearmen Sand- und Steinböden vor.

Der **Weiße Mauerpfeffer** hat dunkelgrüne bis rötliche, 6–12 mm lange, lineal-keulenförmige Blätter. Die Blüten sind weiß. Die Pflanze wächst in Pioniergesellschaften auf Felsköpfen und Mauerkronen, in Feinschutthalden und Felsrasen als Flachwurzler auf feinerdearmen Stein- und Felsböden. Er ist die Futterpflanze der Apollofalter-Raupe, die nach Zerstörung vieler Mauerpfefferrasen durch den Tritt von Touristen selten geworden ist. Spezielle schwäbische Namen für den Weißen Mauerpfeffer sind: Katzeträuble, Hühnerträuble Stoirogga, Stoihocker und Felsemegler.

Foto: Verena Mueller

Abb:
Scharfer Mauerpfeffer

Abb:
Weißer Mauerpfeffer

Mauerraute – Asplenium ruta-muraria

Die ausdauernde, 5–15 cm hoch werdende Pflanze aus der Familie der Streifenfarngewächse (Aspleniaceae, früher zu der Familie der Tüpfelfarne, Poypodiaceae, gestellt) besitzt abgerundet-ovale, 2–3-fach gefiederte Blätter mit breiten bis rautenförmigen Fiederblättchen.

Die Mauerraute wächst ziemlich häufig in Felsspaltengesellschaften an Kalkfelsen oder an mörtelgefügten Mauern in verhältnismäßig trockenen, lichtexponierten Lagen.

Schwäbische Namen für die Mauerraute sind Maurekr(a)ut und Wasserkr(a)ut (wegen seiner Verwendung in der Volksheilkunde bei Harnbeschwerden).

Meerrettich – Armoracia rusticana

Der lateinische Gattungsname geht auf das lateinische Wort armoracius = am Meer wachsend zurück, was auch im deutschen Namen beibehalten wurde. Der Meerrettich ist ein Kreuzblütler (Familie Brassicaceae, früher Cruciferae) mit fleischiger Wurzel. Die grundständigen Blätter sind sehr lang (bis 1 m) und fein gezähnt. Der Stängel der ausdauernden Pflanze wird 40–120 cm hoch und trägt kleinere, teilweise fiederspaltige Blätter. Die kleinen, weißen Blüten stehen in einem lockeren, rispigen Blütenstand. Die Fruchtschötchen sind fast kugelig.

Der ursprünglich wohl aus dem Don-Wolgagebiet stammende Meerrettich wird vielfach angebaut und ist oft verwildert in Unkrautfluren an Wegen und Schuttplätzen, vor allem im dörflichen Umkreis.

Die Wurzelstöcke sind sehr reich an Senfölen (scharfer Geschmack), ferner sind in ihnen enthalten Vitamin C und Bakterien abtötende Stoffe (Phytocide). Er dient hauptsächlich als Gewürz zu Fleisch- und Fischspeisen. Er wird im Schwäbischen als Kre(n) oder Kre(n)wurzel bezeichnet, wobei das Wort Kre(n) ursprünglich aus dem Slavischen stammt. Teilweise wird er im Gegensatz zum Garten-Rettich (Raphanus sativus, siehe dort) als Wild-Rettich benannt. Der Inhaltsstoffe wegen ist er oft in pflanzlichen Arzneimitteln enthalten, die bei grippalen Infekten, Katarrhen der Atemwege, bei Infekten der ableitenden Harnwege angewandt werden. In der Volksmedizin wird er bei weiteren Beschwerden wie Kopfschmerzen, Rheumatismus und Verdauungsstörungen verwendet.

Mehlbeerbaum – Sorbus aria

Der Mehlbeerbaum, ein Rosengewächs (Familie Rosaceae) kann ungefähr 15 m hoch werden, er bleibt aber oft nur strauchig. Die Rinde ist schwarz-grau mit weißen Flecken. Sie bleibt lange glatt, später wird sie längsrissig. Die Blätter sind ungeteilt oval, 8–14 cm lang, ungleichmäßig doppelt gezähnt oder seicht gelappt. Deren Oberseite ist anfänglich filzig behaart, verkahlt aber sehr bald. Die Blattunterseite ist bleibend rein weißfilzig. Die weißen Blüten sind in doldig-rispigen Blütenständen angeordnet. Die kugeligen bis eiförmigen, 8–15 mm großen Früchte zeigen bei der Reife eine orange bis rote Farbe. Sie sind mehlig und von fadem Geschmack. Das Holz ist hart, sehr fest und zäh.

Der Mehlbeerbaum kommt in sonnigen Eichen-Trocken- und Buchen-Wäldern, in Trockengebüschen auf Steinriegeln und an Felsen auf sommerwarmen, mäßig trockenen, meist kalkreichen Böden vor.

Arzneilich spielen die Früchte keine Rolle, sie wurden lediglich in der Volksmedizin früher gelegentlich gegen Husten und Durchfall genommen. Auch die sonstige Nutzung war sehr gering. Hin und wieder, so in Notzeiten wurden früher die Früchte zu Mus vermahlen, das mit Mehl vermischt zu einem süßlich schmeckenden Brot gebacken wurde, daher der Name Mehlbeerbaum.

Auf Schwäbisch wird er als Me(h)lbaum, Me(h)lbe(e)re, Me(h)lbirebom und Me(h)lbire bezeichnet. Eine gewisse Rolle spielten die Früchte bei der Schweinemast, was dem Baum den Namen Saube(e)rbom einbrachte.

Foto: Peter Banzhaf

Abb:
Mehlbeerbaum mit Blüten, links
Mehlbeerbaum mit Früchten, rechts

Mehlprimel – Primula farinosa

Bei der besonders geschützten, ausdauernden, 5-25 cm hohen Pflanze sind die in grundständigen Rosetten angeordneten Blätter wie auch der obere Teil des Blütenstängels und der Kelch mehlig bestäubt. Die in vielblütigen Dolden stehenden Blüten sind hell- bis tiefrosarot und haben einen gelben Schlund. Die Kronblätter sind deutlich eingeschnitten.
Die Mehlprimel kommt selten, aber meist gesellig in Kalk-Niedermooren des Alpenvorlands, sehr selten auch auf der Schwäbischen Alb auf feuchten bis nassen, kalkhaltigen, mageren, humosen Sumpf- und Torfböden vor.

Die Wurzeln der Mehlprimel enthalten Saponine und wurden früher volkstümlich zum Erleichtern des Bergsteigens durch eine verbesserte Atmung angewandt.
Schwäbische Namen sind nach dem Wuchsort Riednägele (Nägele = Nelke), Riedrädle und Moosblü(e)mle, nach der Blütenfarbe Fleischblümle, Raude Schlüsselblu(e)m und Raude Badenke, nach dem Vergleich mit Tieraugen Fischäugle, Krotteäugle und Hommeläugle (Hommel = Stier), nach den unterseits bemehlten Blättern Müllersblü(e)mle.

Hügel-Meier – Asperula cynanchica

Die ausdauernde, 10–25 cm hohe, lockerwüchsige, aufsteigende Pflanze aus der Familie der Krappgewächse (Rubiaceae, siehe bei Echtem Labkraut) besitzt Kriechwurzeln. Die oft verschieden langen (1–4 cm), linealen, nur 1–2 mm breiten Blätter sitzen in verschiedener Zahl (4–6) in Quirlen und haben eine deutliche Stachelspitze. Die hellrosa, meist 4-zipfligen Blüten sind in einem wenigblütigen kopfigen Blütenstand angeordnet.

Der Hügel-Meier kommt zerstreut aber meist gesellig in Kalk-Magerwiesen (Mähder) und -weiden auf mehr oder weniger trockenen, meist kalkreichen Böden vor.
Schwäbische Namen für den Hügel-Meier sind Falsches Waldmeisterle und Maukle (maukle = etwas suchen; die Pflanze muss man in den Mähdern suchen).

Foto: Werner Breuninger

Zitronen-Melisse – Melissa officinalis

Die ausdauernde Pflanze mit starkem Zitronengeruch stammt ursprünglich aus dem östlichen Mittelmeergebiet. Sie gehört zu den Lippenblütlern (Familie Lamiaceae, früher Labiatae) und wird 50–100 cm hoch. Die Blätter sind eiförmig, gezähnt und in den kurzen Stiel verschmälert. Die weißen, bis 1 cm langen Blüten sitzen zu 2–6 in den Achseln der oberen Blätter.

Die Zitronen-Melisse wird seit alters her in Gärten als Gewürz-, Heil- oder Bienenfutter-Pflanze kultiviert und ist in warmen Lagen gelegentlich verwildert.

Die Pflanze wurde schon in der Antike genutzt. In Mitteleuropa ist ihr Anbau erst seit Anfang des 16. Jahrhunderts belegt. Die Zitronen-Melisse enthält ätherische Öle mit Citral als Hauptkomponente und Geruchsträger, des weiteren Terpene, Gerbstoffe, Flavonoide und organische Säuren. Der Hauptwirkstoff hat beruhigende, krampflösende und antibakterielle Wirkung. Der Tee aus getrockneten Blättern wird, bei nervös bedingten Einschlafstörungen und funktionellen Magen-Darm-Beschwerden angewandt. In der Volksmedizin wird die Droge zusätzlich bei Hysterie, Melancholie, bei chronischen Bronchialkatarrhen, nervösem Herzklopfen und Migräne angewandt. Im Haushalt werden frische Blätter als Gewürz zu Salaten und Soßen verwendet. Der seit 1611 von Karmelitermönchen in Paris hergestellte »Karmelitergeist« (Destillat aus Zitronen-Melisse-Blättern und anderen Kräutern sowie Wein) galt als besonders heilkräftig. Der in der Volksmedizin besonders geschätzte »Melissengeist« mit etwa 80% Alkohol ist das alkoholische Destillat aus Zitronen-Melisse-Blättern und andere aromatischen Kräutern.

Die volkstümlichen schwäbischen Namen beziehen sich auf den zitronenartigen Duft der Pflanze und deren direkten Verwendung (Zitronekr(a)ut, Salatkr(a)ut), auf die Bienenfutterpflanze (Bienekr(a)ut, Immekr(a)ut), auf die Verwendung bei Frauenleiden (Mutterkr(a)ut) und und auf die Verwendung bei Herzbeschwerden (Herzkr(a)ut, Herzfreund, Herztrost), wobei das Blatt nach der Signaturenlehre (die äusserlichen Eigenschaften, besonders Form und Farbe von Pflanzen zeigen an, welche Arzneiwirkung von Natur aus in ihnen liegt) als Signatur des Herzens angesehen wurde.

Foto: Verena Mueller

Aufrechter Merk – Sium erectum, früher: Berula angustifolia

Die Pflanze ist ein Doldenblütler (Familie Apiaceae, früher Umbelliferae) mit einfach gefiederten Blättern, deren Teilblätter am Rande gesägt sind. Die weißen Blüten stehen in kurz gestielten Dolden. Der Aufrechte Merk besitzt Ausläufer.

Der Aufrechte Merk kommt an Bächen und Gräben in Bach-Röhrichtgesellschaften vor. In Fluthahnenfuß-Gesellschaften kommt er vollständig untergetaucht bis ungefähr einer Wassertiefe von 1,5 m vor, so z. B. in den Karstbächen und -flüssen der Schwäbischen Alb und in Quelltöpfen wie z. B. dem Blautopf.

Die vollständig untergetauchte Form blüht nie, die Fortpflanzung erfolgt rein vegetativ mit den Ausläufern.

Schwäbische Namen für den Aufrechten Merk sind Berle (von Berula abgeleitet), Sumpf- oder Wasser-Eppich und besonders schön Brunnepeterle.

Foto: Verena Mueller

Abb:
Aufrechter Merk in einem Quelltopf

Dolden-Milchstern – Ornithogalum umbellatum

Der 20–50 cm hoch werdende Dolden-Milchstern (Familie der Spargelgewächse, Asparaginaceae) früher zu den Liliengewächsen, Liliaceae, gestellt) ist ein Zwiebelgewächs mit Brutzwiebeln. Die 6–9 grundständigen, linealen, fleischigen und hohlrinnigen Blätter sind 2–6 mm breit und weisen einen weißen Mittelstreifen auf. Die Blüten stehen in aufrechten, bis 15-blütigen Doldentrauben, wobei die unteren Blütenstiele stark verlängert sind. Die bis 2 cm breiten Blüten besitzen 6 Blütenblätter, die innen rein weiß sind und außen einen breiten grünen Mittelstreifen aufweisen. Die Frucht ist eine 3-fächerige, vielsamige Kapsel.
Die etwas wärmebedürftige Pflanze kommt zerstreut, aber meist gesellig, oft steril in Weinbergen, gelegentlich in Parkrasen und Streuobst-Wiesen auf frischen, nährstoffreichen Böden vor. Sie wird auch in Gärten als Zierpflanze verwendet.
Die frischen unterirdischen Pflanzenteile (Zwiebeln) und die frischen Blätter enthalten herzwirksame Glykoside und sind damit giftig. Sie werden nur in der Homöopathie in geeigneter Verdünnung bei Magen- und Zwölffingerdarmgeschwüren angewandt.
Der Gattungsname Ornithogalum (griechisch und bedeutet Vogelmilch) leitet sich vom Vergleich mit weißem Vogelkot ab. Schwäbische Namen gehen zunächst auf die weißen Blüten zurück wie Schnaiglöggle, Weiße Sternle, Sternlekr(a)ut, dann wird Bezug genommen auf den Tag- und Nachtrhytmus der Blüten (Tag und Nachtblü(e)mle), auf die Blütezeit (Aprileblu(e)m), auf den Gehalt an zähem Schleim (Schnuder- oder Rotzblu(e)m) und schließlich auf die Zwiebel (Wilde-, Acker- und Feld-Zwiebel bzw. -Bölle).

Minzen – Mentha spec.

Bei den zur Familie der Lippenblütler (Lamiaceae, früher Labiatae) gehörenden Minzen handelt es sich um ausdauernde Pflanzen mit Wurzelausläufern und Pfefferminzgeruch, die meist auf feuchtem bis nassem Untergrund wachsen. Die (hell)rötlichen bis (hell)violetten Blüten sind klein, fast gleichmäßig 4–5-spaltig mit 4 Staubblättern. Sie stehen entweder in allseitswendigen dichten Blütenquirlen oder in endständigen, dichten, kopfigen bis walzlichen Scheinähren.

Im Gegensatz zu den in Gärten angepflanzten und nur gelegentlich verwilderten »Edel«-Minzen (Echte Pfefferminz, Mentha x piperita = Mentha spicata x aquatica; Ähren-Minze, Mentha spicata; Edel-Minze, Mentha x gracilis = Mentha spicata x arvensis) werden die heimischen, wild vorkommenden Minzen-Arten, die der Volksmund meist nicht unterscheidet, als weniger edel erachtet. Dies drückt sich in den schwäbischen Namen aus wie Wilde Minz, Wilder Pfefferminz, Stinkminz, Stinkkraut, Rossschmecke(te), Krautschmecke(te), Krausnerkerz.

Trotzdem wurden sie früher von Frauen in der Schmecke(te) verwendet, einem kleinen wohlriechenden Sträußchen zum Anstecken oder in der Hand getragen beim Kirchgang und anderen würdigen Anlässen. Die Bezeichnung des Sträußchens Schmecke(te) wurde dann allgemein auf Minzen-Arten übertragen. Da die Riechsträußchen mit Vorliebe von älteren Frauen getragen wurden, sind die Wild-Minzen auch als Altweiberschmecke(te), Altweiberstrauß oder als Frauekraut bezeichnet worden.

Werden die im Gebiet vorkommenden Wild-Minzen unterschieden, dann werden sie im Schwäbischen folgendermaßen bezeichnet:

Die **Wasser-Minze (Mentha aquatica)** als Bachminz oder Bachstinker. Sie wächst an Ufern und im Wasser von Gräben und Bächen in Röhrichten und Großseggen-Gesellschaften, auch in Nass-Wiesen und Bruchwäldern.

Die **Acker-Minze (Mentha arvensis)** als Kleinminz oder Ackerstinke(te). Sie kommt in Nass-Wiesen und in feuchten Äckern vor (= Vernässungszeiger).

Die **Ross-Minze (Mentha longifolis)** als Rossschmecke(te) oder Katzeminz. Sie ist in Pioniergesellschaften an Ufern von Bächen und Gräben, in Nass-Weiden auf meist kalkhaltigen Böden, oft zusammen mit der Blaugrünen Binse (Juncus inflexus) zu finden.

Foto: Peter Banzhaf

Abb:
Acker-Minze

Abb:
Ross-Minze

Die Wild-Minzen enthalten im Gegensatz zu der Pfefferminze kein Menthol, sind aber trotzdem reich an ätherischen Ölen und Gerbstoffen. In der Volksmedizin wurden von ihnen die getrockneten Blätter gegen Magen-, Darm- und Gallenbeschwerden sowie gegen Kopfschmerzen angewandt.

Mistel – Viscum album

Die Mistel (Familie der Mistelgewächse, Loranthaceae) ist ein immergrüner, mehrfach gabelig verzweigter, holziger und kugeliger Kleinstrauch bildender Halbschmarotzer. Mit ihren ledrigen, gelbgrünen Blättern von 2–6 cm Länge bilden sie die für das Wachstum notwendigen organischen Substanzen selbst; die Saugwurzeln aber dringen in die Rinde und das Holz der Wirtsbäume ein und entnehmen diesen Wasser und die darin gelösten Nährsalze. Die Pflanze ist zweihäusig (weibliche und männliche Blüten an getrennten Pflanzen). Die Blüten sind klein und sitzen zu 3–5 geknäuelt in den Zweiggabeln. Die Frucht ist eine weiße Beere mit klebrigem Fleisch.

Man unterscheidet 3 Unterarten:

Laubholz-Mistel (Viscum album ssp. album), die vor allem auf Apfelbäumen, Pappeln und Weiden, seltener auf anderen Laubbäumen schmarotzt.

Tannen-Mistel (Viscum album ssp. abietis), die im natürlichen Verbreitungsgebiet der Weiß-Tanne (Abies alba) ziemlich häufig auf dieser anzutreffen ist.

Kiefern-Mistel (Viscum album ssp. austriacum), die in den Kronen der Wald-Kiefer (Pinus sylvestris, siehe dort) anzutreffen ist.

Bei starkem Auftreten kann die Laubholz-Mistel den Ertrag von Apfelbäumen mindern. Schaden erleiden kann auch die Weiß-Tanne, da die Saugwurzeln oft tief in den Stamm eindringen, so dass bei aus dem Holz geschnittenen Brettern im Wurzelbereich der Mistel Löcher durchbrechen. Die Kiefern-Mistel wirkt sich auf das Stammholz nicht aus, da sie im Gegensatz zu den beiden zuerst genannten Unterarten nicht im Stamm- oder Astbereich sondern im Kronenbereich schmarotzt, der nicht der Sägeholzgewinnung dient.

Die Mistel besitzt zahlreiche Inhaltsstoffe, die als Tee oder in Präparaten gegen Bluthochdruck und vorbeugend gegen Arteriosklerose angewandt werden. Ferner werden Präparate, in denen Extrakte des Mistelkrauts enthalten sind, bei entzündlichen Gelenkerkrankungen, Arthrose, Bandscheibenerkrankungen und zur unterstützenden Behandlung bei Krebserkrankungen verwendet.

Der Name Mistel gehört vielleicht zu Mist, weil wie schon Theophrast (griechischer Philosoph und Naturforscher 371–287 v. Chr.) und Plinius (lateinischer Schriftsteller, 23–79 n. Chr.) wussten, dass die Pflanze durch Vögel verbreitet wird, die

Abb:
Laubholz-Mistel auf Pappel

keimfähige Samen mit ihrem Kot ausscheiden. Davon leitet sich der Zweizeiler ab: »Aus ihrem eigenen Kote keimt / was die Drossel leimt«. Der Vogelleim für die Leimruten wird aber nicht von den Beeren der Mistel sondern von denen der Riemenblume (Loranthus europaeus) gewonnen. Dieser Fehler geht auf Plinius zurück und wurde lange Zeit unbesehen übernommen. Auf den schleimigen, aber nicht dauernd klebrigen Saft der Mistelbeeren gehen die schwäbischen Namen Schnuderbe(e)r(e) (Schnuder = Schnupfen. Rotz), Kleb oder Vogelkleb zuzrück.
Weitere schwäbische Namen, die mit der Gestalt, bzw. Verwendung der Mistel in Verbindung stehen, sind: Baumkr(a)ut oder Baumsauger (als Schmarotzer), Immergrün oder Wintergrün (wintergrüne Blätter), Geißekr(a)ut, Geißelaub, Bocksfutter, Hasekr(a)ut (Verwendung als Futter für Ziegen und Kaninchen). Eigenartig muten die Namen Affolter oder Affalter an, die auf die althochdeutsche Bezeichnung affoltra bzw. die mittelhochdeutsche affolter für Apfelbaun zurückzuführen sind, und auf die Mistel übergegangen sind. Diese wächst, zumindest in Süddeutschland, mit Vorliebe auf Apfelbäumen.
Die Entstehung der für Bäume mehr oder weniger schädlichen Mistel wurde früher im Volksglauben mit Hexen, bösen Geistern und dem Teufel in Verbindung gebracht, daher die Namen Wikbese, Hexebese, Teufelsbese oder Trude(n)nest. Am Hause aufgehängt sollte sie aber dämonenabwehrend sein, weil dadurch dem Haus und dem Vieh Schutz vor Blitz, Feuer, Krankheiten und bösen Geistern erwirkt werden sollte und Glück erhofft wurde. Als Glücksbringer und grüner Weihnachtsschmuck hat die Mistel in den letzten Jahrzehnten weite Verbreitung erfahren. Sowohl in der antiken als auch in der germanischen Mythologie hatte die Mistel große Bedeutung. Sie ist die

Abb:
Mistel mit Früchten

Abb:
Laubholz-Mistel am Apfelbaum

»Goldene Zauberrute«, die dem Aeneas den Weg zur Unterwelt öffnete. In der altnordischen Literatur (Edda) wird erzählt, dass der blinde Wintergott Hödur den lichten Sonnengot Baldur mit einem Mistelzweig als Lanze tötete. Die Verwendung der Mistel in der Heilkunde geht auf den griechischen Arzt Hippokrates (um 460–375 v. Chr.) zurück.

Klatsch-Mohn – Papaver rhoeas

Die bis 80 cm hoch werdende, einjährige Pflanze (Familie der Mohngewächse, Papaveraceae) besitzt einfache oder verzweigte Stängel, die beblättert und behaart sind. Die Blätter sind 1–2-fach fiederteilig. Die 4 blutroten Kronblätter sind ungefähr 4 cm lang und weisen am Grunde meist einen dunklen Fleck auf. Zahlreiche Staubblätter stehen um den kahlen Fruchtknoten mit einer flachen Narbenscheibe. Die Fruchtkapsel mit zahlreichen Samen ist kugelig bis eiförmig und am Grunde abgerundet. Die Pflanze enthält einen weißlichen, bitteren Milchsaft.

Der Klatsch-Mohn ist seit der Jungsteinzeit ein Kulturbegleiter. Er kommt gelegentlich noch reichlich, dank modernem Ackerbau und Herbizideinsatz aber meist nur noch vereinzelt in Getreideäckern, dafür auch an Schutthalden und auf Brachflächen, an Wegrändern und Straßenböschungen vor. Er bevorzugt sommerwarme, trockene bis mäßig frische, nährstoffreiche und meist kalkhaltige Böden.

Der Milchsaft des Klatsch-Mohns enthält keine Opium-Alkaloide. In den Blütenblättern sind verschiedene Alkaloide, so vor allem Rhoeadin enthalten. Sie wurden früher volkstümlich bei Schmerzen, Unruhen, Schlafstörungen und Beschwerden im Bereich der Atemwege angewandt. Einen Beleg für ihre Wirksamkeit gibt es bis jetzt nicht. Die Blütenblätter wurden früher und werden heute noch in Teemischungen als Schmuckdroge verwendet.

Zahlreich sind die schwäbischen Namen für den Klatsch-Mohn. Dieser Name geht darauf zurück, dass man ein Kronblatt über den durch Daumen und Zeigfinger gebildeten Ring legt und dann mit der flachen dagegen oder gegen die Stirn klatscht, was ein knallendes Geräusch erzeugt. In diesem Zusammenhang sind schwäbische Namen zu erwähnen wie Hirnschnall, Kläpferle oder Kläpperle (kläpfen = knallen), Klatschros, Schnalle (Schnall oder Schnaltz = Knall), Ackerschnall, Schnalletz, Schnallekr(a)ut, Schnalleblu(e)m, Schnallestock.

Kinder verfertigen aus den fast geöffneten Knospen Püppchen, indem sie die Kronblätter aus den Kelchblätter heraus- und über diese ziehen. Der Stempel der Blüte bildet dann den Kopf, die Straubfäden die Haare und die herabgezogenen Kronblätter das Kleid des Püppchens. Von diesem Brauch leiten sich Namen ab wie Ackerdockele (Docke oder Dockele=Puppe), Korndockele, Fräule, Kornfräule oder Edelfräule.

Auf die blut- oder feuerroten Blüten gehen Namen zurück wie Raude Kornblu(e)m, Blutros, Feuerros, Feuerblu(e)m, Fackelbosch,

Foto: Peter Banzhaf

Rotkr(a)t, oder im Vergleich mit dem roten Kamm eines Hahns (Güller, Gückel, Gockel) Gockel, Gockeler, Gulle(r)stock, Gulle(r)strauß und Gückelrot, oder schließlich Heierle (rot gekleidete vornehme Person, katholischer Geistlicher). Im Vergleich zum Schlaf-Mohn (s.unten) wird der Klatsch-Mohn als Wilder Mohn oder verächtlich als Katze(n)-mage, Wolfsblu(e)m, Wolzmäge oder Molsmäge bezeichnet. Nach den borstig behaarten Knospen trägt der Klatsch-Mohn auch Namen wie Suckerle (Suckel=Schweinchen) oder nach der Fruchtkapsel Plotzfässle (Plotzfass=Butterfass).

Die weiteren, wild vorkommenden Mohn-Arten werden im Volksmund nicht vom Klatsch-Mohn unterschieden. Für sie gelten deshalb die gleichen volkstümlichen Namen wie für diesen. Es handelt sich dabei um den **Bastard-Mohn (Papaver hybridum)** mit eiförmiger, borstig behaarter Fruchtkapsel, um den **Saat-Mohn (Papaver dubium)** mit keulenförmiger, kahler Fruchtkapsel, und um den **Sand-Mohn (Papaver argemone)** mit keulenförmiger, borstig behaarter Fruchtkapsel.

Der **Schlaf-Mohn (Papaver somniferum)** wurde früher feldmäßig zur Ölgewinnung angebaut, worauf Namen wie Mag(e), Magsame und Ölmage zurückzuführen sind. Heute ist der Anbau wegen des Missbrauchs der Opium-Alkaloide enthaltenden Milchsafts verboten. Der einschläfernden Wirkung des Milchsaftes trägt diese Mohnart außer dem Namen Schlaf-Mohn auch den Namen Schlafäpfel.

Wilde Möhre – Daucus carota und Garten-Möhre – Daucus sativa

Die zwei- bis mehrjährige, aber nach erstmaligem Blühen und Fruchten immer absterbende Wilde Möhre (hapaxanthe Pflanze) aus der Familie der Doldenblütler (Apiaceae, früher Umbelliferae) besitzt eine spindelförmig verdickte, weißliche Wurzel. Die Pflanze ist flaumig oder borstig behaart und weist den typischen Möhrengeruch auf. Der kantig gefurchte Stängel wird 30–90 cm hoch. Die Blätter sind 2–3-fach gefiedert, die Teilblättchen letzter Ordnung fiederschnittig mit schmalen Zipfeln. Die Dolden sind vielstrahlig, zur Blütezeit flach oder etwas gewölbt, zur Fruchtreife vogelnestartig zusmmengeneigt. Die Blüten sind weiß, die Randblüten der Dolde einseitig vergrößert. In der Mitte der Dolde ist eine verhältnismäßig große rotbraune, sterile Blüte (einzige Art unter den Doldenblütlern mit diesem Merkmal).

Die Wilde Möhre kommt verbreitet in Glatthafer-Wiesen (vor allem der warmen Tieflagen), besonders reichlich in deren Brachestadien, und in ruderal beeinflussten Pionier-Gesellschaften an Straßen und Wegen, an Dämmen und in Steinbrüchen, an Mergel- und Steinhalden auf frischen bis mäßig trockenen Böden vor.

Die im Verhältnis zur Garten-Möhre dünne Wurzel ist essbar und wohlschmeckend, hat aber wenig Inhaltsstoffe und wurde wegen Unergiebigkeit nur in Notzeiten gesammelt.

Schwäbische Namen für die Wilde Möhre sind Storchenest, Vogelnest, Galgenägel (dünne Wurzel), Maidele, Meidel, Mor(e), Morchestängel, Wilde Rü(e)ble, Sauwurz und Mädlesläus (nach den schwach haftenden Früchten im Gegensatz zur Bubelaus (Acker-Haftdolde, siehe dort) mit widerhakigen Stacheln an der Frucht).

Die **Garten-Möhre** (Mohrrübe, Gel(b)e Rübe, Karotte) unterscheidet sich von der Wilden Möhre vor allem durch die stark verdickte, fleischige, gelbe oder rötliche Wurzel. Diese wird als Wurzelgemüse seit der Antike, und heute in zahlreichen Sorten kultiviert. Die übrigen Merkmale entsprechen denen der Wilden Möhre. Die Garten-Möhre enthält reichlich Alpha-, Beta- und Gamma-Carotin (Provitamin A), Pektine, ätherische Öle, Terpene, Vitamin B1, B2 und C. Die gekochten Rüben wurden früher als Wurmmittel, heute als schwaches Diuretikum, als natürlicher Vitaminträger (in erster Linie als Provitamin A; Vitamin A bedeutsam für den Sehvorgang) und des Pektingehaltes wegen bei Verdauungsstörungen von Säuglingen angewandt. In kosmetischen Mitteln zur künstlichen Bräunung sind oft Auszüge der Garten-Möhre enthalten.

Mummel, Gelbe Teichrose – Nuphar luteum

Die besonders geschützte Mummel ist eine ausdauernde Wasserpflanze aus der Familie der Seerosengewächse (Nymphaeaceae). Aus einem kräftigen Wurzelstock treibt die Pflanze lang gestielte, eiförmige, am Grunde herzförmig eingeschnittene, bis 40 cm lange Schwimmblätter. Diese besitzen gegen den Rand verzweigte offene Nerven. Meist gibt es auch große, salatblattartige Unterwasserblätter. Die 5 Kelchblätter sind außen grünlich, innen wie die zahlreichen Kron- und Staubblätter gelb. Der birnenförmige Fruchtknoten trägt eine in der Mitte trichterig vertiefte, ganzrandige Narbenscheibe.

Die Mummel kommt in stehenden oder träg fließenden, nährstoffreichen Gewässern bis in 6 m Tiefe ziemlich häufig vor.

Die Pflanze enthält Alkaloide und herzwirksame Glykoside, und ist deshalb giftig. Sie wurde in der Volksmedizin früher bei Durchfällen, in der Homöopathie wird sie heute noch in geeigneter Dosierung bei Erkrankungen des Magen-Darm-Traktes angewandt.

Schwäbische Namen für die Mummel sind nach der Blütenfarbe Gel(b)e See- oder Wasserblu(e)m, nach der Form der Frucht Seeguttere (Gutter = bauchige kleine Flasche oder Kolben) und Wasserdocke (Docke = Puppe) und nach den großen Schwimmblättern Wasserblätsch (Blätsch = großes Blatt).

Abb:
Mummel, Knospen und Blätter, links
Mummel, Einzelblüte, rechts

Fotos: Peter Banzhaf

Mutterkraut, Römische Kamille – Tanacetum parthenium

Die ausdauernde, aromatisch duftende, bis 80 cm hohe Pflanze gehört zu den Korbblütlern (Familie Asteraceae, früher Compositae). Die Blätter sind 1–2-fach fiederspaltig mit breiten Abschnitten. Die 1–2,5 cm breiten, halbkugeligen Blütenköpfchen stehen in Doldenrispen. Die Blütenköpfchen haben außen weiße Zungenblüten, innen gelbe Röhrenblüten. Kultursorten sind oft gefüllt und bestehen entweder nur aus weißen Zungenblüten (Schneeball) oder nur aus gelben Röhrenblüten (Goldball).

Das Mutterkraut, das vom östlichen Mittelmeergebiet über Kleinasien bis in den Kaukasus verbreitet ist, wird seit der Antike als Zier- und Heilpflanze in Gärten kultiviert. Gelegentlich ist sie an Wegen, Zäunen und auf Schuttplätzen verwildert.

Die Pflanze enthält ätherisches Öl, Campher, Terpene und Flavonoide. In der Volksheilkunde wurden die getrockneten Blätter bei Krankheiten der Gebärmutter (= Mutter), bei Menstruationsbeschwerden, Wehenschwächen, bei drohender Fehlgeburt, im Wochenbett, auch gegen Verdauungssstörungen sowie äußerlich zu Umschlägen bei Quetschungen und auch zur Insektenbekämpfung angewandt.

Volkstümliche Namen sind Hemdeknöpfle (nach den gefüllten Blüten), Fieberkr(a)ut (= Heilpflanze). Die Namen Mädlesblu(e)m oder Jungfernkr(a)ut dürften auf die Übersetzung des Artnamens parthenium zurückgehen (griechisch parthenos = Mädchen, Jungfrau), Matronekr(a)ut und Maria-Magdaleneblü(e)mle auf die Verwendung bei Frauenleiden.

Foto: Peter Banzhaf

Abb:
Bittersüßer Nachtschatten, Blüten

Bittersüßer Nachtschatten – Solanum dulcamara

Die ausdauernde Pflanze aus der Familie der Nachtschattengewächse (Solanaceae) kann bis zu 2 m lang werden. Der kantige Stängel ist unten verholzt, niederliegend oder kletternd. Die breit lanzettlichen Blätter sind ganzrandig oder tragen am Grunde 1–2 kleine Fiederblättchen. Die etwa 1 cm breiten, dunkelvioletten Blüten mit 5 ausgebreiteten oder zurückgeschlagenen Zipfeln stehen in einem lockeren rispigen Blütenstand. Die Frucht ist eine ungefähr 1 cm lange, eiförmige, leuchten rote Beere.

Der Bittersüße Nachtschatten ist verhältnismäßig häufig in Weiden-Gebüschen und -Wäldern, in Erlenbrüchen, vor allem an deren Rändern oder Verlichtungen auf mehr oder weniger nassen, nährstoffreichen Böden verbreitet. Er ist ein ausgesprochener Stickstoffzeiger und Wurzelkriechpionier.

Die ganze Pflanze ist sehr giftig, wobei die Giftigkeit der Beeren beim Reifen abnimmt. Wirkstoffe sind Alkaloide und Saponine. Als Droge werden getrocknete, 2–3-jährige Stängelteile und die frischen, vor der Blüte gesammelten Triebe verwendet; sie sind ebenfalls giftig. Trotzdem wurden sie seit alters her bei rheumatischen Beschwerden, chronischer Bronchitis und Hautleiden angewandt.

Schwäbische Namen für den Bittersüßen Nachtschatten sind Mausholz (der widrige Geruch soll Mäuse und Ratten vertreiben), Bitterbe(e)r (die Beere schmeckt zuerst bitter, dann süßlich), Teufelsbe(e)r (wegen der Giftigkeit) und Scheißbe(e)r (der Genuss der Beeren verursacht starken Durchfall).

Foto: Peter Banzhaf

Abb:
Bittersüßer Nachtschatten, Früchte

Nachtviole – Hesperis matronalis

Die zweijährige bis ausdauernde Pflanze aus der Familie der Kreuzblütler (Brassicaceae, früher Cruciferae) kann bis 80cm hoch werden. Die eiförmigen, lang zugespitzten, fein gezähnelten oder fast ganzrandigen Blätter werden von unten nach oben kleiner. Die verhältnismäßig großen, 2-3 cm breiten, violetten Blüten stehen in reichblütigen Trauben. Die Fruchtschoten können bis 10cm lang werden. Die Nachtviole duftet als Nachtfalterblume vor allem abends und nachts.

Die Pflanze kommt ziemlich selten in Auen-Gebüschen und -Wäldern auf mehr oder weniger nassen, basen- und nährstoffreichen Böden vor. Häufig wird sie in Gärten als Zierpflanze angebaut und ist daraus öfters verwildert an Zäunen, Wegen und Schuttplätzen.

Wegen des angenehmen veilchen- oder nelkenartigen Duftes wird die Nachtviole im Schwäbischen als Pfingstvei(g)ele, Muttervei(g)ele, (Vei(g)ele = Veilchen) oder auch als Maienägele (Nägele = Nelke) bezeichnet.

Natternkopf – Echium vulgare

Die bis 80 cm hoch werdende Pflanze aus der Familie der Raublattgewächse (Boraginaceae) ist borstig-steifhaarig. Sie ist 2-jährig und bildet im 1. Jahr eine Blattrosette, im 2. Jahr treibt sie einen Blütenstängel. Die Blätter sind schmal-lanzettlich, die grundständigen allmählich in den Stiel verschmälert, die oberen sitzend. Die anfangs rosa, dann blauen Blüten sind rachenförmig-zweilippig mit herausragenden Staubblättern und einem an der Spitze zweispaltigem Griffel.

Der Natternkopf kommt ziemlich häufig in sonnigen Unkrautfluren an Wegen, auf Bahnschotter, in Steinbrüchen, in Sand- und Felsfluren auf sommerwarmen, mäßig trockenen, mehr oder weniger nährstoff- und humusarmen, lockeren, steinigen oder sandigen Böden vor. Er ist eine bis 2,5 m tief wurzelnde Pionierpflanze.

Die Pflanze ist durch Alkaloide giftig. Sie wurde früher in der Volksheilkunde zur Wundheilung und bei Epilepsie verwendet.

Der zweispaltige Griffel wurde mit der Zunge einer Schlange verglichen, worauf der Name Natternkopf und im Schwäbischen die Namen Schlangekr(a)ut, Oderwurz (Oder = Otter), Natterblu(e)m zurückgehen. Weitere volkstümliche Namen sind Stechnägele (Nägele = Nelke), Stolzer, Blauer und Rauer Heinrich. Schließlich gibt es noch den Namen Bettelma(nn), bei dem die borstige Behaarung mit der rauen, abgerissenen Bekleidung eines Bettlers verglichen wird.

Nelken – Dianthus spec.

Die meisten Nelken (schwäbische Nägele) sind ausdauernd. Die Blätter stehen gegenständig sitzend, sind meist linealisch und am Grunde zu einer gemeinsamen Scheide verwachsen. Die Blüten sind entweder einzeln endständig oder zu mehreren in Rispen angeordnet. Der Blütenkelch ist zylindrisch mit 5 Zähnen, am Grunde von Kelchschuppen umgeben. Die mehr oder weniger rötlichen Kronblätter sind in Platte(der mehr oder weniger radförmig ausgebreitete ,aus dem Kelch heausragende Teil) und Nagel (der in den Kelch eingeschlossene Teil) gegliedert. Die Blüten haben außer den 5 Kronblättern 10 Staubblätter und 2 Griffel. Die Nelken besitzen mehr oder weniger ätherische Öle, die Träger des angenehmen Duftes sind. Alle wild wachsenden Nelkenarten sind besonders geschützt.

Bei der bis 60 cm hoch werdenden **Pracht-Nelke (Dianthus superbus)** sind die hellroten Kronblätter bis über die Mitte fein und unregelmäßig fiedrig zerschlitzt, daher der schwäbische Name Federnägele. Die Art gliedert sich in zwei Unterarten, die zu verschiedenen Zeiten blühen und an unterschiedlichen Wuchsorten vorkommen.

Die **Wiesen-Pracht-Nelke (Dianthus s. ssp. superbus)** blüht von Juni bis August und kommt in wechselnassen Moorwiesen vor (schwäbisch Wiesenägele und Riednägele).

Die **Wald-Pracht-Nelke (Dianthus s. ssp. sylvestris)** blüht erst im August bis Oktober und kommt in lichten Eichen-Wäldern auf wechselfrischen bis wechseltrockenen Böden vor (schwäbisch Waldnägele).

Die **Heide-Nelke (Dianthus deltoides)** ist ausgezeichnet durch die bis 1 cm lange Platte der roten Kronblätter, die keilförmig und an der Spitze gezähnt sind. Diese sind mit zerstreuten weißen Punkten und einer dunkelroten Querlinie besetzt. Sie kommt in bodensauren Magerwiesen und Magerweiden, an Moorrändern, oft auf Ameisenhaufen der Gelben Wiesenameise (Lasius fulvus) auf trockenen bis mäßig frischen, kalkarmen, mäßig sauren Lehm- und Torfböden vor. Schwäbische Namen für die Heide-Nelke sind zunächst Wiesenägele und Blutnägele (nach der Blütenfarbe), dann nach dem früheren Volksglauben, dass, wenn man die Pflanze pflückt, ein Unwetter kommt und der Blitz einschlägt, Donnernägele, Donnerwetternägele und Rotes Wetternägele.

Bei der **Pfingst-Nelke (Dianthus gratianopolitanus, Grenobler Nelke)** bilden die grundständigen Blätter Polster mit weiteren, vegetativ gebildeten Blattrosetten. Die hellrosa Blüten stehen einzeln end-

Foto: Peter Banzhaf

Foto: Peter Banzhaf

Abb:
Wald-Pracht-Nelke, links oben
Heide-Nelke, rechts oben
Pfingst-Nelke, links unten

ständig an den Blütenstängeln. Die Pflanze kommt selten, aber gesellig in Felsrasen auf Felsbändern an Felsen der Schwäbischen Alb, des Wutach- und Bodenseegebiets vor. Oft wird sie in Gärten und auf Weinbergsmauern (schwäbisch Wengertsnägele oder -blü(e)mle) angepflanzt. Weitere schwäbische Namen sind Pfingstnägele, Bube(n)nägele, und Felsennägele. Nach ihr heißen manche Felsen der Schwäbischen Alb Nägelesfels. Da die Pflanze um den Tag des heiligen Veit (15. Juni) blüht, gibt es für sie noch den Namen Veitsnägele.

Die **Kartäuser-Nelke (Dianthus carthusianorum)** kann bis 40 cm hoch werden. Die purpurnen, bis 2,5 cm breiten Blüten stehen zu 4–10 am Ende des Stängels in einem kopfigen, von braunhäutigen Hochblättern umgebenen Blütenstand. Sie wächst verhältnismäßig häufig in Kalk-Magerrasen an Waldrändern, Böschungen und sonnigen Hängen auf warm-trockenen, meist kalkreichen Böden. Schwäbische Namen für die Pflanze sind Feuernägele (nach der Blütenfarbe), Pflugrädle (nach der Größe der Blüten), Wiesenägele (nach ihren Wuchsorten), Ross- und Bube(n)nägele (nach ihren verhältnismäßig häufigen Vorkommen), und schließlich nach dem früheren Volksglauben wie bei der Heide-Nelke (siehe oben) Wetter-, Donder- und Hexenägele.

Die beiden weiteren Arten kommen bei uns wild nicht vor sondern nur in Gärten, in denen sie als Zierpflanzen kultiviert werden. Es handelt sich zum einen um die seit alters in vielen Farben und Formen kultivierte und sehr wohlriechende **Garten-Nelke (Dianthus caryophyllos)**, die nur hin und wieder verwildert vorkommt. Sie kam etwa im 15. Jahrhundert aus Italien in die deutschen Gärten. Schwäbische Namen für sie sind einfach Nägele, Baurenägele (weil sie in keinem Bauerngarten fehlen durfte) und Siedernägele (weiß-rot gestrichelte Nelke, die an die frühere Tracht der Hofjungfern beim Salzsiederfest in Schwäbisch Hall erinnert). Zum anderen ist es die **Bart-Nelke (Dianthus barbatus)** mit bis zu 30 dicht gebüschelten verschiedenfarbigen, gebärteten Blüten und grannenartig zugespitzten Kelchzähnen. Schwäbische Namen für sie sind Buschnägele (nach den gebüschelten Blüten), Stichnägele (nach den Kelchzähnen) und Rossnägele (nach der häufigen Verwendung als Zierpflanze).

Foto: Peter Banzhaf

Foto: Wolfgang Herter

Abb:
Kartäuser-Nelke, links oben
Garten-Nelke, rechts oben
Bart-Nelke, links unten

Bach-Nelkenwurz – Geum rivale

Die drüsig behaarte, ausdauernde Pflanze aus der Familie der Rosengewächse (Rosaceae) kann bis 60 cm hoch werden. Die lang gestielten Grundblätter sind unterbrochen gefiedert (siehe bei Mädesüß), wie auch die etwas kleineren Stängelblätter. Die anmutigen und zierlichen Blüten sind glockenförmig zusammenneigend nickend und bestehen aus einem rotbraunen Kelch und hellgelben, gegen den Rand rötlichen Kronblättern. Der Fruchtstand ist aufrecht und von zottigem Aussehen.

Die Bach-Nelkenwurz hat ihre ursprüngliche Heimat in Auen-Wäldern und in Erlen-Bruchwäldern auf feuchten bis nassen Gleyböden. Da sie mahdverträglich ist, kommt sie in der Kulturlandschaft häufig in Nass- und Moor-Wiesen vor.

Die Pflanze besitzt Gerbstoffe, ätherische Öle und Glykoside. In der Volksmedizin wurde sie früher bei Durchfallerkrankungen, Verdauungsstörungen und Appetitlosigkeit sowie bei Husten und Entzündungen im Mund-Rachen-Raum angewandt.

Schwäbische Namen für die Bach-Nelkenwurz sind Kupferglöggle, Franzos und Pfaffehütle (nach der Blütenfarbe), Bachglöggle, Bachnägele, Bachrösle Fraueglöggle, Küscheschell, Franzoseknöpf, Franzosehos, Schlotterhos, Himmelsbrod und Heilandsbrod (nach Honigreichtum der Blüten) und Bachbommel (nach der Ähnlichkeit mit der Bachbunge).

Foto: Verena Mueller

Echte Nelkenwurz – Geum urbanum

Die echte Nelkenwurz ist ein bis 90 cm hoch werdendes, ausdauerndes Kraut aus der Familie der Rosengewächse (Rosaceae). Sie bildet eine grundständige Blattrosette und einen verzweigten Stängel. Die Blätter sind unregelmäßig gefiedert und besitzen große, grob gesägte Nebenblätter. Die kleinen gelben Blüten sind 5-zählig und stehen aufrecht. Die grünen Kelchblätter sind später an der Sammelfrucht zurückgeschlagen. Die einzelnen Früchtchen besitzen einen hakig gekrümmten Griffelteil, mit dem sie sich klettenartig festhaken können (Klettausbreitung).

Die Pflanze wächst verbreitet in Eichen-Hainbuchen-Wäldern, in Auen-Wäldern und -Gebüschen, an schattigen Zäunen und Mauern sowie an Waldwegen, auf grundfrischen, nährstoffreichen Böden.

Die Echte Nelkenwurz war früher eine Heil- und Nutzpflanze. Das Kraut, vor allem aber die Wurzeln enthalten ätherische Öle (z.B. Eugenol), Gerbstoffe, organische Säuren, Kohlenhydrate, das Glykosid Gein und weitere Inhaltsstoffe. Die Wurzeln weisen dank der ätherischen Öle einen an Gewürznelken erinnernden Geruch auf und wurden auch als deren Ersatz in der Likörindustrie, Kosmetik, in Zahnpasten und Mundwässern eingesetzt. Darauf geht der Name Echte Nelkenwurz, schwäbisch Näg(e)le(s)wurz(el) zurück. Als Heilpflanze wurde sie ihres Gehalts an Gerbstoffen wegen in der Volksheilkunde bei Durchfallerkrankungen, Verdauungsstörngen, Appetitlosigkeit, Fieber, Nerven- und Muskelschmerzen, als Gurgelmittel für Hals und Rachen bei Schleimhaut- und Zahnfleischentzündungen, äußerlich bei Frostbeulen und Hautausschlägen oder als Badezusatz bei Hämorrhoiden angewandt. Wegen dieser vielseitigen Verwendungsmöglichkeiten wurde die Pflanze auch als Sanamundi(s)-kra(u)t (sana mundi = Heil der Welt) bezeichnet. Für diesen Zweck sollten die Wurzeln im März gesammelt werden, wovon sich die volkstümlichen Namen März- oder Benediktenwurz (Benedikt = 21.März) und deren Verwendung im Benediktenlikör herleiten.

Bei den schwäbischen Namen Hasenäugle werden die Blüten mit Hasenaugen, bei Igelwurz die Fruchtstände mit einem Igel verglichen.

Foto: Wolfgang Herter

Stinkende Nieswurz – Helleborus foetidus
Schwarze Nieswurz – Helleborus niger

Die **Stinkende Nieswurz** gehört zur Familie der Hahnenfußgewächse (Ranunculaceae) und ist wie alle heimischen Nieswurz-Arten besonders geschützt. Die ausdauernde, bis 60 cm hoch werdende Pflanze besitzt einen kräftigen Wurzelstock und aufsteigende bis aufrechte Stängel. Die grundständigen Blätter sind ziemlich groß, lang gestielt, dunkelgrün und fußförmig geteilt. Die stängelständigen Blätter werden nach oben kleiner, sind hellgrün und zunächst an der Spitze geteilt, die obersten ungeteilt eiförmig. Die Blätter sind überwinternd, weshalb die Pflanze unter stärkeren Strahlungsfrösten ohne Schneedecke leidet. Der Blütenstand ist stark verzweigt und trägt zahlreiche Blüten mit unangenehmem Geruch. Die gelbgrünen Kelchblätter hängen glockig zusammen und sind rot gesäumt. Die eigentlichen Kronblätter sind als kurze, schlauchförmige Honigblätter ausgebildet. Die zahlreichen Staubblätter sind gelblichweiß. Die Balgfrüchte weisen einen gebogenen Schnabel auf. Die Pflanze blüht von Februar bis April. Nach der Fruchtreife stirbt der Stängel ab, er trägt also nur einmal Blüten und Früchte. Es sind aber meist genügend andere Seitentriebe vorhanden, oft so viele, dass sich die Pflanze geradezu buschartig entwickelt. Die Samen werden von Ameisen verbreitet. Die südwesteuropäische Pflanze erreicht auf der östlichen Schwäbischen Alb, in Norwestbayern und am Mitteltrhein ihre östliche Verbreitungsgrenze.

Die Stinkende Nieswurz wächst zerstreut aber meist gesellig in Eichen-Trockenwäldern und warmen, lichten Eichen-Hainbuchen- und Buchen-Wäldern, in Schlehengebüschen sowie an Wald- und Heckenrändern auf nicht zu trockenen, nährstoff- und meist kalkreichen, lockeren, humosen Böden.

Wie alle Nieswurzarten ist auch die Stinkende Nieswurz durch den Gehalt an herzwirksamen Glykosiden(Helleborein, Hellebrin), Saponine (Helleborin) und Alkaloide giftig. Sie gilt seit dem Altertum als Gift- und Heilpflanze. So wurde sie früher der Glykoside wegen als Herzmittel verwendet. Das Helleborin verursacht eine sehr starke örtliche Reizwirkung, auf die auch die niesenerregende Wirkung zurückgeht und den Pflanzen ihren Namen gegeben hat. Geriebene Wurzeln waren Bestandteil von Niespulvern.

Foto: Verena Mueller

Abb:
Stinkende Nieswurz

› **Stinkende Nieswurz – Helleborus foetidus**
› **Schwarze Nieswurz – Helleborus niger**

Von der Anwendung als Herzemittel ist man abgekommen und die Verwendung in Niespulvern ist untersagt, beides wegen bedenklicher Nebenwirkungen. In homöopathischen Zubereitungen werden die Pflanzen noch bei aktuellen Durchfallerkrankungen, Nieren- und Hirnhautentzündungen sowie bei Gemütsleiden angewandt.

Helleborus war der griechische Namen für Nieswurz. Sie wurde im Altertum gegen geistige Verwirrung angewandt und genoss deshalb hohe Wertschätzung. Diese soll vor allem darauf zurückgehen, dass angeblich ein Ziegenhirte damit die Tochter des Königs Proitos von Argos vom Wahnsinn geheilt haben soll.

Verhältnismäßig zahlreich sind die schwäbischen Namen für die Stinkende Nieswurz. Stinkkr(a)ut, Stinkwurz und Stinkere gehen auf den unangenehmen Geruch der Pflanze zurück. Namen wie Ootrakr(a)ut (Otterkraut) Schlangekr(a)ut, Teufelskr(a)ut und Wolfskr(a)ut weisen auf die Giftigkeit der Pflanze hin. Weil die Pflanze früher zum Vertreiben von Läusen gebraucht wurde, gibt es den Namen Lauskr(a)ut. Die frühe Blütezeit und das Überwintern der Blätter gaben die Namen Wintergrün und Winterglogg ab. Schließlich gibt es noch die Namen Wei(n)ros und Wei(n)blu(e)m, weil das reichliche Blühen der Pflanze als Orakel für ein gutes Weinjahr galt.

Die **Schwarze Nieswurz (Helleborus niger)** dürfte wohl die bekannteste Nieswurz-Art sein, da sie wegen ihrer Blütezeit von Dezember bis Februar eine sehr beliebte Gartenzierpflanze ist. Die südosteuropäische Gebirgspflanze, die in Buchen-, Tannen-, Busch- und Flaumeichen-Wäldern vorkommt, erreicht als wild vorkommende Pflanze bei Berchtesgaden gerade noch deutsches Gebiet. Die ledrigen dunkelgrünen Grundblätter überwintern. Die unverzweigten Stängel tragen meist nur eine, ziemlich große, nicht hängende Blüte. Die fünf weißen, oft rosa überlaufenen Kelchblätter sind ausgebreitet; sie vergrünen nach der Blüte. Volkstümliche Namen für die Schwarze Nieswurz sind Schnairos, Christros, Christwurz, Christblu(e)m und Weihnachtsblu(e)m.

Abb:
Schwarze Nieswurz

Foto: Verena Mueller

Kleiner Odermennig – Agrimonia eupatoria

Der deutsche Namen der Pflanze ist aus dem lateinischen Agrimonia umgebildet wie auch die schwäbischen Namen Agermonde oder Oderemähne. Die zu den Rosengewächsen (Familie Rosaceae) gehörende, 30–50 cm hoch werdende Pflanze bildet aus einem kriechenden Wurzelstock einen wenig verzweigten Stängel. Die grundständigen Blätter sind rosettenartig angeordnet. Und wie die stängelständigen unterbrochen gefiedert und unterseits dicht graufilzig behaart. Die 5-zähligen, goldgelben Blüten stehen in einem traubigen Blütenstand am Ende des Stängels. Die Frucht besitzt Widerhaken, mit denen sie sich an Tier und Mensch klettenähnlich anheften kann, was ihr die schwäbischen Namen Kleine Klette oder Buebeläus einbrachte.

Der Kleine Odermennig wächst vor allem in Saumgesellschaften an Waldrändern, an Hecken und Gebüschen, an Rainen und Böschungen, in aufgelassenen Wiesen und Magerrasen. Auf diese Vorkommen beziehen sich die schwäbischen Namen Haldemännle und Hagemonde (Hag = Hecke, Einfriedigung oder jede Art von Zaun; vgl. dazu Hagseicher für Hund, Hagebutz für Hagebutte, Hagbuch für Hainbuche). Der Blütenstand wird oft verglichen mit einem Schwanz von Tieren, weshalb die Pflanze auch den Namen Gel(b)e Wedele (= Schwänzchen) trägt.

Die Pflanze galt schon im Altertum, so z.B. bei Dioskurides (lebte im 1. Jahrhundert n. Chr.), dank ihres Gerbstoffgehalts als Heilpflanze. So diente der Tee aus dem getrockneten Kraut mitsamt den Blüten als Gurgelmittel für Sänger und Redner sowie zur Behandlung von Entzündungen der Mund- und Rachenschleimhaut, ferner bei leichter Durchfallerkrankung und für Umschläge bei oberflächlichen Entzündungen der Haut. Deshalb wird die Pflanze als Heilkr(a)ut bezeichnet. In der frühen Volksheilkunde wurde der Kleine Odermennig noch für manche andere Krankheit verwendet, ohne dass es für diese Anwendungen bisher eine wissenschaftliche Begründung gibt. Dazu gehört die Verwendung bei Lungenkrankheiten (auch Tuberkulose) und Bronchitis (Longakr(a)ut, Brustkr(a)ut), bei Gallen-, Nieren- und Blasenleiden, bei rheumatischen Beschwerden, Hexenschuss, Krampfadern und angeblich auch bei Schlangenbiss (Schlangekr(a)ut). In der ländlichen Tiermedizin wurde es gegen die Mauke (Hauterkrankung der Pferde) angewandt (Mauchskr(a)ut).

Osterluzei – Aristolochia clematidis

Die Osterluzei ist ausdauernd und gehört zur Familie der Osterluzeigewächse (Aristolochiaceae). Aus dem kriechenden Wurzelstock wächst der einfache, aufrechte, im oberen Teil hin und her gebogene Stängel. Die Blätter sind tief herzförmig, hellgrün mit einem bis 10 cm langen Stiel. Die gestielten gelben Blüten stehen zu 2–8 in den Blattachseln. Sie sind zweiseitig symmetrisch und bestehen aus einer Röhre, die am Grunde bauchig erweitert ist (Fliegenkesselfalle) und einen zungenförmigen Saum aufweist.

Die aus dem Mittelmeergebiet stammende Pflanze wurde früher als Heilpflanze angebaut und ist verwildert. Heute muss sie als eingebürgert angesehen werden, auch wenn sie selten in Weinbergen, an Gebüschrändern auf mäßig trockenen, nährstoff- und basenreichen Böden vorkommt.

Durch Aristolochiasäure ist die Pflanze giftig. Sie wurde früher trotzdem bei verschiedenen Gebrechen als Heilmittel angewandt. Seit 1982 ist der Vertrieb der Droge und von aristolochiahaltigen Arzneimittel verboten, da der Verdacht besteht, dass die Aristolochiasäure krebserregend und erbgutschädigend wirkt. Ausgenommen ist die homöopathische Anwendung in sehr großer Verdünnung.

Volkstümliche Namen für die Osterluzei sind Österlich, Osterlattsauerkraut, Luzeikr(a)ut, Zäunling (wächst gern an Zäunen) und Rebling (wächst öfters in Weinbergen).

Foto: Sylvia Metz

Pechnelke – Lychnis viscaria

Die ausdauernde Art aus der Familie der Nelkengewächse (Caryophyllaceae) besitzt einen 30–60 cm hoch werdenden Stängel, der am Grunde nichtblühende Blattrosetten hat und erst im Blütenstand verzweigt ist. An den Blattknoten ist er stark klebrig (brauner Leimring gegen unerwünschten Insektenbesuch). Die Blätter sind schmallanzettlich bis lineal. Die Kronblätter sind dunkelrot und an der Spitze etwas ausgerandet. Die Frucht ist eine Kapsel.

Die kalkmeidende Art kommt zerstreut in Trockenrasen, in Säumen von Gebüschen und Wäldern sowie in lichten, warmen, artenarmen Eichenwäldern auf mäßig sauren, sandigen Lehmböden vor.
Schwäbische Namen für die Pflanze sind Pechnägele (Nägele = Nelke), Klebnägele, Harznägele und Wetternägele (sie soll Gewitter anziehen).

Foto: Verena Mueller

Abb:
Pechnelke, Blüten, links
Pechnelke, Fruchtstand, rechts

Gewöhnliche Pestwurz – Petasites hybridus

Die ausdauernde Pflanze (Familie der Korbblütler, Asteraceae, früher Compositae) besitzt kräftige Kriechwurzeln (Kriechwurzelpionier). Der Blütenstand erscheint meist schon im zeitigen Frühjahr vor den Blättern. Die Blütenschäfte sind mit rötlichen Schuppen besetzt und tragen viele Blütenköpfe mit rötlichen Röhrenblüten. Die lang gestielten, sehr großen (bis über 90 cm lang und über 60 cm breit), rundlichen bis herzförmigen Blätter erscheinen am Ende der Blütezeit.

Die meist in Herden wachsende Pflanze kommt in Krautfluren an Ufern von Bächen und Flüssen vor. Die Wuchsorte werden teilweise überflutet. Die Pflanze trägt mit ihren Kriechwurzeln nicht unwesentlich zur Uferbefestigung bei.

Die Gewöhnliche Pestwurz besitzt zahlreiche Alkaloide. Die nach der Blüte gesammelten Pflanzenteile einschließlich der Wurzeln wurden volkstümlich bei Krampfzuständen im Magen-Darm-Bereich und der Harnwege, auch bei Migräne, Kopfschmerzen und Asthma, bei Galle- und Leberbeschwerden sowie äußerlich als Wundheilmittel angewandt. Wie der nah verwandte Huflattich (Tussilago farfara, siehe dort) besitzen manche Sippen der Gewöhnlichen Pestwurz leberschädigende und vermutlich auch krebserregende Alkaloide, was ihre Anwendung einschränkt. Im Mittelalter diente sie vor allem wegen ihrer schweißtreibenden Wirkung als bestes Heilmittel gegen die Pest. Sie wurde häufig mit Schwitzkuren geheilt, daher der deutsche Name.

Die schwäbischen Namen beziehen sich meist auf die großen Blätter: Bachblätsch(e) (Blätsch = großes Blatt), Grot(t)eblätsch(e), Wilder Rhabarber, Regeschirm und Sonneschirm. Weitere Namen sind Schneckekr(a)ut, Pestilenzkr(a)ut, Schweiß- oder Schwitzkr(a)ut und Franzosestengel (vermutlich nach der Verwendung gegen den Franzos = Syphilis).

Foto: Wolfgang Herter

Gewöhnliches Pfaffenhütchen – Euonymus europaeus

Der sommergrüne Strauch oder kleine Baum aus der Familie der Spindelbaumgewächse (Celastraceae) kann bis 6 m hoch werden. Die jungen Zweige sind grün und vierkantig, später tragen sie oft Korkleisten.

Die bis 5 cm langen, gegenständigen Blätter sind breit-lanzettlich und am Rand fein gezähnelt. Der Blütenstand ist 2–6-blütig, die hellgrünen Blüten sind 4-zipflig. Die Frucht ist eine vierteilig aufspringende, rosarote Kapsel. Die weißen Samen sind von einem leuchtend orangen Samenmantel (Arillus) umgeben. Die ausschlagfähige Pflanze hat ein dichtes Wurzelwerk. Das Holz ist sehr hart und wird deshalb gern für Drechslerarbeiten verwendet.

Das Gewöhnliche Pfaffenhütchen wächst verbreitet in Hecken und Laub-Wäldern auf frischen bis feuchten, nährstoff- und basenreichen, tiefgründigen Böden.

In allen Teilen, insbesondere in den Früchten enthält die Pflanze herzwirksame Glykoside (Evonosid), Alkaloide (Evonin), fette Öle, Bitter-, Gerb- und Farbstoffe. Damit ist sie ziemlich giftig. Bei Verzehr der Früchte (meist durch Kinder) stellen sich nach einiger Zeit heftige Magen-Darm-Beschwerden, Fieber, Kreislaufstörungen, Krämpfe und Lähmungen ein. Die Pflanze wird deshalb weder in der Schulmedizin noch in der Volksheilkunde heute nicht mehr verwendet. Lediglich in homöopathischen Zubereitungen wird sie gelegentlich noch gegen Kopfschmerzen und bei Lebererkrankungen angewandt. Früher wurden die gepulverten Früchte und das fette Öl als Mittel gegen Ungeziefer genutzt.

Ziemlich zahlreich sind die schwäbischen Namen für das Gewöhnliche Pfaffenhütchen, die auf das Aussehen bzw. Eigenschaften der Pflanze bzw. deren Teile zurückgehen: Kant- und Eckstoiholz (vierkantige junge Zweige), Spießlesholz (= hölzerner Nagel) und Spindelboom (hartes Holz), Hondsbe(e)rboom (giftige Früchte), Käppele, Käppelesstock, Pfaffekapp, Pfaffeschlappe, Jesuitenkäpple Käpsele und Guggehur (Form der Früchte), Mütschele (Vergleich der Frucht mit dem Gebäck Mutschel), Göckele, Güggel und Güggelholz (rosarote Farbe der Fruchtkapsel), Pfaffehode, Pfaffehodestrauch, Gockeleskern, Güggelhode und Rosekranzbe(e)r (die Samen).

Foto: Peter Banzhaf

Abb:
Pfaffenhütchen mit Blüten

Abb:
Pfaffenhütchen, Früchte

Rohr-Pfeifengras – Molinia arundinacea

Die Halme des ausdauernden Rohr-Pfeifengrases aus der Familie der Süßgräser (Poaceae, früher Gramineae) können 1–2 m lang werden. Sie besitzen am Grunde 3–4 dicht übereinander stehende Knoten, sonst sind sie knotenlos. Sie eignen sich deshalb zum Binden und zu Flechtarbeiten. Zusammen mit den 8–12 mm breiten Blättern bilden sie große Horste. Statt eines Blatthäutchens haben die Blätter einen Haarkranz. Die Rispen sind bis 20 cm lang und meist mit abstehenden bis ausgebreiteten Ästen. Die Ährchen sind 6–9 mm lang.

Das Rohr-Pfeifengras kommt zerstreut in Streu- und Mager-Wiesen, in lichten Laub- und Nadel-Wäldern auf wechselfeuchten bis wechseltrockenen, basenreichen aber humusarmen Mergel- und Tonböden, auch auf sandig-kiesigen Böden vor.

Das Rohr-Pfeifengras hat seinen Namen davon, dass es hoch wird wie das Rohr (= Schilf) und früher der obere, knotenlose Teil des Halmes zum Reinigen des Tabakpfeifenstiels benutzt wurde. In den schwäbischen Weinbaugebieten, so vor allem im Bereich des Keupers, wurde und wird noch gelegentlich das Rohr-Pfeifengras zum Anbinden der Reben verwendet. Es trägt hier den Namen Ra(an)schaub (Schaub = Strohbund, besonders vom Roggen, der ebenfalls zum Binden verwendet wird).

Pfennigkraut – Lysimachia nummularia

Der Stängel der ausdauernden Pflanze ist bis 50cm lang, niederliegend kriechend, teilweise auch aufsteigend, an den Knoten wurzelnd und wenig verzweigt. Die runden bis eiförmigen, bis 3 cm breiten Blätter sind kurz gestielt. Die gelben Blüten sitzen einzeln auf langen Stielen (ungefähr so lang wie die Blätter) in den Blattachseln. Die bis 12 mm langen Kronblätter der zu den Primelgewächsen (Familie Primulaceae) gehörenden Pflanze sind fast bis zum Grunde geteilt.

Das Pfennigkraut kommt verbreitet in Fett-Wiesen und -Weiden, in Gärten und Auenwäldern, als Flachwurzler und Rohbodenbesiedler in Pioniergesellschaften an Ufern und Gräben auf frischen bis feuchten, nährstoff- und basenreichen, rohen und humosen Böden vor.

Die Pflanze enthält Glykoside, Flavonoide und Saponine. Das getrocknete Kraut wird sowohl in der Volksheilkunde als auch in der Homöopathie nur noch selten innerlich als Tee bei Husten, Durchfallerkrankungen und rheumatischen Beschwerden, äußerlich bei Ekzemen und zur Wundbehandlung angewandt.

Im Schwäbischen wird das Pfennigkraut nach den Blättern als Wiesepfennig und Breitling, nach dem Versteck von Schnecken und Schlangen als Schneckekr(a)ut, Schlangekr(a)ut und Natternkr(a)ut, nach den gelben Blüten Wiesegold und Goldkr(a)ut genannt.

Pflingstrose – Paeonia officinalis

Die als Wildform besonders geschützte, ausdauernde, krautige, bis 80 cm hoch werdende Pflanze mit gefiederten Blättern und großen, roten Blüten kommt wild in Flaumeichen- und Hopfenbuchen-Gebüschen der Südalpen vor. Bei uns wird sie als Zierpflanze in Gärten in zahlreichen Kultursorten mit unterschiedlichen Farben angepflanzt. Sie wurde früher zu den Hahnenfußgewächsen (Familie Ranunculaceae) gestellt, bildet aber nach neuen Untersuchungen eine eigene Familie der Pfingstrosengewächse (Paeoniaceae).

Die Blütenblätter enthalten Gerbstoffe, Schleim, den Anthocyanfarbstoff Paeonin und Alkaloide. Sie wurden früher in der Volksmedizin als Teeaufguss gegen Husten, Gicht, Muskelkrämpfe, bei asthmatischen Beschwerden und epileptischen Anfällen angewandt. Bei übermäßiger Anwendung wirkte der Tee aber leicht giftig und führte zu Erbrechen, krampfartigen Schmerzen und Durchfällen.

Die schwäbischen Namen der Pfingstrose beziehen sich zunächst auf die Größe der Blüten: Kuhros(e), Pferd-, Ross- oder Gaulsros(e), Tatschros(e); dann auf die Farbe der Blüte: Brandros(e), Gückelros(e) (nach dem roten Kamm des Hahns = Gückel). Die Namen Herrgottsros(e) oder Fronleichnamsros(e) gehen auf die Blütezeit um den Herrgottstag = Fronleichnamstag zurück. In diesem Zusammenhang steht auch der Name Flurros(e), weil mit ihr die Fluraltäre bei der Fronleichnamsprozession geschmückt werden. Die Namen Gichtblu(e)m, Gichtros(e) oder Gichtwurz(el) verdanken diese der angeblichen Heilwirkung gegen die Gicht.

Pflaume – Prunus insititia

Die Pflaume wird oft nicht von der Zwetschge (Prunus domestica) unterschieden. So ist das bekannte Pflaumenmus kein Pflaumenmus sondern ein Zwetschgenmus (Latwerge). Bei der Pflaume, die vermutlich im Orient aus der Kreuzung Schlehe x Kirschpflaume (Prunus spinosa x cerasifera) entstanden ist, handelt es sich um einen bis 6 m hoch werdenden Strauch oder Baum aus der Familie der Rosengewächse (Rosaceae) mit Wurzelsprossen. Die jungen Zweige sind weich behaart und öfters dornig (Unterschied zur Zwetschge). Die gestielten Blätter sind oval, beiderseits dunkelgrün, unterseits zerstreut behaart, am Rand stumpf gezähnt. Sie erscheinen mit den Blüten. Diese haben behaarte Stiele und stehen einzeln oder zu zweit. Die Kronblätter sind weißlich und rundlich. Bei den oval-kugeligen, violetten, roten, gelben oder grünlichen Früchten ist der Stein am Fruchtfleisch haftend (Unterschied zur Zwetschge mit sich vom Stein lösendem Fruchtfleisch).
Die Pflaume ist seit der Jungsteinzeit im Gebiet vorhanden und wird in verschieden Sorten kultiviert. Der mehr oder weniger flach wurzelnde Baum liebt frische, basenreiche Böden.
Die mehr oder weniger wässrigen Pflaumen sind für verschiedene Verwendungen weniger geeignet als die sich vom Stein lösende, festere und süßere Zwetschge, so zum Dörren (Dörrzwetschgen), für Kuchen (Zwetschgenkuchen als klassischer Kirbe- oder Kirchweihkuchen), zum Eindicken zu Mus (Zwetschgenmus oder Latwerge). Pflaumen eigen sich eigentlich nur zum Frischverzehr, für Kompott und zum Schnapsbrennen. Volkstümliche Namen für die Pflaume sind Pfläumle oder Pflümle, nach ihrer Wirkung Scheißpflaum, verächtlich nach der Gestalt der Frucht Bockshod, Geißhod, Hengsthod oder einfach Hengst und Rosspflaum.
Bei der Pflaume gibt es mehrere Varietäten: Die häufig angebaute Varietät ist die **Oval- oder Spitzpflaume (P. i. var. intermedia)** mit Sorten wie Eierpflaume oder Echte Damascene. Die Fruchtform ist zwetschgenähnlich. Eine alte Varietät ist nach der späten Fruchtzeit August–September (Ernte des Habers) die **Hafer-Pflaume oder St. Julien-Pflaume (P. i. var. juliana = var. insititia)** mit kugeligen, blauen Früchten mit einem Durchmesser von 1,5–2,5 cm. Sie ist klimahart und reichtragend, im Geschmack säuerlich-herb und zum Teil zusammenziehend (adstringierend) ähnlich wie die Schlehe (Prunus spinosa, siehe dort). Schwäbische Namen sind Krieche, Kriechel und Haberkrieche. Eine ebenso alte Varietät ist die **Ziparte (P. i. var. viridiflava = var.**

Foto: Wolfgang Herter

Abb:
Hafer-Pflaume

Abb:
Ziparte mit unreifen Früchten

prisca) mit kugeligen, grünen bis gelbgrünen, im hochreifen Zustand gelben Früchten mit einem Durchmesser von 1,5–2 cm. Sie ist ebenfalls spät reifend (Ende August–Oktober), klimahart und reichtragend, im Geschmack säuerlich aber nicht herb und zusammenziehend. Teilweise werden die Früchte als spätes Obst frisch verzehrt, meist dienen sie aber der Herstellung von Schnaps (Zibärtle), der wegen der Seltenheit der Ziparte wertvoller ist als Kirsch- oder Zwetschgenwasser. Schwäbische Namen für die Ziparte sind Ziperte, Ziper, Zipperle, Haberzipper und Zyparter (weil sie angeblich von Zypern stammen soll).

Eine edle Varietät sind die **Rund-Pflaumen (P. i. var. italica)**. Dazu gehören die großfrüchtigen rötlichen und bläulichen Rund-Pflaumen (es gibt aber auch ältere, kleinfrüchtige Rund-Pflaumen) und die Reneclauden, benannt nach der französischen Königin Claudia (Reine Claude 1499–1524, Gemahlin von Franz I.). Die kugeligen, gelbgrünen Früchte haben einen Durchmesser von 3–5 cm. Das Fruchtfleisch haftet am Stein. Volkstümliche Namen für die Reineclauden sind Ringlotten oder Ringlo.

Eine anspruchslose Varietät ist der **Spilling (P. i. var.pomariorum)**, die hierzulande kaum angebaut wird.

Wiesen-Pippau – Crepis biennis

Der Stängel der zweijährigen Pflanze mit Milchsaft aus der Familie der Korbblütler (Asteraceae, früher Compositae) kann bis zu 1 m hoch werden, ist oberwärts verzweigt und vielköpfig. Die Blätter sind im Umriss lanzettlich, fiederschnittig bis buchtig gezähnt und haben beiderseits gelbliche Haare. Die unteren Blätter sind in den geflügelten Stiel verschmälert, die oberen sitzend, am Grunde gezähnt bis geöhrt. Die Blütenköpfe sind aus gelben Zungenblüten zusammengesetzt. Die 4–7 mm langen Früchte sind oben verschmälert und haben einen weißen Haarschopf (Pappus).
Der Wiesen-Pippau wächst verbreitet in Fettwiesen und an Wegen auf frischen, nährstoffreichen Böden. Der etwas wärmebedürftige Nährstoffzeiger ist nicht weidefest.
Die schwäbischen Namen Milchkr(a)ut und Milchstock beziehen sich auf den Milchsaft der Pflanze. Die Namen Grundfeste oder Wiesenfeste gehen auf die im ersten Jahr angelegte Blattrosette der zweijährigen Art zurück. Von dem geringen Futterwert des Wiesen-Pippaus leiten sich die Namen Hasekr(a)ut und Wasefresser, von der Ähnlichkeit mit Habichtskräutern (Hieracium spec.) der Name Unächtes Habichtskr(a)ut ab.

Frühlings-Platterbse – Lathyrus vernus

Der ausdauernde Schmetterlingsblütler (Familie Fabaceae, früher Papilionaceae) hat einen mehr oder weniger aufrechten, 20–40 cm langen, gefurchten aber nicht geflügelten Stängel. Die 4–6 Blätter haben 2–4 Paare Fiederblättchen, anstatt einer Ranke ist am Ende des Blattes eine Spitze. Die Fiederblättchen sind eiförmig-lanzettlich, 3–7 cm lang, 1–3 cm breit und lang zugespitzt. Die 1–3 Blütentrauben sind lang gestielt (etwa solang wie die Tragblätter) und haben 3–7 Blüten. Diese sind zuerst rotviolett, nach der Blüte blau, zuletzt blaugrün. Die Samen sind abgeflacht, linsenförmig (daher der Gattungsname).

Die Frühlings-Platterbse ist die einzige echte Waldpflanze unter den heimischen Platterbsen. Neben dem Seidelbast ist sie eine der auffallendsten Frühlingspflanzen (Blütezeit März–Mai) in Buchen-, Laubmisch- und Tannen-Wäldern auf mäßig trockenen bis frischen, nährstoffreichen, kalkhaltigen Böden. Sie ist deshalb in Kalkgebieten ziemlich häufig.

Schwäbische Namen für die Frühlings-Platterbse sind nach der Blütenform Fraueschü(eh)le, Fräuleschü(eh)le und Herrgottsschü(eh)le sowie Frauehos(e), nach der Blütenfarbe Gockeler, Güggele, Goggel (= Hahn), Kaiserstu(h)l und Franzos (nach der früheren roten Uniformhose der Franzosen), nach dem Kuckuck als Frühlingsbote Guguckerle, nach den linsenförmigen Samen Walderbs, Wilde Wick und Spanische Wick.

Abb:
Frühlings-Platterbse mit Blüten und Fruchtschoten

Foto: Verena Mueller

Knollen-Platterbse – Lathyrus tuberosus

Die ausdauernde Pflanze aus der Familie der Schmetterlingsblütler (Fabaceae, früher Papilionaceae) besitzt tiefgehende Wurzeln mit haselnussgroßen, genießbaren Knollen. Der bis 1 m lang werdende Stängel bleibt niederliegend oder klettert an anderen Pflanzen hoch. Die Blätter sind einpaarig gefiedert und tragen am Ende eine verzweigte Ranke. Die angenehm duftenden, verhältnismäßig großen Blüten (1,3–1,8 cm lang) sind karminrot und stehen in 3–8-blütigen Trauben. Die Knollen-Platterbse war früher in Getreideäckern, vor allem im Wintergetreide, auf kalkhaltigen, mäßig trockenen Böden in sommerwarmen Lagen nicht selten anzutreffen. Durch moderne Ackerbaumethoden, Saatgutreinigung und Herbizideinsatz ist sie aus den Feldern nahezu verschwunden und kommt heute selten bis zerstreut an Ackerrainen, an Weg- und Heckenrändern oder an Böschungen vor.
Die schwäbischen Namen beziehen sich meist auf die Wurzelknollen wie (Wilde) Erdnuss, Kälberkern, Erckel (zusammengezogen aus Erd und Eichel), Hernuss oder die sonst für die Kartoffel verwendeten Bezeichnungen Ebbire (Erdbirne), Grumbire (Grundbirne) und Erdäpfel. Da die Knollen-Platterbse früher auch als Futterpflanze verwendet wurde, trägt sie auch die Namen Esch(e)wisch (Erbsenwisch nach der Futter-Wicke) oder Vogelheu. Ihre Ähnlichkeit mit Wicken (Vicia) brachte ihr die Namen Erdwick, Ackerwick oder einfach Wick ein.

Wiesen-Platterbse – Lathyrus pratensis

Die ausdauernde Pflanze besitzt lang kriechende, verzweigte Bodenausläufer, mit denen sie sich erfolgreich ausbreiten kann. Der Stängel des Schmetterlingsblütlers (Familie Fabaceae, früher Papilionaceae) kann bis 90 cm lang werden und ist aufsteigend bis kletternd, verzweigt, vierkantig aber nicht geflügelt. Die bis 3 cm lang gestielten Blätter haben ein Paar Fiederblättchen und eine einfache oder verzweigte Ranke. Die Fiederblättchen sind 1,5–4 cm lang und lanzettlich zugespitzt. Am Grunde des Blattstiels befinden sich 2 Nebenblätter von der Gestalt und Größe der Fiederblättchen. Die gelben Blüten stehen in einer 3–12-blütigen Traube. Die Samen sind linsenförmig abgeflacht.

Die Wiesen-Platterbse ist mit ihren Bodenausläufern eine typische Saumart an Hecken und Wäldern. Sie kommt aber auch verbreitet in den verschiedensten Wiesengesellschaften vor. Als Wuchsorte werden von ihr frische, nährstoffreiche, mehr oder weniger humose Böden besiedelt.
Schwäbische Namen für die Wiesen-Platterbse sind nach der Blütengestalt Pantöffele und Herrgotsschü(eh)le, nach ihrem Vorkommen und geringem Futterwert Wiesewick, Rossheu oder Vogelheu.

Foto: Verena Mueller

Kriechende Quecke – Elymus repens, früher: Agropyron repens

Wohl eines der gefürchtetsten Unkräuter in Äckern und Gärten ist die Kriechende Quecke. Die ausdauernde Pflanze aus der Familie der Süßgräser (Poaceae, früher Gramineae) hat zahlreiche lange, verzweigte unterirdische Ausläufer (ein stark verqueckter Acker kann im Sommer je Hektar 5.000–15.000 kg frische Ausläufer enthalten). Im Frühjahr und Herbst kann jeder kleine abgeschnittene Teil eines Ausläufers eine neue Pflanze bilden, die sich wieder weiter ausbreitet.

Die Halme können bis 120 cm hoch werden. Die bis 12 mm breiten Blätter sind grün oder abwischbar blau bereift und am Grunde mit einem bewimperten und stängelumfassenden Öhrchen versehen. Der Blüten- und Fruchtstand ist eine aufrechte oder etwas nickende, bis 15cm lange, zweizeilige Ähre. Hüll- und Deckspelzen der Ährchen sind spitz und begrannt.

Die Kriechende Quecke kommt verbreitet vor in Ufersäumen, in Unkrautgesellschaften der Flussauen, an Wegen und Dämmen, auf Schuttplätzen, in Äckern und Gärten auf frischen bis mäßig trockenen, nährstoff- und basenreichen, oft rohen oder verdichteten Böden. Sie ist ein überflutungsfester Wurzelkriechpionier.

Die im Frühjahr oder Herbst gesammelten Wurzelstöcke enthalten Saponine, Sacharide, Schleimstoffe, lösliche Kieselsäure und in Spuren ätherische Öle. Der aus den getrockneten Wurzeln hergestellte Tee wird zur Durchspülung bei Harnwegsentzündungen und Nierengrieß angewandt. In der Volksheilkunde wird er bei Hautausschlägen, bei rheumatischen Beschwerden, als mildes Abführmittel und zur Reizlinderung bei Katarrhen der Atemwege verwendet.

Die schwäbischen Namen beziehen sich alle auf die weit umherkriechenden, verzweigten Ausläufer: Schnürgras, Schnürkr(a)ut, Schnürwurz oder einfach Wurzel(n), Pflugschnur oder einfach Schnür, Kecke (für Quecke), Schnellerbändel, Flechtgras, Brachgras uns Rechgras (die freigepflügten Wurzeln wurden zusammengerecht).

Abb:
Kriech. Quecke im Weizenfeld, links
Herausgepflückte Kriechwurzeln der Kriechenden Quecke, rechts

Foto: Peter Banzhaf

Abb:
Fliegen-Ragwurz

Foto: Peter Banzhaf

Abb:
Bienen-Ragwurz

Ragwurz-Arten, Kerfstendel – Ophrys spec.

Die Ragwurz-Arten aus der Familie der Knabenkräuter (Orchidaceae) haben ihren Verbreitungsschwerpunkt im Mittelmeergebiet. Dort treten sie in zahlreichen Arten auf. In unseren Breiten sind nacheiszeitlich nur 5 Arten eingewandert. Diese sind ausdauernd, besitzen zur Blütezeit 2 kugelige Wurzelknollen und werden meist 15–40 (60) cm hoch. Wie im Mittelmeergebiet, in dem die Ragwurz-Arten die für das Wachstum günstige Winterregenzeit nutzen, so bilden unsere heimischen Arten meist schon im Herbst eine Blattrosette (kann aber auch erst im Frühjahr erfolgen). Der Blütenstand ist eine lockere Ähre mit meistens 2–10 Blüten. Die inneren Blütenblätter sind kleiner als die meist bunten äußeren. Die Lippen sind sehr bunt. Mit ihren Zeichnungen imitieren sie Insektenweibchen und locken damit sowie mit Duft Insektenmännchen an (Sexualtäuschblumen). Diese entnehmen bei einer Pseudokopulation die Pollenpakete (Pollinien) und übertragen sie. Daneben gibt es auch Selbstbestäubung, z. B. bei der Bienen-Ragwurz. Die Blütenzeiten sind von April bis Juni, selten bis Juli.

Die Ragwurz-Arten kommen in Kalk-Magerrasen, vorwiegend in Kalk-Magerwiesen (Mähder), aber auch in Kalk-Magerweiden auf mäßig trockenen, basen- und meist kalkreichen Lehm- und Lössböden vor. Wie alle Orchideen sind auch die gefährdeten Ragwurz-Arten besonders geschützt.

Am häufigsten ist die **Fliegen-Ragwurz, Mückenstendel (Ophrys insectifera**, früher **Ophrys muscifera)**. Außer in Kalk-Magerrasen kommt sie auch in Kiefern-Trockenwäldern und in Buntreitgras-Halden vor. Die inneren Blütenblätter sind kurz fädlich, insektenfühlerähnlich. Die rotbraune Lippe ist größer als die äußeren Blütenblätter und 3-lappig. Sie wird von Graswespen und anderen Insekten bestäubt. Schwäbische Namen für sie sind Mucke oder Mugga, Mückle und Sammetweible.

Deutlich seltener ist die **Bienen-Ragwurz, Bienenstendel (Ophrys apifera)** mit kleinen, grünlichen inneren Blütenblättern (ssp. apifera) oder mit größeren farbigen (ssp. friburgensis). Die Blütenlippe ist länger als breit, braun mit gelber Zeichnung und hat oben 2 kleine Zipfel. Das Anhängsel an der Lippenspitze ist zurückgeschlagen. Vorherrschend bei ihr ist die Selbstbestäubung, es gibt aber auch Insektenbestäubung. Ein schwäbischer Name für sie ist Ragwurzweible.

› Ragwurz-Arten, Kerfstendel – Ophrys spec.

Ziemlich selten ist die **Hummel-Ragwurz, Hummelstendel (Ophrys holosericea**, früher **Ophrys fuciflora** und **Ophrys arachnites)**. Die äußeren, bis 1,5 cm langen Blütenblätter sind rosa bis weiß, die inneren kleiner und von entsprechender Farbe. Die rotbraune Lippe mit gelblicher Zeichnung ist ungefähr so lang wie breit. Das Anhängsel an der Lippenspitze ist nach vorne gebogen.

Foto: Peter Banzhaf

Abb: Hummel-Ragwurz

Schwäbische Namen für sie sind Totekopf oder Dodeköpfle, Uracher Toteköpfle (der Sage nach soll die Pflanze aus dem Blut des 1590 beim Fluchtversuch aus der Festung Hohenurach abgestürzten Dichters Nikodemus Frischlin hervorgegangen sein), Sammetmändle oder Sammetmale, Affegsicht.

Selten aber mit Ausbreitungstendenz ist die **Kleine Spinnen-Ragwurz (Ophrys araneola,** früher **Ophrys sphegodes ssp. litigiosa)** mit kleinen Blüten. Die braune bis grünliche Lippe mit H-förmiger Zeichnung ist nur 5–9 mm lang, fast rund und am Rande gelb gesäumt. Die gefährdete Art wird von Sandbienen und anderen Insekten bestäubt.

Am seltensten ist die **Echte Spinnen-Ragwurz, Spinnenstendel (Ophrys sphegodes**, früher **Ophrys aranifera)**. Die rotbraune Lippe mit H-förmiger Zeichnung ist 9–14 mm lang und länger als die äußeren, grünlichen Blütenblätter. Sie wird von Sandbienen und wohl auch von anderen Insekten bestäubt. Volkstümliche Namen für die stark gefährdete Art sind Kamifegerschläpple, -schü(eh)le und -schürzle.

Foto: Hans-Peter Döler

Abb:
Kleine Spinnen-Ragwurz

Foto: Peter Banzhaf

Abb:
Echte Spinnen-Ragwurz

Rainfarn – Tanacetum vulgare, früher: Chrysanthemum vulgare

Der Name Rainfarn geht auf das althochdeutsche reinfano zurück. Dabei bedeutet rein = Rain die grasbewachsene Ackergrenze zwischen zwei Feldern, und fano = Fahne, also »Grenzfahne«. Der Rainfarn wächst als auffallend hohe Pflanze im Rain und wurde deshalb als Grenzzeichen angesehen. Im 15. Jahrhundert wurde dann fano auf Farn umgedeutet. Die ursprüngliche Bedeutung kommt im schwäbischen Raifane zum Ausdruck.

Der Rainfarn aus der Familie der Korbblütler (Asteraceae, früher Compositae) kann bis 120 cm hoch werden. Der Stängel ist nur im oberen Teil verzweigt und trägt fiederschnittige Blätter mit 8–12 schmalen, gesägten Fiederblättchen. Die zahlreichen goldgelben Blütenköpfe von rund 1 cm Durchmesser bestehen nur aus Röhrenblüten, Zungenblüten fehlen. Die Blütenköpfe stehen in dichten, doldigen Rispen.

Der Rainfarn ist eine alte Kulturpflanze, die sich auch mit Kriechwurzeln ausbreitet. Sie wächst häufig in staudenreichen Unkrautfluren an Wegen, Schuttplätzen, Dämmen, Ufern und Brandstellen auf nährstoffreichen, gern sandigen Böden.

Die bitter-aromatisch schmeckende Pflanze besitzt vor allem ätherische Öle, darunter Thujon (das ätherische Öl des Lebensbaums, Thuja), sowie Flavonoide und Cumarine.

In der Volksheilkunde fand der Rainfarn früher Verwendung, so in erster Linie als Wurmmittel (gegen parasitäre Darmwürmer), aber auch bei Magenkrämpfen, Migräne, Verdauungsbeschwerden und Erschöpfungszuständen. Bei Überdosierung kam es zu schweren Vergiftungen, weshalb man heute von der Verwendung abgekommen ist. Bei empfindlichen Personen kann es zu Kontaktallergien kommen.

Die volkstümlichen schwäbischen Namen beziehen sich zunächst auf die Gestalt und Farbe der Blütenköpfe: Knöpfleskr(a)ut, Hemdeknöpfle, Pfannkuche (wegen der gelben Farbe), dann auf die Anwendung als Heilpflanze: Wurmkraut und Wilder Wurmsame, und schließlich auf die Form der Blätter: Gatterle (= Gitterchen). Etwas weiter hergeholt sind die Namen Guckelhans (Guckel = Gugel, eine schon im Altertum bekannte, kapuzenartige, oft etwas kugelige Kopfbedeckung, die sich vom lateinischen cucullus ableitet, und sich hier auf die Form der Blütenköpfe bezieht) und Johannisknöpfle, weil früher am Hans(en)tag (= Johannistag am 24. Juni) die Blütenstängel an Ställen, Toren und Dächern aufgesteckt wurden, um Unwetter, Blitzschlag, böse Geister und Hexen abzuwehren.

Rainkohl – Lapsana communis

Der Korbblütler Rainkohl (Familie Asteraceae, früher Compositae) kann bis 1 m hoch werden und führt Milchsaft, der früher zur Wundbehandlung genutzt wurde. Die unteren Blätter sind fiedrig mit einem großen, rundlichen bis dreieckigem Endabschnitt, die oberen Stängelblätter sind ungeteilt. Der Stängel ist verzweigt. Am Ende der Zweige stehen die kleinen, Blütenköpfchen mit verhältnismäßig wenigen gelben Zungenblüten.

Der Rainkohl kommt verbreitet in Unkrautfluren, in schattigen Säumen von Hecken und Wäldern, an Waldwegrändern und Zäunen, in Äckern und Gärten auf nährstoffreichen Böden vor.

Im Schwäbischen trägt der Rainkohl den Namen Blättleskr(a)ut, weil seine jungen Blätter als Salat verwendet werden können.

Foto: Peter Banzhaf

Abb:
Rainkohl, Blüten, links
Rainkohl, rechts

Raps – Brassica napus

Die ein- oder zweijährige, oft verwilderte Kulturpflanze aus der Familie der Kreuzblütler (Brassicaceae, früher Cruciferae) kann bis 1,5 m hoch werden. Die etwas fleischigen, bläulich bereiften Blätter sind fiederschnittig. Die gelben Blüten stehen in lockeren Trauben und blühen von unten nach oben auf. Die Kelchblätter sind aufrecht abstehend. Die bis 4 mm dicken Fruchtschoten können bis 9 cm lang werden und 20–40 Samen enthalten. Die Samen enthalten Ölsäure, Linolsäure, Linolensäure Erucasäure und Glykoside. Es werden zwei Unterarten unterschieden: Der **Öl-Raps (Brassica napus ssp. napus**, früher **Brassica napus ssp. oleifera)** ist einjährig, die Samen sind sehr ölhaltig (bis 40%). Das aus den Samen kalt gepresste Öl wird als Speiseöl, in der Pharmazie als Träger für fettlösliche Arzneistoffe verwendet. Auffällig in der Landschaft sind die gelben Rapsfelder während der Blütezeit von Ende April bis Anfang Juni. Schwäbische Namen für den Öl-Raps sind Reps, Rappis, Ölsame und Lewat.

Abb:
Öl-Raps, links und rechts

Foto links: Verena Mueller

Die **Kohlrübe (Brassica napus ssp. rapifera)** ist zweijährig. Im ersten Jahr bildet diese Unterart in dem oberen Bereich der Wurzel und dem unteren des Stängels eine Rübe; erst im zweiten Jahr treibt sie einen Blütenstängel. Die Rübe dient als Futterpflanze (schwäbisch Kohlrab oder Bodekohlrab) oder als Gemüsepflanze (Scherrrüble, Steckrüb oder Stockrüb), die vor allem in Norddeutschland, aber auch in Süddeutschland genutzt wird.

Weg-Rauke – Sisymbrium officinale

Die sparrig abstehend verzweigte Pflanze aus der Familie der Kreuzblütler (Brassicaceae, früher Cruciferae) ist einjährig, wächst aufrecht und wird bis 60 cm hoch. Der Stängel weist rückwärts gerichtete Haare auf. Die unteren Blätter sind beidseitig behaart, fiederschnittig mit unregelmäßigen Seitenabschnitten und großem Endabschnitt. Die Blüten bestehen aus vier, 3–4 mm langen, gelben Kronblättern und 6 Staubblättern. Die 1–2 cm langen Fruchtschoten sind den Ästen eng anliegend.

Die Weg-Rauke, ein alter Kulturbegleiter, kommt verbreitet als Erst- und Zweitbesiedler in Unkrautfluren an Wegen, Schuttplätzen und Ufern auf frischen bis mäßig trockenen, nährstoffreichen, humosen oder rohen Stein. Sand- und Lehmböden vor. Sie ist ein ausgesprochener Stickstoffzeiger.

Das frisch gesammelte, blühende Kraut enthält herzwirksame Glykoside und verschiedene weitere Glykoside sowie etwas Vitamin C. Von der Schulmedizin wird das Kraut nicht verwendet. In der Volksheilkunde und in der Homöopathie wird es bei Heiserkeit, Rachen- und Kehlkopfentzündungen bei Erkältungen und Bronchitis angewandt. Bei Überdosierung gibt es aber Probleme mit dem herzwirksamen Glykosid.

Schwäbische Namen für die Weg-Rauke sind Wegsenf, Hederich und Apothekerhederich.

Reben – Vitis spec.

1860 wurde die aus Nordamerika stammende Reblaus (Viteus vitifolii) in Frankreich eingeschleppt. Sie befällt als Wurzellaus die Wurzeln der wurzelechten europäischen **Wein-Reben (Vitis vinifera)** und bringt die Wein-Rebstöcke zum Absterben. Bei dem unaufhaltsamen Vordringen des Schädlings erreichte die Reblaus 1874 deutsches Gebiet. Zu diese Zeit war in Frankreich bereits die Hälfte der Rebflächen vernichtet. Auch in Deutschland trat die Reblaus ihren Siegeszug an und vernichtete große Rebflächen. Damit war nicht nur ein Rückgang des Wein-Rebenanbaus gegeben, sondern es drohte weithin dessen völliges Erliegen. Eine durchgreifende Abhilfe stand zunächst nicht in Aussicht.

Erst die Beobachtung, dass die Wurzelstöcke der amerikanischen Wild-Reben dank des langen Zusammenlebens mit der Reblaus gegen deren Befall resistent sind, brachte die Lösung des wirtschaftlich gravierenden Problems. Man pfropfte die europäische Wein-Reben auf eine Wurzelunterlage der reblausfesten amerikanischen Wild-Reben. Ab 1923 werden deshalb in Deutschland nur noch Pfropfreben angebaut. Als Pfropfunterlage dient vor allem die **Fuchs-Rebe (Vitis labrusca)**. Gelegentlich wurde diese auch an Häusern angepflanzt. Sie liefert zwar einen guten Ertrag, die Traubenbeeren sind aber von niedriger Qualität und weisen einen eigenartigen Geschmack auf. Sie werden deshalb im Schwäbischen als Katzeseicherle bezeichnet. Neben der Fuchs-Rebe wird auch die **Ufer-Rebe (Vitis riparia)** als Wurzelunterlage verwendet.

Stammform der Wein-Rebe ist die **Wild-Rebe (Vitis sylvestris)**, die es vor der Tulla'schen Rheinkorrektur (1817–1870) am Oberrhein in den Eichen-Ulmen-Auwäldern zu Tausenden gab. Danach setzte ein rapider Rückgang ein und heute dürften es gerade noch ein paar Dutzend sein. Die Wild-Rebe ist zwar besonders geschützt, aber in Baden-Württemberg ist sie massiv vom Aussterben bedroht. Ohne Hilfsmaßnahmen wird die Wild-Rebe am Oberrhein nicht überleben.

Abb:
Weiße Wein-Rebe

Abb:
Blaue Wein-Rebe

Reseden – Reseda spec.

Die Reseden sind ein- bis mehrjährige Pflanzen aus der kleinen Familie der Resedengewächse (Resedaceae). Die kleinen Blüten stehen in einer endständigen Traube.

Die Garten-Resede (Reseda odorata) ist eine alte Zier- und Duftpflanze. Ihre Blüten sind weiß-grünlich. Auf Schwäbisch heißt sie Resedle, Schmecke oder Schmeckere und fehlte fast in keinem Bauerngarten. Sie war doch eine wesentliche Pflanze der Schmeckete, jenes kleinen Duftsträußchen der Frauen (siehe bei Minzen). Wild kommt die aus Nordafrika stammende Pflanze nicht vor.

Die **Gelbe Resede (Reseda lutea)** wird im Gegensatz zur Garten-Resede auch als Wilde Resede bezeichnet. Sie ist ein- bis mehrjährig, oft buschig, bis 60 cm hoch, aufrecht oder aufsteigend. Die Blätter sind 3-teilig bis fiederteilig mit langen, schmalen Abschnitten. Kelch und die hellgelbe Blütenkrone sind 4-teilig und geruchlos. Die Pflanze kommt nicht selten in offenen Unkrautfluren an Wegen, Schuttplätzen, in Bahnanlagen oder Steinbrüchen auf warm-trockenen, nährstoffreichen Böden vor.

Die **Färber-Resede (Reseda luteola)**, auch als Wau bezeichnet, ist seit der Jungsteinzeit ein Kulturbegleiter. Sie kann bis 120 cm hoch werden. Die Blätter sind ungeteilt, lineal-lanzettlich. Die blassgelben Blüten sind 4-teilig und geruchlos. Sie kommt an den gleichen Wuchsorten vor wie die Gelbe Resede.

Die Färber-Resede enthält einen gelben Farbstoff (Luteolin), mit dem früher intensiv Gelb gefärbt wurde, daher der schwäbische Name Gel(b)-kr(a)ut.

Abb:
Gelbe Resede

Garten-Rettich – Raphanus sativus

Der Garten-Rettich ist in manchen Merkmalen dem nah verwandten Hederich (siehe dort) ähnlich. Er kann bis 1 m hoch werden, die Kronblätter sind lila oder weiß mit violetten Adern. Er unterscheidet sich vom Hederich durch die Fruchtschote, die kaum gegliedert, schwammig aufgedunsen ist und als Ganzes abfällt sowie die verdickte Wurzel. Wie jener ist auch der Garten-Rettich einjährig. Die Pflanze aus der Familie der Kreuzblütler (Brassicaceae, früher Crucuferae) gliedert sich in 2 Unterarten:
In den **Öl-Rettich (Raphanus sativus ssp. oleiferus)**, bei dem die Samen reichlich Öl enthalten. Er wird heute vor allem zur Gründüngung oder als Zwischenfrucht angebaut.
In den **Garten-Rettich (Raphanus sativus ssp. sativus)** mit stark verdickter Wurzel. Er wird in zahlreichen Sorten angebaut wie der weiße Eiszapfen, der rote Sommer-Rettich, Monats-Rettich, Radieschen (schwäbisch Radiesle), schwarzer Winter-Rettich. Der Rettich benötigt für seinen Anbau lockere, gut gedüngte, tiefgründige und humose Böden. Der Rettich ist eine sehr alte Kulturpflanze, die es als Wildpflanze nicht gibt. Ihre Entstehung ist unbekannt und dürfte vielleicht in Vorderasien möglich gewesen sein. Schon im alten Ägypten (ca. 2.700 Jahre v. Chr.) war der Rettich bekannt, im alten Griechenland gab es ihn bereits in mehreren Sorten, wie auch bei den Römern, die ihn nach Germanien einführten. Der Name Rettich ist vom lateinischen Wort radix = Wurzel abgeleitet. Der Rettich enthält reichlich Senföl (durch fermentative Spaltung aus Senfölglykosiden entstanden) und Vitamin C. Der Nährwert des Rettichs ist sehr gering, da er aus rund 95% Wasser besteht. Der Rettich wirkt verdauungsfördernd, schleimlösend und harntreibend. Ein beliebtes altes Hausmittel gegen Husten, Leber- und Gallenleiden, Verstopfung und Gelenkrheumatismus ist der schwarze Winterrettich, besonders sein Saft, der durch Ausziehen mit Kandiszucker aus dem ausgehöhlten Rettich gewonnen wird.
Im Schwäbischen wird der Rettich als Retti oder Rettig, wegen seiner blähenden Wirkung auch als Furzwurz(el) bezeichnet.

Abb:
Garten-Rettich

Rindsauge – Buphthalmum salcifolium

Die ausdauernde Pflanze aus der Familie der Korbblütler (Asteraceae, früher Compositae) wird bis 50 cm hoch. Der Stängel ist steif aufrecht und kaum verzweigt. Das Rindsauge besitzt eine grundständige Blattrosette. Die Stängelblätter sind lanzettlich, ganzrandig oder fein gezähnt, die unteren in den Stiel verschmälert, die oberen sitzend. Die bis 5 cm breiten Blütenköpfe stehen meist einzeln, selten zu wenigen am Ende des Stängels. Sie bestehen aus inneren gelben Röhrenblüten und äußeren gelben, 2–3 mm breiten Zungenblüten.

Das Rindsauge ist in Kalk-Magerrasen, im Saum von Gebüschen und in lichten Eichen- und Kiefern-Trockenwäldern sowie in Staudenhalden in montan-praealpiden Lagen (vor allem Schwäbische Alb) nicht selten anzutreffen. Es wächst auf sommerwarmen, mäßig trockenen, kalkhaltigen Böden.

Schwäbische Namen sind Rindsglotze, im Vergleich mit anderen Korbblütlern Ringele oder Sonneblu(e)m, und nach der Blütezeit im Juni (bis September) Johannesblu(e)m (Johannis ist am 24. Juni).

Foto: Verena Mueller

Garten-Ringelblume – Calendula officinalis

Wer kennt sie nicht die Garten-Ringelblume (schwäbisch Ringele), die nicht nur Bauerngärten sondern auch viele andere Gärten schmückt und weit in den Herbst hinein blüht. Die aromatisch duftende Pflanze ist eine alte Heil- und Zierpflanze aus dem Mittelmeergebiet. Die einjährige Art gehört zu den Korbblütlern (Familie Asteraceae, früher Compositae). Ihre bis 7 cm breiten Blütenköpfchen tragen außen gelbe bis orangefarbene Zungenblüten, die inneren Röhrenblüten sind gelb bis braun. Die Früchte sind ringförmig gekrümmt, daher der Name.

Seit dem Mittelalter bis heute ist die Garten-Ringelblume in der Volksmedizin eine geschätzte Heilpflanze, bei der die Blütenköpfe genutzt werden, sei es in Schmalz gekocht als Salbe, sei es der alkoholische Auszug als Tinktur oder getrocknet und überbrüht als Tee. Die Droge enthält antibakterielle Inhaltsstoffe, so vor allem verschiedene ätherische Öle. Sie wird in erster Linie zur Behandlung von äußerlichen Wunden angewandt. Auf Berufe, bei denen Menschen oft Verletzungen erleiden, gehen deshalb volkstümliche Namen wie Schreiner- oder Soldateblu(e)m zurück. Die Verwendung gegen den Franzos (= Syphilis) brachte ihr den Namen Franzosekr(a)ut ein. Auch innerlich wurde die Droge als harn- und schweißtreibendes Mittel sowie gegen Wundschmerzen, Fußpilz und Wurmbefall angewandt. Die Blüten wurden auch zum Färben von Butter verwendet, daher die Namen Butterblu(e)m, Buttergel(b) und Safranblu(e)m. Auf den besonderen Geruch der Pflanze sind Namen wie Stinkige Hoffart, Gel(b)schiesser, Ho(h)fertscheisser (= eitler Mensch) oder Studenteblu(e)m zurückzuführen, die alle auch für die Samtblume (Tagetes patula) gelten.

Die ebenfalls aus dem Mittelmeergebiet stammende **Acker-Ringelblume (Calendula arvensis)** gleicht der Garten-Ringelblume und sieht wie deren kleineres Abbild aus. Sie war früher in warmen Lagen auf kalkhaltigen Böden vor allem in Weinbergen aber auch in Hackfruchtäckern zerstreut aber gesellig anzutreffen. Durch moderne Ackerbaumethoden und Herbizideinsatz ist sie überall ungemein zurückgegangen und steht heute in Baden-Württemberg vor dem Aussterben.

Foto: Verena Mueller

Abb:
Garten-Ringelblume

Abb:
Acker-Ringelblume

Feld- oder Acker-Rittersporn – Consolida regalis

Das einjährige Kraut aus der Familie der Hahnenfußgewächse (Ranunculaceae) wird bis 50 cm hoch. Die Blätter sind mehrfach 3-teilig zerschlitzt mit linealen Abschnitten. Der Blütenstand ist 3–7-blütig mit sparrigen Ästen. Die Blüten entsprechen denen beim häufig als Zierpflanze in vielen Spielarten in Gärten kultivierten Hohen Rittersporn (Delphinium elatum). Die blauen Blüten sind zweiseitig symmetrisch und haben einen Sporn.

Der Feld-Rittersporn war früher in warmen Lagen in Getreideäckern, auch an Wegen auf mäßig trockenen bis frischen, nährstoffreichen, meist kalkhaltigen Böden nicht selten anzutreffen. Durch moderne Ackerbaumethoden und Herbizideinsatz ist die Pflanze gefährdet und kommt nur noch selten in Getreideäckern vor. Dafür besiedelt sie vereinzelt Schuttplätze, offene Ödflächen und Böschungen.

Die Pflanze enthält Alkaloide (Delphinin, Lycoctonin) Glykoside, Flavonoide und ist giftig. Früher wurden die alkaloidarmen, getrockneten Blüten als schwach harntreibendes Mittel in Blasen- und Nierentees angewandt. Darüber hinaus waren sie als Schönungsmittel in anderen Teemischungen enthalten.

Im Schwäbischen gibt es für den Feld-Rittersporn verschiedene Namen, so nach dem Vorkommen Kornblu(e)m, Habergift (giftiges Ackerunkraut), nach der Blütenform die Namen Heilandsschü(eh)le und Storcheschnäbele, nach einer vorgeblichen Heilwirkung Krampfkr(a)ut (soll bei Krampfhusten helfen), Blauer Augentrost (schon in alten Kräuterbüchern wurden die Blüten für Augenkrankheiten empfohlen, da man die blaue Farbe als besonders wohltuend für kranke Augen hielt) und schließlich Hanseblu(e)m (wenn man am Johannistag, dem 24. Juni, durch den Feld-Rittersporn ins Johannisfeuer schaut, bleibt man das ganze Jahr vor Augenleiden verschont).

Foto: Peter Banzhaf

Robinie, Falsche Akazie – Robinia pseudacacia

Den Namen verdankt der Baum dem französischen Hofgärtner Jean Robin (1550–1629), der ihn 1601 aus dem östlichen Nordamerika eingeführt hat. Der Baum aus der Familie der Schmetterlingsblütler (Fabaceae, früher Papilionaceae) muss inzwischen als eingebürgert angesehen werden. Er kann bis 25 m hoch werden. Die Blätter sind unpaarig gefiedert mit 3–10 Fiederpaaren und besitzen verdornte Nebenblätter. Die Fiederblättchen sind eiförmig, ganzrandig und bis 5 cm lang. Die bis 2 cm langen, weißen, wohlriechenden Schmetterlingsblüten sitzen in reichblütigen, hängenden Trauben. Die Fruchthülsen sind bis 10 cm lang.

Die Robinie wächst in sommerwarmen Gebieten auf frischen bis mäßig trockenen, nährstoffreichen Böden. Sie wurde häufig gepflanzt als Intensivwurzler zur Festigung von Böschungen, so vor allem von Eisenbahnböschungen. Außerdem war sie gegen das zur Dampflokzeit übliche Abflämmen der Böschungen unempfindlich. Weiterhin wurde sie als Zierbaum an Straßen und in Parkanlagen sowie als Bienenweide angepflanzt. In Weinbaugebieten wurde sie wegen ihres harten Holzes, das ziemlich langlebige Rebpfähle lieferte, sehr geschätzt. Durch Wurzelbrut ist sie unduldsam und verändert durch Stickstoffanreicherung den Unterwuchs. Dieser entwickelt sich zu einer Ruderalvegetation mit Schwarzem Holunder, Großer Brennnessel, Klebkraut, Weißer Taubnessel usw.

Die Robinie ist durch toxische Eiweißstoffe, Gerbstoffe, Flavonoide giftig, so in erster Linie die Rinde und die Samen. Die duftenden Blüten werden als Gewürz und als Aromastoff zur Herstellung von parfümierten Wässern und zur Vertreibung von Ungeziefer verwendet.

Im Schwäbischen wird die Robinie weithin als Akazie bezeichnet. Als Gegenstück zum Goldregen (Laburnum anagyroides) wird sie Silberregen genannt. Auf ihre Dornen geht der Name Stachelbom zurück.

Breitblättriger Rohrkolben – Typha latifolia

Der Breitblättrige Rohrkolben aus der Familie der Rohrkolbengewächse (Typhaceae) kann bis 2,5 m hoch werden. Die Blätter sind 1–2 cm breit, steif aufrecht, blaugrün und überragen meist den Blütenstand. Die Blüten sind eingeschlechtlich und kronblattlos. Sie stehen in einem sehr dichten, bis 20 cm langen, kolbenförmigen Blütenstand, der männliche am Ende des Stängels, der weibliche unmittelbar darunter. Bei der Reife zerfällt der weibliche Kolben flockig bis wollig.

Die Pflanze wächst in ufernahen Röhrichten in stehenden oder langsam fließenden Gewässern bei einer Wassertiefe bis 0,5 m (maximal bis 1 m) auf nährstoffreichen Schlammböden. Sie kann sich mit Hilfe von Kriechsprossen stark ausbreiten und andere Röhrichtpflanzen verdrängen bzw. kleinere Gewässer in verhältnismäßig kurzer Zeit ganz verlanden lassen.

Verhältnismäßig zahlreich sind die schwäbischen Namen für den Breitblättrigen Rohrkolben, die sich zumeist auf den Wuchsort und die Blütenkolben beziehen: Kolbe, Schilfkolbe, Riedkolbe, Sumpfkolbe, Seekolbe, Weiherkolbe, Bumskeule, Kanonenputzer, Kanonenwischer, Lampeputzer, Wu(r)st, Zigarr, Teichzigarr und Hergottsrohr. Die Verwendung der Blätter zum Abdichten von Fassfugen brachte Namen ein wie Küferknosp, Küferkolb(e), Fassliesch oder einfach Liesch. Auf den wolligen Zerfall des weiblichen Kolbens geht der Name Rohrwoll zurück.

Der **Schmalblättrige Rohrkolben (Typha angustifolia)** besiedelt ziemlich selten die gleichen Wuchsorte wie der Breitblättrige Rohrkolben. Von diesem unterscheidet er sich durch die schmäleren, nur 0,5–1 cm breiten Blätter und durch die bis 5 cm voneinander abgesetzten weiblichen und männlichen Blütenkolben.

Foto: Peter Banzhaf

Abb:
Breitblättriger Rohrkolben

Foto: Peter Banzhaf

Abb:
Aussamender Breitbl. Rohrkolben

Wildwachsende Rosen – Rosa spec.

Bei diesen Rosen (Familie der Rosengewächse, Rosaceae) handelt es sich um niedrige bis 3 m hoch werdende Stäucher. Triebe und Äste sind mit Ausnahme der Alpen-Hecken-Rose mit mehr oder weniger zahlreichen Stacheln (diese sind Bildungen der Haut, Dorne dagegen zugespitzte Triebe) in verschiedener Gestalt, teils gerade, teils hakig gekrümmt, ausgestattet. Mit Hilfe der Stacheln können Rosen ziemlich hoch klettern, indem sie sich mit diesen zwischen den Zweigen anderer Sträucher festhalten (Spreizklimmer). Die Blätter sind immer gefiedert und bestehen meist aus 5–7 Fiederblättchen, bei der Bibernell-Rose und Alpen-Hecken-Rose 9 und mehr. Die Teilblättchen sind am Rande einfach oder doppelt gezähnt mit oder ohne Drüsen. Die Blüten sind 5-zählig, die Kelchblätter entweder ganzrandig oder fransig, die Kronblätter weiß, rosa bis leuchtend rot, die zahlreichen Staubblätter gelb.

In das Diagramm der Kelchblätter läßt sich ein Pentagramm (Fünfstern), den Drudenfuß, einzeichnen. Wer diesen bei sich trägt, sei gegen alle bösen Geister geschützt. Deshalb malte man ihn früher, in manchen Gegenden bis ins 20. Jahrhundert, an Kinderwiegen und -betten. Der zarte Blütenflor der Rosen in den Hecken und an Waldrändern ist der dritte Blu(e)st nach Schlehen und Weißdornen (s. dort). Auch der Duft der Rosenblüten, bei manchen Arten auch der Blätter, wird als sehr angenehm empfunden. Nicht umsonst spielen die Rosen in der Mythologie, in Sagen, Legenden, Lied und Dichtung eine wichtige Rolle. So wurde im klassischen Altertum bei den Griechen die Morgenröte als »rosenfingrig« bezeichnet. Das Rot der Rosenblüten soll vom Blut von Aphrodite und Eros (lateinisch Venus und Amor) stammen, die sich an ihren Stacheln verletzt haben. Im christlichen Mittelalter war es dann das vergossene Blut Christi, worauf die volkstümlichen Namen Hergotts- und Heilandsrösle, Herrgotts- und Christusschweiß zurückgehen.

In Beichtstühlen, Ratssälen und Weinstuben wurden Rosen an die Decke gemalt zur Erinnerung, dass jedes darunter gesprochene Wort »sub rosa« gesprochen sei und nicht weiter erzählt werden durfte. So schmückte als Siegel der Verschwiegenheit das Rosenornament auch die Briefe. Da die Rose im Mittelalter Sinnbild der Jungfrauen war, ist sie auch ein Mariensymbol (nach Fritz Schray 1994).

Foto: Peter Banzhaf

Abb:
Hunds-Rose

› Wildwachsende Rosen – Rosa spec.

Die Früchtchen der Rosen sind einsamig und von dem meist fleischigen, innen oft haarigen Kelchbecher umschlossen. Sie bilden mit diesem eine Scheinfrucht, die Hagebutte (schwäbisch Hagebutze, Butzehage, Mädleshägele oder verkürzt einfach Häge oder Butte). Der erste Teil dieser Bezeichnung gehört zu Hag (= Zaun, Gebüsch, Hecke; s.bei Weißdorn), der zweite Teil zu Butzen(= Klumpen, vgl. Apfelbutzen). Die mehr oder weniger fleischigen Hagebutten und auch die Früchtchen (schwäbisch Kernle) sind reich an Vitamin C und Carotinoide, sie besitzen außerdem Gerb- und Schleimstoffe, Fuchtsäuren und weitere Stoffe. Deshalb wird die Scheinfrucht zur Gsälzherstellung (Hägemark, Rösleshonig) und wie auch die Früchtchen als Tee (Hagebuttetee, Kernlestee) verwendet. In den jungsteinzeitlichen Pfahlbauten wurden Reste von Hagebutten gefunden, was auf deren Nutzung schon vor 6.000 Jahren hinweist. In der Volksheilkunde wird die Hagebutte als Tee zur Vorbeugung und Behandlung von Erkältungskrankheiten und grippalen Infekten eingesetzt.

Nicht selten kann man an Rosen den sogenannten Schlafapfel (Rosenschwamm, Rosenapfel, Bedegar) finden, eine Galle mit langen, verzweigten Auswüchsen. Er wird von der Rosengallwespe (Diplolepis rosarum) verursacht.

Die einzelnen Rosenarten unterscheiden sich im Wuchs, in der Gestalt der Stacheln, in den Blättern, den Blüten und Hagebutten. Der schwäbische Volksmund unterscheidet zwar nur wenige Rosenarten, deren Bezeichnungen gelten aber oft für Rosengruppen. Solche sind:

Unter den »Duftrosen« ist die **Wein-Rose (Rosa rubiginosa)** die bekannteste und häufigste. Sie ist wie auch die anderen Duftrosen ausgezeichnet durch zahlreiche Drüsen an der Blattunterseite, die vor allem bei warmem Wetter angenehm fruchtig nach Wein oder Äpfeln duften. Oft haben sie Stieldrüsen am Stiel der Hagebutte und an dieser selbst. Davon leiten sich die schwäbischen Namen wie Schmeckerle oder Schmekkete, Balsamrösle und Wei(n)laub ab. Der Legende nach soll der Duft daher kommen, dass die Muttergottes die Windeln Jesu an den Zweigen der Wein-Rose aufgehängt haben soll. Darauf beziehen sich die schwäbischen Namen Jesuswindele, Heilandsschmecke, Herrgotts- oder Heilandsrösle, Frauedorn und Frauelaub. Unter diesen volkstümlichen Namen verbergen sich weitere Duftrosen wie die **Kleinblütige Rose (Rosa micrantha)**, die **Keilblättrige Rose (Rosa elliptica)** und die

Foto: Peter Banzhaf

Foto: Peter Banzhaf

Foto: Georg Timmermann †

Abb:
Wein-Rose, links oben
Wein-Rose, Frucht, rechts oben
Kratz-Rose, Frucht, links unten

weiß blühende **Feld-Rose (Rosa agrestis)**, die alle wesentlich seltener als die Wein-Rose vorkommen.

Die »Filzrosen« besitzen beidseitig dicht filzig behaarte Blätter, nach Harz duftende Stieldrüsen und gerade bis leicht gebogene, nicht sichelig gekrümmte Stacheln. Zu den Filzrosen gehört vor allem die **Kratz-Rose (Rosa pseudoscabriuscula)**, schwäbisch Sammetros. Mit dem gleichen schwäbischen Namen werden weitere Filzrosen bedacht wie die **Filzige Rose (Rosa tomentosa)**, die **Samt-Rose (Rosa sherardii)** und die **Apfel-Rose (Rosa villosa)**.

Die **Rotblättrige Rose (Rosa glauca)** ist ausgezeichnet durch rötliche Blätter, die wie die jungen Zweige blau überlaufen sind. Davon leiten sich die schwäbischen Namen ab wie Reifrösle, Hechtros, Franzoseros (wegen deren früheren blauroten Uniformen) oder ebenfalls Sammetros.

Die **Essig-Rose (Rosa gallica)** ist eine niedrigwüchsige Rose (bis 60 cm hoch), die mit Wurzelausläufern weit kriecht und so Kolonien bilden kann. Die Stacheln sind ungleich. Diese Rose dürfte wohl die schönste heimische Wildrose sein. Die meist einzeln stehenden, hell- bis dunkelroten Blüten sind auffallend groß (bis 8 cm im Durchmesser) und duften kräftig angenehm. Diese Rose ist die Stammform der Europäischen oder Französischen Edelrosen, die aber im Gegensatz zu den weit verbreiteten und in vielen Sorten gezüchteten **Tee-Rosen (Rosa chinensis)** nur einmal im Jahr blühen. Im Schwäbischen wird sie deshalb als Edelros bezeichnet.

Die **Kriechende Rose (Rosa arvensis**, früher **Rosa repens)** kann bis 120 cm hoch werden. Die Triebe sind niederliegend oder kletternd (Spreizklimmer). Die Blüten sind weiß und die Griffel zu einer kleinen Säule mit kugeligem Köpfchen verwachsen, die an der braunroten Hagebutte bis ins Frühjahr bleiben. Schwäbische Namen sind nach der Blütenfarbe Weißrösle, nach den niederliegenden Trieben Schlangerösle und nach den kletternden Trieben Schlingrösle.

Die **Bibernell-Rose (Rosa spinosissima**, früher **Rosa pimpinellifolia)** ist niederwüchsig (bis 80 cm hoch) und besitzt reichlich Wurzelausläufer. Die Triebe sind ziemlich dicht mit unterschiedlichen Stacheln besetzt. Die Blätter besitzen 9–11

Abb:
Rotblättrige Rose, links oben
Essig-Rose, rechts oben
Kriechende Rose, links unten
Kriechende Rose, Frucht, rechts unten

Foto: Peter Banzhaf

Foto: Peter Banzhaf

Foto: Peter Banzhaf

Foto: Peter Banzhaf

Teilblättchen. Die Blüten sind weiß, die Hagebutten schwarz. Wegen ihres Vorkommens an Felsen trägt sie die schwäbischen Namen Felsenrösle oder Felsenraisle.

Die **Alpen-Hecken-Rose (Rosa pendulina)** ist ein kleiner Strauch, der bis 2 m hoch werden kann. An den Trieben fehlen die Stacheln oder sind nur spärlich vorhanden. Die Blätter besitzen 7–9 Teilblättchen. Die Blüten sind lebhaft rot, die Kelchblätter ungeteilt, an der länglichen, nickenden Hagebutte zusammenschließend und bleibend. Im Schwäbischen wird diese Rose als Bergraisle bezeichnet.

Die **Zimt-Rose (Rosa majalis)**, schwäbisch Zimmetraisle, ist eine frühere Zierpflanze, die meist nur verwildert vorkommt. Die Äste sind glänzend braunrot, die Fiederblättvhen unterseits meist weich behaart, besitzen aber keine Stieldrüsen. Die Kelchblätter sind meist ungeteilt und bleiben an den Hagebutten, die Kronblätter rosa bis dunkelrot.

Die übrigen Rosen werden als »Hundsrosen« zusammengefasst, wobei damit nicht nur die eigentliche **Hunds-Rose (Rosa canina)** gemeint ist. Allgemeine schwäbische Bezeichnungen für die Hundsrosen sind: Heckarösle, Hagraisle, Hagdorn (wie für die Weißdorne, siehe dort), Hagebutzeheck, Juckerle, Juckkernle und Gnickjucke (die Früchtchen mit den Haaren des Kelchbechers hat man als Kinder sich gegenseitig, besonders gern Mädchen, ins Genick gerieben, was einen intensiven Juckreiz hervorrief). Zu den Hundsrosen gehören außer der häufigen und weit verbreiteten **Hunds-Rose (Rosa canina)** mit beidseitig kahlen, einfach oder doppelt gezähnten Blättchen, unbehaarten aber oft mit Stieldrüsen versehenen Blattstielen sowie zurückgebogenen, bei der Fruchtreife abfallenden Kelchblättern; die **Raublättrige Rose (Rosa jundzillii**, früher **Rosa trachyphylla)** mit doppelt drüsig gezähnten, unterseits stieldrüsigen, auf den Nerven wie auch am Blattstiel flaumig behaarten Blättchen, nach der Blüte zurückgebogenen, bleibenden Kelchblättern und einer leuchtend roten, kugeligen Hagebutte mit Stieldrüsen und Stachelborsten; die **Flaum- oder Stumpfblättrige Rose (Rosa tomentella**, früher **Rosa obtusifolia)** mit doppelt gezähnten, meist beidseitig behaarten Blättchen,

Abb:
Bibernell-Rose, links oben
Zimt-Rose, Frucht, rechts oben
Alpen-Hecken-Rose, links unten
Alpen-Hecken-Rose, Frucht, re unten

Foto: Georg Timmermann †

Foto: Georg Timmermann †

Foto: Peter Banzhaf

weißlichen Blüten und nach der Blüte frühzeitig abfallenden Kelchblättern; die **Hecken-** oder **Busch-Rose (Rosa corymbifera**, früher **Rosa dumetorum)** mit einfach gezähnten, auf beiden Seiten, nur unterseits oder nur unterseits auf den Nerven wie auch die Blattstiele flaumig behaarten Blättchen und nach der Blüte zurückgebogenen, vor der Fruchtreife abfallenden Kelchblättern; die **Vogesen-** oder **Blaugrüne Rose (Rosa dumalis**, früher **Rosa vosagiaca** oder **Rosa glauca)** mit oft blaugrünen, beidseitig kahlen, einfach oder doppelt gezähnten Blättchen und aufgerichteten oder abstehenden, mindestens bis zur Fruchtreife, oft bis in den Winter bleibenden Kelchblättern; die **Lederblättrige Rose (Rosa caesia**, früher **Rosa coriifolia)** mit überall oder wenigstens unterseitig auf den Nerven wie auch die Blattstiele flaumig behaarten Blättchen und nach dem Blühen abstehenden oder aufgerichteten, bis zur Fruchtreife bleibenden Kelchblättern; die **Falsche Hunds-Rose (Rosa subcanina)** ist der Vogesen-Rose ähnlich hat aber nach der Blüte zurückgebogene, vor der Fruchtreife abfallende Kelchblätter und schließlich noch die **Falsche Hecken-** oder **Hügel-Rose (Rosa subcollina)**, die der Lederblättrigen Rose ähnlich ist, aber weniger behaarte Blättchen und zurückgebogene, vor der Fruchtreife abfallende Kelchblätter besitzt. Alle diese Rosen kommen in Gebüschen und Hecken, an Böschungen und Waldrändern sowie in Pioniergebüschen auf Magerweiden auf mäßig trockenen bis frischen, basenreichen, oft kalkhaltigen Lehmböden vor.

Wer sich eingehender mit den wildwachsenden Rosen und Weißdornen beschäftigen möchte, dem sei folgendes Büchlein empfohlen, in dem alle Wildrosen und Weißdorne beschrieben und mit Zeichnungen sowie Farbfotos abgebildet sind:
Georg Timmermann und Theo Müller: Wildrosen und Weißdorne Mitteleuropas – Landschaftsgerechte Sträucher und Bäume. 2. Auflage.
Verlag des Schwäbischen Albvereins e.V., Stuttgart 1998. ISBN 3-920801-45-8.

Abb: Vogesen-Rose

Rosskastanie – Aesculus hippocastanum

Der Name für den Baum soll angeblich daher kommen, dass die Türken die Früchte als Heilmittel für kranke Pferde (Ross) verwendet haben sollen. Viel wahrscheinlicher ist aber, dass man die Früchte mit denen der **Edel-** oder **Esskastanie (Castanea sativa)** verglich und der unedlen, nicht essbaren Kastanie als abwertende Bezeichnung das „Ross" davorsetzte, wie es auch bei anderen Pflanzen gemacht wurde, z.B. Ross-Minze und »edle« Pfefferminze (siehe bei Minzen).

Der aus den Schluchtwäldern des östlichen Balkans stammende, bis 25 m hohe Baum aus der Familie der Seifenbaumgewächse (Sapindaceae, in dieser Familie werden jetzt die Rosskastaniengewächse, Hippocastanaceae, und die Ahorngewächse, Aceraceae, zusammengefasst) hat gefingerte Blätter mit 5–7 Teilblättern. Die weißen Blüten mit gelbem oder rotem Fleck stehen in einer großen, aufrechten und reichblütigen Traube (Kerze). Die kugelige Frucht ist grün und stachelig. Die Samen sind glänzend braun mit einem hellen Nabelfleck.

Der Baum wird häufig als Zierbaum in Parkanlagen und Alleen angepflanzt. Als Straßenbaum leidet er unter Streusalz und Abgasen. Im Wald ist er gelegentlich forstlich eingebracht. Er liebt frische, nährstoffreiche und tiefgründige Böden. Die getrockneten Blätter enthalten Saponine, Cumarine (u.a. Aesculin und Aesculetin), Flavonoide sowie Kaffeesäurederivate und wurden in der Volksheilkunde bei Krampfadern, bei Venenentzündungen und Hämorrhoiden angewandt. Als Inhaltsstoffe haben die Blüten Flavonoide, Purine und Gerbstoffe. Sie werden als zusammenziehendes (Adstringens) und stärkendes Mittel (Tonikum) verwendet, in der Volksheilkunde auch bei Gicht und Rheuma. Die Samen werden heute hauptsächlich als Wildfutter gebraucht. Sie enthalten fette Öle, die in der Seifenfabrikation genutzt werden. Außerdem enthalten sie den Saponinkomplex Aescin, der bei krankhaften Flüssigkeitsansammlungen (Ödemen), bei Venenkrankheiten, in der Volksheilkunde auch bei schmerzhaften Verletzungen und Verstauchungen sowie bei Blutergüssen angewandt werden.

Rübe – Beta vulgaris

Die Stammart der im Folgenden aufgeführten Kulturpflanzen ist die salztolerante Küstenpflanze **Meerstrand-Rübe (Beta vulgaris ssp. maritima, Wild-Bete)**. Alle Beta-Sippen gehören zur Familie der Amarantgewächse (Amaranthaceae; früher gehörten sie zu der Familie der Gänsfußgewächse, Chenopodiaceae, die gemäß neueren Untersuchungen mit den Amarantgewächsen vereinigt wurde). Die Meerstrand-Rübe kommt vor allem im mediterranen und atlantischen Raum in stickstoffliebenden Strand-Spülsaumgesellscgaften auf angeschwemmtem organischem Material vor. In Deutschland ist sie auf Helgoland und an der schleswigholsteinischen Ostseeküste anzutreffen. Die Wurzeln der Meerstrand-Rübe sind wenig verdickt, ihre Blätter verhältnismäßig klein. Sie ist zwei- bis mehrjährig und wird bis 1,5 m hoch. Die Inkulturnahme erfogte anfänglich ausschließlich der Blätter und erst viel später der Rübe wegen. Heute gibt es ganz verschieden Kultursippen:

Mangold (Beta vulgaris ssp. vulgaris) auf schwäbisch Manget, Mangl(e)t oder Mangl(e), wird der verdickten, fleischigen Blattstiele und der Blätter wegen angebaut. Die Wurzel ist kaum verdickt. Die Blattstiele (Krautstiele), die es heute in verschiedenen Farben gibt, dienen als spargel- oder schwarzwurzelähnliches Gemüse, während die Blätter ein spinatartiges Gemüse ergeben. Mangold konnte schon für das 8. Jahrhundert v. Chr. in Babylon in den Gärten des Königs Merodachbaten nachgewiesen werden. Im 5. Jahrhundert v. Chr. ist er in Griechenland auch als Heilpflanze bekannt. In Italien wird er von Cato (234–148 v. Chr.) als häufige Kulturpflanze erwähnt. Durch die Römer gelangte er nach Gallien und in Länder nördlich der Alpen. Aber erst im frühen Mittelalter wird er hier populär, wobei für seine Verbreitung die Gärten der Klöster und weltlichen Herren eine wichtige Rolle spielten.

Dick-Rüben (Beta vulgaris ssp. rapacea). Bei diesen Kulturpflanzen sind die Wurzeln rübig verdickt. Sie gliedern sich in mehrere Varietäten, die wiederum zahlreiche Sorten aufweisen:

Die **Runkel-Rübe, Mangold-Rübe, Futter-Rübe (Beta vulgaris ssp. rapacea var. crassa)**, schwäbisch Angers(ch)e, Ran(t)e, Runggle oder Gel(b)e Rüb (wegen der gelben Rin-

Abb:
Meerstrand-Rübe, oben links
Meerstrand-Rübe, Blüten, oben rechts
Mangold, links unten

Fotos der Meerstrand-Rübe aus U. Körber-Grohne: Nutzpflanzen in Deutschland (1987). Mit freundlicher Genehmigung der Autorin.

de) wurde zunächst für die menschliche Ernährung genutzt. Erst in der 2. Hälfte des 18. Jahrhunderts begann der feldmäßige Anbau als Viehfutter (Winterfutter). Die Blätter (schwäbisch Blätsche = großes Blatt) wie auch die der Zucker-Rübe wurden zunächst frisch verfüttert, später werden sie siliert.
Die **Zucker-Rübe (Beta vulgaris ssp. rapacea var. altissima)** ist der Runkel-Rübe sehr ähnlich, hat aber eine weiße Rinde und weist einen höheren Zuckergehalt (bis 30%) auf und dient der Gewinnung von Zucker (Saccharose). Gelegentlich wird sie bei Lebererkrankungen angewandt.
Die **Rote Rübe, Rote Bete (Beta vulgaris ssp. rapacea var. conditiva)**, schwäbisch Rahne, Ran(n)e Rote Rane, Randen oder Randich, besitzt wie der Name schon ausweist rote Rüben, rote Blattstiele und Blattrippen. Die gekochten Rüben werden als Salat, die Blätter wie Spinat verwendet. Die Rote Rübe enthält stickstoffhaltige Farbstoffglykoside (Betanin, Betacyane, Betaxanthine), Saponine, Aminosäuren, Vitamine und Mineralstoffe (Kalium, Phosphat, aber auch Nitrat und Oxalat). In der Volksmedizin wurde der Saft gemäß der Signaturenlehre (Eigenschaften von Pflanzen wie Form und Farbe zeigen an, welche Arzneiwirkung in ihnen liegt) bei Blutarmut, sonst bei Schnupfen, Ohr- und Zahnschmerzen, allgemein als Stärkungsmittel (Tonikum) zur Steigerung der Widerstandsfähigkeit gegen Infektionskrankheiten, und die Blätter äußerlich bei Geschwüren angewandt. Heute wird der Saft zum Schönen und Färben von Lebensmitteln verwendet. Extrakte aus der Rübe werden bei Leber- und Nierenleiden, unterstützend bei der Tumorbehandlung angewendet.

Abb:
Zucker-Rübe, links und rechts oben
Rote Rübe, links und rechts unten

Foto: Verena Mueller

Rühr-mich-nicht-an – Impatiens noli-tangere

Das einjährige Kraut aus der Familie der Balsaminengewächse (Balsaminaceae, zu der auch die Fleißige Lieschen, Impatiens wakkeriana, und die Balsamine, Impatiens balsamina, gehören) kann bis 80 cm hoch werden. Der Stängel ist ästig, die bis 12 cm langen Blätter sind wechselständig, breit-lanzettlich und grob gezähnt. Die ziemlich großen, gelben Blüten (2–3 cm lang) sind zweiseitig symmetrisch, einzeln oder zu wenigen hängend und besitzen einen Sporn. Die Frucht ist 2–3 cm lang. An ihrer Spitze gibt es ein Gewebe, das unter Spannung steht, ähnlich einem Zünder einer Granate oder Bombe. Hat die Spannung im Gewebe bei der Reife eine bestimmte Größe erreicht, rollen sich die Fruchtblätter von allein oder durch Berührung schlagartig ein und schleudern die Samen bis 7 m weit fort, daher die volkstümlichen Namen Schießkr(a)ut oder Springkr(a)ut.

Das Rühr-mich-nicht-an wächst in Laub- und Laub-Mischwäldern an Waldquellen und Waldbächen, an Waldrändern und in Waldverlichtungen auf sickerfeuchten bis -nassen, nährstoffreichen Böden.

Das Kraut enthält Flavonoide, Alkaloide, Harz, Vitamine und verschiedene organische Säuren. Es wurde in der Volksmedizin zur Blutstillung verwendet.

Weitere schwäbische Namen für die Pflanze sind Bachkr(a)ut und nach den kapuzinerähnlichen Blüten Kapuzinerle oder Wildes Kapuzinerle (siehe bei Kapuzinerkresse).

Foto: Verena Mueller

Ruprechtskraut – Geranium robertianum

Das einjährige Kraut aus der Familie der Storchschnabelgewächse (Geraniaceae) ist meist rot überlaufen. Der aufrechte oder aufsteigende, drüsig behaarte Stängel kann 50 cm lang werden. Die Blätter haben lange Stiele und sind bis zum Grunde handförmig und aus 3–5-zähligen, fiederspaltigen Blättchen zusammengesetzt. Die 5-teiliegen Blüten sind lebhaft rosa. Je nach Geschmackslage wird der Geruch der Pflanze als unangenehm oder eher als angenehm empfunden.

Das Ruprechtskraut wächst verbreitet in Wäldern, an schattigen Mauern und Felsen, in Waldschlägen und unkrautartigen Wald- und Heckensäumen auf frischen, nährstoffreichen Böden in luftfeuchter Klimalage.

Das getrocknete, während der Blütezeit gesammelte Kraut enthält Flavonoide, Glykoside, verschiedene organische Säuren und ätherische Öle, die in der Parfümherstellung Verwendung finden. In der Volksmedizin wurde das Kraut innerlich bei Durchfall, auch bei Nieren- und Blasenentzündungen, äußerlich bei Hautausschlägen, schlecht heilenden Wunden sowie bei Entzündungen im Mundraum angewandt.

Schwäbische Namen für die Pflanze sind Stinkstorcheschnabel und wie für manche andere Pflanzen mit starkem Geruch Kopfwehstinker.

Wiesen-Salbei – Salvia pratensis

Die Pflanze (Familie der Lipenblütler, Lamiaceae, früher Labiatae) ist ausdauernd und besitzt eine grundständige Blattrosette, deren Blätter lang gestielt, unregelmäßig gezähnt und runzelig sind. Der bis 60 cm hoch werdende Stängel ist behaart und ausgeprägt 4-kantig. Die Blüten stehen in wenigblütigen Quirlen. Sie sind ungefähr 2,5 cm lang, violettblau, selten rosa oder weiß.

Bei den Blüten gibt es meistens zwittrige aber auch rein weibliche (Gynodiözie). Bei den Zwitterblüten entwickeln sich die männlichen Blütenblätter (Staubblätter) zuerst (Protoandrie). Erst nach deren Pollenentleerung wird die Narbe des Griffels empfängnisbereit. Der Griffel besitzt einen Hebelmechanismus. Durch den Kopf eines die Blüte besuchenden Insekts (Bienen, Hummeln) wird er auf dessen Rücken herabgedrückt. und die Narbe kann dort haftende Pollen aufnehmen.

Der Wiesen-Salbei wächst häufig in Kalk-Magerwiesen (Mähder) und mäßig trockenen Glatthafer-Wiesen auf mäßig nährstoffreichen, meist kalkhaltigen Böden. Er ist wärmebedürftig.

Auch wenn der Wiesen-Salbei nicht so reich an ätherischen Ölen, Gerb- und Bitterstoffen ist wie der **Echte Salbei (Salvia officinalis)** oder der **Muskateller-Salbei (Salvia sclarea)**, so kann man dennoch aus seinen Blättern einen Gurgeltee zubereiten, der bei Hals- und Mandelentzündung hilft.

Den Namen hat der Salbei vom lateinischen salvus = gesund. Im Schwäbischen besitzt er vielerlei Namen, so nach der Blütenfarbe Blauer Heinrich, Blauer Storch oder Tinteblu(e)m, nach der Blütenform Gockel, Gockeler oder Gückel und nach der Blattform Hasenohr. Weil der Wiesen-Salbei an trockenen Stellen wächst, an denen die Sonne alles verbrennt, oder weil die Blätter nach Brand oder Rauch, allgemein unangenehm und durchdringend riechen (brändelen oder brünstelen) trägt er die Namen Stinke, Brändele(r), Prentala, Brändelbosch, Brünstele(r), oder weil der Geruch an schlechten Weinbrand erinnert Weinbrenner oder Weinbrändele(r).

Gewöhnlicher Salzschwaden – Puccinellia distans

Es handelt sich um eine ausdauernde Pflanze aus der Familie der Süßgräser (Poaceae, früher Gramineae). Sie wächst mit kleinen, graugrünen, 10–50 cm hohen Horsten. Die Stängel sind aufrecht oder gekniet aufsteigend und tragen 2–10 cm lange und 1,5–4 mm breite, auf der Oberseite raue Blätter. Die 3–18 cm langen Rispen sind vor der Blüte zusammengezogen, bei der Blüte locker ausgebreitet, bei der Reife sind die Seitenäste nach abwärts gerichtet. Die Ährchen sind meist violett überlaufen.

Der Gewöhnliche Salzschwaden war ursprünglich in Salzwiesen der Nord- und Ostsee sowie im Binnenland in der Umgebung von Salinen oder Salzquellen verbreitet. In den 1960er und 1970er Jahren hat er sich mit dem Salzstreuen an den Straßenrändern, insbesondere an der Innenseite von Kurven ausgebreitet und hat jetzt hier seinen Verbreitungsschwerpunkt. Bezeichnend und auffällig sind an den Straßenrändern während der Blütezeit die violetten Streifen, nach der Reife die strohfarbenen.

Es ist interessant, wie schnell sich der Volksmund einer neu ausgebreiteten und auffälligen Pflanzenart annimmt und ihr volkstümliche Namen gibt wie Salzgras, Lila Straßegras oder Straßestreifegras.

Abb:
Gewöhnlicher Salzschwaden, blühend, links
Gewöhnlicher Salzschwaden, absterbend, rechts

Ausdauerndes Sandglöckchen, Ausdauernde Sandrapunzel – Jasione laevis

Die sehr seltene und deshalb gefährdete Pflanze (Familie der Glockenblumengewächse, Campanulaceae) ist ausdauernd, hat Ausläufer und eine überwinternde Blattrosette. Der 25–40 cm hoch werdende, aufrechte Stängel ist einfach oder wenigästig. Die endständigen Blütenköpfe bilden ein kugeliges Köpfchen mit zahlreichen blauvioletten Blüten.

Die in sauren Magerrasen des Schwarzwalds und der Schwäbischen Alb vorkommende Pflanze wird im Schwäbischen als Bergnägele (Nägele = Nelke) bezeichnet.

Foto: Peter Banzhaf

Sauerklee – Oxalis acetosella

Der Sauerklee aus der Familie der Sauerkleegewächse (Oxalidaceae) ist eine kleine, nur bis 15 cm hohe ausdauernde Waldpflanze mit kriechendem Wurzelstock. Ein eigentlicher Stängel ist kaum ausgebildet. Die lang gestielten Blätter sind deshalb grundständig und bestehen aus 3 kleeblattartig zusammengesetzten Teilblättchen. Die weißen oder blassrosa Blüten stehen einzeln an langen Stielen. Die Frucht ist eine 4–10 mm lange Kapsel, die Samen werden ausgeschleudert.

Die Pflanze ist verbreitet und wächst sehr gesellig vor allem in montanen, aber auch in tieferen Lagen in Nadel- und Laub-Mischwäldern auf frischen, mäßig nährstoff- und basenreichen, mehr oder weniger sauren Böden. Sie wurzelt ziemlich flach (ca. bis 15 cm tief).

Die Pflanze besitzt reichlich Oxalate (Alkalisalze der Oxalsäure). Früher wurde sie in der Volksheilkunde bei Hauterkrankungen, als Gegenmittel bei Vergiftungen mit Arsenverbindungen und Quecksilber sowie als menstruationsförderndes und bei höherer Konzentration abtreibendes Mittel verwendet, was verboten ist. Die Pflanze wird heute nur noch in der Homöopathie in geeigneten Verdünnungen bei Verdauungsstörungen, Leber- und Gallenerkrankungen angewandt. Der Verzehr einiger sauer schmeckenden Blätter, frisch oder als Salatbeilage ist unbedenklich. In größeren Mengen genossen wirkt die Pflanze giftig.

Schwäbische Namen für den Sauerklee sind Haseklai, Haseblu(e)m, Hasebrot, Bubebrot sowie auf den Kuckuck als Frühlingsbote bezogen Kuckucksklai, Guckerkr(a)ut und Guggebrot.

Foto: Wolfgang Herter

Acker-Schachtelhalm – Equisetum arvense
Riesen-Schachtelhalm – Equisetum telmateja, früher E. maximum

Die beiden Schachtelhalme aus der Familie der Schachtelhalmgewächse (Equisetaceae) sind ausdauernd. Die Schachtelhalmgewächse sind ein altes Pflanzengeschlecht. Die fossilen Vorfahren waren vom Karbon bis zur Kreidezeit vorkommende baumförmige Pflanzen. Erst in der Kreidezeit entwickelten sich die krautigen Arten, während die baumförmigen ausstarben. Fossile Reste von Schachtelhalmen, die man zunächst für versteinertes Schilf hielt, gaben einer Keuperschicht den Namen Schilfsandstein.

Beim Acker- wie auch beim Riesen-Schachtelhalm sind die fruchtbaren und die unfruchtbaren Triebe verschieden. Die fruchtbaren Triebe mit den in Ähren angeordneten Sporenbehältern (Sporangien) erscheinen im Frühjahr, sind gelbbraun, nicht beastet und sterben nach der Sporenreife ab. Sie werden beim Acker-Schachtelhalm bis 20 cm, beim Riesen-Schachtelhalm bis 50 cm hoch. Nach deren Absterben erscheinen die unfruchtbaren grünen Triebe. Beim **Acker-Schachtelhalm** sind die bis 30 cm hohen Stängel stark gerieft, deren Scheiden besitzen 6–12 Zähne, die Seitenäste sind so lang oder länger als die Stängelscheiden. Beim **Riesen-Schachtelhalm** ist der bis über 1 m hohe Stängel elfenbeinfarbig, deren Scheiden weisen 20–30 Zähne auf und die mehr oder weniger waagrecht abstehenden Äste sind hellgrün.

Der bis 150 cm tief wurzelnde und weit kriechende Acker-Schachtelhalm (Wurzelkriechpionier) wächst verbreitet in mehr oder weniger offenen, unkrautartigen Pioniergesellschaften in Äckern, an Wegen, Dämmen und Gräben, auch gelegent-

Abb:
Acker-Schachtelhalm
Grüne Pflanze, links
Sporenpflanze, rechts

› **Acker-Schachtelhalm – Equisetum arvense**

› **Riesen-Schachtelhalm – Equisetum telmateja, früher E. maximum**

lich in Wiesen und Wäldern auf Ton- und Lehmböden, die im Unterboden ausgesprochen feucht sind (Unterbodenfeuchte-Zeiger). Der Riesen-Schachtelhalm kommt in meist kalkhaltigen (Quell-)Sümpfen im und außerhalb des Waldes vor allem in Kalkgebieten verbreitet und gesellig vor. Das Kraut des Acker-Schachtelhalms enthält vor allem lösliche Kieselsäure (5-8%), Aluminium- und Kalium-Chlorid, Flavonoide und eine geringe Menge Alkaloide. Es wird häufig als harntreibendes Mittel (Diuretikum) zur Durchspülung bei entzündlichen Erkrankungen der ableitenden Harnwege und Nierengrieß, äußerlich zur unterstützenden Behandlung von schlecht heilenden Wunden angewandt. In der Volksheilkunde wird es außerdem bei rheumatischen Beschwerden, zur Stillung von Blutungen, in Bädern, bei Frostschäden, Durchblutungsstörungern, Schwellungen und Knochenbrüchen sowie Wundliegen verwendet.

Volkstümliche Namen für die grünen Sprosse beider Schachtelhalme sind Katze-, Ross-, und Pferdeschwanz oder -schweif und -wedel. Die weiteren Namen gelten alle nur für den Acker-Schachtelhalm. Die Nutzung des hohen Kieselsäuregehalts zum Putzen von Zinngeschirr gab die Namen Zinnkr(a)ut, Kannekr(a)ut und Pfanneputzer, aber auch zum Reinigen von Holzgeräten, Möbeln und Holzböden die Namen Scheuerkr(a)ut und Fegkr(a)ut. Auf die schachtelartige Anordnung der einzelnen Stängel- und Astglieder gehen die Namen Schachtelheu, Schaft(er)heu, Schäffheu und Schäfzenheu, auf den kantigen Stängel der Name Kantekr(a)ut zurück.

Fotos: Peter Banzhaf

Abb:
Riesen-Schachtelhalm, Sporenpflanze

Abb:
Riesen-Schachtelhalm, grüne Pflanze

Wiesen-Schafgarbe – Achillea millefolium

Die Wiesen-Schafgarbe ist ein bis 50 cm hoch werdender Korbblütler (Familie Asteraceae, früher Compositae) mit unterirdischen Ausläufern (wird deshalb mit der Quecke verglichen, was ihr den Namen Garbquecke einbrachte). Der Stängel ist zäh und schwer abreißbar. Die Blätter sind mehrfach fiederteilig und weisen damit zahlreiche feine Blattzipfel auf, daher der Name Tausendblatt (lateinische millefolium). Die kleinen Blütenköpfe mit gelblich-weißen Röhrenblüten in der Mitte und randständigen weißen Zungenblüten sind wiederum in einem endständigen, scheindoldigen Blütenstand zusammengefasst. Wenn man nicht genau hinsieht, kann man deshalb die Pflanze für einen Doldenblütler halten. Die Blütenköpfchen sehen denen des gelb blühenden Rainfarns ähnlich, weshalb die Schafgarbe auch als Weißer Rainfarn benannt wird. Die Schafgarbe blüht vom Sommer an bis weit in den Herbst hinein. Die ganze Pflanze duftet beim Reiben angenehm aromatisch.

Die Schafgarbe ist überall häufig in Fettwiesen, auf Schafweiden sowie an Rainen, und ist als Volksheilmittel sehr geschätzt. Deshalb gibt es sehr viele Volksnamen für sie, wobei nur auf die hier zu Lande verwendeten eingegangen werden soll. Der Name Schafgarbe bezieht sich auf das Vorkommen in Schafweiden und darauf, dass sie von Schafen gerne abgeweidet wird und leicht wieder nachwächst. Öfters tritt an die Stelle des Schafs der Hase: Hasengarb, Hasenkraut. Die fein zerteilten Blätter werden mit dem Schwanz von Tieren verglichen (Katzenschwanz, Lämmerschwanz), oder wegen der Zungen ähnlichen Blätter als Schafszong sowie der Rippen ähnlichen Anordnung der Blattfieder als Schafripp benannt.

Zahlreich sind die Namen, die auf die Heilwirkung der Schafgarbe zurückgehen. Dafür werden zur Blütezeit die Blätter und Blüten gesammelt und getrocknet, die vor allem ätherische Öle und zahlreiche weitere Inhaltsstoffe enthalten. Der daraus hergestellte Tee wirkt krampflösend, seine Hauptanwendung liegt aber bei Magen- und Darmbeschwerden, Appetitlosigkeit sowie bei der Förderung der Gallensekretion; Umschläge werden zur Wundheilung und bei Blutungen angewandt. Die gleiche Wirkung hat auch das frische blühende Kraut. Namen wie Bauchwehkr(a)ut, Wundkr(a)ut oder Krampfkr(a)ut weisen auf diese Anwendungen hin.

Foto: Verena Mueller

Die Schafgarbe ist Bestandteil des an Mariä Himmelfahrt (15. August) geweihten Kräuterbüschels oder Kräuterboschens (e´ Sarge, d´Sarge), wovon sich der Name Zargekr(a)ut oder Zargebluem herleitet. Der Name Achillenkr(a)ut, abgeleitet vom Gattungsnamen Achillea, der schon in der Antike für diese Pflanze verwendet wurde, ist auf den Helden des trojanischen Krieges Achilles zurückzuführen, der die Pflanze entdeckt und zur Wundheilung verwendet haben soll.

Scharbockskraut – Ranunculus ficaria

Der Name der Pflanze geht auf Skorbut zurück. Dies ist eine Vitamin-C-Mangelkrankheit und war auf Segelschiffen (Schiffskrankheit) und in Gefängnissen (Gefängniskrankheit) ziemlich verbreitet. Das Scharbockskraut gehört zu den Hahnenfußgewächsen (Familie Ranunculaceae) und ist ein niederliegendes, 5–15 cm hoch werdendes, ausdauerndes Kraut. Die etwas fleischigen Blätter sind glänzend grün, rundlich herzförmig. Die ebenfalls glänzenden, goldgelben, sternförmigen Blüten bestehen aus 8–12 Blütenblättern. Nach der Blüte bildet die Pflanze Brutknöllchen.

Die Pflanze wächst meist rasenförmig und kommt in Auen- und krautreichen Laubmischwäldern, in Streuobstwiesen und Parkanlagen auf grund- und sickerfeuchten, nährstoffreichen, humosen und tiefgründigen Böden vor (Nährstoffzeiger).

Das Scharbockskraut enthält wenig Protoanemonin und Anemonin (so vor allem in Stängeln, Blüten, Brutknöllchen und Wurzelstock, weniger in jungen Blättern), Alkaloide, Saponine, Gerbstoffe und in den jungen Blättern vor dem Blütenaustrieb reichlich Vitamin C, das gegen Skorbut angewandt wurde (daher der Name). In der Volksheilkunde wurde das Kraut bei chronischen Hautleiden und zu Blutreinigungskuren verwendet. Das Protoanemonin im Stängelsaft ist haut- und schleimhautreizend und kann auf der Haut zu Blasen (Blattern) führen, daher die Namen Blase- oder Blatternkr(a)ut. Die Verwendung der jungen, vitamin-C-reichen Blätter in geringen Mengen als Beigabe zu Salaten ist unbedenklich. Beim Verzehr größerer Mengen, z.B. in reinen Scharbockskraut-Salaten wirkt die Pflanze wegen des Protoanemoningehalts giftig und führt zu Vergiftungserscheinungen (Übelkeit, Erbrechen und Durchfall).

Ganz unterschiedlich sind die schwäbischen Namen, je nachdem sie sich auf bestimmte Eigenschaften der Pflanze beziehen. Am auffälligsten sind die fettglänzenden Blätter und Blüten, daher trägt sie Namen wie Glitzerle, Butterblu(e)m oder Schmalzblu(e)m, letztere beiden werden auch für andere Hahnenfußarten verwendet. Von den sternförmigen Blüten leiten sich die Namen Sternle und Sternglitzerle ab, von der Gestalt der Blätter kommt der Name Ga(n)sfüßle. Auf die länglichen Brutknöllchen gehen Namen zurück wie Pfaffehödle, Biberhödle und Ergerst (Vergleich mit

dem länglichen Gerstenkorn). Der feuchte Wuchsort führte zum Namen Krottekr(a)ut und die Blütezeit von März bis Mai zum Namen Gel(b)e Osterblu(e)m, im Gegensatz zur Weißen Osterblu(e)m, dem Busch-Windröschen (Anemone nemorosa, siehe dort).

Schattenblümchen – Maianthemum bifolium

Das kleine, nur bis 20 cm hoch werdende, ausdauernde Kräutlein gehört zu den Spargelgewächsen (Familie Asparagaceae, früher zu den Liliengewächsen, Liliaceae, gestellt). Der Stängel besitzt ungefähr in der Mitte 2 wechselständige, gestielte Blätter mit herzförmigem Grund. Die kleinen, weißen, 4-teiligen Blütchen stehen in einer endständigen Traube. Die Frucht ist eine rote Beere.

Die Pflanze kann einzeln wachsen, aber auch dank des kriechenden Wurzelstocks Herden bilden. Sie kommt vor allem in artenarmen Laub- und Nadelwäldern auf frischen, nährstoff- und kalkarmen, mehr oder weniger sauren Böden vor. Die ganze Pflanze ist durch verschiedene Glykoside giftig. Ob darunter herzwirksame sind, wie früher behauptet wurde, ist fraglich.

Schwäbische Namen für das Schattenblümchen sind Zweiblatt, Schatteblü(e)mle, Waldrösle, (Falsches oder Wildes) Mai(en)blü(e)mle und Mai(en)rösle.

Foto: Wolfgang Herter

Wiesen-Schaumkraut – Cardamine pratensis
Bitteres Schaumkraut – Cardamine amara
Echte Brunnenkresse – Nasturtium officinale

Das in Wiesen auf frischen bis feuchten, mäßig nährstoffreichen Böden weit verbreitete **Wiesen-Schaumkraut** ist wie auch die folgenden Arten aus der Familie der Kreuzblütler (Brassicaceae, früher Cruciferae) ausdauernd. Die grundständigen, gefiederten Blätter stehen in einer Rosette. Diese besitzen 2–15 Fiederpaare und 1 größeres, rundliches Endblatt. Der aufrechte, runde und hohle Stängel wird 15–30 cm hoch. Er trägt 2–6 kurz gestielte Blätter und einen endständigen, 7–20-blütigen Blütenstand. Die 4 Kronblätter sind hell-lila, die Staubblätter gelb. Bei reichlichem Auftreten bilden die Blüten in den Wiesen einen bezeichnenden Frühjahrsaspekt. Der Name Schaumkraut rührt daher, dass die an den Stängeln saugende Larve der Schaumzikade (Philaenus spumarius) einen schaumähnlichen Saft, den Kuckucksspeichel ausscheidet.
Die Blätter enthalten Senfölglykoside, Flavonoide und vor allem Vitamin C. Beliebt sind die Blätter als Beilage zu Salaten, bei Frühjahrskuren als Blutreinigungsmittel und als Vitamin-C-Spender. Eine entsprechende Verwendung finden auch die Blätter der beiden folgenden Kreuzblütler:
Das **Bittere Schaumkraut** besitzt einen kantigen, markigen Stängel, weiße Blüten und violette Staubblätter. Es wächst in Quellfluren und Erlen-Bruchwäldern.
Die **Echte Brunnenkresse**, schwäbisch Wasserkressig, hat hohle Stängel, weiße Blüten und gelbe Staubblätter. Sie wächst in Kraut-Röhrichten und im Flutsaum von Bächen, in Gräben und an Quellen mit fließendem, gleichmäßig kühlem Wasser.
Es ist bei allen 3 Arten Vorsicht geboten, denn bei übermäßiger Verwendung der Pflanzen kann es durch die schleimhautreizende Wirkung der Senfölglykoside zu Magen-Darm-Beschwerden und Nierenentzündungen kommen. Dies gilt auch für Hühner, die zu viel Wiesen-Schaumkraut fressen, daher sein schwäbischer Name Hühnerverreckete.
Auf die frühe Blütezeit ab April bezieht sich wie bei anderen Frühblühern der Name Himmelsschlüssel. Schließlich wird im Schwäbischen für das Wiesen-Schaumkraut wie auch für andere Pflanzen die Bezeichnung Fraueschu(h) verwendet.

Abb:
Wiesen-Schaumkraut

Abb:
Echte Brunnenkresse

Gefleckter Schierling – Conium maculatum
Wasserschierling – Cicuta virosa

Beide Pflanzen sind Doldenblütler (Familie Apiaceae, früher Umbelliferae), die sehr stark giftig sind (Vergiftungen enden tödlich). Für beide gibt es den schwäbischen Namen Wütrich.

Der ein- bis zweijährige **Gefleckte Schierling** stinkt unangehehm nach Mäuse-Urin (wer nicht weiß, wie Mäuse-Urin riecht, kann sich darüber in jedem Zoogeschäft informieren). Der bis 2 m hoch werdende Stängel ist hohl, blau bereift, unten mit rötlichen Flecken und glatt (Unterschied zu Kälberkropf-Arten, die am Stängelgrund auch rot gefleckt sein können, aber Haare oder Borsten tragen; siehe bei Wiesen-Kerbel). Die Blätter sind 2–4-fach gefiedert. Die Blütendolden sind 8–15-strahlig, die Hüllen nach rückwärts gerichtet. Die weißen Blüten stehen in Döldchen mit abstehenden Hüllchen. Die wellig gerippten, eiförmigen Früchte sind bis 3,5 mm lang.

Die sommerwärmeliebende Pflanze kommt ziemlich zerstreut in Wärmegebieten in staudenreichen Unkrautfluren an Hecken, Wegrändern, Gräben und auf Schuttplätzen, auch in Dörfern auf frischen bis feuchten, nährstoffreichen Böden vor. Die ganze Pflanze ist durch Alkaloide (Coniin) stark giftig, weshalb sie heute nur noch in der Homöopathie in großer Verdünnung angewandt wird. Im Altertum wurde der Gefleckte Schierling zur Vollstreckung von Todesurteilen verwendet (Schierlingsbecher), so die Hinrichtung des Philosophen Sokrates und die Beschreibung seines Todes durch Platon in seinem Werk Phaidon. Weitere schwäbische Namen sind Mäuseschierling, Stinkschierling und Giftpeterling.

Der **Wasserschierling** ist ausdauernd und kann bis 150 cm hoch werden. Er besitzt einen hohlen und quergefächerten Wurzelstock. Der Stängel ist röhrig. Die Blätter sind 3-fach gefiedert mit lineal-lanzettlichen, bis 8 cm langen, scharf gesägten Fiederblättchen. Die Blattscheiden sind blasig aufgetrieben. Die Blütendolde ist 15–25-strahlig und meist ohne Hüllblätter. Die kleinen, weißen Blüten stehen in Döldchen mit zahlreichen, zuletzt zurückgeschlagenen Hüllchenblätter. Die kugelige, kahle Frucht mit gelblichen Rippen hat einen Durchmesser von ca. 2 mm.

Der meist im Wasser stehende Wasserschierling wächst verhältnismäßig selten in Verlandungsbeständen auf mehr oder weniger nährstoffreichen, oft kalkarmen, mäßig sauren, torfig-humosen Schlammböden.

Foto: Peter Banzhaf

Abb: Wasserschierling

Durch den Besitz von Cicutoxin ist die ganze Pflanze, vor allem der Wurzelstock und der Stängel, noch giftiger als der Gefleckte Schierling. Das Gift verliert im Gegensatz zum Gefleckten Schierling beim Trocknen seine Wirkung nicht. Angewandt wird die Pflanze arzneilich nur in homöopathischen Verdünnungen. Volkstümliche Namen für die Pflanze sind Giftmerk, Giftiger Wassermerk und Tollrübe.

Schilf – Phragmites australis

Das bis 4 m hoch werdende ausdauernde Schilf aus der Familie der Süßgräser (Poaceae, früher Gramineae) besitzt eine Grundachse mit meterweit kriechenden, unterirdischen Ausläufern. Der Stängel (Rohr) ist 1–2 cm dick, die Knoten sind über den ganzen Halm verteilt. Die graugrünen Blätter sind 1–3 cm breit und 30–50 cm lang. Am Blattgrund ist statt eines Blatthäutchens ein Haarkranz ausgebildet. Der Blütenstand ist eine bis 40 cm lange Rispe, die im oberen Teil etwas überhängt.

Das Schilf wächst häufig und bestandsbildend in Röhrichten stehender oder langsam fließender Gewässer ungefähr bis 1 m Wassertiefe. Es kommt auch in Feucht- und Nasswiesen, in Quellmooren, in Weiden-Auenwäldern und Erlenbrüchen vor. Oft bildet es heute geschlossene Bestände in Brachestadien von Feucht- und Nasswiesen (Land-Schilfröhricht). Es besiedelt nährstoff- und basenreiche Schlamm- und Nassböden. Es ist ein Verlandungspionier, Uferfestiger und Torfbildner, der durch starken Wellenschlag geschädigt wird. Das Schilf wurde früher sehr oft, heute nur noch wenig zur Herstellung von Rohrmatten als Untergrund für den Verputz oder jetzt als Sichtschutz in Gärten genutzt. Neue Verwendungen findet das Schilf in Biokläranlagen, zur Herstellung von Schilfbriketts und in Biogasanlagen.

Das Schilf enthält vor allem Kieselsäure und Mineralien, der Wurzelstock Alkaloide, die in der Volksheilkunde als harntreibendes Mittel (Diuretikum), bei Verschleimung, Husten und Lungenbeschwerden Verwendung finden.

Schwäbische Namen für das Schilf sind Ipserrohr (nach der Nutzung der Rohrmatten durch Gipser), Wei(h)erro(h)r und Ried (nach den Wuchsorten), Schilfro(h)r, Seero(h)r.

Foto: Peter Banzhaf

Schlehe – Prunus spinosa

Der Name Schlehe (schwäbisch Schleh oder Schleie) gilt sowohl für den Strauch, der zur Familie der Rosengewächse (Rosaceae) gehört, als auch für die Frucht, eine Steinfrucht wie bei der Süß-Kirsche (Prunus avium, s.dort). Der etwas wärmebedürftige Strauch kommt häufig in Hecken an Wald- und Wegrändern, im Pioniergebüsch auf Magerweiden und Steinriegeln auf mäßig trockenen bis frischen, nährstoffreichen Böden vor. Er kann sich mit Hilfe von Wurzelschößlingen ausbreiten (Wurzelkriechpionier).

Die Blüten enthalten Flavonoide, die Früchte Gerb- und Farbstoffe, Fruchtsäuren, Zucker und Vitamin C. In der Volksheilkunde werden die Blüten als Tee zur Blutreinigung, als abführendes, harntreibendes und bei Husten als auswurfförderndes Mittel sowie als Gurgelmittel verwendet. Auch die stark zusammenziehenden (adstringierenden) und sauer schmeckenden Früchte werden als Saft entsprechend angewendet, vor allem zur blutreinigenden Frühjahrskur, sowie gegen Rheuma und bei Erkältungskrankheiten. Die vergorenen Früchte dienen auch zur Herstellung von Schlehenschnäpsen. Durch Frost wird ein Teil der Gerbstoffe abgebaut und die Früchte schmecken dann nicht mehr so herb.

Zur Schlehe schreibt Fritz Schray (in Fritz Schray / Rolf Schöndienst: Blumen der Alb und was sie erzählen. Silberburg-Verlag, Tübingen 1994): »Die Schlehen waren Wildfrüchte, die schon von den Menschen der Jungsteinzeit geschätzt wurden, denn in ihren Pfahlbauten wurden Schlehenkerne gefunden. Und die Schlehe (althochdeutsch slewa, mittelhochdeutsch slehe, von lateinisch lividus = blauschwarz) ist mit Hasel (althochdeutsch hasal, mittelhochdeutsch hasel) und Apfel (althochdeutsch aphul, mittelhochdeutsch apfel) die einzige Obstart, die ihren germanischen Namen bis heute bewahrt hat. Lateinisch spinosa (= dornig) verweist auf den sparrigen Strauch mit den dornbewehrten Ästen (daher die Namen Schle(h)dorn oder Schwarzdorn wegen der dunklen Rinde im Gegensatz zum Weißdorn mit der helleren Rinde), der allen Widrigkeiten von Sturm und Unwetter trotzt. Sommers schützt er so die Nistplätze vieler Vögel und im Winter, wenn er ungebeugt unter der Schneelast steht, suchen diese Vögel unter der Schneehaube sicheren Schutz.

Nach einer alten Legende beschuldigte der Kreuzdorn einst den Schlehdorn vor den anderen Bäumen, er habe seine Zweige für die Dornenkrone Christi hergegeben. Da erbarmte sich Gott des Schlehdorns, und zum Zeichen der Unschuld überschüttete er den Strauch im Frühjahr in einer Nacht mit tausenden weißen Blüten (Schleiebluscht). Auch der Blitz darf nicht einschlagen, und man ist bei einem Gewitter unter ihm sicher.

Wie alle Dornsträucher wehrt auch der Schlehdorn die bösen Geister ab. Man nagelt am Walpurgisabend (30. April) die Zweige an die Stalltüren oder steckt sie auf den Misthaufen und ist gegen alle Hexerei gefeit. Manche nähen sich einen Zweig ins Kleid, um sich zu schützen. Männer tragen gegen bösen Zauber einen Schlehdornstock bei sich.

Auf der Alb wurden die Dornen des Schlehdorns vor Weihnachten gesammelt, auf dem Ofen getrocknet und dann zum Verschließen der Würste verwendet. Für die Bauern war die Schlehenblüte Ernteorakel: Soviel Tag die Schleh vor Sankt Georg (24. April) blüht, soviel Tag der Schnitter vor Jakobi (25. Juli) in die Ernte zieht.

Der erste Frost macht die Früchte mild, daher die schwäbischen Namen Eis- oder Schneeschleie. Dann schmecken die herben, blauen Pfläumchen und eignen sich zu Schlehenmus und Schlehensaft, eine Frühjahrskur ohnegleichen. Und welch holde Zuneigung spricht aus dem Satz: Du hast Augen wie Schlehen.«

Foto: Verena Mueller

Foto: Peter Banzhaf

Wiesen-Schlüsselblume, Himmelsschlüssel – Primula veris
Hohe Schlüsselblume – Primula elatior

Die Bezeichnung »Himmelsschlüssel« für die **Wiesen-Schlüsselblume** ist die ältere und taucht schon bei der Benediktinerin Hildegard von Bingen (1098–1179) als hymelslozel auf. Schlüsselblume ist eine jüngere Bildung und erscheint erst im 16. Jahrhundert. Himmelsschlüssel ist daraus entstanden, weil die Blüten wie ein Bund Schlüssel zusammenliegen. Der Legende nach soll die Blume aus dem vom Himmel gefallenen Schlüsselbund des hl. Petrus entstanden sein, daher auch der mancherorts verwendete Namen Petersblu(e)m. Aus der Romantik stammt die poetische Deutung, dass der Himmelsschlüssel den milden Frühlingshimmel aufschließt.

Die ausdauernde, bis 20 cm hoch werdende Pflanze aus der Familie der Primelgewächse (Primulaceae) besitzt nur grundständige, in einer Rosette angeordnete, runzelige, mehr oder weniger behaarte Blätter mit geflügeltem Blattstiel. Der Bütenstand auf langem Stiel ist eine einseitswendige Dolde (Schlüsselbund) mit zahlreichen, sehr wohl riechenden, goldgelben Blüten, die gegen den Schlund 5 orange Flecken aufweisen. Der bleichgrüne Kelch ist bauchig aufgeblasen.

Die etwas wärmebedürftige Pflanze ist ein ausgesprochener Magerkeitszeiger, worauf bei der heute allgemeinen Eutrophierung der Landschaft ihr Rückgang zurückzuführen ist. Sie kommt auf mäßig trockenen Böden in Wiesen und Wäldern vor.

Leicht verständlich sind schwäbische Namen, die sich auf die Blütezeit beziehen wie Märzeblu(e)m, Gel(b)er Märzeveigel, Aprila und Maieblu(e)m. Schwieriger zu beantworten ist die Frage, woher sich der Name Batenka (weitere Schreibweisen Badenga, Bagenke, Bagenga) herleitet. Vermutlich leitet er sich von Betonica officinalis (= Stachys officinalis, Heil-Ziest) ab. Unklar ist, warum der Name von Betonica auf die ganz anders aussehende Schlüsselblume übertragen wurde. Wahrscheinlich ist dies durch die Fachsprache der Ärzte und Apotheker ins Volk gedrungen, zumal die medizinische Verwendung der beiden Pflanzen ganz ähnlich war. Für die Namensübertragung dürfte weiterhin von Bedeutung gewesen sein,

Foto: Peter Banzhaf

Abb: Wiesen-Schlüsselblume

dass beide einst als Zauberpflanzen galten. In manche Bereichen Schwabens wurde statt Batenka der Name Matenka (Madenga, Magenka, Magenga) verwendet. Es ist unklar, ob es sich dabei um einen reinen Buchstabenwechsel handelt, oder vielleicht eine Anlehnung an die Blütezeit Mai ist, wie es im Namen Maiegenka zum Ausdruck kommt. Gelegentlich wurden die Namen Batenka bzw. Matenka auch auf die **Hohe Schlüsselblume (Primula elatior)** übertragen. Dann wird die stark duftende Wiesen-Schlüsselblume als Mädlesbatenka (-matenka) und die weniger duftende Hohe Schlüsselblume als Bu(e)bebatenka (-matenka) bezeichnet.

Die Wiesen-Schlüsselblume ist eine alte Heilpflanze, weshalb sie früher auch den Namen **Arznei-Schlüsselblume (Primula officinalis)** trug. Die Heilwirkung geht von Saponinen aus, die besonders in der Wurzel angereichert sind (5–10%). Die Wurzel wurde als schleimlösendes und auswurfförderndes Mittel bei Erkrankungen der Atemwege, aber auch zur Förderung der Harnabsonderung verwendet. Die gedörrte, angenehm nach Anis riechende und zu Pulver gestoßene Wurzel galt als Niesmittel. Die Bezeichnung Teeblu(e)m geht auf die Verwendung der Blüten als Tee zurück, der bei Brustbeschwerden und Husten, sowie bei Rheumatismen der Gelenke und Gicht Heilung bringen soll. Der Tee aus getrockneten Blätter galt als Stärkungsmittel der Nerven und als Mittel gegen Schwindel und Migräne.

Abb:
Hohe Schlüsselblume

Foto: Peter Banzhaf

Gewöhnlicher Schneeball – Viburnum opulus
Wolliger Schneeball – Viburnum lantana

Beide Sträucher können bis 3 m hoch werden. Sie gehören zur Familie der Moschuskrautgewächse (Adoxaceae, früher zu den Geißblattgewächsen, Caprifoliaceae, gestellt).
Der **Gewöhnliche Schneeball** besitzt grüne, beiderseits kahle und glatte Blätter. Diese sind ahornartig 3–5-lappig. Die Knospen haben Schuppen. Die weißen Blüten stehen in Trugdolden, wobei die Randblüten wesentlich größer sind als die übrigen Blüten. Sie sind unfruchtbar und dienen als Schauapparat. Die Früchte sind rote Beeren. Der Gewöhnliche Schneeball wächst häufig in Auenwäldern und -gebüschen, an Wald- und Bachrändern, in Hecken auf frischen bis feuchten (Feuchtigkeitszeiger), nährstoff- und basenreichen Böden. Der Strauch besitzt großes Ausschlagevermögen. Die frische Rinde der Zweige und jungen Stämme enthalten Glykoside und Gerbstoffe sowie weitere Inhaltsstoffe, die bis jetzt kaum untersucht worden sind. Sie wird sowohl in der Schulmedizin als auch in der Homöopathie und Volksheilkunde bei Menstruationsbeschwerden angewandt. Die Beeren, vor allem die Steinsamen in ihnen haben schleimhautreizende, harzartige Substanzen, die bei Verzehr zu leichten Vergiftungen mit Übelkeit und Brechreiz führen. In der Volksheilkunde wurden sie früher als Brech- und Abführmittel verwendet.
Der Name Schneeball geht auf die Gartenform mit kugelförmigen Blütenständen zurück. Schwäbische Namen sind Wilder Schnaiball, Wasser- oder Bachholder, nach der Wirkung der Beeren Hundsbe(e)r, Krottebe(e)r und Scheißbe(e)r.
Beim **Wolligen Schneeball** sind die eiförmigen, netzrunzeligen Blätter graufilzig. Die Knospen sind schuppenlos. Der Blütenstand ist schirmförmig, die Blüten sind alle gleich groß. Der Strauch kommt zerstreut an sonnigen Waldrändern und in Hecken, auch in lichten Eichenwäldern auf mäßig trockenen, nährstoff- und basenreichen, meist kalkhaltigen Böden vor. Die Früchte sind leicht giftig, ihr Verzehr führt zu Magen-Darm-Beschwerden. Sie finden in der Heilkunde keine Anwendung. Ein schwäbischer Name für den Strauch ist Schling.

Abb:
Gewöhnl. Schneeball, Blüten, li oben
Gewöhnl. Schneeball, Früchte, re. ob.
Wolliger Schneeball, Blüten, li unten
Wolliger Schneeball, Früchte, re unten

Foto: Peter Banzhaf

Foto: Peter Banzhaf

Schneeglöckchen – Galanthus nivalis

Das besonders geschützte Schneeglöckchen aus der Familie der Narzissengewächse (Amaryllidaceae) ist ein 10–20 cm hohes Zwiebelgewächs mit 2 grundständigen, blaugrünen Blättern. Die Stängel tragen nur 1 Blüte, die von einer weißhäutigen Hochblattscheide überragt wird. Die nickenden Blüten besitzen 6 weiße Blütenblätter, die 3 äußeren und größeren sind rein weiß. Die 3 inneren und kleineren haben einen grünen Fleck. Das Schneeglöckchen blüht 1–2 Wochen früher und auch länger als der Märzenbecher (siehe dort). Die Frucht ist eine Kapsel. Die Samen weisen ein ölhaltiges Anhängsel (Elaiosom) auf, das von Ameisen verzehrt und damit der Samen durch sie verbreitet wird.

Bei den meisten Vorkommen des Schneeglöckchens handelt es sich um Verwilderungen. Als einheimische Wildpflanze findet man es auf der Schwäbischen Alb in den Talsystemen der Zwiefalter Aach und der Lauchert sowie im Großen Lautertal. Hier wächst die Pflanze sehr gesellig in Ahorn-Lindenwäldern (Schluchtwäldern) und Buchenwäldern auf frischen bis feuchten, nährstoffreichen, kalkhaltigen, humosen Böden. Wie die meisten Narzissengewächse ist auch das Schneeglöckchen giftig. Es besitzt die gleichen Alkaloide, welche die gleichen Beschwerden verursachen wie der Märzenbecher (siehe dort).

Schwäbische Namen für das Schneeglöckchen sind Hornungsblu(e)m und Hornungsglöggle (Hornung = Februar), Schnaiglöggle, Schnaitröpfle, Milchglöggle und Schnaikätter (sonst meist für das Busch-Windröschen verwendet, siehe dort).

Schöllkraut – Chelidonium majus

Die zu den Mohngewächsen (Familie Papaveraceae) gehörige, ausdauernde Pflanze wird 30–50 cm hoch. Die auf der Unterseite blaugrünen Blätter sind gefiedert bis fiederspaltig. Die gelben, 1–2 cm breiten Blüten stehen doldig zu 2–6. Die ganze Pflanze besitzt einen gelben Milchsaft, der an der Luft rötlich wird.

Das Schöllkraut ist ein ausgesprochener Kulturbegleiter und Stickstoffzeiger. Es kommt auf nährstoffreichen Böden verbreitet in Unkrautgesellschaften an meist mäßig beschatteten Wegen, Wald- und Heckensäumen, Mauern und Zäunen vor.

Die ganze Pflanze, insbesondere der gelbe Milchsaft enthält zahlreiche Alkaloide. Früher wurde das getrocknete Kraut als Leber- und Gallentee verwandt. Volkstümlich diente der frische Milchsaft zur Behandlung von Warzen, Hornhaut und Hühneraugen. Da die Pflanze auch zentrallähmende und schleimhautreizende Alkaloide enthält, ist man heute von einer pharmazeutischen Nutzung weithin abgekommen.

Die volkstümlichen Namen Goldwurz oder Gel(b)wurz gehen auf die goldgelben Blüten bzw. den Milchsaft (Milchblu(e)m) zurück. Der Verwendung nach wird das Schöllkraut auch Warzekr(a)ut genannt.

Foto: Verena Mueller

Acker-Schwarzkümmel – Nigella arvensis

Der **Acker-Schwarzkümmel** ist ein verhälnismäßig kleines, einjähriges Kraut, das höchstens 25 cm hoch wird. Es gehört zur Familie der Hahnenfußgewächse (Ranunculaceae). Der Stängel ist meist verzweigt. Alle Blätter sind stängelständig und 3-fach gefiedert mit schmal-linealen Zipfeln. Die Blüten stehen einzeln endständig. Die 5 hellblauen, grün gestreiften Blütenblätter sind eigentlich die Kelchblätter. Die Kronblätter sind als Honigblätter ausgebildet. Staubblätter sind zahlreich vorhanden. Die Frucht ist eine bis 1,5 cm lange, zylindrische Kapsel mit zahlreichen, fast schwarzen Samen.

Der Acker-Schwarzkümmel wuchs einst in Getreideäckern auf mäßig trockenen, nährstoff- und kalkreichen Böden. Heute ist er weithin verschollen und durch modernen Ackerbau und Herbizideinsatz vom Aussterben bedroht. Er kann nur in Feldflora-Reservaten überleben.

Schwäbische Namen für die Pflanze sind Nonnenägele (Nägele = Nelke) und Wilder Schwarzkimmich.

Eine beliebte Gartenpflanze ist der **Garten-Schwarzkümmel (Nigella damascena)**, bei dem die Blüte von laubartigen Hochblättern umgeben ist. Darauf gehen volkstümliche Namen wie Jungfer im Grünen, Gretel im Busch oder Gretchen in der Heck zurück. Weitere Namen sind Damaszener- oder Türkischer Schwarzkümmel.

Der **Echte Schwarzkümmel (Nigella sativa)** wurde seiner Samen wegen in Ägypten und einigen nahöstlichen Ländern seit dem Altertum als Gewürzpflanze genutzt. Die Samen enthalten ätherische und fette Öle sowie Alkaloide (Nigellidin). Das kalt gepresste Öl ist würzig und ein wertvolles Nahrungsergänzungsmittel. Volkstümlich wurden die Samen als Mittel bei Verdauungsstörungen und als harntreibendes Mittel (Diuretikum) genutzt. Heute noch werden die Samen ihres aromatischen, scharfwürzigen Geschmacks wegen als Gewürz verwendet.

Foto: Verena Mueller

Abb:
Acker-Schwarzkümmel

Abb:
Garten-Schwarzkümmel, Blüte und Fruchtkapsel

Schwarznessel – Ballota nigra

Die ausdauernde, bis 120 cm hoch werdende, unangenehm riechende Pflanze aus der Familie der Lippenblütler (Lamiaceae, früher Labiatae) ist mehr oder weniger dicht behaart. Der 4-kantige Stängel trägt gestielte, breit eiförmige, unregelmäßig gezähnte, nach oben kleiner werdende Blätter. Die deutlich zweilippigen, schmutzig violetten Blüten mit dicht behaarter Oberlippe stehen zu 4–10 in den oberen Blattachseln. Die 5 Zähne des Kelchs sind lang begrannt oder haben eine aufgesetzte Stachelspitze.

Die Pflanze kam früher häufig in staudenreichen Unkrautgesellschaften an Wegen, Zäunen und Schuttplätzen, vor allem in Dörfern auf warmen, frischen, nährstoffreichen (stickstoffreichen) Böden vor. Heute ist sie durch die Verstädterung der Dörfer und durch die Aktionen »Unser Dorf soll schöner werden« in den Dörfern selten geworden bzw. aus vielen ganz verschwunden.

Das Kraut der Schwarznessel enthält Terpene, Bitterstoffe, Flavonoide, unangenehm riechendes ätherisches Öl und Saponine. In der Homöopathie und Volksmedizin wird es in Form von Tee als Beruhigungsmittel (Sedativum) bei Hysterie und zur Behandlung nervöser Beschwerden sowie als krampflösendes Mittel (Spasmolytikum) bei krampfartigen Magenschmerzen, Keuchhusten und zur Steigerung des Gallenflusses, äußerlich bei Gicht angewendet.

Schwäbische Namen für die Schwarznessel sind Schwarze Daubnessel, Stinknessel und Gottvergess.

Gelbe oder Wasser-Schwertlilie – Iris psueudacorus

Die besonders geschützte Gelbe Schwertlilie aus der Familie der Schwertliliengewächse (Iridaceae) besitzt einen kräftigen, stark verzweigten Wurzelstock. Der mehr oder weniger runde Stängel wird 50–100 cm hoch. Die Blätter sind lineal, 1–3 cm breit, bis 90 cm lang und 2-zeilig angeordnet. Der Blütenstand weist 4–12 rein gelbe Blüten auf. Bei diesen sind die 3 äußeren Blütenblätter herabgebogen, die 3 inneren aufgerichtet. Die Frucht ist zylindrisch, die Samen darin geldrollenartig aufgereiht. Die Pflanze blüht im Mai bis Juni.

Die Pflanze kommt an Gewässerufern, in Röhrichten und Großseggen-Gesellschaften, in nassen Auen- und Bruchwäldern auf nährstoffreichen, zeitweise überschwemmten Böden verhältnismäßig häufig vor.

Die ganze Pflanze, insbesondere der Wurzelstock weisen chemisch noch nicht vollständig geklärte Scharfstoffe auf, die auf der Haut Entzündungen, innerlich Vergiftungen hervorrufen. Gelegentliche Vergiftungen gehen auf Verwechslung mit dem arzneilich genutzten Kalmus (Acorus calamus) zurück.

Im Schwäbischen bezieht sich der Name Gel(b) Säbelwurz auf die schwertförmigen Blätter, oder ist er eine Zusammensetzung mit Ilge (= Lilie, Schwertlilie) wie Gel(b)e Ilge. Die Bezeichnung Ackerwurz geht auf verballhornt Akorwurz zurück wegen der Ähnlichkeit mit Kalmus (Acorus calamus; vgl. dazu den lateinischen Artnamen der Gelben Schwertlilie pseudacorus = falscher oder unechter Kalmus). Namengebend für Storchegeld sind die geldrollenartig aufgereihten Samen und die nassen Wuchsorte, an denen sich Störche gern aufhalten.

Foto: Peter Banzhaf

Weiße Seerose – Nymphaea alba

Bei der besonders geschützten Weißen Seerose handelt es sich um eine ausdauernde Wasserpflanze aus der Familie der Seerosengewächse (Nymphaeaceae). Sie besitzt einen kräftigen, kriechenden Wurzelstock. Die lang gestielten Schwimmblätter sind tief herzförmig und besitzen gegen den Blattrand bogig verbundene Seitennerven (Unterschied zur Mummel, siehe dort). Die aus dem Wasser ragenden Blüten haben einen Durchmesser von ca. 9–12 cm. Sie haben vier, außen grüne, innen weiße Kelchblätter, zahlreiche weiße Kronblätter, die nach innen kleiner werden und in die zahlreichen gelben Staubblätter übergehen. Die gelben Narben weisen 10–20 Narbenstrahlen auf. Die Frucht ist eine vielsamige Kapsel. Die Pflanze kommt in Schwimmblatt-Gesellschaften in Teichen, Weihern, Seen, ruhigen Seebuchten und in langsam fließenden Gewässern bis zu einer Wassertiefe von 3 m auf mehr oder weniger nährstoffreichen Schlammböden vor.

Die getrockneten Blüten enthalten Glykoside sowie Flavonoide und wurden früher in der Volksmedizin innerlich gegen Durchfallerkrankungen angewendet. Die getrockneten Wurzeln enthalten vor allem verschiedene Tannine. Sie wurden in der Volksheilkunde bei sexueller Übereregbarkeit, Schlaflosigkeit und Angstzuständen verwendet.

Der Gattungsname geht auf das griechische Wort nymphe = Braut zurück. Der Sage nach sei die Pflanze aus einer wegen Eifersucht auf Herkules gestorbenen Nymphe entstanden.

Schwäbische Namen nach ihren Wuchsorten sind Seeblu(e(m, Wasserros und Froschblu(e)m. Schwindelwurz(el) wird sie genannt, weil ein Teil der dicken Wurzel an einer seidenen Schnur um den Hals getragen vor Schwindel schützen soll, und Krampfwurz(el), weil die unter das Bett gelegte Wurzel vor Krämpfen bewahren soll.

Fotos: Peter Banzhaf

Seidelbast, Kellerhals – Daphne mezereum

Der besonders geschützte Seidelbast ist ein 30–150 cm hoher, sommergrüner Strauch aus der Familie der Seidelbastgewächse (Thymelaeaceae) mit wenig verzweigten, nur an der Spitze beblätterten Ästen. Die Blätter sind kurz gestielt, bis 8 cm lang, oberseits sattgrün, unterseits blaugrün. Sie erscheinen erst nach den Blüten. Diese stehen zu 2–3 über den vorjährigen Blattnarben. Sie blühen im Februar-April, sind rosenrot und duften stark angenehm. Die Blütenbecher sind so lang wie die 4 etwas zugespitzten Blütenzipfel. Die Frucht zeigt ein leuchtendes Rot.

Der Seidelbast kommt in artenreichen Laub- und Nadelwäldern auf nicht zu trockenen bis frischen, nährstoff- und basenreichen, meist kalkhaltigen, humosen Böden vor.

Alle Pflanzenteile, insbesondere die roten Beeren und die Rinde sind stark giftig. Für Erwachsene gelten 10–12 Beeren als tödlich, für Kinder entsprechend weniger. Die Giftwirkung wird im Gegensatz zu manchen Hahnenfußgewächsen durch Trocknung nicht beeinflusst. Die Vergiftungserscheinungen sind Niesen, Übelkeit, Magenschmerzen, Fieber, Krämpfe, Lähmungen, Nierenschädigung und zuletzt Kreislaufkollaps. Auf der Haut rufen die Giftstoffe Hautreizung und Entzündungen hervor.

Der wenig gebräuchliche Name Kellerhals geht auf das alte Wort kellen = quälen zurück und bedeutet den Hals quälen. Dies ist leicht verständlich, da der Verzehr von Beeren oder das Kauen an der Rinde im Mund und Rachen Brennen sowie Schluckbeschwerden hervorrufen.

Nicht ganz so klar ist die Herkunft des Namens Seidelbast. Öfters wird daraus eine volkstümliche Umdeutung, die als Zeidelbast mit der Zeidlerei (= Imkerei) in Verbindung gebracht wird. Dies auch deshalb, weil die Honig spendenden Blüten sehr früh erscheinen und damit eine frühe Bienennahrung darstellen. Der Name ist aber eindeutig älter und geht auf den »Zeiland« (mittelhochdeutsch cilienta) zurück. Dieser ist vermutlich von Ziusbast als Götterbast abgeleitet. Von dem Zeiland gibt es im Schwäbischen zahlreiche Abwandlungen wie Zeidel, Zeiland(er), Ziland(er), Zeiletle, Zeiletze, Zeiritzla, Seilande, Seiritzle, Seirinzetle, Seiesle, Seilixle usw. Eindeutig auf die Blütezeit bezogen sind die Namen Märzebluest, Zeilitzabluest und Sidelbluest (Bluest oder Blust bezeichnet die Blüte oder Blütezeit). Ebenfalls die Blüten betreffend ist der Name Steckeblu(e)m, weil die Blüten unmittelbar dem holzigen Stamm (Stecken) zu entspringen scheinen.

Foto: Verena Mueller

Abb:
Seidelbast mit Blüten

Foto: Verena Mueller

Abb:
Seidelbast mit Beeren

Acker-Senf – Sinapis arvensis
Schwarzer Senf – Brassica nigra

Beide Arten sind einjährig und gehören zur Familie der Kreuzblütler (Brassicaceae, früher Cruciferae).

Der **Acker-Senf** kann bis 60 cm hoch werden. Der Stängel ist unten abstehend behaart und verzweigt. Die unteren Stängelblätter sind kurz gestielt, die oberen sitzend. Sie sind mehr oder weniger borstig behaart, buchtig gezähnt bis fiederig mit großem Endblatt. Die gelben Blüten stehen doldentraubig am Ende der Äste, die Kelchblätter waagrecht ab. Die Fruchtschoten sind meist kahl, deren Schnabel fast rund. Der Acker-Senf ist ein verbreitetes Allerweltsunkraut, so insbesondere in Getreideäckern auf mäßig trockenen bis mäßig frischen, nährstoff- und basenreichen, oft kalkhaltigen Böden. Er wird weder arzneilich noch sonst genutzt. Schwäbische Namen für die Pflanze sind Gel(b)er Senf, Gel(b)er Hädrich, Gel(b)e Dille, Wilder Reps und Gel(b)es Steinkr(a)ut.

Nah verwandt ist der **Weiße Senf (Sinapis alba)**, der sich vor allem durch den schwertförmig abgeflachten Fruchtschnabel und die steif behaarten Schoten vom Acker-Senf unterscheidet. Die wärmeliebende Pflanze wird hierzulande vorwiegend als Gründüngungspflanze angebaut. Die gemahlenen Samen werden zur Senfherstellung, medizinisch bei Entzündungen der Atemwege und des Magen-Darm-Traktes, als Breiumschlag (Senfwickel) bei rheumatischen Beschwerden verwendet. Als Heil- und Gewürzpflanze war er schon den alten Griechen und Römern bekannt.

Der bis 120 cm hoch werdende **Schwarze Senf** ist seit der Römerzeit eine Kulturpflanze, die verwildert ist und heute an Flussufern als eingebürgert angesehen werden muss. Er besitzt gelbe Blüten. Die 4-kantigen Fruchtschoten stehen aufrecht dem Stängel anliegend. Die Samen enthalten Senföle, Glykoside, fettes Öl und Schleimstoffe. Sie werden zusammen mit den Samen des Weißen Senfs zur Senfherstellung verwendet. Der weit verbreitete Namen Mostrich für den Speisesenf geht auf das spätlateinische Wort mostardum (= scharfer Most) zurück, da dieser aus gemahlenen Senfkörnern und Most bereitet wird. Speissenf besteht aus verschiedenen Mengen von Weißem und Schwarzem Senf, auch von **Sarepta-Senf (Brassica juncea)**, der verdauungsfördernd wirkt und auch antibakterielle Wirkung hat. Die arzneiliche Anwendung des Schwarzen Senfs entspricht der beim Weißen Senf. Der Schwarze Senf kommt gern in Unkrautgesellschaften der Tieflandflüsse, so am mittleren Neckar, auf sickerfeuchten, zeitweise über-

Abb:
Acker-Senf, links oben
Weißer Senf, rechts oben
Schwarzer Senf, links unten

schwemmten, nährstoffreichen und meist kalkreichen Böden vor. Nach den Ländern, in denen der Schwarze Senf besonders häufig angebaut wird, heißt er Französischer oder Holländischer Senf.

Silberdistel, Eberwurz – Carlina acaulis

Die besonders geschützte, ausdauernde Silberdistel (Familie der Korbblütler, Asteraceae, früher Compositae) bildet eine lange Pfahlwurzel aus. Ihre tief buchtigen, starren und hartdornigen Blätter wachsen nur in einer grundständigen Blattrosette. Der blattlose Stängel ist kurz oder bis 30cm lang und trägt nur einen großen Blütenkopf (5–15 cm Durchmesser). Die äußeren Hüllblätter des Blütenkopfs sind rotbraun, fiederspaltig und stachelig, die inneren trockenhäutig, silberweiß und strahlig ausgebreitet. Bei Nacht und bei nahendem Regen schließen sich die inneren Hüllblätter, daher der Name Wetterdistel. Die Silberdistel hat im Inneren des Blütenkopfs nur weißliche bis gelbliche oder braunviolette Röhrenblüten.

Die Silberdistel kommt zerstreut in Magerweiden höherer Lagen, auch in Brachen von Kalk- und sauren Magerwiesen auf mäßig trockenen, basenreichen, aber nicht unbedingt kalkreichen Böden vor. Sie ist ein ausgesprochener Tiefwurzler. Ihre Bestände sind durch Aufgabe der Beweidung ziemlich zurückgegangen, weshalb sie allgemein als gefährdet anzusehen ist.

Früher wurden in der Volksmedizin die Wurzeln wegen ihres Gehalts an ätherischen Ölen, Gerbstoffen, Flavonoiden und Insulin bei verschiedenen Beschwerden angewandt. Da die Wurzeln aber auch das giftige Carlinaoxid enthalten, ist man von ihrer Verwendung abgekommen.

Zahlreich sind die volkstümlichen Namen für die Silberdistel, die teils auf Sagen, teils auf mythologische Überlieferungen zurückgehen. Der lateinische Name Carlina soll der Sage nach auf Kaiser Karl den Großen zurückgehen. Als die Pest sein Heer bedrohte, erschien ihm im Traum ein Engel, der ihm sagte, er solle einen Pfeil in die Luft schießen; die Pflanze, die beim Herabfallen des Pfeils getroffen werde, soll gegen die Pest Hilfe spenden. Der Pfeil fiel auf die Silberdistel. Kaiser Karl ließ sofort die Pflanze sammeln und aus ihr einen Sud für seine Truppe bereiten, und das Heer war gerettet. Eine andere Legende bezieht den gleichen Vorgang und dieselbe Wirkung auf die Truppen Kaiser Karl V., die im 16. Jahrhundert in Nordafrika unter der Pest litten. Von diesen Sagen leitet sich der Name Karlsdistel ab.

Der Name Eberwurz geht auf die Verwendung der Silberdistel als Schweinefutter zurück. Sie sollte bei Schweinekrankheiten und bei der Mast helfen, damit alle Schweine so stark werden wie ein Eber. Dies galt auch für den Verzehr durch den Menschen. Der Blütenboden ist als »Wilde Artischocke« essbar und war nicht nur bei Schäfern und Jägern sondern allgemein beliebt. Darauf

weisen Namen wie Kraftwurz, Neunmannsstärke, Jäger- oder Schäferdistel, Jäger- und Schäferbrot oder Distelbrötchen hin.
Die Silberdistel war auch eine viel genutzte Zauberpflanze. Man nagelte sie an Haus- und Stalltüren, um sich und sein Vieh vor Hexen, Krankheiten und Blitzschlag zu schützen. Teile der Pfahlwurzel wurden als Amulett getragen und sollten schützen, heilen und zu großer Kraft verhelfen. Auch beim Wettreiten versah man die Pferde mit diesem Zauberamulett, daher die Namen Rossdistel oder Rosswurz. Schwäbische Namen sind Egerte- oder Ägartedistel (von Egert = unbebautes Land; auch für Gänsedistelarten, Sonchus spec. verwendet), Fraue(n)distel (weil die Wurzeln am Frauentag, 15. August, ausgegraben wurden), Hundszorn (den Hunden wurde die Distelpflanze gegeben, um sie wachsam und zornig, d. h. scharf zu machen) und schließlich für die Blätter Mau(n)zle (die jungen Blätter wurden früher solange sie noch weich wie ein Katzenfell waren, als Viehfutter gesammelt; gilt ebenso für Kratzdistelarten, Cirsium spec.)
Heute ist die Silberdistel das Wahrzeichen der Schwäbischen Alb. So ist die rund 200 km lange Schwäbische-Alb-Straße von Nördlingen bis Tuttlingen mit einer stilisierten Silberdistel gekennzeichnet.

Foto: Peter Banzhaf

Gewöhnliches Sonnenröschen – Helianthemum nummularium

Das Gewöhnliche Sonnenröschen ist ein 10–30 cm hohes Halbsträuchlein (unten verholzt, oben krautig) aus der Familie der Zistrosengewächse (Cistaceae). Zu dieser Familie gehören im Mittelmeergebiet die in verschiedenen Farben wunderschön blühenden und für die Familie namengebenden Zistrosensträucher. Die Blätter des Gewöhnlichen Sonnenröschen sind eiförmig-länglich, am Rand oft etwas umgebogen, kurzhaarig bis kahl, oberseits grün, unterseits grau oder graugrün. Die verhältnismäßig großen Blüten (bis 2,5 cm im Durchmesser) mit 5 sattgelben Kronblättern und zahlreichen Staubblättern stehen in einer armblütigen Traube.

Die Pflanze kommt ziemlich häufig in Kalk-Magerwiesen (Mähder) und -weiden, an Böschungen und Rainen, in Saumgesellschaften auf mäßig trockenen, basenreichen Böden vor.

Die schwäbischen Namen der Pflanze beziehen sich alle auf die goldgelben, sonnenähnlichen Blüten: Goldrösle, Sonnerösle, Sonneblü(e)mle.

Speierling – Sorbus domestica

Der Speierling ist ein kleiner bis mittelgroßer Baum (5–25 m hoch) aus der Familie der Rosengewächse (Rosaceae). Die Rinde des Stamms wird schon früh rau und gleicht sehr der Rinde des Birnbaums. Die Blätter sind unpaarig gefiedert, das Endblättchen ist im Gegensatz zum Vogelbeerbaum immer lang gestielt, die seitlichen sind sitzend oder kurz gestielt. Unterseits sind die Fiederblättchen dicht und länger weißfilzig behaart, später verkahlen sie. Die weißen Blüten sind in vielblütigen Doldenrispen angeordnet. Die Früchte sind verhältnismäßig groß (1,5–3 cm lang), birn- oder apfelförmig, gelb mit roten Bäckchen. Der Baum bildet meist zahlreiche Wurzelausläufer.

Der Speierling kommt urwüchsig in warmen Gebieten (Weinbaugebiete) in Eichen-Trockenwäldern und Eichen-Hainbuchenwäldern auf mäßig trockenen, warmen, meist kalkhaltigen Böden vor. Früher wurde er öfters angepflanzt und ist dann verwildert.

Die Früchte sind sehr gerbstoffreich und wurden deshalb früher bei Darmerkrankungen (Durchfall, Ruhr) angewandt. Frisch genossen wirken sie zusammenziehend (adstringierend) und verursachen ein Würgen im Hals, man speit sie wieder aus, worauf die Namen Speierling und Würgebe(e)r zurückgehen.

Die Früchte werden erst nach längerem Lagern, wenn sie teigig geworden sind, genießbar. Des Gerbstoffgehalts wegen wurden sie früher zur Klärung und Haltbarmachung von Apfel-, Birnen- und Weinmost verwendet. So ist im Frankfurter Äppelwoi heute immer noch Speierlingsmost enthalten. Die Frucht besitzt außerdem sehr viel Zucker (um 120° Öchsle), der aber beim Verzehr nicht wahrgenommen wird, da er von den Gerbstoffen vollkommen überdeckt wird. Deshalb kann aus den vergorenen Früchten ein fein-herber Schnaps gebrannt werden (Sorbett). Das Holz des Baumes wird seiner Festigkeit wegen sehr geschätzt, es gilt sogar als eines der festesten und dauerhaftesten unter den einheimischen Hölzern. Deshalb wurde dieses Holz einst zur Herstellung von Speeren verwendet. Davon leiten sich die Namen Sperberbaum (hochdeutsch ausgeschrieben Speer-beer-baum) oder Sperbelbaum ab. Auch wenn diese Bezeichnungen an den Greifvogel Sperber angelehnt sind, hat dieser mit dem Baum nichts zu tun und er ernährt sich auch nicht von dessen Früchten.

Foto: Verena Mueller

Abb:
Speierling, Blüten, links oben
Speierling, Früchte, links unten

Abb:
Speierling, Baumstamm, rechts oben
Speierling, Herbstblätter, rechts u.

Stachelbeere – Ribes uva-crispa, früher: Ribes grossularia

Die Stachelbeere ist ein kleiner, ca. bis 150 cm hoch werdender, stacheliger Strauch aus der Familie der Stachelbeergewächse (Grossulariaceae, früher zu den Steinbrechgewächse, Saxifragaceae, gestellt).Die verhältnismäßig kleinen Blätter (ca. 3 cm im Durchmesser) sind 3–5-lappig eingeschnitten und gezähnt. Die grünlichen oder rötlichen Blüten stehen einzeln oder zu 2–3 in den Blattachseln. Die Frucht ist eine grüne, gelbe, auch rötliche, hängende, meist behaarte Beere, die vom Kelch gekrönt wird.

Der Strauch wächst auf frischen, nährstoff- und basenreichen, oft kalkhaltigen, meist steinigen Böden in Hecken, an Waldrändern, auf Steinriegeln, an felsigen Hängen, um alte Burgen und Ruinen, in Ahorn-Linden- und Auenwäldern.

Die Stachelbeere wird seit dem 16. Jahrhundert in vielen Sorten als Beerenfrucht kultiviert. Heute sind amerikanische, mehltauresistente Arten eingekreuzt (die gefährlichste Pilzkrankheit ist der aus Nordamerika eingeschleppte Amerikanische Stachelbeermehltau, Sphaerotheca mors-uvae).

Die Beeren werden als Frischobst verzehrt oder werden zu Kompott, Gelee, Gsälz (Marmelade), Fruchtsaft und Beerenwein verarbeitet.

Schwäbische Namen für die Stachelbeere sind Heckebe(e)r, Stachle, Kotze oder Kotzebe(e)r (Kotze = grobe Wolldecke, nach der Behaarung der Blätter), Kräuselbe(e)r, Gruselbe(e)r, Kruzerle und Krusele (nach der Behaarung der Beere), außerdem Gluggere (Glugger = Kugel, nach der Gestalt der Beere), ebenso Gütterle oder Gütterbe(e)r (Gütter = bauchige Glasflasche) und Fässle, Zecken (Vergleich der Frucht mit einer vollgesaugten Zecke, Isodes ricinus), Zeite oder Zeitebe(e)r und schließlich noch Nonnefürzle (nach dem knackenden Geräusch beim Verzehr der Beeren).

Abb:
Stachelbeere, Blüten, links oben
Stachelbeere, Frucht, rechts oben
Stachelbeere, Blätter, links unten

Stechapfel – Datura stramonium

Die ursprünglich aus dem östlichen Nordamerika stammende, einjährige, krautige Pflanze aus der Familie der Nachtschattengewächse (Solanaceaea) wird bis 100 cm hoch und hat einen gabelig verzweigten, kahlen und stumpfkantigen Stängel. Die bis 20 cm langen Blätter sind buchtig und grob gezähnt. Die trichterförmigen, bis 10 cm langen, weißen Blüten mit zugespitzten Blütenzipfeln sitzen einzeln in den Blattachseln. Die Fruchtkapsel ist ziemlich groß und stachelig; sie springt 4-klappig auf.

Der Stechapfel kommt selten und meist unbeständig in Unkrautgesellschaften der Wärmegebiete auf mäßig frischen, nährstoffreichen Böden vor. Immer wieder taucht er nach Ansaat von Bokharaklee (s. bei Honigklee) auf und verschwindet nach einiger Zeit wieder. Die Pflanze hat sich im 16. Jahrhundert aus Gärten ausgebreitet.

Die ganze Pflanze, insbesondere die Samen enthalten Alkaloide (Hyoscamin wie im Bilsenkraut, siehe dort; Atropin wie in der Tollkirsche, siehe dort) Flavonoide, Cumarine und ist damit sehr stark giftig. Die Droge wird deshalb von der Schulmedizin nicht mehr angewandt, ist selten in standardisierten Fertigpräparaten enthalten, die bei Parkinsonscher Krankheit, gegen Husten und Asthma verwendet werden. In der Homöopathie wird die Droge in großer Verdünnung eingesetzt bei fieberhaften Infektionen, Krampfzuständen, Psychosen und Entzündungen der Augen. Höchst problematisch ist die Verwendung der Samen als Rauschmittel, da die Wirkung nicht abgeschätzt werden und nach zunächst euphorischen Zuständen leicht zum Tode führen kann.

Volkstümlich schwäbische Namen sind Giftkr(a)ut, Tollkr(a)ut und Zigeunerkr(a)ut (früher nahm man irrtümlich an, die Zigeuner hätten die Pflanze als Tollkr(a)ut mitgebracht).

Fotos: Verena Mueller

Steinbeere – Rubus saxatilis

Die Steinbeere (Familie der Rosengewächse, Rosaceae) ist eine 10–25 cm hoch werdende, ausdauernde, krautige Pflanze mit oberirdisch weit kriechenden sterilen und kurzen, aufrechten, blühenden Trieben. Die Blätter sind 3-zählig und beidseits grün. Die doldigen Blütenstände bestehen aus 3–10 kleinen weißen Blüten, die Sammelfrucht aus wenigen, hellroten Teilfrüchten mit Johannisbeergeschmack, die kaum miteinander verbunden sind.

Die Pflanze wächst zerstreut in lichten Laub- und Nadelmischwäldern, vor allem der Berglagen, auf sommerwarmen, mäßig trockenen, meist kalkhaltigen, humosen Steinböden.

Die volkstümlichen Namen beziehen sich alle auf die Sammelfrucht, so im Schwäbischen Glasbe(e)r (nach dem glasigen Glanz der Einzelfrüchtchen), Hundshode und Pfaffenhode, Hodebe(e)r (die Einzelfrüchtchen werden mit Hoden verglichen) und schließlich Hasebe(e)re (die Sammelfrucht wird nicht gesammelt, sondern den Hasen überlassen).

Fotos: Peter Banzhaf

Abb:
Steinbeere, Blüte, links oben
Steinbeere, Früchte, rechts oben
Steinbbere, Herbstblatt, links unten

Sterndolde – Astrantia major

Die Sterndolde ist eine ausdauernde, bis 90 cm hoch werdende Pflanze aus der Familie der Doldenblütler (Apiaceae, früher Umbelliferae).
Die grundständigen Blätter sind zwar tief mit 5–7 Abschnitten eingeschnitten, aber am Grund immer verbunden. Der Blütenstand ist eine Dolde 2. Ordnung (Döldchen), der von weißen bis rosa, bis 2,5 cm langen Hochblättern (Hüllchen) umgeben ist. Die eigentlichen Blüten sind klein und ebenfalls weiß bis rosa.
Die Sterndolde ist in Hochlagen in Berg-Wiesen (Goldhafer-Wiesen) nicht selten anzutreffen. In tieferen Lagen kommt sie in Wald- und Heckensäumen, in Auen- und Ahorn-Lindenwäldern (Schluchtwälder), auch in krautreichen Buchenwäldern auf frischen, nährstoff- und basenreichen, meist kalkhaltigen Böden vor.
Die Pflanze enthält organische Säuren, Glykoside, Flavonoide, Saponine und Zucker. In der Volksheilkunde steht die Pflanze seit Jahrhunderten in hohem Ansehen. Sie wird bei Erkrankungen der Atmungsorgane, bei Blutungen und entzündlichen Prozessen der Verdauungsorgane sowie äußerlich als Abkochung zu Umschlägen als Wundheilmittel angewendet. Allerdings erfolgt dies meist in der Annahme, dass es sich dabei um die **Heildolde (Sanikel, Sanicula europaea)** handelt, wozu vermutlich der volkstümliche Name Schwarze Sanikel für die Sterndolde Anlass gab. Die Heildolde wird auf Grund ihres Saponingehalts in der Volksheilkunde bei den gleichen Krankheiten und Beschwerden angewandt wie die Sterndolde.
Schwäbische Namen für die Sterndolde sind Meisterwurz(el), Holznägele (Nägele = Nelke, Holz weil die Pflanze im Wald wächst) und Menonitenblu(e)m (weil die Menoniten als Wiedertäufer die Sterndolde besonders gern in ihren Gärten angepflanzt haben).

Große Sternmiere – Stellaria holostea

Die Große Sternmiere aus der Familie der Nelkengewächse (Caryophyllaceae) wächst lockerrasig, wird 15–30 cm hoch und besitzt dünne, 4-kantige Stängel mit langen, schmalen, waagrecht abstehenden Blättern. Die ziemlich großen Blüten sind weiß, die 5 einzelnen Kronblätter bis zur Mitte gespalten.
Die Große Sternmiere ist vor allem in tieferen Lagen in lichten Wäldern und Hecken sowie deren Säumen auf meist kalkfreien Lehmböden zu finden.
Volksmedizinisch wurde die Pflanze wie der Wiesen-Augentrost (Euphrasia rostkoviana, siehe dort) bei Augenleiden angewandt.

Die weißen Blüten brachten im Schwäbischen der Pflanze die Namen Milchschüssele, seltener Seichkächele oder Potschamberblü(e)mle (beides für Nachttopf) ein.
Auf die langen, kriechenden Stängel, die mit Adern verglichen werden, gehen die Namen Äderich oder Äderichkr(a)ut zurück.

Acker-Stiefmütterchen – Viola arvensis

Der Name Stiefmütterchen leitet sich von der Gestalt der Blüte ab mit zwei nach oben gerichteten, zwei seitlich abstehenden Kronblättern und einem nach unten gerichteten Kronblatt. Nach dem erst im 18. Jahrhundert geprägten, vom Volksmund abgeleiteten Namen bilden die beiden oberen Kronblätter zwei Stühle, welche die Stiefmutter in Anspruch nimmt, auf den beiden seitlichen sitzen deren eigene Töchter, während sich die Stieftochter mit dem unteren begnügen muss. Beim Acker-Stiefmütterchen, das zur Familie der Veilchengewächse (Violaceae) gehört, handelt es sich um eine einjährige, ziemlich niederwüchsige, 10–20 cm hohe Pflanze. Die Kronblätter sind entweder alle hellgelb (**Acker-Stiefmütterchen, Viola arvensis ssp. arvensis)** oder die beiden oberen blauviolett überlaufen **(Großblütiges Acker-Stiefmütterchen, Viola arvensis ssp. megalantha**, früher **Viola tricoloriformis)**. Das Acker-Stiefmütterchen ist weit verschleppt und kommt nicht nur in Äckern und Brachen vor sondern auch an Wegen und auf Schuttplätzen.

Die Pflanze besitzt zahlreiche Inhaltsstoffe, darunter Salicylsäure und deren Derivate, Flavonoide und Schleimstoffe. Früher wurde die gesamte Pflanze zur Blütezeit bei Hauterkrankungen, bei Milchschorf der Kinder, bei Katarrhen der Atemwege, Halsentzündungen und fiebrigen Erkältungen angewandt. Die Homöopathie verwendet die oberirdischen Teile der blühenden Pflanze bei Erkrankungen der Haut, der Nieren und ableitenden Harnwege.

Im Schwäbischen trägt die Pflanze die Namen Ackerveigele, Tagundnachtveigele, Tagundnachtblü(e)mle, als unerwünschtes Ackerunkraut den Namen Saublu(e)m und die Unterart mit den oberen blauvioletten Blütenblätter den Namen Dreifaltigkeitsblu(e)m.

Abb:
Großblütiges Acker-Stiefmütterchen

Foto: Peter Banzhaf

Storchschnabel-Arten – Geranium spec.

Bei den hier behandelten Storchschnabel-Arten handelt es sich um ausdauernde, 40–60 cm hoch werdende Pflanzen aus der Familie der Storchschnabelgewächse (Geraniaceae). Sie besitzen alle tief handförmig geteilte Blätter und rote bis purpurne oder blauviolette, 5-zählige Blüten. Die Früchte haben einen langen Schnabel, der beim deutschen Namen mit dem Schnabel eines Storchs, beim lateinischen Namen, der auf Dioskurides (griechischer Arzt des 1. Jahrhunderts n. Chr.) mit dem eines Kranichs (geranos = Kranich) verglichen werden.

Der **Blut-Storchschnabel (Geranium sanguineum)** besitzt weit kriechende Wurzeln, die innen rot gefärbt sind. Der Stängel ist meist gabelig verzweigt und abstehend behaart. Die verhältnismäßig kleinen (bis 5 cm breiten) Blätter sind fast bis zum Grund 7-teilig eingeschnitten und haben lineal lanzettliche Abschnitte. Die Blätter verfärben sich im Herbst blutrot. Die purpurroten Blüten stehen einzeln auf langen Stielen in den Blattachseln. Die Frucht mit Schnabel ist 3–4 cm lang. Die wärmeliebende Pflanze wächst im Saum sonniger Trockengebüsche und -wälder, in Staudenhalden an Steilhängen, in lichten Eichen und Kiefern-Trockenwäldern auf warmen, trockenen, basen- und meist kalkreichen Böden. Nach der Signaturenlehre (äußerliche Eigenschaften von Pflanzen, besonders Form und Farbe zeigen an, welche Arzneiwirkung von Natur in ihnen liegt), wurde der Blut-Storchschnabel als Träger roter Farben früher in der Volksheilkunde zum Blutstillen, zur Wundbehandlung, bei Geschwüren und blutigen Durchfallerkrankungen angewandt. Die Wirkung war aber nicht bei den roten Farben der Pflanze zu suchen, sondern dürfte auf dem hohen Gerbstoffgehalt der Wurzeln beruhen. Schwäbische Namen für die Pflanze sind Blutkr(a)ut und Im(m)ahäusle (wird häufig von Bienen besucht).

Abb:
Blut-Storchschnabel

Bei den folgenden Storchschnabelarten sind die Blütenstände immer 2-blütig. Der **Wiesen-Storchschnabel (Geranium pratense)** besitzt fast bis zum Grund 5–7-fach geteilte Blätter mit fiederspaltigen, zugespitzten Zipfeln. Die ziemlich großen, blauen bis blauvioletten Blüten stehen auf langen Stielen. Die Pflanze kommt meist gesellig in Fettwiesen, auch an Gräben und im Saum von Auenwäldern auf frischen, nährstoff- und basenreichen, gern auf kalkhaltigen Böden der tieferen Lagen vor. In brachgefallenen

› Storchschnabel-Arten – Geranium spec.

Wiesen kann sich der Wiesen-Storchschnabel zu unduldsamen Beständen ausbreiten.

Schwäbische Namen für die Pflanze sind Schüsselkr(a)ut und Tinteblu(e)m (bezogen auf die Blüten), Hirschhörnle (nach den hirschgeweihartig gespaltenen Blättern), auch Jole (gehört zu Viola = Veilchen) und Guckefatz (= Kuckucksblume).

Beim **Wald-Storchschnabel (Geranium sylvaticum)** sind die Blätter nur bis etwas über die Mitte 5–7-teilig gespalten. Die Blüten sind deutlich kleiner als beim Wiesen-Storchschnabel und rotviolett. Die Pflanze ersetzt in Berglagen in Fett- und Feuchtwiesen den Wiesen-Storchschnabel der tieferen Lagen. Er kommt auch in Wäldern und Hochstaudenfluren vor.

Schwäbische Namen für die Pflanze sind Hummelkr(a)ut (wird gern von Hummeln besucht) und Hungerkr(a)ut (bei später Mahd nimmt er durch Aussamen wiesenschädigend zu).

Der **Sumpf-Storchschnabel (Geranium palustre)** ist ziemlich hochwüchsig (bis 100 cm) Der gabelig verzweigte Stängel hat wie auch die Blatt- und Blütenstiele nach rückwärts gerichtete Haare. Die bis 12 cm breiten Blätter sind bis über die Mitte 5–7-teilig gespalten. Die verhältnismäßig großen Blüten (bis 4 cm breit) sind rotviolett. Die Blütenstiele sind nach dem Verblühen abwärts gebogen. Die Pflanze kommt zerstreut in Staudenfluren an Bächen und Gräben, meist zusammen mit dem Mädesüß (siehe dort), auch in Auenwäldern und deren Säumen, seltener in Moorwiesen auf feuchten bis nassen, nährstoff- und meist kalkreichen Grundwasserböden vor. Unter den ausdauernden Storchschnabelarten ist der Sumpf-Storchschnabel der feuchtigkeitsliebendste. Volkstümliche Namen sind Fleischblu(e)m und Blutwurz (nach der Blütenfarbe), Ried- oder Wasserstorcheschnabel (nach den Wuchsorten).

Foto: Peter Banzhaf

Foto: Peter Banzhaf

Abb:
Wiesen-Storchschnabel, links oben
Wald-Storchschnabel, rechts oben
Sumpf-Storchschnabel, links unten

Weißes Straußgras, Flecht-Straußgras – Agrostis stolonifera

Das ausdauernde Gras aus der Familie der Süßgräser (Poaceae, früher Gramineae) kann bis 30 cm hoch werden und ist niederliegend bis aufsteigend. Es besitzt sehr lange (bis 2 m) oberirdische Kriechtriebe, die sich an den Knoten bewurzeln und neue Triebe bilden können, und kurze unterirdische Ausläufer. Die Blätter sind 2–6 mm breit und haben am Grund ein 4–7 mm langes, zugespitztes und meist zerschlitztes Blatthäutchen. Der Blütenstand (Rispe) ist bis 12 cm lang und nur zur Blütezeit ausgebreitet, sonst zusammengezogen.

Das blaugrüne Rasen bildende Weiße Straußgras ist häufig an Ufern, Wegen oder in Äckern, aber auch in Feuchtwiesen auf frischen bis feuchten, oft auch wechselfeuchten, nährstoffreichen Böden anzutreffen. Es erträgt Überschwemmungen und Überschüttungen. Es ist ein bodenfestigender Erstbesiedler. In flachen, langsam fließenden Gewässern kann die Pflanze flutende Bestände bilden.

Wegen seiner Kriechtriebe hat das Weiße Straußgras den gleichen schwäbischen Namen Schnürgras wie die Kriechende Quecke (siehe dort), die aber nur unterirdische Ausläufer besitzt.

Taubenkropf – Silene vulgaris, früher: Silene cucubalus

Der Taubenkropf ist ein ausdauerndes, 20–50 cm hohes Kraut aus der Familie der Nelkengewächse (Caryophyllaceae). Der meist kahle, nicht klebrige Stängel hat am Grunde sterile Triebe und ist im oberen Teil verzweigt. Die lanzettlich-eiförmigen, blaugrünen Blätter können bis 10 cm lang und bis 2,5 cm breit werden. Der lockere, rispige Blütenstand ist reichblütig (bis 50 Blüten). Der Blütenkelch ist mehr oder weniger bleich mit dunkleren Adern, aufgeblasen und 20-nervig. Die 5 weißen, oft rosa überlaufenen Kronblätter sind tief gespalten. Die Frucht ist eine Kapsel.

Die Pflanze wächst zerstreut in lückigen Kalk-Magerwiesen (Mähder), mäßig trockenen Glatthafer-Wiesen, in Steinschuttfluren, an Wegen und Böschungen, in Steinbrüchen und im Bahnschotter auf mäßig trockenen und nährstoffreichen, oft rohen, basenreichen Böden. Sie ist ein über 1 m tief wurzelnder Rohbodenpionier.

Für die Blätter gibt es die schwäbischen Namen Haseno(h)r oder Hasenö(h)rle. Die meisten schwäbischen Namen beziehen sich aber auf den aufgeblasenen Kelch, der beim Klatschen auf ihn knallt:

Klatschkr(a)ut, Kläpfer, Kläpfete, Kläpfe, Klöpfer (Klapf oder Kläpfer = Knall), Kläpperle und Schneller (bedeutet: einer der knallt).

Foto: Peter Banzhaf

Taubnesseln – Lamium spec.

Ihren Namen haben die Pflanzen von der Ähnlichkeit der Blätter mit denen der Brennnessel; da sie aber nicht brennen, sind sie taub oder im übertragenen Sinn blind (Blindnesseln). Sie gehören zur Familie der Lippenblütler (Lamiaceae, früher Labiatae) und blühen weiß oder rot, eine Ausnahme ist die Goldnessel (s.dort) mit gelben Blüten. Die honigreichen Blüten (Honigblümle) werden vor allem von Hummeln, seltener von Bienen besucht. Die Bienen haben meist zu kurze Rüssel, um an dem im Blütengrund befindlichen Honigsaft zu gelangen. Trotzdem werden sie volkstümlich meist als Bienesaug oder Immekr(a)ut, seltener als Hummelblu(e)m oder Hummelkr(a)ut bezeichnet.
Von Kindern wird dieser Honigsaft ausgesaugt oder ausgelutscht (schlotze), worauf für alle Taubnesseln die schwäbischen Namen wie Saugerle, Saugnessel Säugerle, Schlotzer, Schlotzerle und Supfrich (supfen = nippen, schlürfen) zurückgehen. Hin und wieder werden die Blüten mit einer Kutsche (= Chaise) verglichen, was die Namen Schäß oder Schäsle abgab.

Die **Weiße Taubnessel (Lamium album)** ist ausdauernd, kann bis 50 cm hoch werden und hat unterirdische Ausläufer. Mit diesen kann sie mehr oder weniger große Gruppen bilden. Wie der Name sagt, sind die Blüten weiß. Die Pflanze wächst fast überall in Unkrautgesellschaften an Wegen, Zäunen, Hecken, Gräben, auf Schuttplätzen auf frischen bis feuchten, nährstoff- und stickstoffreichen Böden (Stickstoffzeiger). Die Weiße Taubnessel enthält Saponine, Glykoside, Flavonoide, Gerb- und Schleimstoffe sowie wenig ätherisches Öl. In der Volksheilkunde werden als Drogen die getrockneten Blüten und die frischen Blätter genutzt. Sie werden als Tee oder zu Waschungen bei Menstruationsbeschwerden, bei Katarrhen der Atem- und Harnwege, bei Magen- und Darmbeschwerden, bei Entzündungen im Mund- und Rachenraum sowie äußerlich bei Hautentzündungen angewandt. In manchen Schlaf- und Nerventees sind die Blüten auch enthalten. Schwäbische Namen sind Weiße Daubnessel und Daubnesselweible.

Foto: Verena Mueller

Abb:
Weiße Taubnessel

› Taubnesseln – Lamium spec.

Die **Gefleckte Taubnessel (Lamium maculatum)** ist ebenfalls ausdauernd, wird 20–60 cm hoch und besitzt unterirdische Ausläufer. Sie gleicht ziemlich der Weißen Taubnessel, die Blüten sind aber rot mit einer gefleckten Unterlippe. Sie wächst häufig in Unkrautsäumen an Ufern, Wald- und Heckenrändern, auch an Wegen und Zäunen auf frischen bis feuchten, nährstoffreichen Böden. Schwäbische Namen sind Raude Daubnessel, Hangglöggle (Hang = Honig), Raudes Sugerle und Daubnesselmändle.

Die **Rote Taubnessel (Lamium purpureum)** ist eine einjährige, niedrigwüchsige, 10–25 cm hohe Pflanze mit ziemlich kleinen roten Blüten. Sie ist eine weit verbreitete Art in Unkrautfluren der Äcker, Gärten und Weinberge auf nährstoffreichen, frischen Böden (Stickstoff- und Garezeiger). Schwäbische Namen sind Raudes Sugerle, Raudes Hummelkr(a)ut, Gockeler oder Gückel (nach der roten Blütenfarbe).

Foto: Peter Banzhaf

Abb:
Gefleckte Taubnessel, links
Rote Taubnessel, rechts

Echtes Tausendgüldenkraut – Centaurium erythraea

Die besonders geschützte, einjährige oder überwinternde, 10–50 cm hohe Pflanze aus der Familie der Enziangewächse (Gentianaceae) besitzt einen aufrechten, oben verzweigten Stängel. Die unteren Blätter bilden eine grundständige Rosette. Die kreuzgegenständigen Stängelblätter sind sitzend. Der Blütenstand ist locker trugdoldig. Die Blüten sind rosa mit 5 flach ausgebreiteten Kronzipfeln. Die Frucht ist eine Kapsel.

Das Echte Tausendgüldenkraut wächst zerstreut bis verbreitet in sonnigen Waldschlägen und grasigen Waldverlichtungen, gern zusammen mit der Tollkirsche (Atropa belladonna, siehe dort), auch auf Waldwegen und in lückigen Kalk-Magerrasen sowie an sonstigen offenen Stellen auf sommerwarmen, (wechsel-) frischen, nährstoff- und basenreichen Böden.

Die Pflanze enthält stark bitter schmeckende Bitterstoffe, Flavonoide und organische Säuren. Wie alle bitterstoffreichen Pflanzen wurde auch das Echte Tausendgüldenkraut in der Volksmedizin als appetitanregend und fördernd auf die Bildung von Magensaft und Gallenflüssigkeit, auch bei Leberleiden und Darmgeschwüren sowie Fieber angewandt. Durch den besonderen Schutz ist es heute verboten, die Pflanze zu sammeln. Schon die antiken Ärzte, u. a. Hippokrates (griechischer Arzt, um 460–375 v. Chr.) kannten die Heilwirkung der Pflanze als Magenmittel. Die Wertschätzung kommt auch im deutschen Namen zum Ausdruck, der bedeutet, dass die Heilpflanze tausend Gulden wert ist.

Die meisten Volksnamen für das Echte Tausendgüldenkraut beziehen sich auf dessen Heilwirkung: Erdgallen, Bitterkr(a)ut, Fieberkr(a)ut, Magekr(a)ut, G(e)schosskr(a)ut (zu Geschoss = rheumatischer Schmerz). Die Namen Muttergotteskr(a)ut und Unserliebenfraubettstroh gehen darauf zurück, dass die Pflanze fester Bestandteil des am Frauentag (Mariä Himmelfahrt am 15. August) geweihten Kräuterbüschels ist.

Foto: Peter Banzhaf

Teufelskrallen – Phyteuma spec.

Die Teufelskrallen sind ausdauernde Kräuter aus der Familie der Glockenblumengewächse (Campanulaceae) mit fleischigem, rübenförmigem Wurzelstock. Die Blütenstände sind einzeln am Ende der Stängel, dicht kugelig oder walzlich. Die Einzelblüten sind sitzend und beim Aufblühen mehr oder weniger gekrümmt, daher der Name Teufelskralle. Die Blütenkrone ist tief geteilt und beim Aufblühen an der Spitze noch verbunden.

Die **Ährige Teufelskralle, Rapunzel (Phyteuma spicatum)** kann 30–80 cm hoch werden. Die Wurzel ist rübenförmig verdickt und essbar (Wildgemüse). Die Grundblätter sind lang gestielt, doppelt gekerbt und mit herzförmigem Grund. Sie haben oft einen schwarzen Fleck. Die Stängelblätter sind länglich und sitzend. Der Blütenstand ist anfänglich spitz, später walzlich. Die Einzelblüten sind weißlich, selten hellblau (ssp. coeruleum). Die Pflanze ist verbreitet in krautreichen Laub- und Nadel-Mischwäldern, auch in Bergwiesen auf frischen, nährstoff- und basenreichen Mullböden. Schwäbische Namen richten sich zunächst nach der rübenförmig verdickten, essbaren Wurzel: Wilde Rü(e)ble, Holzrü(e)ble (Holz = Wald), Waldrapunzel, Weiße Rapunzel. Ein weiterer Name ist Weißer Taubekropf.

Die 30–50 cm hohe **Schwarze Teufelskralle (Phyteuma nigrum)** ist der Ährigen Teufelskralle ähnlich. Sie unterscheidet sich von jener durch den im oberen Drittel blattlosen Stängel, die grünen Grundblätter ohne schwarzen Fleck und die schwarzblauen Blüten. Die Pflanze kommt nicht selten in Berg- und Feucht-Wiesen, in Laubmischwäldern der tieferen Lagen auf frischen bis feuchten, nährstoff- und basenreichen aber kalkarmen Böden vor, so z.B im Schwäbisch-Fränkischen Wald und im Schwarzwald. Die schwäbischen Namen beziehen sich alle auf die dunkle Blütenfarbe: Tinteblu(e)m, Kami(n)feger und Zigeunerkr(a)ut, weil Zigeuner eine dunkle Gesichtsfarbe haben.

Bei der **Kugeligen Teufelskralle (Phyteuma orbiculare)** ist der Blütenstand mehr oder weniger kugelig und die Blüten blau. Sie wächst in montanen Kalk-Magerwiesen (Mähder), auch in Moorwiesen, ursprünglich zusammen mit dem Kalk-Blaugras (Sesleria albicans) auf absonnigen Felsbändern, so z.B. im Oberen Donautal. Schwäbische Namen für die Pflanze sind Blaues Taube(n)kröpfle, Katzekralle, Wolfskralle und Katzedaubbe (Daubbe oder Tapp = Pfoten).

Foto: Peter Banzhaf

Foto: Peter Banzhaf

Abb:
Ährige Teufelskralle, links oben
Schwarze Teufelskralle, rechts oben
Kugelige Teufelskralle, links unten

Teufelszwirn, Europäische Seide, Nessel-Seide – Cuscuta europaea

Der Teufelszwirn ist ein einjähriger Vollparasit ohne Blattgrün, der mit fadenförmigen Stängeln die Wirtspflanze umschlingt und mit Saugwurzeln (Haustorien) in diese eindringt. Der Stängel ist gelblich und meist rot überlaufen. Die Blütenknäuel sind ziemlich groß (bis 1,5 cm dick) und vielblütig. Die weißlichen Blüten sind meist 4-zählig. Die Keimung der Samen erfolgt am Boden, der Keimling hat zunächst eine Wurzel. Sein fadenförmiger Trieb führt an der Spitze kreisförmige Bewegungen durch bis er eine geeignete Wirtspflanze findet, an der er sich hoch windet. Jetzt wird die Wurzel vollkommen zurückgebildet und die Saugwurzeln dringen in die Wirtspflanze ein.

Die Pflanze schmarotzt meist auf Brennnesseln (Urtica dioica), sonst noch auf Gewöhnlichem Beifuß (Artemisia vulgaris), Weiden (Salix spec.), Hopfen (Humulus lupulus), Erlen (Alnus spec.) Gewöhnlicher Zaunwinde (Calystegia sepium) und auch auf Kartoffeln (Solanum tuberosum). Sie kommt vor allem an Ufern von Fließgewässern (Stromtäler) im Bereich von Auenwäldern vor. Die deutschen Namen Teufelszwirn und Seide gehen auf die dünnen, fadenförmigen, andere Pflanzen umspinnenden Stängel zurück. Die Bezeichnung Europäische Seide bezieht sich auf die europaweite Verbreitung, mit Ausnahme des hohen Nordens. Der Name Nessel-Seide bezieht sich auf die häufigste Wirtspflanze, die Brennnessel.

Schwäbische Namen sind Ringele (ringelt sich um die Wirtspflanzen) und Hexegarn.

Foto: Carsten Wagner

Abb:
Teufelszwirn auf Brennnessel

Feld-Thymian, Arznei-Thymian – Thymus pulegioides

Der Feld-Thymian ist ein bis 25 cm hoch werdender Halbstrauch (untere Teile verholzend, obere krautig) aus der Familie der Lippenblütler (Lamiaceae, früher Labiatae) mit aufsteigenden Zweigen. Der Stängel ist 4-kantig und nur an den Kanten behaart. Die Blätter sind klein, oval bis lanzettlich, kahl oder am Rande bewimpert. Die kugeligen bis zylindrischen Blütenköpfe stehen am Ende der Zweige und weisen zahlreiche, verhältnismäßig kleine, rosaviolette Blüten auf.

Die Pflanze kommt verbreitet in Magerrasen (Magerkeitszeiger), an Böschungen, auf Felsen, gern auch auf verlassenen Ameisenhaufen der Gelben Wiesenameise (Lasius flavus) vor. Sie besitzt einen scharf-würzigen Geschmack, weshalb sie von Schafen gemieden wird.

Der Feld-Thymian verdient den Namen Arznei-Thymian zu recht. Die Pflanze besitzt in allen ihren Teilen ätherische Öle (u.a.Thymol) und duftet deshalb aromatisch. In der Volksheilkunde wurde und wird die Pflanze bei Husten und Erkältungskrankheiten innerlich als Tee und äußerlich als Badezusatz angewandt. Auch bei Magen- und Darmstörungen sowie Appetitlosigkeit ist sie hilfreich. Nicht zuletzt ist sie ein beliebtes Küchen- und Wurstgewürz. Die schwäbische Bezeichnung Quend(e)l(a) ist aus dem schriftsprachlichen Quendel in die Mundart übernommen worden. Davon leiten sich die Namen Kea(n)la (auch für die Bitterliche Kreuzblume, Polygala amarella, verwendet), Kenle, Künlein oder Wendelkr(a)ut ab. Auf das Vorkommen auf Ameisenhaufen bezieht sich der Name Ameisekr(a)ut. Der Name Wohlschmeckete geht auf den aromatischen Geruch zurück, Wurst- und Hustekr(a)ut auf die Verwendung. Da der Feld-Thymian eine gute Bienenfutterpflanze ist, kommt auch der schwäbische Name Immakr(a)ut vor.

Foto: Verena Mueller

Tollkirsche – Atropa belladonna

Die Tollkirsche ist eine ausdauernde, krautige Pflanze aus der Familie der Nachtschattengewächse (Solanaceae), die bis 1,5 m hoch werden kann. Der drüsig behaarte Stängel ist verzweigt. Die ei-lanzettlichen Blätter sind ganzrandig. Die schmutzig violette Blütenkrone ist glockenförmig. Die Frucht ist eine kugelige, kirschgroße, glänzend schwarze Beere.

Die Pflanze kommt ziemlich häufig in Schlagfluren, Waldverlichtungen und an Waldwegen auf frischen, nährstoff- und basenreichen, oft kalkhaltigen Böden vor.

Die krautigen oberirdischen Teile der Pflanze enthalten Alkaloide (Hyosscyamin wie im Bilsenkraut, s.dort, und Atropin), Gerbstoffe und Cumarine. Die ganze Pflanze einschließlich der Beeren ist sehr stark giftig. Die Gattung ist nach Atropos benannt, der unerbittlichen griechischen Parze, die den Lebensfaden durchschneidet. Im 16. Jahrhundert kam es in Italien auf, den Beerensaft als Kosmetikum einzusetzen, um große Pupillen zu erzeugen, woher der Artnamen belladonna (schöne Frau) stammt. Auch heute noch wird teilweise der Beerensaft zur Pupillenerweiterung bei Augenuntersuchungen eingesetzt. Die Tollkirsche spielte im Mittelalter in Hexentränken und Hexensalben eine große Rolle.

Die schwäbischen Namen geben weithin diese Eigenschaften der Tollkirsche wieder: Schöne Frau, Schönes Mädchen, auf die Giftigkeit zurückgehend Teufelskirsch, Teufelsbe(e)r, Tollbe(e)r und Dol(l)-wurz, Atterebe(e)r (Atter = Schlange) und Wolfsaug.

Abb:
Tollkirsche, Blüte, links
Tollkirsche, Früchte, rechts

Süßer Tragant, Bärenschote – Astragalus glycyphyllos

Der Schmetterlingsblütler (Familie Fabaceae, früher Papilionaceae) besitzt einen bis 120 cm langen, niederliegenden Stängel. Die Blätter sind unpaarig gefiedert mit 4–6 Fiederpaaren und ovalen, bis 5 cm langen Teilblättern. Der Blütenstand ist ziemlich lang gestielt und besteht aus 8–30 gelbgrünen Blüten.

Außer im norddeutschen Tiefland und in Silikatgebirgen ist der Süße Tragant ziemlich häufig in Säumen von Gebüschen und Wäldern, an Waldwegen und Böschungen auf sommerwarmen, mäßig trockenen Böden anzutreffen.

Wegen des süßen Geschmacks der Blätter wird die Pflanze im Volksmund als Falsches Süßholz, oder wegen der niederliegenden, kriechenden Stängel als Adder(e)kr(a)ut (Adder oder Atter = Schlange). Eigenartigerweise trägt sie auch den Namen Schättel(e), der sonst für einige Doldenblütler, insbesondere für den Giersch (Aegopodium podagraria, siehe dort) verwendet wird.

Foto: Peter Banzhaf

Kleine Traubenhyazinthe – Muscari botryoides

Die besonders geschützte Kleine Traubenhyazinthe, ist eine bis 20 cm hoch werdende Zwiebelpflanze mit 2–3 Blättern aus der Familie der Spargelgewächse (Asparaginaceae, früher zu den Liliengewächsen, Liliaceae, gestellt). Die kugelförmigen blauen Blüten stehen in einer dichten Blütentraube. Die Pflanze war einst auf der Schwäbischen Alb häufig und weit verbreitet und die Wiesen im April oder Mai von ihr blau. Wären die Sieben Schwaben nicht am Bodensee sondern auf der Alb gewesen, dann wären sie nicht ins Leinfeld sondern in eine Baurebüebleswies gefallen. »Baurebüeble« ist eine der vielen schwäbischen Bezeichnungen für die Kleine Traubenhyazinthe, die auf das Blauhemd mit dem weißen Saum zurückgeht, das Bauern, Fuhrleute und vor allem Buben trugen. Inzwischen fand infolge der Wiesenintensivierung ein dramatischer Rückgang der Kleinen Traubenhyazinthe statt, vielerorts ist sie ganz verschwunden oder sehr selten geworden.

Viele schwäbische Namen beziehen sich auf den Blütenstand (Träuble, Katzeträuble), die Form der Einzelblüten (Krügle, Wasserkrügle, Baurekrügle, Kessele, Schmalzhäfele, Schmerbäuch) oder auf die Blütezeit (Maiglunker, Aprileträuble, Aprileblü(e)mle Aprilekrügle, Blaues Mailetzle, Guggugsblu(e)m, Georgele (hergeleitet vom Georgstag am 23. April). Von der Farbe abgeleitet sind die Namen Himmelsrösle, Pfafferösle, Kohlrösle oder Kohlraisle. Weil die Kleine Traubenhyazinthe auf der Alb gern auf Friedhöfen angepflanzt wurde, erhielt sie die Namen Kirchhofrösle und Gottesackerkrügle. Auf die angebliche Giftigkeit der Pflanze gehen die Namen Henneverreckete und Schafschaicherle zurück.

Foto: Verena Mueller

Traubenkirsche – Prunus padus

Die Traubenkirsche ist ein bis 15 m hoch werdender Strauch oder Baum aus der Familie der Rosengewächse (Rosaceae). Die sommergrünen, weichen Blätter sind breit-lanzettlich, zugespitzt, bis 10 cm lang und am Rande fein gezähnt. Die weißen, starkduftenden Blüten stehen in einer 10–20-blütigen Traube. Die kugelige, etwa erbsengroße Steinfrucht ist glänzend schwarz.

Die Pflanze wächst ziemlich häufig im Unterstand von Auenwäldern und -gebüschen an Bächen und Flüssen auf sickerfeuchten bis -nassen, zeitweise überschwemmten, nährstoff- und basenreichen Böden. Sie ist ein ausschlagfähiger Intensivwurzler und Grundwasserzeiger.

Die Rinde junger Zweige und die Blätter enthalten Blausäureglykoside (Prunosin), ebenso die Steine (Amygdalin). Das Fruchtfleisch ist frei von blausäurehaltigen Verbindungen, so dass es erst beim Zerkauen der Steine zu Vergiftungen kommt. In der Volksheilkunde wurde früher die aufbereitete Rinde als Stärkungs- und Beruhigungsmittel, bei Herzbeschwerden, als hustenreizstillendes Mittel und gegen Durchfall verwendet.

Schwäbische Namen beziehen sich auf die früher angenommene Giftigkeit der Früchte (aber nur der Stein ist giftig) wie Hundsbom, Giftbe(e)r, Scheißbe(e)r, Attlesbire (Atter = Schlange), andere auf die duftenden Blüten wie Vogelblu(e)scht (Blu(e)scht oder Blust = reichliche Blüte von Bäumen und Sträuchern), Maieblu(e)scht und Maikäferblu(e)scht (blüht, wenn der Maikäfer fliegt) und Boschemaiele. Die Früchte werden als Else bezeichnet, wovon sich Elsebe(e)r, Helsebe(e)r, Belse(n)kirsch und Belse(n)bom ableiten; auch wird für sie wie für viele andere schwarzfrüchtigen Pflanzen der Name Tintebe(e)r verwendet. Auf den unangenehm fauligen Geruch der frischen Rinde und die schlanken, jungen, weidenähnlichen Zweige geht der Name Stinkwid zurück.

Trollblume – Trollius europaeus

Die besonders geschützte, ausdauernde Pflanze aus der Familie der Hahnenfußgewächse (Ranunculaceae) wird bis 60 cm hoch. Die Blätter sind bis zum Blattgrund 5teilig eingeschnitten. Die im Mai–Juni blühende Trollblume (gelegentlich eine 2. Blüte im August-Oktober) besitzt 1–3 endständige Blüten. Diese bestehen aus 10–15 goldgelben, kugelig zusammenneigenden Blütenblättern und zahlreichen Staubblättern. Die zahlreichen, mehrsamigen Früchtchen neigen zusammen.
Die Trollblume ist zerstreut aber meist gesellig vor allem in Berglagen in Goldhafer-, Feucht- und Pfeifengras-Wiesen sowie in Staudenfluren auf frischen bis nassen, quelligen bis moorigen, nährstoff- und basenreichen Böden anzutreffen.
Wie die meisten Hahnenfußgewächse besitzt die Trollblume das giftige Protoanemonin, allerdings in geringer Menge. Sie ist deshalb schwach giftig und wird vom Weidevieh gemieden. Arzneilich wird sie nicht angewandt.
Der Name Trollblume hat nichts mit Troll = Kobold zu tun. Vielmehr geht er wegen der kugeligen Blüten auf trollen (= rollen, wälzen) zurück. Die schwäbischen Namen beziehen sich zum großen Teil auf die Blüten: Rolle, Rollblu(e)m, Bachrolle (davon abgeleitet Barol(e)ts(e)), Wasserrolle, Bachbumpel, Schlossrolle, Buberolle, Schmalzrolle (davon abgeleitet Schmarolle), Butterbälle, Dicke Butterblu(e)m und Große Schmalzblu(e)m. Auf die Blütezeit gehen Namen zurück wie Guckeblu(e)m (von Kuckuck als Frühlingsbote), Auffahrts- oder Himmelfahrtsblü(e)mle (an diesem Tag wurden zur Abwehr von Gewittern Trollblumenkränzchen am Haus aufgehängt), Pfingstballe, Käppele oder Kapelleblu(e)m, weil im Mai die Marienaltäre in Kapellen mit Trollblumen geschmückt wurden.

Foto: Verena Mueller

Wild-Tulpe – Tulipa sylvestris

Die Wild-Tulpe ist eine besonders geschützte, gefährdete Zwiebelpflanze aus der Familie der Liliengewächse (Liliaceae). Die Zwiebel bildet zahlreiche Nebenzwiebeln und hat Ausläufer, die an der Spitze neue Zwiebeln bilden. Der 20–40 cm hohe Stängel ist kahl und hat 2–4 lineal-lanzettliche Blätter, die bis 20 cm lang und 3 cm breit sind. Die wohlriechenden Blüten sind einzeln endständig, als Knospe nickend, beim Blühen aufgerichtet. Die 6 gelben Blütenblätter sind zugespitzt. Die Frucht ist eine 3-fächerige, vielsamige Kapsel.

Die aus dem Mittelmeergebiet stammende Pflanze dürfte bei uns in der 2. Hälfte des 16. Jahrhunderts aus Gärten verwildert sein und hat sich ausgebreitet, aber geht seit Jahrzehnten zurück und ist an manchen Wuchsorten schon erloschen. Heute wächst sie ziemlich selten aber dank der Nebenzwiebeln und zwiebeltragenden Ausläufer gesellig in Weinbergsunkrautgesellschaften, gern zusammen mit Weinbergs-Lauch (Allium vineale), Weinbergs-Traubenhyazinthe (Muscari neglectum), Dolden-Milchstern (Ornithogalum umbellatum) und Rundblättrigem Storchschnabel (Geranium rotundifolium). Sie kommt auch in lichten Parks und Gebüschen vor. Sie bevorzugt kalkreiche Böden. Erste Tulpen kamen 1554 nach Wien und wurden nach dem Turban als Tulipane benannt. Die Wild-Tulpe soll sich von Bologna aus über Gärten ausgebreitet haben.

Schwäbische Namen für die Wild-Tulpe sind Wilde Dulipe und Rebeglogge (Vorkommen in Wengerten = Weingärten, Rebberge).

Abb:
Wild-Tulpe, Knospen, links
Wild-Tulpen im Weinberg, rechts

Fotos: Peter Banzhaf

Turmkraut – Turritis glabra
Turm-Gänsekresse – Arabis turrita

Das zweijährige **Turmkraut** aus der Familie der Kreuzblütler (Brassicaceae, früher Cruciferae) kann bis 120 cm hoch werden. Der blaugrüne Stängel ist steif aufrecht, meist unverzweigt, nur unten behaart, sonst kahl. Die grundständigen Rosettenblätter sind ganzrandig oder buchtig gezähnt rauhaarig und zur Blütezeit verwelkt. Die Stängelblätter sind ganzrandig, kahl, blau bereift und umfassen den Stängel pfeilförmig. Der Blütenstand ist eine reichblütige Traube, die Kronblätter sind gelblich-weiß. Der Fruchtstand kann bis 40 cm lang sein. Die 4-kantigen und bis 8 cm langen Fruchtschoten stehen aufrecht dem Stängel anliegend. Ähnlich ist die ausdauernde **Turm-Gänsekresse**, die bis 80 cm hoch wird. Sie unterscheidet sich vom Turmkraut dadurch, dass die ganze Pflanze sternhaarig und oben oft verzweigt ist; außerdem sind die bis 15 cm langen Fruchtschoten überhängend.

Beide Arten wachsen in lichten Eichen-Trockenwäldern und Trockengebüschen, vor allem in deren Säumen auf sommerwarmen, mäßig trockenen, basenreichen Böden. Das Turmkraut kommt außerdem sekundär an Wegen, auf Lesesteinhaufen und Böschungen sowie in Kahlschlägen vor.

Schwäbische Namen für die Arten sind Pfeilkr(a)ut oder -kräutle, Turmsenf, Bergkresse und Herrgottskr(a)ut.

Abb:
Turmkraut mit Blüte, links
Turmkraut mit Fruchtschoten, rechts

Fotos: Wolfgang Herter

Berg-Ulme – Ulmus glabra, früher: Ulmus montana

Die **Berg-Ulme** aus der Familie der Ulmengewächse (Ulmaceae) kann bis 30 m hoch und bis 400 Jahre alt werden. Die Knospen und jungen Zweige sind behaart. Die bis 15 cm langen, nur kurz gestielten (unter 1 cm), im vorderen Drittel am breitesten und zugespitzten Blätter sind sehr rau. Neben den einspitzigen Blättern gibt es auch einzelne dreispitzige (merke: eine raublättrige Ulme, bei der es wie am Ulmer Münster 3 Spitzen gibt, Hauptturm und 2 Seitentürme, ist eine Berg-Ulme). Der Blattgrund ist wie bei allen Ulmen-Arten sehr assymetrisch. Die 2–3 cm lange, fast kreisförmige Frucht ist sehr kurz gestielt und hat den Samen ungefähr in der Mitte.

Die Berg-Ulme kommt nicht selten vorzugsweise in montanen, kühlen und luftfeuchten Lagen, oft an steinschuttreichen Hängen in Eschen-Ahorn-Wäldern (Schlucht- und Kleebwälder) vor. Wie die **Feld-Ulme (Ulmus minor**, früher **Ulmus carpinifolia oder Ulmus campestris)** ist sie durch das »Ulmensterben« gefährdet. Dieses wird durch den Pilz Graphium ulmi verursacht, der die Holzgefäße verstopft und damit den Wassertransport unterbindet, so dass die Bäume von außen nach innen vertrocknen und absterben. Übertragen wird der Pilz vom Kleinen und Großen Ulmensplintkäfer (Scolytus scolytus und Scolytus multistriatus). So sind z.B. die Baumgerippe an manchen Hängen der Schwäbischen Alb abgestorbene Berg-Ulmen.

Volkstümliche Namen für die Berg-Ulme sind Weißrüster, Berglind, Spitzlind, Stei(n)- oder Stoilind.

Die Feld-Ulme, auch als Rotrüster bezeichnet, unterscheidet sich von der Berg-Ulme durch die kleineren, glatten, und bis 1,5 cm lang gestielten Blätter, die nie dreispitzig sind, sowie durch die kleineren Früchte (nur bis 1,5 cm lang) mit dem Samen am oberen Ende. Sie ist ein bezeichnender Baum der Ulmen-Eschen Auwälder, kommt aber auch mehr strauchförmig oder mit kleinen Bäumen, oft mit Korkleisten an den Ästen in warmen Feldgebüschen vor.

Die Rinde beider Ulmen-Arten enthält Schleim-, Gerb- und Bitterstoffe sowie Chlorogensäure. Genutzt wird die von Kork und Borke befreite, im Frühjahr von 3–4-jährigen Zweigen geschälte Rinde. In aufbereiteter Form wird sie sowohl in der Volksheilkunde als auch in der Homöopathie angewandt als reizlinderndes Mittel bei Katarrhen, Schleimhautentzündungen, rheumatische Beschwerden und Gicht, ferner als zusammenziehendes (Adstringens) und harntreibendes Mittel (Diuretikum), bei Durchfallerkrankungen und Hautausschlägen.

Abb:
Berg-Ulme, links oben
Feld-Ulme, rechts oben
Feld-Ulme mit Früchten, links unten

März-Veilchen – Viola odorata

Das März-Veilchen ist eine ausdauernde, kleine Pflanze (bis ca. 10 cm hoch) mit einer grundständigen Blattrosette und oberirdischen, bis 20 cm langen, sich bewurzelnden und neue, meist zunächst nicht blühende Blattrosetten bildenden Ausläufern. Die grundständigen Blätter sind lang gestielt, mehr oder weniger rundlich bis nierenförmig, am Grunde herzförmig, am Rande regelmäßig gekerbt. Die 1–2 cm langen Blüten stehen einzeln auf langen, die Rosettenblätter überragenden Stielen. Sie sind dunkel blauviolett, seltener weiß oder kupferrot und sehr wohlriechend. Die März-Veilchen machen ihrem Namen Ehre und blühen meist schon im März bis April.

Die Pflanze kommt sehr häufig in Gebüschen, an Wald- und Heckenrändern vor allem im Siedlungsbereich auf frischen und nährstoffreichen Böden vor. Sie ist eine beliebte Zierpflanze, weshalb es fraglich ist, ob sie hier ursprünglich oder nur verwildert ist.

Die Blüten enthalten ein stark duftendes Öl (Veilchenöl; wird in Parfüms genutzt), sonst Saponine, Glykoside und das Alkaloid Violin. Genutzt werden in der Volksheilkunde und in der Homöopathie die Wurzeln und auch die oberirdischen Pflanzenteile bei Erkrankungen der Atemwege, bei Bronchitis, Husten und Heiserkeit, äußerlich für Waschungen bei Hautleiden.

Schwäbische Namen für das März-Veilchen sind Märzeveigele, Fasteveigele, Duftveigele, Schmeckveigele oder einfach Schmeckete, Echte oder Rechte Veigele im Gegensatz zu den unechten, nicht duftenden Veilchen (Falsche Veigele, Hundsveigele, Katzeveigele, Rossveigele). Allgemein für viele Veilchenarten gibt es die Namen Vei(e)le oder Feiele, Veigele oder Feigele, Viole und Visole.

Venuskamm – Scandix pecten-veneris
Venusspiegel – Legousia speculum veneris

Bei beiden Arten handelt es sich um kleine, einjährige Ackerunkräuter. Sie wuchsen früher nicht selten in Getreideäckern und Ackerbrachen auf sommerwarmen, mäßig trockenen bis mäßig frischen, nährstoff- und basenreichen, meist kalkhaltigen Böden. Heute sind sie durch moderne Ackerbaumethoden und Herbizideinsatz selten geworden und drohen in manchen Bereichen zu erlöschen oder sind dies bereits. Auf Dauer werden sie nur in Feldflorareservaten überleben können.

Foto: Wolfgang Schumacher

Der **Venuskamm** ist ein Doldenblütler (Familie Apiaceae, früher Umbelliferae). Die Blätter sind 2–3-fach fiedrig eingeschnitten. Die Blütendolden sind endständig und überragen auf langen Stielen die Blätter. Sie sind 1–3-strahlig und ohne Hüllblätter. Die Hochblätter (Hüllchen) der bis zu 10-strahligen Döldchen sind 5-blättrig. Die kleinen Blüten sind weiß. Die bis 8 cm langen Früchte haben einen langen Fruchtschnabel, sind aufrecht abstehend und ergeben das Bild eines Kamms. Schwäbische Namen für die Pflanze sind Venussträhl oder -strehl (Strähl oder Strehl = Kamm), Pfisterstrehl (Pfister = Bäcker) oder Pfisternägele (Nägele = Nelke), Kamm- oder Nadelkerbel, weil die Blätter denen des Garten-Kerbels (Anthriscus cerefolium) ähnlich sind.

Beim **Venusspiegel** oder Gewöhnlichem Frauenspiegel wird die hübsche Blüte mit einem Spiegel verglichen. Die Pflanze gehört zur Familie der Glockenblumengewächse (Campanulaceae), hat aber keine glockigen sondern radförmig ausgebreitete violette Blüten mit einem

Abb: Venuskamm

Foto: Peter Banzhaf

Abb:
Venusspiegel

weißlichen Schlund. Der Stängel ist ästig, die Blätter sind eiförmig bis lanzettlich.

Im Schwäbischen heißt die Pflanze Spiegelkr(a)ut, Kornblü(e)mle und Ackerrösle.

Sumpf-Vergissmeinnicht – Myosotis scorpioides

Die zwei- bis mehrjährige Pflanze aus der Familie der Raublattgewächse (Boraginaceae) hat bis 80 lange sich bewurzelnde kriechende und bogig aufsteigende Triebe. Der Stängel ist dicht beblättert und schief nach oben bis waagrecht abstehend behaart (Haare nie abwärts gerichtet). Die Blätter sind eiförmig und mehr oder weniger dicht behaart, wobei die Haare immer zur Blattspitze gerichtet sind. Der traubenförmige Blütenstand ist blattlos. Die 6–10 mm breiten Blütenkronen sind zuerst rosa dann himmelblau und haben gelbe Schlundschuppen.
Die Pflanze wächst verbreitet in Nasswiesen, in Verlandungsgesellschaften, in Bruchwäldern auf nassen, nährstoffreichen Mineral- und Sumpfhumusböden.
Der Name Vergissmeinnicht ist seit dem 15. Jahrhundert nachgewiesen. Er sei aber kein echter Volksname sondern ein dichterischer, der hauptsächlich über die Schulen ins Volk gelangt sei und ältere verdrängt hätte. Heute ist die Pflanze allgemein unter diesem Namen bekannt. Sie ist Liebesmittel und die Blume der Liebenden, die blauen Augen eines Mädchens sind Vergissmeinnichtaugen.
Schwäbische Namen für die Pflanze sind nach den Blüten Blauer Himmelsschlüssel, Himmelsblau, Himmelsblü(e)mle, Blauer Augentrost, Katze(n)äugle, Blaue Mausö(h)rle, nach den nassen Wuchsorten Ga(n)säugle, Fischäugle und Wassermausö(h)rle.
Ähnlich dem Sumpf-Vergissmeinnicht aber nur 10 cm hoch werdend ist das besonders gechützte **Bodensee-Vergissmeinnicht (Myosotis rehsteineri)**. Mit kurzem Ausläufern kann es dichte Polster bis Rasen bilden. Es wächst als Endemit (nur in einem eng begrenztem Gebiet heimische Art) in Strandlingsgesellschaften auf den sommerlich überfluteten, nährstoffarmen, kalkhaltigen Kiesufern der präalpinen Seen nordwestlich und südlich der Alpen, bei uns am Bodensee. Hier ist die gegen Störungen sehr empfindliche Art durch Eutrophierung der Wuchsorte und Trittbelastung durch Badende in den letzten Jahrzehnten stark zurückgegangen und damit stark gefährdet bzw. sogar vom Aussterben bedroht.

Foto: Peter Banzhaf

Abb:
Sumpf-Vergissmeinnicht

Foto: Wolfgang Herter

Abb:
Bodensee-Vergissmeinnicht

Gewöhnlicher Wacholder – Juniperus communis

Der Gewöhnliche Wacholder ist ein bis 3 m hoher, aufrechter, spitzkegelförmiger, einhäusiger (weibliche und männliche Blüten auf getrennten Pflanzen) Nadelholzstrauch aus der Familie der Zypressengewächse (Cupressaceae). Gelegentlich wächst der Strauch durch und bildet einen kleinen säulenförmigen Baum. Die bläulich-grünen Nadeln stehen in Dreierquirlen. Die Frucht ist eine kugelige, blau bereifte Scheinbeere (Beerenzapfen).

Die ursprünglichen Wuchsorte des Gewöhnlichen Wacholders sind Felsen, an denen er einzeln vorkommt. Ausgebreitet hat er sich in vom Menschen geschaffenen, waldoffenen Magerweiden, so vor allem in Kalk-Magerweiden (Wacholderheiden). Hier ist er oft Pioniergehölz in der Sukzession zum Wald. Bei nur geringer Beweidung oder bei Aufgabe der Beweidung kann er dichte Bestände bilden. Will man die Wacholderheide erhalten, dann muss entweder mit Schafen oder auch mit Ziegen beweidet werden. Wenn dies nicht möglich ist, muss gepflegt werden, um den Wacholder zurückzudrängen. Er kommt auch in lichten Wäldern als Weiderelikt vor.

Die Beerenzapfen,aber auch das Astholz, Stamm- und Wurzelholz enthalten ätherische Öle, Terpene, Flavonoide und Gerbstoffe. Genutzt werden die getrockneten Beerenzapfen und das in ihnen enthaltene Öl, das harntreibende Wirkung hat. Sowohl in der Schulmedizin als auch in der Volksheilkunde werden sie zur Entwässerung und bei Gelenkerkrankungen angewandt. Die längere Anwendung bei Infekten der ableitenden Harnwege ist problematisch, da Nierenschädigungen damit verbunden sein können. Unproblematisch ist aber die Verwendung bei Magenbeschwerden (Völlegefühl, Aufstoßen, Sodbrennen) oder als Gewürz, z. B. im Sauerkraut. Die Beerenzapfen spielen auch in der Schnapsherstellung eine Rolle (Steinhäger). Das ätherische Öl ist in Einreibungsmitteln und Badezusätzen enthalten, die bei rheumatischen Beschwerden verwendet werden. Gern wurden und werden heute noch die getrockneten Zweige zum Räuchern von Fleisch und Wurst genommen, was dem Räuchergut einen besonderen Geschmack verleiht. Der Verkauf des getrockneten Zweigguts an Metzger brachte früher manchem Schäfer ein kleines finanzielles Zubrot.

Foto: Verena Mueller

Abb: Wacholderheiden

› Gewöhnlicher Wacholder – Juniperus communis

Schwäbische Namen für den Gewöhnlichen Wacholder sind Reckholder, Weckholder, Keck- oder Queckholder, Stechholder (wegen der stechenden Nadeln), Wechelter, Wekleter oder Wekleder, Krämer, Grämet, Krametstock, Pfefferru(e)t, Be(e)rlesgert, Regedur(e) und Reggedarre.

Nicht heimisch, aber früher oft in Gärten angepflanzt, ist der **Sadebaum** oder **Stink-Wacholder (Juniperus sabina)**, im Schwäbischen genannt Sevebaum und Safistrauch. Er wächst niederliegend. Die Blätter sind an jungen Trieben nadelförmig, an älteren schuppenförmig und haben einen unangenehmen Geruch. Die ganze Pflanze ist sehr stark giftig. Schon wenige Tropfen des ätherischen Öls können tödlich sein. Früher wurden die Triebspitzen und die Beerenzapfen als Abtreibungsmittel (Abortivum) verwendet, was nicht selten zum Tode führte. Darauf beziehen sich die schwäbischen Namen Kender- oder Kendlesdod und Kinderschderbe. Dazu schrieb der schwäbische Dichterarzt Michael Buck in seinem 1865 erschienen Buch: »Der geweihte Seve wird zu allerlei Medication benützt, namentlich zum Hertreiben der ausgebliebenen Monatsblume. Wozu man den ungeweihten brauchen kann, wissen nur allzu viele schwangere Mädchen.«

Foto: Verena Mueller

Abb:
Gewöhnl. Wacholder, männl. Blüten

Foto: Peter Banzhaf

Abb:
Gewöhnl. Wacholder, Beerenzapfen

Acker-Wachtelweizen – Melampyrum arvense

Die einjährige, 15–40 cm hoch werdende Pflanze gehört nach neuen Erkenntnissen zu der Familie der Sommerwurzgewächse (Orobanchaceae, früher zu den Rachenblütlern, Scrophulariaceae, gestellt). Der Stängel ist meist verästelt. Die Blätter sind schmal lanzettlich, unten ganzrandig, die oberen am Grunde gezähnt und gehen über zu den grannig gezähnten, purpurnen Hochblättern des ährigen Blütenstands. Die seitlich zusammengedrückten Blüten sind purpurn mit gelbem Schlund und zum Teil mit weißgelber Röhre.

Der Acker-Wachtelweizen, ein Halbschmarotzer, war früher in Äckern auf kalkhaltigen Lehmböden ziemlich verbreitet. Heute ist er in Äckern infolge Herbizideinsatzes und moderner Ackerbaumethoden praktisch verschwunden. Jetzt findet man ihn im sonnigen Saum von Gebüschen, an Rainen und Böschungen sowie in Kalk-Magerrasen.

Früher wurde der Acker-Wachtelweizen in der Volksheilkunde zur Wundheilung verwendet. Eine Verunreinigung des Brotgetreides mit seinen Samen verursachte wegen des hohen Aucubingehalts zu einer Blaufärbung des Brotes, was im Mittelalter zu allerlei Spekulationen führte. Im Schwäbischen trägt die Pflanze ihrer weizenähnlichen Samen wegen Namen wie Ackerweize, Erdweize und Ackerku(h)weize. Oft wird die Pflanze mit dem Großen Klappertopf (siehe dort) verglichen und dann als Klaffe, Unechte Klaffe oder Raude Klaffe bezeichnet.

Foto: Peter Banzhaf

Wiesen-Wachtelweizen – Melampyrum pratense

Entgegen dem Namen wächst der vielgestaltige Wiesen-Wachtelweizen nicht in Wiesen (deshalb deutsch besser als Gewöhnlicher Wachtelweizen zu bezeichnen) sondern in lichten, artenarmen Eichen- und Buchenwäldern und deren Säumen, auch in Fichtenwäldern und Hochmooren auf mäßig trockenen bis feuchten, nährstoff- und basenarmen, sauren und modrigen Mineralböden, in Hochmooren auf nassen Torfböden.

Die einjährige, bis 50 cm hohe Pflanze ist ein Halbschmarotzer aus der Familie der Sommerwurzgewächse (Orobanchaceae, früher zu den Rachenblütlern, Scrophulariaceae, gestellt). Der Stängel ist 4-kantig und auf 2 Seiten behaart. Die Blätter sind breit-lanzettlich, die unteren ganzrandig, die im Blütenstand jederseits mit Zähnen. Der lockere Blütenstand ist einseitswendig. Die pfriemlichen Kelchzähne sind kürzer als die Blütenkrone. Die weißlich-gelben bis gelben Blüten sind bis 2 cm lang und langröhrig mit geschlossenem Schlund.

Schwäbische Namen für die Pflanze sind Hummel und Hummelkr(a)ut, Ku(h)weize, Waldweize und Grasfresser.

Waldmeister – Galium odoratum, früher: Asperula odorata

Der ausdauernde Waldmeister aus der Familie der Krappgewächse (Rubiaceae: zu dieser Familie gehört auch der Kaffeestrauch und der Chinarindenbaum, der das Chinin liefert) wird bis 25 cm hoch und besitzt eine kriechende Sprossachse. Der Stängel ist aufrecht, nicht verzweigt und kahl. Die 2–4 cm langen, lanzettlichen und stachelspitzigen Blätter stehen zu 6–8 in Quirlen. Die trichterigen, 4-zipfligen, kleinen (Durchmesser 4–6 mm), weißen Blüten bilden eine Doldentraube. Die Früchte besitzen hakige Borsten, mit deren Hilfe sie durch Tiere ausgebreitet werden (Klettausbreitung). Die Pflanze duftet angenehm.
Der Waldmeister wächst verbreitet in krautreichen Buchenwäldern auf mehr oder weniger frischen, nährstoff- und basenreichen, lockeren und humosen Böden.
Die Pflanze enthält vor allem Cumarin, aber auch verschiedene organische Säuren und Glykoside. Die kurz vor der Blüte gesammelten und getrockneten oberirdischen Teile der Pflanze werden als Droge von der Schulmedizin zur Behandlung von Venenerkrankungen angewandt. Die Volksheilkunde nutzt sie bei Unruhezuständen, Schlafstörungen, Leib-, Herz- und Nervenschmerzen sowie bei Nervosität, außerdem bei Durchblutungsstörungen, Hämorrhoiden, Leber- und Venenerkrankungen. Im Haushalt wird die Droge zur Bereitung der Maibowle und von Maiwein verwendet. Es ist aber Vorsicht geboten, da ein Übermaß der Droge zu Kopfweh führen und eventuell Krebs hervorrufen kann. Deshalb wird empfohlen, für die Maibowle oder den Maiwein nur 3g/Liter der Droge zu verwenden und diese in einem Sieb zu übergießen und nicht einziehen zu lassen.
Die Verwendung des Waldmeisters zur gewerblichen Herstellung von Aromaverbesserern ist seit 1981 verboten.
Der Name Waldmeister geht wohl auf die vermeintliche, besondere Heilkraft des Krauts zurück. Schwäbische Namen für den Waldmeister sind Waldmännle oder Waldmändle, Herzfreund (soll angeblich das Herz stärken), Maiekr(a)ut (zur Herstellung des Maiweins oder -trunks), Guggerblu(e)m (nach dem Kuckuck als Frühlingsbote), Tobakkr(a)ut (als Zusatz zum Tabak) und Waldlaus (nach den Klettfrüchten).

Gewöhnliche Waldrebe – Clematis vitalba

Der verholzte Stängel der Gewöhnlichen Waldrebe kann bis ungefähr 10 m hoch an anderen Sträuchern und Bäumen lianenartig, windend klettern. Die Blätter der zur Familie der Hahnenfußgewächse (Ranunculaceae) gehörenden Pflanze sind unpaarig gefiedert mit 3 oder 5 lang gestielten Teilblättchen. Die Blatt- und Blättchenstiele sind rankend. Die weißen Blüten mit meist 4 Kronblättern, zahlreichen Staub- und Fruchtblättern aber keinen Honigblättern stehen blattachselständig in vielblütigen Rispen und riechen unangenehm nach Heringslake (Trimethylamin). Die Früchtchen haben einen langen, abstehend behaarten Griffel.
Die Gewöhnliche Waldrebe kommt häufig und gesellig in Auenwäldern, vor allem an Gebüsch- und Waldrändern, in Waldverlichtungen, besonders in Siedlungsnähe vor und bildet hier oft einen Schleier, der im Winter mit den Fruchtständen deutlich sichtbar wird. Sie bevorzugt frische, nährstoff-und basenreiche Böden. Sie kommt auch auf Steinschutthalden und Rohböden als Erstbegrüner und Bodenfestiger vor.
Zahlreich sind die schwäbischen Namen der auffallenden Pflanze: Bergreb, Liene (von Liane) und daraus abgeleitet Haglähne, Lienese, Lern(e), Lire, Liele(n), Niele und Reune. Auf die seilartigen Stängel beziehen sich die Namen Narreseil, Wolfseil, Hureseil und Teufelsseil. Von den haarige Früchtchen leiten sich die Namen Alde Manne und Judebart ab. Da Buben die Stängel früher als Zigarr rauchten, gibt es die Namen Rauchholz und Räucherle.

Abb:
Gewöhnl. Waldrebe, blühend, li oben
Gewöhnl. Waldrebe, unreife Fruchtstände, rechts oben
Gewöhnl. Waldrebe, Fruchtstände, links und rechts unten

Foto: Peter Banzhaf

Foto: Peter Banzhaf

Foto: Peter Banzhaf

Walnussbaum – Juglans regia

Dieser ist ein bis 25 m hoher Baum aus der Familie der Walnussbäume (Juglandaceae). Die Blätter sind unpaarig gefiedert mit 5–9 eiförmigen, mehr oder weniger ganzrandigen Teilblättern. Die männlichen Blüten stehen in bis 10 cm langen, hängenden Kätzchen in vorjährigen Blattwinkeln, die rundlichen kleinen und behaarten weiblichen zu 2–3 endständig in diesjährigen Trieben. Die Frucht ist eine Steinfrucht, die umgeben ist von einer glatten grünen, später braunen Schale.
Der Walnussbaum ist seit der Jungsteinzeit nachgewiesen. Vermutlich handelt es sich dabei um kleinfrüchtige Wildformen mit dicker, holziger Innenschale (Steinnüsse, Juglans germanica BERTSCH). Unsere heutigen angebauten Walnussbäume mit großfrüchtigen Nüssen stammen aus dem Mittelmeerraum und wurden von den Römern hier eingeführt. Von diesen gibt es heute zahlreiche Sorten. Sie bevorzugen als spätfrostgefährdete Art warme Lagen (Weinbaugebiete) mit tiefgründigen, frischen, nährstoff- und kalkreichen Böden. Subspontan treten Walnussbäume in Ulmen-Eschen-Auwäldern, in tiefgelegenen, warmen Buchen- und Ahorn-Linden-Hangwäldern auf.

Walnussblätter und die grünen Walnussschalen enthalten Gerbstoffe, Glykoside (u.a. Juglon), Flavonoide, organische Säuren, Vitamin C, etwas ätherische Öle und hautbräunende Stoffe. Sie werden äußerlich für Bäder, Spülungen und als Umschlag bei Hautleiden, bei übermäßiger Schweißabsonderung an Händen und Füßen, in der Volksheilkunde gelegentlich auch als Magentee und bei Darmkatarrhen, in der Homöopathie außerdem bei Lymphknotenentzündungen, Leberstörungen, Kopfschmerzen und Erkrankungen des Zentralnervensystems angewandt. In der Kosmetik werden sie zum Braunfärben von Haut und Haaren genutzt. Die reifen Samenkerne besitzen vor allem fette Öle verschiedener Fettsäuren und sind gesundheitsförderlich. Sie werden frisch verzehrt oder als Mandelersatz genutzt. Das aus ihnen kalt gepresste Öl ist ein schmackhaftes, wertvolles Speiseöl. Das Holz des Walnussbaums wird in der Möbelindustrie sehr geschätzt.
Schwäbische Namen sind Wälschnuss (im Gegensatz zur heimischen Haselnuss), Nussebom und für die Frucht Baumnuss.

Abb:
Männliche Blüten, links oben
Weibliche Blüten, rechts oben
Früchte, links unten

Wasserdost – Eupatorium cannabinum

Der ausdauernde, 70–150 cm hoch werdende Wasserdost aus der Familie der Korbblütler (Asteraceae, früher Compositae) besitzt einen dicht beblätterten Stängel, der erst im Blütenstand verzweigt ist. Die hanfähnlichen Blätter (daher der lateinische Artname cannabinum = hanfähnlich) sind 3–5-teilig gefingert und bis 10 cm lang. Die lanzettlichen Teilblätter haben eine unregelmäßige Zahnung mit nach vorne gerichteten Zähnen. Der Gesamtblütenstand ist doldig und weist zahlreiche kleine Blütenköpfchen auf mit nur 4–6 rosa bis weißen Röhrenblüten. Die Frucht besitzt eine Haarkrone (Pappus).

Der Wasserdost wächst häufig und gesellig in Staudenfluren in Schlägen, Säumen und Verlichtungen von Auen- oder anderen Laubmischwäldern, an Wegen, Böschungen und Ufern auf frischen bis feuchten, nährstoff- und basenreichen, vorzugsweise kalkhaltigen Böden.

Die Wasserdostwurzeln wurden früher bei Leber- und Gallenleiden angewandt. Das Kraut enthält bitteres Glykosid, Flavonoide (darunter Eupatorin), ätherisches Öl, Alkaloide, Gerbstoffe, Inulin, Harz und Zucker. In der Volksmedizin wird es bei Leber- und Gallenleiden, äußerlich bei Geschwülsten, Quetschungen und Ausschlägen verwendet. In der Homöopathie wird es bei Leber- und Gallenleiden, bei grippeähnlichen fieberhaften Zuständen genutzt. Der Wasserdost war schon den alten griechischen Ärzten ein bekanntes Heilmittel.

Der Gattungsname Eupatorium geht auf den König Mithridates von Pontos Eupator (132 v. Chr. – 63 v. Chr.) zurück (Eupator = von edler Abstammung, Beiname hellenistischer Könige). Volkstümliche Namen für den Wasserdost sind Wasserkr(a)ut und Kunigundenkr(a)ut (nach der Heiligen Kunigunde, Deutsche Königin und römische Kaiserin, Gemahlin Kaiser Heinrichs II., gestorben 1033). Von dieser Heiligen leitet sich der Name Tugendblu(e)m ab.

Foto: Peter Banzhaf

Wasserhahnenfüße
– Ranunculus, Untergattung Batrachium, Familie Ranunculaceae

Es handelt sich bei diesen um Wasserpflanzen in stehenden oder langsam bis kräftig fließenden Gewässern. Sie besitzen teilweise Schwimmblätter und/oder nur fein zerteilte untergetauchte Blätter. Ihre weißen Blüten erheben sich über die Wasseroberfläche.
Alle Wasserhahnenfüße sind giftig. Der schwäbische Volksmund unterscheidet die einzelnen Arten nicht und bezeichnet sie pauschal als Frosch- oder Fischkr(a)ut.

Abb:
Haarblättriger Wasserhahnenfuß

In Württemberg ist der **Haarblättrige Wasserhahnenfuß (Ranunculus trichophyllus)** am häufigsten und weit verbreitet in kalkreichen Fließgewässern. Zerstreut anzutreffen in größeren Fließgewässern, so vor allem in der Donau und ihren Nebenflüssen, im Oberen Neckar, in Enz und Nagold, ist der **Flutende Wasserhahnenfuß (Ranunculus fluitans)**. Den **Spreizenden Wasserhahnenfuß (Ranunculus circinatus)** findet man zerstreut in stehenden bis träg fließenden Gewässern, wie auch den seltenen, meist auf kalkarmen Untergrund beschränkten **Schild-Wasserhahnenfuß (Ranunculus peltatus)** und den im Gebiet sehr seltenen **Gewöhnlichen Wasserhahnenfuß (Ranunculus aquatilis)**.

Foto: Wolfgang Herter

Abb:
Flutender Wasserhahnenfuß

Wegerich-Arten – Plantago spec.

Die Blätter der hier behandelten, ausdauernden Wegerich-Arten stehen alle in grundständigen Rosetten. Die ziemlich langen Stängel sind blattlos und tragen am Ende die längliche Blütenähre. Die kleinen, unscheinbaren Blüten sind meist zwittrig, Kelch und Blütenkrone 4-zipflig, mit 4 Staubblättern. Die Frucht ist eine Kapsel. Sie gehören zur Familie der Wegerichgewächse (Plataginaceae).

Beim **Spitz-Wegerich (Plantago lanceolata)** sind die Blätter lang lanzettlich und stehen aufrecht. Die 1–3 cm lange Blütenähre ist eiförmig bis walzlich, der Blütenstängel länger als die Blätter. Der Spitz-Wegerich kommt verbreitet in Fettwiesen und -weiden, an Wegen und in Äckern auf frischen, nährstoffreichen Böden vor. Genutzt werden die getrockneten Blätter. Sie enthalten Glykoside, Schleim, Zucker, Flavonoide, Gerbstoffe, Kieselsäure, Kalium und Zink. Sie werden als schleimlösendes und reizmilderndes Mittel bei Katarrhen der Atemwege und als Umschläge bei Hauterkrankungen verwendet. In der Volksheilkunde werden sie bei Magen- und Leberleiden, außerdem das frische Kraut oder der Presssaft bei Verletzungen als Wundheilmittel oder bei Insektenstichen angewandt.

Schwäbische Namen sind Spießkr(a)-ut, Spitzer Weger, Spitze(n)weber, Spitzweberich, Spitz(e)werfle, Spitze(n)wesserling, Haseau(h)re, Kratemacher und nach der Heilwirkung Wundkr(a)ut.

Der **Mittlere Wegerich (Plantago media)** besitzt breit elliptische, dem Boden anliegende Rosettenblätter. Der Blütenstängel kann bis 40 cm lang werden. Die Blütenähre verlängert sich bei der Fruchtreife bis zu 15 cm. Die Blüten sind wohlriechend. Der wärmeliebende Mittlere Wegerich wächst verbreitet in Kalk-Magerrasen, in mageren Wiesen und Weiden auf mäßig trockenen bis mäßig frischen, mäßig nährstoff- aber basenreichen Böden. Schwäbische Namen sind Schafau(h)re (= Schafohren), Haseau(h)re, Zuckerbrod (nach dem süßlichen Duft der Blüten), Grasfresser (die Blattrosetten schmälern den Heuertrag) und Pfanne(n)stiel (nach den langen Stängeln).

Foto: Verena Mueller

Abb: Spitz-Wegerich

› Wegerich-Arten – Plantago spec.

Der **Große Wegerich (Breit-Wegerich, Plantago major)** hat lang gestielte, breit elliptische, meist etwas aufgerichtete Blätter. Der Stängel ist bogig aufsteigend, die Blütenähre schmal und bis 20 cm lang. Der Stängel wird kaum so lang wie die Blätter. Der Große Wegerich wächst verbreitet in Trittrasen auf Wegen, Plätzen, in Pflasterfugen, an Ufern, in übersetzten Weiden auf mehr oder weniger frischen, nährstoffreichen, oft verdichteten Böden. Er ist trittfest und salzertragend. Die Samen besitzen Schleim (Schleimsamen) mit dem sie sich ankleben können, z.B. an Schuhen, und sich so ausbreiten. Das frische oder getrocknete Kraut enthält Glykoside, Schleim, Zucker, organische Säuren, Flavonoide, Gerb- und Mineralstoffe. Es wird in der Volksheilkunde wie der Spitz-Wegerich verwendet. In der Homöopathie wird es bei Wundschmerzen, Mittelohrkatarrhen, Bettnässen und Hautausschlägen angewandt.
Zahlreich sind die schwäbischen Namen, die auf verschiedene Eigenschaften des Großen Wegerichs zurückgehen. Die Gestalt der Blätter findet in den Namen Schafs-, Lämmer- und Hondszong, Sauo(h)r, Wegblätsche (Blätsche = großes Blatt), Wegtreter, Aderblatt, Rippekr(a)ut und Lügeblatt ihren Niederschlag. Auf die Blütenähre beziehen sich die Namen Katzeschwanz oder Katzestühle, Himmelsbrod, Ketteblu(e)m, Hungernudle, Würstle, Lämmertäsche (Täsche = Geschlechtsteil von Tieren) und Stricknadel, auf die Verwendung als Heilpflanze Heilblätter, Treibaus oder Treibausnudle (Treibaus = soll verschiedene Beschwerden austreiben), Hitzblätter (soll gegen Fieber wirken), Dornsame (Samen an St. Oswald, 5. August, soll Dornen und Spreißen von selbst herausgehen lassen), Sohlekr(a)ut (das in den Schuh gelegte Blatt soll vor Blasen schützen) und Hühneraugekr(a)ut. Auf die Nutzung der Samenähre bzw. der Samen als Vogelfutter gaben der Pflanze die Namen Vogelsam, Vogelgarb, Vogelwürstle und Engelsam. Im Volksglauben galt der Rauch des verbrannten Wetterichs (= Wegerich) als Schutz vor Unwettern.

Abb:
Mittlerer Wegerich

Abb:
Großer Wegerich

Gewöhnliche Wegwarte – Cichorium intybus

Die zu der Familie der Korbblütler (Asteraceae, früher Compositae) gehörende, ausdauernde Pflanze besitzt einen walzlichen, kräftigen Wurzelstock. Die Grundblätter sind wie Löwenzahnblätter gesägt, dunkelgrün und unterseits borstig behaart. Die Pflanze ist sparrig verzweigt. Die Blütenköpfe bestehen aus hellblauen Zungenblüten.

»Es steht eine Blume, wo der Wind weht den Staub, blau ist ihre Blüte, aber grau ist ihr Laub.« heißt es bei Hermann Löns im »Kleinen Rosengarten«.

»So steht sie, spröde und sparrig, jedoch liebenswert mit ihren himmelblauen Blüten an Wegrändern, Mauern und Zäunen« (nach Fritz Schray 1994, Blumen der Alb und was sie erzählen. Silberburg-Verlag, Tübingen).

Zahlreich sind ihre volkstümlichen Namen, da sie seit alters her in Volksmedizin, in Mythen, Sagen und Legenden eine große Rolle spielt. Schon Plinius (lateinischer Schriftsteller, 23–79 n. Chr.) und Dioskuroides (griechischer Arzt des 1. Jahrhunderts n. Chr.) berichten, dass bereits die Ägypter die Wegwarte als magenstärkendes Gemüse angebaut haben. Die Pflanze enthält vor allem die Stärke Inulin, Bitter- und Gerbstoffe, Cichorinsäure, Kaffeesäureverbindungen und weitere Inhalstsstoffe. Sie wird bei Erkrankungen der Leber, der Galle, der Milz und Bauchspeicheldrüse angewandt. Wegen ihres Bitterstoffgehalts wurde sie in der Volksheilkunde zur Anregung der Magen- und Gallensaftbildung sowie als appetit- und verdauungsförderndes Mittel geschätzt. Diese Verwendungen brachte der Pflanze den volkstümlichen Namen Allhelferin ein.

Die Blütenköpfe der Wegwarte öffnen sich schon am frühen Morgen und kehren sich dann laufend der Sonne zu, worauf die volkstümlichen Namen Sonnekr(a)ut oder Sonnebraut zurückgehen. Aber schon um die Mittagszeit schließen sich die hellblauen Blütenköpfe, was in den Volksnamen Faule Gret oder Faule Lies zum Ausdruck kommt.

Wegen des Vorkommens an Wegrändern trägt die Wegwarte die volkstümlichen Namen Wegkr(a)ut, Wegmann und Wegweiser. Weitere Namen sind Gerstnägele (Nägele = Nelke), Zicorie, Wilde Endivie (die häufig als Salatpflanze kultivierte **Endivie (Cichorium endivia)**, ist eine nah Verwandte der Wegwarte).

Abb:
Gewöhnliche Wegwarte

Foto: Peter Banzhaf

› Gewöhnliche Wegwarte – Cichorium intybus

Von der Wegwarte gibt es eine Kulturform **(Cichorium intybus ssp. sativum)** mit schwach gezähnelten Grundblättern und großen fleischigen Wurzeln. Einmal ist sie auf die Wurzel hin gezüchtet, die geröstet als Kaffee-Ersatz dient (volkstümlich Kafeblu(e)m, der Kaffee daraus Zicorie-Kafe oder -brüh), zum anderen auf die Blätter hin als Salat-Zichorie (Chicoreè).

Die Wegwarte spielt aber auch in Sage und Legende eine große Rolle. So heißt es schon 1411 im Volksmund: »Viele bezeugen die Wegewart / Sei gewesen ein Fraue zart / Und wartet ihr´s Buhlen noch mit Schmerzen.« Das erinnert an das alte deutsche Pflanzenmärchen, die Wegwarte sei früher ein Mädchen gewesen, das auf ihren Geliebten wartet, der sie verlassen hatte. Wie die Wegweise sich allezeit wendet nach der Sonne, so späht das Mädchen in alle Himmelsrichtungen nach ihrem Liebsten aus. Als er nicht zurückkehrte, erbarmte sich der Himmel der treuen Braut und verwandelte sie an der Wegscheid zur Wegwarte. Aber die deutsche ist schon der klassischen Pflanzensage entnommen, wenn von der Geliebten des Sonnengotts, Klythia, erzählt wird: »Nie auch wich sie vom Platz. Zum Gesicht des wandernden Gottes schaut sie nur und bewahrte und verwandelte die Liebe.« So wurde sie in der Blumensprache zum Symbol treuer Liebe erwählt (nach Fritz Schray 1994).

Abb:
Geschossene Endivie mit Blüten

Ufer-Weiden – Salix spec.
Sal-Weide – Salix caprea

Alle Weidenarten wie auch die Pappeln gehören zur Familie der Weidengewächse (Salicaceae), die alle zweihäusig sind (weibliche und männliche Blüten auf getrennten Pflanzen). Es handelt sich bei den Ufer- oder Schmalblatt-Weiden um Sträucher und Bäume mit mehr oder weniger schmalen, linealen bis lanzettlichen Blättern, die fast ausschließlich an Ufern von Bächen und Flüssen wachsen. Im schwäbischen Volksmund werden die einzelnen Arten kaum unterschieden, weshalb sie auch nur wenige gebräuchliche Volksnamen aufweisen. Sie werden wie auch die Sal-Weide im Dialekt alle als Felbe oder Felwer (vom althochdeutschen felaha oder felwar), als Wi(e)d (einzelne Ruten wie auch der Strauch oder Baum), als Pfeife(n)holz, Pfeiflesholz oder Hupeteholz (im Frühjahr werden aus der gelösten Rinde Pfeifen oder Hupen gefertigt) oder nach den Blütenständen als Kätzle, Kutzle, Bussele oder Büssele (alle Namen für Kätzle) bezeichnet. Nach der Wuchsform werden Felbebaum und Felbestaude (Strauch) unterschieden. Da die Ruten einiger Weidenarten zum Flechten verwendet werden, weisen diese Weiden eine besondere Schnittform auf und werden als Grindwide (Kopf-Weide) benannt. Zu den Ufer-Weiden gehören:

Die baumförmige **Silber-Weide (Salix alba)** mit ober- und unterseits mehr oder weniger silbrig-seidig behaarten Blättern. Sie wächst in warmen Tieflagen auf meist kalkhaltigen Auenböden. Auf Schwäbisch heißt sie Weißfelbe.

Die ebenfalls baumförmige **Bruch-Weide (Salix fragilis)** mit leicht abzubrechenden Ruten. Sie wächst in montanen Gebieten auf meist kalkarmen Auenböden. Im Schwäbischen wird sie als Knackfelbe oder Knackwid (nach dem Knacken beim Abbrechen der Ruten) bezeichnet. Häufiger als die echte Bruch-Weide ist deren Bastard mit der Silber-Weide, die **Fahl-Weide (Salix x rubens)** mit beim Austrieb rötlichen Ruten. Sie wächst ähnlich wie die Silber-Weide auf meist kalkhaltigen Auenböden.

Die strauchige bis baumförmige **Lorbeer-Weide (Salix pentandra)** mit breit-lanzettlichen, oberseits sattgrün glänzenden, aromatisch duftenden Blättern und lang gestielten, hängenden Kätzchen. Sie kommt verhältnismäßig selten in Berglagen an Ufern aber auch in Mooren vor. Im Schwäbischen trägt sie die Namen Schmalzwid (nach den glänzenden

Abb:
Silber-Weide, Stamm und männliche Blütenkätzchen

Blättern) oder Streichwid (Streichen = Gelbfärben, zu dem früher die Blätter verwendet wurden).
Alle weiteren Ufer-Weiden wachsen strauchig. Weit verbreitet und häufig angepflanzt, oft als Kopfweide genutzt, ist die **Korb-Weide (Salix viminalis)** mit bis 15 cm langen, randlich zurückgebogenen und welligen Blättern, die unterseits seidenhaarig weißlich schimmern. Sie ist die bevorzugte Flechtweide, worauf auch die schwäbischen Namen Flechtwid und Krättewid (Krätte = Korb) hinweisen.
Zerstreut kommt im Alpenvorland, aber auch an der Wutach und am Rhein die **Lavendel-Weide (Salix eleagnos)** auf meist kalkreichen Sand- und Schotterböden vor. Ihre Blätter sind am Rande umgerollt mit undeutlicher Zähnung. Die Blattunterseite ist matt weißgrau filzig. Im Schwäbischen hat diese Weide wegen ihrer derben Blätter den Namen Lederwid erhalten.
Zerstreut an Bach- und Flussufern ist die **Mandel-Weide (Salix triandra)** auf meist kalkreichen Auenböden zu finden. Die Blätter sind bis 10 cm lang und bis 3 cm breit, beiderseits fast gleich grün. Wegen der Ähnlichkeit der Blätter mit Pfirsichblättern trägt die Weide im Schwäbischen den Namen Pfersichwid.
Die **Purpur-Weide (Salix purpurea)**, (nach den purpurroten Staubbeuteln und den rot überlaufenen Zweigen), kommt häufig auf meist kalkhaltigen Auenböden vor. Die Blätter sind oberseits dunkelgrün, unterseits hell blaugrün, die Blattränder flach. Die bis 1,5 cm breiten Blätter sind im vordersten Drittel am breitesten und von da an bis zur Blattspitze gezähnt. Sie sitzen an den Zweigen fast gegenständig, und diese wiederum ebenso an den Ästen. Aus den gleichen Gründen weshalb die Weide Purpur-Weide heißt, wird sie im Schwäbischen als Rodwid oder Rose(n)wid bezeichnet.
Die **Reif-Weide (Salix daphnoides)** findet man verhältnismäßig selten im Alpenvorland auf sandig-kiesigen Auenböden. Ihren Namen verdankt sie der blauen Bereifung der rotbraunen Zweige. Die ziemlich großen Kätzchen erscheinen sehr früh vor dem Austrieb der Blätter, weshalb sie öfters als Zierstrauch und zur Bienenweide angepflanzt wird. Im Schwäbischen trägt sie wegen der Bereifung der Äste den Namen Schimmelwid. Auf die früh blühenden, großen Kätzchen gehen die mit der Sal-Weide gemeinsamen Namen Kätzleswid und Imme(n)wid zurück.
Alle Ufer-Weiden werden zum Flechten und als Flechtwerk (Faschinen)

Abb:
Sal-Weide, männliche Blüten

Abb:
Sal-Weide, weibliche Blüten

› Ufer-Weiden – Salix spec.
› Sal-Weide – Salix caprea

zur Ufersicherung verwendet. In der Rinde sind Vorstufen der Salicylsäure wie Salicin und Salicortin enthalten. Deshalb wurde schon von Dioscurides (griechischer Arzt des 1. Jahrhunderts n. Chr.) und wird bis heute die pulverisierte Rinde bei Fieber, Kopfschmerzen und rheumatischen Beschwerden angewandt. Heute ist die Droge meist durch das synthetische Präparat Acetylsalicylsäure (ASS) ersetzt.

Die **Sal-Weide (Salix caprea)** gehört zu den Breitblatt-Weiden. Ihre Blätter sind 4–10 cm lang und 3–8 cm breit, länglich elliptisch bis fast kreisrund, oberseits dunkelgrün und schwach glänzend, unterseits matt blaugrün. Die großen Kätzchen erscheinen vor den Blättern und stellen eine wertvolle Bienenweide dar. Darauf gehen schwäbische Namen wie Palmkätzle, Kätzleswid, Bullesbaum, Mullebaum, Busselbaum (Bulle, Mulle, Bussel = Kätzchen) und Imme(n)wid zurück.

Die Sal-Weide kommt häufig in Waldverlichtungen, in Waldschlägen und Sturmwürfen als Vorwald, als Pioniergehölz in Steinbrüchen und Kiesgruben, in Hecken und auch an Schuttplätzen auf mehr oder weniger nährstoffreichen, oft rohen oder gestörten Lehmböden vor (Pioniergehölz).

Der Name Sal-Weide geht auf das oberdeutsche Wort Sale = Weide zurück (althochdeutsch salaha, mittelhochdeutsch salhe). In katholischen Gegenden sind die Zweige der Sal-Weide Hauptbestandteil des Palmen oder Palmboschen, der kunstvoll verziert mit meistens immergrünen Pflanzenzweigen, bunten Bändern und bemalten Eiern am Palmsonntag (Sonntag vor Ostern) in festlichem Umzug zur Palmweihe in die Kirche getragen wird. Der Palmen wird nach der Weihe nach Hause genommen, vor dem Haus, im Haus oder im Stall aufgestellt und soll vor allem Unheil des Jahres, vor Blitzschlag und Hagel schützen. Dieser Brauch gab der Sal-Weide die Namen Palme, Palmbaum, Palmkätzle, Palmwid und Osterpalm.

Abb:
Sal-Weide, männliche Blütenzweige

Schmalblättriges Weidenröschen – Epilobium angustifolium

Die ausdauernde, bis 1,5 m hohe Pflanze aus der Familie der Nachtkerzengewächse (Onagraceae, früher Oenotheraceae) hat einen unverzweigten, stumpfkantigen Stängel. Die lanzettlichen, bis 15 cm langen und 1-3 cm breiten Blätter sind alle wechselständig. Die rosa bis purpurnen Blüten stehen in einer langen, endständigen Traube. Die 4 Kronblätter sind bis 1,5 cm lang. Die Griffel haben 4 ausgebreitete Narbenäste. Die Früchte sind fein weiß behaart.

Das Schmalblättrige Weidenröschen kommt häufig in Schlagfluren, in Waldverlichtungen, an Waldwegen und Brandstellen, auch an Schuttplätzen und in Staudenfluren auf frischen, nährstoffreichen, meist kalkarmen, humosen Böden vor. Es ist ein ausgesprochener Störzeiger und Humuszehrer. Mit den weit kriechenden Wurzeln ist es ein Bodenfestiger.

Die vor oder während der Blüte gesammelten und getrockneten oberirdischen Pflanzenteile enthalten Flavonoide, Glykoside, Gerbstoffe und organische Säuren. Das Kraut wird bei Beschwerden des Harnlassens infolge bösartiger Prostatavergrößerung, in der Volksmedizin außerdem bei Magen-, Darm- und Schleimhautentzündungen angewandt. Die jungen Blätter können als Ersatz für Schwarzen Tee, auch als Salat oder Gemüse verwendet werden.

Schwäbische Namen für die Pflanze sind Brandkr(a)ut (nach dem Vorkommen an Brandstellen), Federblu(e)m (nach den silbrig-weiß behaarten Samen), Unholdekerz (weil man mit ihr giftige Tiere und böse Geister vertreiben kann), Schosskr(a)ut (Schoss = stechender Schmerz, Rheuma- oder Gichtanfall), Blitzblu(e)m und Donderkr(a)ut (soll Haus vor Blitzschlag schützen) und Wilder Oleander (nach den roten Blüten). Die Pflanze ist ein fester Bestandteil des an Mariä Himmelfahrt (15. August) geweihten Kräuterboschen (Kräuterbüschel).

Foto: Peter Banzhaf

Weißdorne – Crataegus spec.

Im Volksmund werden die verschiedenen Weißdorn-Arten sowie deren Hybriden nicht unterschieden (vgl. dazu Müller, Th.: 3. Weißdorne (Hagdorne). In: Wildrosen und Weißdorne Mitteleuropas, 2. Auflage, Seite 98–128. Verlag des Schwäbischen Albvereins e.V., Stuttgart 1998). Deshalb sollen hier die Weißdorne oder Hagdorne nicht als Einzelne sondern zusammen behandelt werden.

Wer kennt sie nicht, die weit verbreiteten, dornigen, kräftigen Sträucher oder kleinen Bäumchen in den Hecken und Gebüschen, an Waldrändern oder in lichten Wäldern. Im Frühjahr sind sie über und über mit weißen Blüten bedeckt, einer weiß geschmückten Braut gleich, im Herbst voll behangen mit leuchtend roten Früchten. Es sind unsere Weiß- oder Hagdorne. So beeindruckend der Weißdornbluescht (Blust = Blüte) ist, so unangenehm riechen die Blüten nach Heringslake (Trimethylamin).

Neben Schlehe und Wildrosen-Arten stellen die Weißdorne tierökologisch sehr wichtige Straucharten dar. Sie bieten nicht nur vielseitige Nahrungsressourcen (Nektar, Pollen, Blätter, Früchte) für verschiedene Tiere (Insekten, Vögel, Säuger), sie tragen auch wesentlich zur räumlichen Struktur von Gebüschen, Hecken und Waldmänteln bei, was z.B. für Brutvögel von größter Bedeutung ist. Auf sie kann deshalb in der Landschaft, soll sie ökologisch erfüllt bleiben, nicht verzichtet werden.

Die Blüten der Weißdorne bieten neben Nektar auch Pollen und werden deretwegen von Fliegen, Käfern und Wildbienen besucht. Die roten Früchte dienen vor allem Vögeln, aber auch Säugetieren als Nahrung. Beim Verzehr der kohlehydratreichen Früchte durch Vögel werden auch die Steine, die den eigentlichen Samen enthalten, aufgenommen und dann wieder als unverdauliche Reste ausgeschieden, wodurch die Weißdorne verbreitet werden.

Für den Menschen bieten sich die mehligen Früchte wenig zum direkten Verzehr an, aber sie lassen sich gut zu Gelée, Gsälz (Marmelade) oder Mus verarbeiten. Das in ihnen enthaltene Pektin fördert das Gelieren, z.B. in Mischungen mit anderen Früchten. Außer Pektin enthalten die Früchte Carotin, Vitamin C und B1, viel Kalium, auch Phosphor und Calcium. Alle Teile der Weißdorne enthalten mehrere Flavonglykoside, die Blutdrucksenkung, Pulsverlangsamung sowie Zunahme der Herzleistung und der Durchblutung der Herzkranzgefässe bewirken. Es wer-

Abb:
Zweigriffliger Weißdorn, Blüten

den die Blätter, Blüten und Früchte, häufig als Tee, verwendet. Diese sind eines der wichtigsten pflanzlichen Mittel zur Behandlung von Herz- und Kreislaufkrankheiten.
Der Name Hagdorn für den Weißdorn geht auf die Wortsippe Hag (Hagen, Hain, Hecke) zurück. Unter Hag versteht man Dorngesträuch, das zur Einfriedung der Weiden genutzt wurde (Hag = Zaun, Umzäunung, umzäuntes Grundstück, Hain und Wald, Dornstrauch).
Dornsträucher werden zu lebenden Zäunen verwendet. Das „Hagen" war Aufgabe des »Hägers«. Ein »Hagusalt« war ein jüngerer Sohn auf dem Hof, der nicht den Hof sondern nur ein kleines Stück Land erbte, das er einfriedete (einhagte). Weil er aus materiellen Gründen meist nicht in der Lage war, zu heiraten, musste er sich als Gefolgsmann anderer verdingen und wurde meist auch zum »Hagstolz«, zum eingefleischten Junggeselle (nach Fritz Schray: Schwarzdorne und Weißdorne. In: Blätter des Schwäbischen Albvereins Heft 4/1993, Seite 107–108).
Nach einer Legende soll die Dornenkrone Christi aus Zweigen des Weißdorns geflochten worden sein. Im Volksglauben des Mittelalters wurde der Weißdorn als Mittel zur Zauberabwehr benützt. Man nagelte so viel Weißdornzweige über die Stalltür, als Kühe im Stall standen. Wenn man die abwehrende Kraft des Weißdorns bei sich behalten wollte, trug man ein Amulett aus Weißdornholz (nach Fritz Schray, siehe oben).
Die schwäbischen Namen für Weißdorne beziehen sich alle auf die Früchte. Da sind zunächst Namen zu nennen, die mit den mehligen Früchten zusammenhängen: Me(h)lbützle (Butz oder Bütz = Butzen, das Kernhaus von Kernobst), Me(h)lbüntele (Bunt = hölzernes Gefäß) und davon abgeleitet Me(h)lbändele, Hagebutze, Hagbündele oder einfach Bende. Auf das weiche, schmalzähnliche Fruchtfleisch gehen die Namen Schmalzbüntele und Schmalzhäfele zurück. Weil angeblich Kinder, insbesondere Buben die Früchte gerne essen würden, wurden diese als Bubehägele, Bubefreund oder Bubefreud bezeichnet. Wahrscheinlicher ist aber, da die Bubehägele ein herberes Gsälz ergeben als die Mädleshägele (= Hagebutten), die das feine Häge(n)mark liefern, dass damit dieser Gegensatz angesprochen werden soll.
Literatur zu den Weißdornen siehe bei den Wildwachsenden Rosen.

Abb:
Verschiedenzähniger Weißdorn mit Früchten

Foto: Peter Banzhaf

Weißwurz-Arten – Polygonatum spec.

Die 3 einheimischen Weißwurzarten (Familie der Spargelgewächse, Asparaginaceae, früher zu den Liliengewächsen, Liliaceae, gestellt) werden hier gemeinsam besprochen, da sie in den Volksbezeichnungen nicht unterschieden werden und sie alle die gleichen schwäbischen Namen haben: Maienblü(e)mle (Ähnlichkeit mit dem Maiglöckchen) oder Blutwurz (früher verwendet bei Blutfluss, Blutergüssen und Prellungen, findet heute weder in der Schulmedizin noch in der Volksheilkunde Verwendung). Alle Weißwurz-Arten sind ausdauernd und durch Saponine giftig.

Die **Wohlriechende Weißwurz (Polygonatum odoratum)** besitzt einen horizontal kriechenden Wurzelstock, der mit einer Schlange verglichen wird, daher die zusätzlichen Namen Addere- oder Atterekr(a)ut (Adder oder Atter = Natter, Otter, allgemein Schlange). Die Narben an ihm von den früheren Blütenstängeln erinnern an Siegel, weshalb für diese Art oft der Name Salomonssiegel verwendet wird. Der Stängel ist kantig und meist überhängend. Die eiförmigen, zugespitzten Blätter sind 2-zeilig wechselständig angeordnet. Die angenehm duftenden, länglich-glockenförmigen Blüten sind weiß mit grünem Saum und stehen zu 1–2. Die Frucht ist eine blauschwarze, bereifte, giftige Beere. Die Art kommt zerstreut aber gesellig im sonnigen Saum von Eichen-Trockengebüschen und in lichten Trockenwäldern vor.

Nah verwandt ist die **Vielblütige Weißwurz (Polygonatum multiflorum)**, bei welcher der Stängel rund ist und die Blüten zu 2–5 stehen. Die Art wächst in Laub- und Nadel-Mischwäldern auf frischen, nährstoff- und basenreichen, vorzugsweise kalkhaltigen Böden.

Bei der **Quirlblättrigen Weißwurz (Polygonatum verticillatum)** sind die Blätter schmal lanzettlich und stehen zu 3–6 in Scheinquirlen. Die weißlichen Blüten sind kleiner als bei den beiden anderen Arten und sind in 1–7-blütigen Trauben angeordnet. Die Art kommt zerstreut aber gesellig in Laub- und Nadel-Mischwäldern der Berglagen auf frischen, mehr oder weniger nährstoffreichen, mäßig sauren Böden vor.

Abb:
Wohlriechende Weißwurz, links oben
Wohlriechende Weißwurz, Früchte, rechts oben
Vielblütige Weißwurz, links unten
Quirlblättrige Weißwurz, rechts unten

Foto: Verena Mueller

Foto: Peter Banzhaf

Foto: Wolfgang Herter

Foto: Hans-Peter Döler

Wermut – Artemisia absinthium

Der bis 1 m hoch werdende Halbstrauch (untere Teile verholzend, obere krautig) aus der Familie der Korbblütler (Asteraceae, früher Compositae) besitzt gefiederte, seidig behaarte Blätter. Die kleinen, 3–4 mm breiten Blütenköpfchen bestehen aus gelben Röhrenblüten. Die Pflanze riecht aromatisch, schmeckt aber in allen Teilen sehr bitter.

Beim Wermut handelt es sich um eine alte Gewürz- und Heilpflanze, die vielfach in Gärten angepflanzt wird und daraus verwildert ist. So wächst sie heute in besonnten Unkrautfluren an Wegen, Dämmen, Mauern, an Burgen auf mäßig trockenen, nährstoff- und basenreichen, oft steinigen Böden.

Die Droge aus den getrockneten oberen Krautteilen enthält ätherische Öle, darunter das giftige Thujon (kommt vor allem im Lebensbaum, Thuja, vor), Bitterstoffe, darunter das Absinthin, und Flavonoide. Die Bitterstoffe regen die Magensaftbildung und die Durchblutung der Magenschleimhaut an und wirken appetitanregend, verdauungs- und heilungsfördernd bei Magenschleimhautentzündung. In der Volksmedizin wurde die Droge auch gegen Wurmbefall im Darmtrakt eingesetzt. Früher verwendete man das Wermutöl, das wegen seines hohen Thujongehalts stark giftig ist, zur Herstellung des Absinth, einem Schnaps. Dieser ist in vielen Ländern verboten, da dessen Missbrauch zu »Absinthismus« mit Persönlichkeitszerfall führt. In Wermutweinen sind die Bitterstoffe aber kaum ätherische Öle enthalten, weshalb ihr Genuss unbedenklich ist. In kleinen Mengen wird der Wermut als Gewürz zu Gans, Ente. Wild und Schaf benutzt.

Volkstümliche schwäbische Namen für den Wermut sind Wurmkr(a)ut, Bitterkr(a)ut, Silberkr(a)ut und Sonnewirbele (wird sonst für den Echten Ackersalat, Valerianella locusta, und den Löwenzahn, Taraxacum officinale, verwendet, siehe dort).

Abb:
Wermut, Blätter, links
Wermut, Blüten, rechts

Zaun-Wicke – Vicia sepioum
Vogel-Wicke – Vicia cracca

Beide Wicken-Arten aus der Familie der Schmetterlingsblütler (Fabaceae, früher Papilionaceae) sind ausdauernd und besitzen mehr oder weniger weit kriechende Bodenausläufer. Die Blätter sind paarig gefiedert, statt eines Endblättchens gibt es eine verzweigte Ranke. Die Fiederblättchen sind fiedernervig im Unterschied zu den parallelnervigen der Platterbsen (Larhyrus).

Die **Zaun-Wicke** besitzt einen 4-kantigen, bis 50 cm langen, aufrechten bis kletternden, einfachen, kahlen Stängel. Die Blätter bestehen aus 4–8 Paaren, mehr oder weniger sitzenden, elliptischen Fiederblättchen. Die braunvioletten bis rosa Blüten sitzen in 3–6-blütigen, kurz gestielten, einseitswendigen Trauben. Die flachen, 3–6-samigen Hülsen sind bis 3 cm lang. Die Zaun-Wicke wächst verbreitet in Fettwiesen, in lichten und krautreichen Laubwäldern, in Säumen von Wäldern und Hecken, an Waldwegen und in Waldverlichtungen sowie an Zäunen auf frischen, nährstoff- und basenreichen Böden. Schwäbische Namen für sie sind Wiesewigg, Wegwigg, Wilde Wigg, Leiterwigg, Ameiseleiter (die obersten Nebenblätterb scheiden Zuckersaft aus, der von Ameisen gern aufgenommen wird, daher auf der Pflanze oft Ameisen) und Hagwigg (nach den Wuchsorten in Säumen und an Zäunen).

Die **Vogel-Wicke** hat einen kantigen, bis 150 cm langen, anliegend behaarten und meist kletternden Stängel. Die Blätter haben 6–10 Paare schmal-lanzettliche Fiederblättchen. Die 8–11 mm langen, blau- bis rotvioletten Blüten sitzen in langen und schmalen, einseitswendigen, bis 40-blütigen Trauben. Die bis 3 cm langen Hülsen sind 2–8-samig. Die Vogel-Wicke kommt verbreitet in fetten und mageren Wiesen und Weiden, in Nasswiesen, in Säumen von Wäldern und Hecken, an Bach- und Flussufern und in Äckern auf frischen bis mäßig trockenen, humosen Böden vor.

Schwäbische Namen für die Pflanze sind Wilde Wigg, Klaibewigg (im Kornfeld ein gefürchtetes Unkraut, das die Halme umrankt und niederzieht; vgl. dazu Klebkraut), Herre(n)schü(h)le und Fraue(n)schü(h)le (nach der Blütengestalt), Vogelkr(a)ut, Vogelheu und Vogelerbs (Samen als Futter für Vögel), Mauswigg und Mauserbs als geringschätzende Bezeichnungen.

Abb:
Zaun-Wicke

Abb:
Vogel-Wicke

Großer Wiesenknopf – Sanguisorba officinalis

Die bis 1 m hohe, ausdauernde Pflanze gehört zur Familie der Rosengewächse (Rosaceae). Der aufrechte Stängel ist gerillt und verzweigt. Die Blätter sind einfach unpaarig gefiedert und haben 6–14 Fiederpaare und 1 Endblatt. Die Fiederblättchen sind deutlich gestielt, herzförmig und grob gezähnt, oberseits grasgrün, unterseits blaugrün und haben am Grund des Stiels oft kleine Nebenblättchen. Die kleinen, zwittrigen, dunkel rotbraunen Blüten mit 4 Kelch- aber ohne Kronblätter stehen in eiförmigen Blütenköpfchen am Ende der Zweige.

Der Große Wiesenknopf wächst verbreitet in Feucht- und Pfeifengras-Wiesen, auch in mäßig feuchten Glatthafer- und Goldhafer-Wiesen auf grund-, sicker- und wechselfeuchten (Wechselfeuchtigkeitszeiger), mehr oder weniger nährstoff- und basenreichen Böden.

Die Pflanze enthält Gerbstoffe, Glykoside (darunter Sanguisorbin) und Flavonoide. Sie wurde deshalb früher in der Volksmedizin als Heilpflanze verwendet. Die Homöopathie nutzt die Pflanze heute noch bei Erkrankungen des Magen-Darm-Traktes, des venösen Gefäßsystems, der weiblichen Geschlechtsorgane, bei Krampfaderleiden und Durchfallerkrankungen.

Die schwäbischen Namen nehmen zum größten Teil Bezug auf die Blütenköpfchen, so Hoseknopf, Bollele, Trumelschlegel, Balke(n)schlegel, Geißbo(h)ne, Blutströpfle, Kemegfegerle (= Kaminfegerle), Heideköpf(e) (Heide = Mohr, Afrikaner) und Mohreköpfle. Von der Gestalt der Blätter abgeleitet sind Heuleiterle (nach den gefiederten Blättern) und Bimbernell (siehe Kleiner Wiesenknopf).

Foto: Wolfgang Herter

Kleiner Wiesenknopf – Sanguisorba minor, früher: Poterium sanguisorba

Die verhältnismäßig kleine, ausdauernde Pflanze aus der Familie der Rosengewächse (Rosaceae) besitzt eine grundständige Blattrosette mit unpaarig gefiederten Blättern. Die Teilblättchen sind eiförmig mit gezähntem Rand. Die Blüten sind klein, grün oder rötlich und sitzen in endständigen, kugeligen Köpfchen. Sie besitzen 4 Kelchblätter aber keine Kronblätter. Nur die mittleren Blüten im Köpfchen sind zwitterig, die unteren nur männlich, die oberen nur weiblich.

Der Kleine Wiesenknopf ist in sonnigen Kalk-Magerwiesen (Mähder) und -weiden auf mäßig trockenen, mehr oder weniger basenreichen, meist kalkhaltigen, mageren Böden (Magerkeitszeiger) ziemlich häufig.

Wegen des würzigen, nussartigen Geschmacks der jungen Blätter werden diese als appetitanregendes und verdauungsförderndes Gewürzkraut in Salaten und Suppen verwendet. Als Gewürzkraut trägt die Pflanze die Namen Bibernell, Pimpernell oder Bombernell, die sonst für die Kleine Pimpernelle (Pimpinella saxifraga) verwendet werden. Um den Kleinen Wiesenknopf von der Kleinen Pimpernelle zu unterscheiden, wird dem Namen Bibernell meist die Worte Welsch-, Garten- oder Salat- vorangestellt.

Foto: Verena Mueller

Acker-Winde – Convolvulus arvensis
Zaun-Winde – Calystegia sepium

Beide Arten sind ausdauernd und besitzen mehr oder weniger weit kriechende Wurzelausläufer. Die dünnen aber langen Stängel sind niederliegend, verzweigt, oder winden sich an anderen Pflanzen oder an Zäunen hoch. Die grünen Blätter sind gestielt, pfeilförmig und mehr oder weniger spitz. Die trichterigen Blüten stehen einzeln in den Blattachseln. Die Früchte sind Kapseln.

Die Stängel der **Acker-Winde** sind bis 1 m, die Blätter bis 4 cm und die Blüten bis 2,5 cm lang. Diese sind weiß oder rosa und weiß gestreift. Sie wächst verbreitet in Äckern, Weinbergen und Gärten, an Wegen und Schuttplätzen auf frischen bis mäßig trockenen, nährstoff- und basenreichen Böden, gern zusammen mit der Kriechenden Quecke (siehe dort).

Die etwas wärmebedürftige Pflanze schließt abends die Blütenkelche und öffnet sie erst wieder am Morgen (daher der Name Tagschöne). Der Legende nach wird sie als Gotteshemdchen bezeichnet, weil sie abends die Blüten schließt, wenn Marias Kind sein Hemdchen ausziehen würde und sich am Morgen wieder öffne, wenn das Kind wieder in sein Hemdchen schlüpfe. Weitere schwäbische Namen sind Kleine Wind, Hagwind, Streiferle und Streipfele (nach den oft gestreiften Blüten) sowie Schtrepfele (nach den am Boden streifenden Stängeln). Der Name Muttergottes-Gläsle geht auf die Legende zurück, dass Maria einen weiten Weg zu gehen hatte und durstig wurde. Sie bat einen vorbeikommenden Weinfuhrmann um einen Trunk. Sie hatten aber kein Gläschen. Da nahm Maria eine Windenblüte und der Fuhrmann füllte diese. Die Acker-Winden haben seitdem vom Rest des Weines die zarten roten Streifen behalten.

Die **Zaun-Winde** besitzt bis 3 m lange Stängel. Die Blätter sind bis über 10 cm und die weißen Blüten bis 4 cm lang. Sie wächst verbreitet in staudenreichen Unkrautfluren an Ufern, im Saum von Auenwäldern und -gebüschen, in Schilf- und Seggen-Verlandungsgesellschaften, an Zäunen und Wegrändern auf frischen bis feuchten, nährstoff- und basenreichen Böden.

Schwäbische Namen für die Pflanze sind Große Wind, Gloggewind, Zaunglogg, Hagglogg und Todeblu(e)m (nach dem weißen Leichentuch). Die frühere Verwendung der Pflanze in der Volksheilkunde als Abführmittel führte zu den Namen Scheißhäfele, Bettseiche und Bettseicherin (Seichen = Urinieren).

Abb:
Acker-Winde

Abb:
Zaun-Winde

Busch-Windröschen – Anemone nemorosa
Gelbes Windröschen – Anemone ranunculoides

Das **Busch-Windröschen** gehört als Frühjahrsblüher zu den bekanntesten Blumen, wurde aber von den alten Botanikern kaum beachtet, da es bei den antiken Ärzten keine Rolle spielte und auch sonst in der Heilkunde kaum verwendet wurde. Es kommt verbreitet, oft in großen, den Boden deckenden Herden auf mehr oder weniger nährstoffreichen, mäßig trockenen bis frischen Böden in Laub-Mischwäldern vor, in höheren Lagen (bis etwa 2000 m über NN) vor allem in Wiesen. Mit dem waagrecht kriechenden, meist verzweigten Wurzelstock erreicht es Bodentiefen bis 15 cm. Es gehört wie auch das Gelbe Windröschen zur Familie der Hahnenfußgewächse (Ranunculaceae) und wird 10–25 cm hoch. Der Stängel weist im oberen Drittel einen Quirl von 1–3 cm lang gestielten, 3-teiligen Blättern auf. Die einzeln, endständig am Stängel stehenden, 2–3 cm großen, sternförmigen Blüten bestehen aus 6-8 weißen, oft rötlich überlaufenen Kronblättern, zahlreichen gelben Staubblättern und mehreren Fruchtknoten.

Wegen seiner Bekanntheit gibt es für das Busch-Windröschen zahlreiche Volksnamen, wobei hier nur die schwäbischen berücksichtigt werden. Der Name »Wind-Röschen« geht darauf zurück, dass die Blüten auf ihren dünnen Stielen bei Wind hin- und herschwanken. Auf die weiße Blütenfarbe beziehen sich Namen wie Mehlblü(e)mle, Eierblu(e)m, oder Beckabu(e)b. In diesen Bezug sind auch die Namen Schnaiflock und Schnaikätter einzubeziehen, weil dichte Bestände im Frühjahrswald an Schnee erinnern. Andere Namen orientieren sich an der Blütenform (Sterneblu(e)m), an der frühen Blütezeit (Märzeblü(e)mle, Aprila) oder an Tierarten als Frühlingsboten (Haseblu(e)m, Guguckle oder Guggichblu(e)m). Die Bezeichnungen Waldhähnle, Weißer Gockeler oder Weißer Güggel gehen wohl auf die verkürzte Form von Wald-Hahnenfuß (Ranunculus nemorosus) zurück.

Recht häufig kommt zusammen mit dem Busch-Windröschen das **Gelbe Windröschen** vor, so vor allem in feuchten Laub-Mischwäldern (Kleebwälder, Auenwälder) auf nährstoffreichen Böden. Die Pflanze ähnelt dem Busch-Windröschen, von dem sie sich durch die gelben, meist zu zweit stehenden Blüten und im Quirl fast sitzenden Blätter unterscheidet.

Foto: Peter Banzhaf

Abb:
Busch-Windröschen

Abb:
Gelbes Windröschen

Die Samen beider Arten werden von Ameisen verbreitet. Die frischen Teile beider Arten sind durch Protoanemonin giftig, das beim Trocknen unwirksam wird. Darauf beziehen sich die Namen Geißblu(e)m, Geißaglogg und Geißamaie, oft mit dem Zusatz Weiß oder Gelb, weil die giftigen Pflanzen nicht einmal von Geißen gefressen werden.

Winterling, Winter-Akonit – Eranthis hyemalis

Der Winterling ist eine liebenswerte Gartenpflanze, blüht er doch zusammen mit dem Schneeglöckchen (siehe dort) im Spätwinter, oft schon im Februar. Dabei kann der Winterling eine gering mächtige Schneedecke durchstoßen und die gelben Blüten über dem Schnee ausbreiten, daher die schwäbischen Namen Schnaiguckerle oder Schnaiäugle.

Die ausdauernde Pflanze besitzt Wurzelknöllchen. Die lang gestielten handförmig geteilten Blätter erscheinen eins pro Knöllchen erst nach der Blüte. Der Blütenstiel kann bis 15 cm hoch werden. Die gelbe Blüte sitzt unmittelbar über einem Quirl handförmig geteilter Hochblätter. Die Blüten des Winterlings schließen sich bei Kälte oder bei trüber Witterung abends und bilden über den Staub- und Fruchtblättern ein schützendes Dach. Dies ist ein durch Temperaturunterschiede gesteuerter Wachstumsprozess. Beim Schließen wächst die Unterseite der Blüte, beim Öffnen die Oberseite stärker als die Gegenseite.

Der in Gärten als Frühblüher angepflanzte Winterling stammt ursprünglich aus dem submediterranen Raum. Hier ist er gelegentlich in Parkanlagen, in Weinbergen und Gebüschen verwildert; er muss an manchen Stellen als eingebürgert angesehen werden.

Die ganze Pflanze, besonders das Knöllchen ist stark giftig. Sie enthält stark wirkende Herzglykoside (Eranthin A und B). Diese verursachen Übelkeit und Erbrechen, Koliken, unregelmäßigen Puls, Sehstörungen, Atemnot, Herzschwäche und schließlich den Tod durch Herzstillstand.

Wirbeldost – Calamintha clinopodium, früher: Clinopodium vulgare

Der Wirbeldost, ein Wurzelkriecher, ist ein ausdauernder, wenig aromatischer Lippenblütler (Familie Lamiaceae, früher Labiatae) und wird bis 60 cm hoch. Der Stängel ist abstehend zottig behaart. Die Blätter sind bis 4 cm lang und kurz gestielt. Die bis 1,5 cm großen, lebhaft rosa gefärbten Blüten stehen zu 10–20 in kopfartigen Quirlen am Ende des Stängels und der Seitenzweige.

Die Pflanze wächst ziemlich häufig im Saum von Gebüschen und Wäldern, an Wegen und Rainen, oft zusammen mit dem Dost (Origanum vulgare, siehe dort) auf sommerwarmen, mehr oder weniger trockenen bis mäßig frischen Lehmböden. Der Wirbeldost wird im Volksmund wenig beachtet. In Anlehnung an den Dost wird er als Kleiner Dost, Wilddost oder Kleiner Wohlgemut bezeichnet. Wegen des etwas unangenehmen Duftes trägt er Namen wie Katzeminz und Wilde Stinkminz. Die auf den griechischen Arzt Dioscuroides (1. Jahrhundert n. Chr.) zurückgehende Verwendung als Abtreibungsmittel brachte der Pflanze den Namen Hurakr(a)ut ein.

Foto: Peter Banzhaf

Acker-Witwenblume – Knautia arvensis

Die ausdauernde Pflanze aus der Familie der Kardengewächse (Dipsacaceae) besitzt einen verzweigten Wurzelstock mit unterirdischen Ausläufern. Der Stängel wird bis 80 cm hoch, ist oben verzweigt und abstehend borstig behaart (Unterschied zu den glatten oder anliegend behaarten Stängeln der Tauben-Skabiose, Scabiosa columbaria). Die unteren Blätter sind meist ungeteilt und lanzettlich, die oberen meist fiederspaltig geteilt. Die blauvioletten bis lila Blüten stehen in bis 4 cm breiten Köpfchen ohne Spreublätter, wobei die Randblüten vergrößert sind. Die Einzelblüten sind ungleich 4-zipflig. Die etwas wärmebedürftige Acker-Witwenblume wächst häufig in Fettwiesen und Kalk-Magerwiesen (Mähder), an Wald- und Heckenrändern, auch in Äckern auf mäßig trockenen, nährstoff- und basenreichen, oft kalkhaltigen Böden.

Die Pflanze enthält Saponine, Flavonoide und Gerbstoffe. Die Volksheilkunde nutzte früher das Kraut und die Wurzel als Droge äußerlich bei Hautleiden, Flechten, Kopfgrind und Krätze, innerlich bei Husten, Halsentzündungen und Blasenkatarrhen. In der Homöopathie werden die frischen oberirdischen Teile blühender Pflanzen bei Erkrankungen der unteren Atemwege und des Magen-Darm-Traktes angewandt.

Der heutige Gattungsname Knautia wurde nach dem Arzt und Botaniker Christian Knaut (1654–1716) aus Halle benannt. Der Namen Witwenblume geht auf die Blütenfarbe zurück, die früher die Farbe der Witwen war. Nach einer französischen Sage seien die Witwenblumen aus den Tränen entstanden sein, die eine Witwe am Grab ihres Mannes vergoss.

Ziemlich zahlreich sind die schwäbischen Namen für die Acker-Witwenblume. Wammesknöpf (Wammes = Wams oder Jacke), Poppele (Poppel oder Bobbel = Knäuel) Wanneboppele (Wanne = etwas Wolliges), Wannebose(n) (Bosen = Büschel), Nähkisse oder Nähbausch, Glufekisse (Glufe = Stecknadel), Baiger- oder Baiseschlegel, Pfannebausch und Hummelerblu(e)m (wird gern von Hummeln besucht) beziehen sich auf die Blüten und den Blütenkopf, Schafripp auf die Blätter und Schafwull (= Schafwolle) auf die ganze Pflanze. Die frühere arzneiliche Nutzung kommt in den Namen Grindkr(a)ut, -wurz und -blu(e)m, Krätzekr(a)ut oder -blu(e)m zum Ausdruck.

Berg-Wohlverleih, Arnika – Arnica montana

Die grundständigen Blätter der besonders geschützten Art aus der Familie der Korbblütler (Asteraceae, früher Compositae) sind ungeteilt, bis 15 cm lang und bis 4 cm breit und stehen meist zu viert in einer Rosette. Der Stängel ist einfach oder wenigästig mit 1–2 gegenständigen, kleinen, sitzenden Blättern. Die 1–3 Blütenköpfe haben goldgelbe Röhren- und randständige Zungenblüten. Die Blütezeit der aromatisch duftenden, ausdauernden Pflanze ist Juni bis August.

Die Arnika kommt zerstreut aber gesellig in sauren Magerwiesen und -weiden auf nährstoff- und kalkarmen Böden vor (düngerfeindlicher Magerkeitszeiger).

Sie ist seit dem Mittelalter eine geschätzte Arzneipflanze, deren Wurzeln, Blätter und vor allem die Blüten genutzt wurden. Sie enthält antibakterielle Inhaltsstoffe, die bei Verletzungen, Blutergüssen, Prellungen, Quetschungen, rheumatische Muskel- und Gelenkbeschwerden sowie -entzündungen äußerlich angewandt wurden. Heute ist das Sammeln der besonders geschützten Art zu diesen Zwecken verboten. Die innerliche Verwendung ist problematisch. Heute wird die Droge aus der angebauten Pflanze meist als Salbe oder Tinktur (alkoholischer Auszug) angeboten und angewandt.

Auf die Heilwirkung weisen Namen hin wie Fallkr(a)ut, Kraftwurz und Stichwurzel. Weitere Namen gehen auf die Ähnlichkeit mit anderen Pflanzen zurück wie z.B. Guckigauch (auf Wiesen-Bocksbart) oder Sonnewirbele (auf Löwenzahn). Eine besondere Bewandtnis hat es mit dem Namen Donderblu(e)m, die aufgehängte Pflanze sollte angeblich Unwetter vertreiben.

Foto: Peter Banzhaf

Zypressen-Wolfsmilch – Euphorbia cyparissias
Mandelblättrige Wolfsmilch – Euphorbia amygdaloides

Beide Arten sind ausdauernde, aufrechte Kräuter aus der Familie der Wolfsmilchgewächse (Euphorbiaceae). Ihre Blätter sind gegenständig und ohne Nebenblätter. Jeder Ast der verzweigten Stängel endigt in einem mehr oder weniger farbigen, von Hochblättern gestützten Blütenstand. Dieser besteht aus zentralen, gestielten, später heraushängenden Fruchtknoten (=weibliche Blüte) und 5 Reihen von männlichen Blüten. Der Blütenstand ist von einem Becher umgeben, der am Rand sichelförmige Nektardrüsen hat. Bezeichnend ist der weiße, giftige Milchsaft. Dieser wird im Schwäbischen als Teufels- oder Hexenmilch und Hondsseich bezeichnet, wovon sich für die ganzen Pflanzen die Namen Milch- und Hexekr(a)ut, Seichblu(e)m und Bettseicher ableiten.
Die ausläufertreibende, bis 50 cm hoch werdende **Zypressen-Wolfsmilch** hat zahlreiche Stängel, die unten verholzt sind. Die Blätter sind lineal, bis 3 cm lang und bis 3mm breit. Sie werden gelegentlich mit denen von Weiden verglichen, weshalb im Schwäbischen die Pflanze auch als Felberle bezeichnet wird (Felber = Weide). Unter dem Blütenstand gibt es nichtblühende Seitentriebe. Der Blütenstand ist eine 10–20-strahlige Dolde, die Strahlen sind meist nicht verzweigt. Die Hochblätter sind gelb und werden oft rot. Die Pflanze wächst verbreitet in Kalk-Magerweiden und sonstigen warmen Magerrasen an Rainen und Böschungen, an Wegen und offenen Bodenstellen auf mäßig trockenen, basenreichen, vorzugsweise kalkhaltigen Böden.
Wegen der Giftigkeit der Pflanze wird sie von Weidetieren gemieden und ist von einer Anwendung abzuraten (Gefahr einer Krebsentstehung). Das Gleiche gilt für den Milchsaft, der früher in der Volksheilkunde öfters zur Beseitigung von Warzen, Hühneraugen, Muttermalen und Sommersprossen verwendet wurde. Die Zypressen-Wolfsmilch ist Futterpflanze der bunten Raupe des Wolfsmilchschwärmers (Hyles euphorbiae). Die vom Erbsenrost (Uromyces pisi) befallenen Pflanzen sind stark verändert und deshalb schwierig anzusprechen.

Foto: Peter Banzhaf

Abb:
Zypressen-Wolfsmilch

› Zypressen-Wolfsmilch – Euphorbia cyparissias

› Mandelblättrige Wolfsmilch – Euphorbia amygdaloides

Die **Mandelblättrige Wolfsmilch** ist am Grund stark verzweigt mit zahlreichen nicht blühenden, reich beblätterten Stängeln, die überwintern. Die blühenden Stängel entwickeln sich aus diesen. Die überwinternden, dunkelgrünen, derben und bis 7 cm langen Blätter sind verkehrt eilanzettlich, die der blühenden Triebe kleiner, hellgrün und weich. Die Hüllblätter der seiten- und endständigen Teilblütenstände sind miteinander verwachsen und gelblich. Die etwas wärmebedürftige Pflanze wächst zerstreut in »Kalk-Buchenwäldern«, aber auch in anderen krautreichen Laubwäldern auf mäßig trockenen bis mäßig frischen, Nährstoff- und basenreichen, meist kalkhaltigen, humosen Böden (Mullbodenpflanze). Sie kommt hierzulande vor allem auf der Schwäbischen Alb und in den Muschelkalkgebieten vor. Die Pflanze enthält Flavonoide, Glykoside, Terpene und in den Samen fettes Öl. In der Homöopathie wird das frische, blühende Kraut bei Durchfallerkrankungen angewandt. Volkstümliche Bezeichnungen für die Pflanze sind Waldwolfsmilch und Waldmilcher.

Abb:
Mandelblättrige Wolfsmilch

Foto: Verena Mueller

Wundklee – Anthyllis vulneraria

Die ausdauernde Pflanze aus der Familie der Schmetterlingsblütler (Fabaceae, früher Papilionaceae) hat eine grundständige Blattrosette mit unpaarig gefiederten Blättern, deren Endblatt vergrößert ist (öfters ist das Blatt auf das Endblatt reduziert). Die Stängelblätter sind gefiedert. Die gelben Blüten stehen in dichten, kopfigen Blütenständen mit fingerig geteilten Hochblättern. Der Kelch ist weißhaarig und mehr oder weniger aufgeblasen.

Die Art ist vielgestaltig und kommt in verschiedenen Unterarten an unterschiedlichen Wuchsorten vor. Am weitesten verbreitet ist der **Gewöhnliche Wundklee** oder **Karpaten-Wundklee (Anthyllis vulneraria ssp. carpatica** mit der Varietät **var. pseudovulneraria)**, dessen Grundblätter gefiedert und die Blütenkelche 8–11 mm lang und anliegend behaart sind. Er kommt verbreitet in Kalk-Magerwiesen (Mähder), an Wald-, Gebüsch- und Wegrändern, an Felsen und in Steinbrüchen auf mäßig trockenen, basenreichen, meist kalkhaltigen, oft rohen Böden vor. Er wurde früher als Futterpflanze angebaut, ist aber hier ursprünglich. Wegen des Gerbstoff-, Flavonoid- und Saponingehalts wurden früher die getrockneten Blüten und das Kraut in der Volksheilkunde zur Behandlung von Wunden und Geschwüren genutzt (daher der Name).

Schwäbische Namen für den Gewöhnlichen Wundklee sind Gel(b)er Klai, Gel(b)er Haseklai, Hergottsschü(h)le, Badenkele (vgl. Wiesen-Schlüsselblume), Wilder Esper (vgl. Futter-Esparsette) Wolfstope und Katze(n)täble (Tobe oder Täpe = Pfoten).

Beim **Alpen-Wundklee (Anthyllis vulneraria ssp. alpestris)** bestehen die Grundblätter meist nur aus dem ungeteilten, vergrößerten Endblättchen. Der Kelch ist 12–15 mm lang, während seine typische abstehende Behaarung bei den hiesigen Pflanzen fehlt. Die bis 20 cm hohe Pflanze wächst selten in Blaugras- und Buntreitgras-Halden und in alpenbürtigen Kiefernbeständen der Südwest- und Baaralb, auf Molassehügeln am westlichen Bodensee und auf der Adelegg auf mehr oder weniger flachgründigen, kalkhaltigen, oft rohen Böden.

Beim bis 80 cm hoch werdenden **Steppen-Wundklee (Anthyllis vulneraria ssp. polyphylla)** sind die Grundblätter zur Blütezeit meist schon verwelkt. Seine oberen Stängelblätter haben 8–14 Paare Fiederblättchen, das Endblättchen ist nicht vergrößert. Die östliche Art wurde mit Saatgut aus Ostländern an Straßen angesät und kommt jetzt auch verwildert an Bahndämmen, Wegböschungen, auf Brachflächen, in Äckern und Wiesen vor.

Foto: Peter Banzhaf

Abb:
Gewöhnlicher Wundklee

Männlicher Wurmfarn – Dryopteris filix-mas

Der männliche Wurmfarn (Familie der Wurmfarngewächse, Dryopteridaceae, früher Tüfelfarngewächse, Polypodiaceae) ist ein stattlicher Farn, mit 30–120 cm langen Wedeln, die trichterförmig angeordnet sind. Die Pflanze kommt sowohl in Laub- als auch in Nadelwäldern auf frischen, nährstoffreichen Böden vor. Der kräftige Wurzelstock wurde früher gegen Eingeweidewürmer genutzt (daher der Name). Dies war wegen einer gewissen Giftigkeit nicht unproblematisch, weshalb man von dieser Nutzung ganz abgekommen ist.

Im Volksmund werden für diese Art, aber auch für andere Farnarten die Bezeichnungen Farnkraut, Farekraut oder Re(h)fare (wo es Farne gibt, sind auch Rehe vorhanden) angewandt. Speziell für den Männlichen Wurmfarn werden Namen wie Adderekraut (Adder oder Atter = Natter und Otter, oder einfach Schlange) oder Schlangakraut verwendet, weil gestreutes Farnkraut Schlangen fernhalten soll. Einer anderen Wirkung verdankt die Pflanze den Namen Wändleskraut (Wandlaus = Wanze), da sie Wanzen vertreiben soll. Schließlich gibt es noch die Wörter Hurakraut oder Hurawurz, weil der Wurzelstock früher auch als Abtreibungsmittel angewandt wurde.

Ysop – Hyssopus officinalis

Der Ysop ist ein aromatisch duftender Zwergstrauch (unten verholzend, oben krautig) aus der Familie der Lippenblütler (Lamiaceae, früher Labiatae). Er kann 30–60 cm hoch werden und besitzt zahlreiche aufsteigende Äste. Die dicht mit Öldrüsen besetzten Blätter sind schmal lineal und am Rande oft nach unten gerollt. Die Blüten sind kurz gestielt und sitzen zu 3–7 in den Blattachseln und bilden einen einseitswendigen, ährigen Blütenstand. Die blaue Blütenkrone ist 8–12 mm lang. Die Pflanze ist früher in Gärten, insbesondere in Burggärten als Gewürz- und Heilpflanze kultiviert worden und verwildert. Sie ist heute selten an einigen Stellen in Trockenrasen, auch in Felsband- und Mauergesellschaften eingebürgert. Sie wächst auf sonnigen, warmen und trockenen, oft flachgründigen Steinböden. Bekannt ist z.B. das Vorkommen in Trockenrasen am Südhang des Hohentwiels.

Der ursprünglich aus dem Mittelmeergebiet stammende Ysop enthält vor allem ätherische Öle, aber auch Flavonoide, Gerbstoffe (Rosmarinsäure) und Bitterstoffe. In der Volksmedizin wird die Droge (die getrockneten oberirdischen Teile) zum Gurgeln bei Halsentzündungen und Heiserkeit, innerlich bei Husten, Bronchitis, Asthma und Nasenkatarrhen angewendet. Sie wird auch bei Kreislaufschwäche, Darmerkrankungen, Menstruations- und Herzbeschwerden sowie bei Augenschmerzen eingesetzt. Im Haushalt wird der Ysop als Gewürz zu Salaten, Suppen und Fleischgerichten verwendet.

Die schwäbischen Namen leiten sich alle von dem nicht verstandenen orientalischen Namen Hyssop oder Ysop ab und wurden eingeschwäbelt wie Ispen, Ischpele, Zispe(n) und Zwispe.

Foto: Verena Mueller

Orientalisches Zackenschötchen – Bunias orientalis

Diese Art ist aus dem europäischen Südosten zugewandert. Für Württemberg wird sie erstmals 1865 in der Flora von Württemberg und Hohenzollern, 2. Auflage, Tübingen von G. von Martens und C. A. Kemmler erwähnt. Sie wird von Oberdorfer 1949 in der 1. Auflage seiner Pflanzensoziologischen Flora als selten und unbeständig bezeichnet. Auch in den 1950er Jahren war sie noch eine seltene Pflanze. In den folgenden Jahren trat sie geradezu einen Siegeszug an. So benannte Oberdorfer 2001 in der 8. Auflage seiner Pflanzensoziologischen Flora sie als ziemlich häufig. So kommt sie heute in den Gäugebieten vom Taubergrund bis zum Oberen Neckar und auf der Schwäbischen Alb ziemlich häufig vor und hat weiterhin eine Tendenz zur Ausbreitung.

Sie wächst meist gesellig in Unkrautfluren an Wegen, Straßen Bahngelände, Schuttplätzen, an Ufern, in Klee- und Getreideäckern, in neu angelegten Kunstwiesen (Intensivgrünland) und ist sogar in alte Wiesen eingedrungen. Die licht- und wärmeliebende Pflanze bevorzugt mäßig trockene bis frische, nährstoffreiche und meist kalkhaltige Böden. Die zweijährige, teilweise auch über kurze Zeit ausdauernde Pflanze aus der Familie der Kreuzblütler (Brassicaceae, früher Cruciferae) ist stattlich, kann bis 120 cm hoch werden und hat einen spindelförmigen, kräftigen Wurzelstock, aus dem sie leicht wieder austreiben (regenerieren) kann. Deshalb konnte sie als Viehfutter angebaut werden. Der aufrechte, kahle bis etwas behaarte Stängel ist oben verzweigt und endet in einem großen rispenartigen Blütenstand. Die unteren Blätter sind bis 40 cm lang, tief fiederteilig mit einem großen, dreieckigem Endabschnitt. Die Stängelblätter sind deutlich kleiner und weniger geteilt. Die gelben Kronblätter sind 5–6 mm lang. Die bis 17 mm lang gestielte Frucht (Schötchen) ist eiförmig und mit unregelmäßigen Warzen bedeckt. Andere Arten tragen am Schötchengrund geflügelte Zacken, worauf der deutsche Name zurückgeht, z.B. das Echte Zackenschötchen (Bunias erucago). Das Schötchen enthält nur 1–2 Samen.

Schwäbische Namen für das Orientalische Zackenschötchen, die alle neueren Datums sind, beziehen sich auf die Ausbreitung (Ostwesttrack), auf den deutschen Namen (Zackekr(a)ut oder Zackeschot) oder auf die warzige Frucht (Warzekr(a)ut oder Warzeschot).

Foto: Wolfgang Herter

Abb:
Oriental. Zackenschötchen, Blüten

Foto: Wolfgang Herter

Abb:
Oriental. Zackenschötchen, Schötchen

Roter Zahntrost – Odontites vulgaris

Der einjährige, bis 40 cm hohe Halbschmarotzer aus der Familie der Sommerwurzgewächse (Orobanchaceae, früher zu den Rachenblütlern, Sccrophulariaceae, gestellt) ist von Grund an verzweigt. Die Blätter sind schmal lanzettlich, meist gezähnt und am Grund verschmälert. Die rosa Blüten stehen in einseitswendigen Ähren. Bei den 8–12 mm langen Blüten ist die Oberlippe länger als die Unterlippe. Die Staubblätter ragen aus der Oberlippe heraus. Die Frucht ist eine Kapsel.

Die Pflanze ist ziemlich häufig in Fettweiden und Trittrasen, auch in Getreideäckern auf frischen, nährstoff- und basenreichen Böden. Sie ist salzertragend und kommt deshalb auch an im Winter gesalzenen Weg- und Straßenrändern vor.

Ein schwäbischer Name für den Roten Zahntrost ist Raude Klaffe (Klaffe und Halbschmarotzer siehe Zottiger Klappertopf).

Zweihäusige oder Rotfrüchtige Zaunrübe – Bryonia dioica

Bei der Zweihäusigen Zaunrübe (Pflanze entweder nur mit weiblichen oder männlichen Blüten) handelt es sich im Gebiet um das einzige heimische, wild vorkommende Kürbisgewächs (Familie Cucurbitaceae). Die Triebe sind verzweigt und bis zu 3 m an Sträuchern oder Zäunen rankend (Rankenkletterer). Die Blätter sind verhältnismäßig groß (bis 15 cm lang) und 5-lappig. Die weiß-gelblichen bis grünen Blüten stehen zu 2–8 in den Blattachseln. Die zum Schluss roten, kugeligen und rauhaarigen Beerenfrüchte sind 5–8 mm groß.

Die etwas wäremebedürftige Pflanze ist in den tieferen und deshalb wärmeren Lagen ziemlich häufig im Saum von Hecken, an Zäunen und Wegen auf frischen, nährstoffreichen Böden anzutreffen. Sie meidet höhere und kühlere Lagen wie den Schwarzwald, die Schwäbische Alb und den Schwäbisch-Fränkischen Wald, fehlt aber auch dem Alpenvorland und dem Bodenseegebiet.

In der Rübe sind vor allem verschiedene Glykoside und Alkaloide, in der Frucht ein giftiges Protein enthalten. Die getrocknete Rübe wurde früher in der Volksmedizin als drastisches Abführ- und Brechmittel, innerlich und äußerlich gegen Gicht (daher der schwäbische Name Gichtrüb) und Rheuma abgewandt. Wegen der Nebenwirkungen ist die Anwendung heute nicht mehr vertretbar. Die roten Beeren sind giftig und schon wenige (6–8) Beeren führen zu Brennen im Mund, Erbrechen und Magenschmerzen, größere Mengen zu blutigem Durchfall, Nierenreizungen, Krämpfen und Tod durch Atemlähmung. Auf diese Wirkung geht der schwäbische Name Hundsbe(e)r zurück.

Die weiteren Volksnamen beziehen sich alle auf die rübenartige Wurzel und den Wuchsort: Hagrü(e)b, Heckerü(e)b und Juderü(e)b.

Ebenfalls zu den Kürbisgewächsen gehört die in verschiedenen Sorten angebaute Gurke (Cucumis sativa, siehe dort).

Foto: Peter Banzhaf

Abb:
Zweihäusige Zaunrübe, Blüte, links
Zweihäusige Zaunrübe mit Ranken und Früchten, rechts

Herbst-Zeitlose – Colchicum autumnale

Als Zeitlose werden Pflanzen bezeichnet, die außerhalb der gewöhnlichen Blütezeit blühen, also sehr früh im Jahr wie das Schneeglöckchen (siehe dort) oder eben ziemlich spät wie die Herbst-Zeitlose (schwäbisch davon abgeleitet Seilose, Zeitblu(e)m). Eine andere Deutung besagt, dass die Blume »loset« (vorhersagt) die Fruchtbarkeit des nächsten Jahres aus der Zahl der Blütenzipfel; hat sie sechs oder mehr, folgt ein guter, hat sie weniger als sechs folgt ein schlechter Jahrgang. Die Herbst-Zeitlose wurde früher der Familie der Liliengewächse (Liliaceae) zugeordnet; heute wird sie zu einer eigenen Familie der Zeitlosengewächse (Colchicaceae) gestellt. Sie ist eine ausdauernde Staude mit einer unterirdischen Knolle. Zur Blütezeit im August bis Oktober hat die Pflanze keine Blätter. Die rosavioletten Blüten besitzen eine lange, dünne Röhre, die oben in vier bis sechs langen Zipfeln endigt. Die glänzend dunkelgrünen, zungenförmigen Blätter und die Fruchtkapseln erscheinen erst im Frühjahr des folgenden Jahres. Darauf bezieht sich der botanische Spitzname »filius ante patrem« (der Sohn vor dem Vater); jahreszeitlich erscheint der Sohn (Frucht) im Frühjahr vor dem Vater (Blüte) im Herbst. Die Herbst-Zeitlose kommt verbreitet in Wiesen und Auenwäldern auf frischen bis feuchten, tiefgründigen Lehmböden vor.

Alle Pflanzenteile, vor allem die Knolle und die Samen sind durch das Alkaloid Colchicin sehr stark giftig. Im Gegensatz zu dem bei Hahnenfußgewächsen weit verbreiteten giftigen Protoanemonin wird das Colchicin durch Trocknen nicht unwirksam. Von den Samen gelten ungefähr 5 Gramm (= 20 Milligramm Colchicin) für einen Erwachsenen und 1,2–1,5 Gramm (= ca. 5 Mikrogramm Colchicin) für ein Kind als tödlich. Auch für Tiere ist die Herbst-Zeitlose giftig. In der Homöopathie wird Colchcin in homöopathischer Verdünnung in erster Linie bei Gichtanfällen, aber auch bei Gelenkrheumatismus und Sehnenscheidenentzündungen angewandt. In der Pflanzenzüchtung wird Colchicin zur Erzeugung von Pflanzen mit mehrfachem Chromosomensatz (Riesenwuchs) verwendet.

Die Giftigkeit der Herbst-Zeitlose war früher im Volke allgemein bekannt, weithin galt sie als

Foto: Peter Banzhaf

Abb:
Herbst-Zeitlose in Wiese mit Falllaub

› Herbst-Zeitlose – Colchicum autumnale

die Giftpflanze schlechthin. Darauf weisen Namen wie Giftblu(e)m, Toteblu(e)m, Leicheblu(e) oder Teufelswurz hin. Heute ist leider diese Kenntnis nicht mehr allgemein verbreitet, fast jedes Jahr ereignen sich Todesfälle, weil die Blätter der Herbst-Zeitlose mit denen des Bär-Lauchs (siehe dort) verwechselt und mit diesem gesammelt werden. Beide kommen nicht selten zusammen vor.

Weitere schwäbische Namen sind Spindelblu(e)m, Spindle, Spindelwurz, Spinnblu(e)m, Winterspindel oder Kunkle, die alle im Zusammenhang mit dem Spinnrad stehen. Wenn die Herbst-Zeitlose blüht, dann beginnt die Zeit der langen Abende, an denen früher die Frauen und Mädchen abends in geselliger Runde zum Spinnen in der Spinnstub, auch Kunkelstub (Kunkel = Spinnrocken), Karz (von Kerze), Lichtkarz oder Lichtstub genannt, zusammenkamen. Dass daran auch junge Burschen teilnahmen, war damals für manche Pfarrer ein Ärgernis. Auf diese Veranstaltung bezieht sich auch das Sprichwort »Spinnen am Abend erquicket und labet, Spinnen am Morge bringt Arbeit und Sorge«, d.h. das gesellige Spinnen am Abend war erquicklich, das Spinnen am Morgen diente dem harten Broterwerb.

Auf die späte Blütezeit nehmen die Namen Kirchweihblu(e)m (Kirchweih ist im Herbst) und Michelsblu(e)m (Namenstag St. Michael ist der 29. September) Bezug. Anderer Herkunft sind die Namen Nackige oder Blutte Jungfer oder gar Nackige Hur(e), weil die Herbst-Zeitlose ihre Blütenblöße nicht mit einem Blätterkleid bedeckt, wie es alle anderen anständigen Blumen tun. Nach der Fruchtgestalt trägt die Pflanze die Namen Kuheuter, Kü(h)le, Mockelblu(e)m oder Mockle (Mockel = Kuh). Als Hexefürzle wurden die welken Fruchtkapseln bezeichnet.

Abb:
Herbst-Zeitlose, Fruchtstand

Foto: Peter Banzhaf

Foto: Peter Banzhaf

Echter oder Heil-Ziest – Stachys officinalis, früher: Betonica officinalis

Die bis 80 cm hoch werdende, ausdauernde Pflanze aus der Familie der Lippenblütler (Lamiaceae, früher Labiatae) besitzt eine grundständige Blattrosette aus bis 12 cm lang gestielten, regelmäßig gekerbt-gesägten Blättern. Die 1–3 entfernt stehenden Stängelblätter sind kürzer gestielt. Der Stängel ist unverzweigt, 4-kantig und behaart bis kahl. Die dunkelrosa Blüten stehen in reichblütigen, dicht stehenden Quirlen.

Der Echte Ziest wächst zerstreut in Pfeifengras-Wiesen, in wechselfeuchten Kalk- und sauren Magerwiesen, auch in Laub-Mischwäldern auf mageren Böden (Magerkeits- und Wechselfeuchtigkeitszeiger).

Die Pflanze ist ein altes Heilkraut und wurde schon im Altertum geschätzt. Wegen seiner Inhaltsstoffe (Gerb- und Bitterstoffe, ätherische Öle) wurde das Kraut mit seiner leicht stopfenden Wirkung früher in der Volksmedizin bei Durchfall- und Erkältungskrankheiten angewandt. In der Homöopathie wird das Kraut bei Erkrankungen des Magen-Darm-Traktes, der Galle, der Leber und der Bauchspeicheldrüse verwendet.

Die schwäbischen Namen sind nahezu die gleichen wie beim Wiesen-Salbei (siehe dort), worauf auch die Bezeichnung Wilder Salbei hinweist. Die übernommenen Namen sind Stenker, Brendele(r) und davon abgeleitet Bröderler.

Zimbelkraut – Cymbalaria muralis

Die ausdauernde Pflanze aus der Familie der Wegerichgewächse (Plantaginaceae, früher zu den Rachenblütlern, Scrophulariaceae, gestellt) besitzt bis 60 cm lang werdende, dünne, niederliegende oder hängende, kahle Stängel. Die kahlen, im Umriss nierenförmigen Blätter sind 5–7-lappig mit breiten, zugespitzten Lappen. Die einzeln in den Blattachseln sitzenden Blüten sind lang gestielt. Die hellviolette Blüte hat einen hellgelben Gaumen und einen kurzen, stumpfen Sporn, Der Stiel der Frucht, eine Kapsel, wächst lichtabgewandt in die Unterlage.

Das Zimbelkraut wächst als Spaltenkriecher häufig an nicht zu stark besonnten Mauern auf frischen, oft etwas durchsickerten, nährstoffreichen, meist kalkhaltigen, feinerdearmen Steinböden.

Schwäbische Namen für die einst als Zierpflanze angebaute, jetzt aber allgemein eingebürgerte Art beziehen sich auf den Wuchsort (Mauerkr(a)ut), auf die löwenmaulähnlichen Blüten (Rankendes oder Mauerlöwenmaul) oder auf die dünnen Stängel (Fraueho(o)r).

Foto: Peter Banzhaf

Zittergras – Briza media

Das bis 50 cm hoch werdende Zittergras aus der Familie der Süßgräser (Poaceae, früher Gramineae) besitzt 2–5 mm breite und 5–15 cm lange, rückwärts raue Blätter mit einem kurzen, 1 mm langem Blatthäutchen. Der Blütenstand ist eine lockere, ausladende Rispe. Die rundlich-herzförmigen und abgeflachten Ährchen hängen an dünnen und welligen Ästen.
Das Zittergras wächst verbreitet in Kalk-Magerwiesen (Mähder) und -weiden, auch in sauren Magerwiesen, in mageren Glatthafer- und Goldhafer-Wiesen auf mäßig trockenen und nährstoffreichen, mageren Böden (Magerkeitszeiger). Mit den mehr oder weniger langen Ausläufern kann es lockere Rasen bilden. Es ist ein hochwertiges aber unergiebiges Futtergras.
Die schwäbischen Namen beziehen sich auf die Gestalt der Ährchen sowie auf die dünnen langen Äste, an denen die Ährchen hängen und die deshalb bei jedem Luftzug zittern: Zitterle, Kläpper, Zappelgras, Fländerle (vergleiche Wald-Hainsimse), Herzlesgras, Hasebrod, Hasenmäule, Muttergottesho(o)r.

Fieder-Zwenke – Brachypodium pinnatum

Die Fieder-Zwenke kann bis 70 cm hoch werden und gehört zur Familie der Süßgräser (Poaceae, früher Gramineae). Sie besitzt meist ziemlich lange, feuerfeste Bodenausläufer und ist deshalb ein bodenfestigender Wurzel-Kriechpionier und wird durch Brand gefördert. Der Stängel ist an den Knoten behaart. Die olivgrünen, flachen Blätter sind 4–6 mm breit und 15–25 cm lang, unterseits durch Stachelhaare rau. Der Blütenstand ist eine aufrechte Ähre. Die dünnen, 1,5–3,5 cm langen Ährchen mit kurzer Granne stehen schräg nach oben bis waagrecht ab.

Die Fieder-Zwenke kommt ziemlich häufig und gesellig vor in Kalk-Magerrasen, vor allem in Kalk-Magerweiden (Wacholderheiden), an Rainen und Böschungen, in lichten Eichen-Trockenwäldern auf mäßig trockenen bis mäßig frischen, basenreichen, meist kalkhaltigen, mageren Böden (Magerkeitszeiger).

Der wichtigste volkstümliche Name für die Fieder-Zwenke ist Spitzgras. Auf diesen Namen geht der Ausdruck zurück »das schmeckt wie Spitzgras«. Das Gras wird jung von Schafen gefressen, später aber verschmäht, weil es derb geworden ist und deshalb nicht mehr schmeckt. Weitere Namen sind Sam- oder Bamgras, weil die Fieder-Zwenke wegen ihres geselligen Wuchses mit Saaten (Samen) verglichen wird.

Abb:
Blühende Fieder-Zwenke

Zwergbuchs, Buchsblättrige Kreuzblume – Polygala chamaebuxus

Die ausdauernde, bis 30 cm hohe Pflanze aus der Familie der Kreuzblumengewächse (Polygalaceae) ist im unteren Teil verholzt. Der verzweigte Stängel ist niederliegend und steigt bogig auf. Die ledrigen, elliptischen Blätter sind immergrün und bis 1,5 cm lang. Die gelben und weißen Blüten stehen zu 1–2 in den Blattachseln. Die Frucht ist eine Kapsel.

Die Pflanze kommt selten, aber dank ihrer Wurzelausläufern sehr gesellig in lichten Kiefern-Trockenwäldern, in deren Säumen und in Kalk-Magerrasen der Südwestalb (Zollernalb, Heuberg, Donaualb, Hegaualb) und im Wutachgebiet vor. Sie wächst auf mäßig trockenen, nährstoffarmen, kalkreichen Lehm- und Steinböden.

Die schwäbischen Namen Pantöffele, Muttergottesschü(h)le und Gockel oder Gückel beziehen sich auf die Blüten, beim Namen Bergmyrte werden die Blätter mit denen des immergrünen Myrtenstrauchs aus dem Mittelmeergebiet verglichen.

Foto: Peter Banzhaf

Glossar der Inhaltsstoffe A

Primäre Pflanzenstoffe sind im Wesentlichen Kohlenhydrate und Eiweiße. Die hier aufgeführten Inhaltsstoffe sind meistens sekundäre Pflanzenstoffe. Diese verleihen den Pflanzen charakteristische Farben, Gerüche und Geschmäcke, andere sind giftig, heilend oder für Ernährung und Technik nutzbar. Teils sind es Abwehrstoffe gegen Fraß (z.B. giftige Alkaloide, Bitterstoffe), teils sind es Lockstoffe für bestäubende Insekten (z.B Duftstoffe wie Ätherische Öle, Farbstoffe in Blüten). Bei einem anderen Teil dürfte es sich um Abfallprodukte des Stoffwechsels (Schlacken) handeln. Alle diese Stoffe sind von einer kaum überschaubaren Vielfalt. Im Text wird deshalb nur auf die wichtigsten Inhaltsstoffe eingegangen, nicht aber auf deren vielseitigen Abwandlungen. Sie werden im Glossar kurz erläutert.

A

Absinthin ist ein Bitterstoff (s. dort) des Wermuts.

Aconitin ist ein giftiges Alkaloid (s. dort) der Eisenhut-Arten.

Adonitoxin ist ein giftiges Glykosid (s. dort) der Adonisröschen.

Aescin ist ein Saponin (s. dort) der Rosskastanie.

Aesculin und **Aesculetin** sind Cumarine (s. dort) der Rosskastanie.

Alkaloide sind basisch reagierende Naturstoffe mit charakteristischer Stickstoffbindung. Sie können mit Säuren Salze bilden. Sie sind meist von starker physiologischer Wirkung und gehören zu den stärksten bekannten Pflanzengiften, die vor allem in Blütenpflanzen vorkommen. Zum Teil werden sie in Aufbereitungen und in hohen Verdünnungen als Arzneimittel genutzt.

Aristolochiasäure ist ein schwach sauer reagiernder Bitterstoff (s. dort) der Osterluzei.

Aroin ist ein Gemisch von Scharfstoffen (s. dort) des Aronstabs.

Aromastoffe sind natürlich vorkommende oder synthetisch hergestellte Stoffe, die den Geruch oder Geschmack von Lebens- oder Arzneimittel verbessern.

Asaron ist ein Ätherisches Öl (s. dort) der Haselwurz.

Ascorbinsäure = Vitamin C.

Ätherische Öle sind flüssige Gemenge verschiedener , flüchtiger organischer Verbindungen. Sie zeichnen sich aus durch einen jeweils bezeichnenden Geruch. Dieser ist meist angenehm, mehr oder weniger fruchtig, kann aber auch unangenehm bis widrig sein. Mit den fetten Ölen haben sie nur die ölige Konsistenz gemeinsam.

Atropin ist ein giftiges Alkaloid (s. dort) der Tollkirsche, das auch in anderen Pflanzen vorkommt.

Aucubin ist ein Glykosid (s. dort).

› Glossar der Inhaltsstoffe B–C

B

Berberidin ist ein Alkaloid (s. dort) der Berberitze.

Betain (abgeleitet von lateinisch Beta = Rübe) sind organische Wirkstoffe, die zwar Stickstoff enthalten, aber nicht zu den Alkaloiden gehören. Sie sind im Pflanzen- und Tierreich weit verbreitet. Einfachstes Betain ist das der Roten Rübe.

Betacyane, **Betanin** und **Betaxanthine** sind Farbstoffe (s. dort) der Rüben.

Bitterstoffe sind verschiedene organische Substanzen ohne Stickstoff, die mehr oder weniger stark bitter schmecken.

Blausäure ist eine sehr giftige (innere Erstickung durch Blockierung des Sauerstofftransports und der Zellatmung), stickstoffhaltige organische Verbindung mit bittermandelartigem Geruch. Sie ist meist an Zucker gebunden (Blausäureglykosid), das erst bei Einwirkung von Enzymen Blausäure abspaltet. Blausäureglykoside sind in Pflanzen weit verbreitet.

Bryamid, **Bryonid** und **Bryosid** sind giftige Inhalsstoffe der Zaunrübe.

C

Campher ist ein in Ätherischen Ölen (s. dort) vorkommendes Terpen (s. dort).

Carlinaoxid ist im Ätherischen Öl (s. dort) der Silberdistel enthalten.

Carotinoide sind ein Gruppe von gelben, roten bis violetten Farbstoffen (s. dort), die in Blüten, Früchten und Wurzeln (z.B. in der Garten-Möhre) vorkommen. Das Carotinoid »Beta-Carotin« ist das Provitamin A, aus dem durch Spaltung bei der Verdauung Vitamin A entsteht. Carotinoide sind für die herbstliche Laubverfärbung mitverantwortlich.

Caryphyllen ist ein angenehm duftendes Ätherisches Öl (s. dort) der Nelken.

Centaurocyanin ist der Farbstoff (s. dort) der Kornblume.

Chelerythrin und **Chelidonin** sind Alkaloide (s. dort) des Schöllkrauts.

Cichorinsäure ist eine Organische Säure (s. dort) der Wegwarte.

Cicutoxin ist ein giftiges Alkaloid (s. dort) des Wasserschierlings.

Citral ist ein angenehm duftendes Ätherisches Öl.

Colchicin ist ein giftiges Alkaloid (s. dort) der Herbst-Zeitlose.

Coniin ist ein giftiges Alkaloid (s. dort) des Gefleckten Schierlings.

Copticin ist ein Alkaloid (s. dort) des Schöllkrauts.

Corydalin ist ein Alkaloid (s. dort) des Hohlen Lerchensporns.

Cucurbitacine sind Inhaltsstoffe von Kürbisgewächsen.

Cumarine sind Derivate (s. dort) der organischen Verbindung Cumarin, die oft an Zucker gebunden sind

(Cumaringlykoside). Diese werden bei Vereltzungen bestimmter Pflanzen wieder gespalten und das angenehm duftende Cumarin (Waldmeisterduft) freigesetzt. Cumarin wirkt blutgerinnungshemmend. Cumaringlykoside sind in Pflanzen weit verbreitet.

D

Delphinin ist ein Alkaloid (s. dort) des Feld-Rittersporns.

Derivate sind abgeleitete Verbindungen von einer chemischen Grundsubstanz.

E

Eranthin ist ein Glykosid (s. dort) des Winterlings.

Eugenol ist ein Ätherisches Öl (s. dort), das Hauptbestandteil des Nelkenöls ist.

Eupatorin ist ein Flavonoid (s. dort) des Wasserdosts.

Euphrosid ist ein Glykosid (s. dort) des Wiesen-Augentrosts.

Evonin ist ein Alkaloid (s. dort) des Gewöhnlichen Pfaffenhütchens.

Evonosid ist ein Glykosid (s. dort) des Gewöhnlichen Pfaffenhütchens.

F

Farbstoffe sind ganz unterschiedliche organische Verbindungen. Dazu gehören die Carotinoide (s. dort) mit gelben, roten bis violetten Farbstoffen. Blaue, purpurne bis rote Farben gehen auf Anthocyane zurück, die in der Regel an Zucker gebunden sind (Anthocyanglykoside). Sie kommen vor allem in Blüten vor, aber auch in Früchten und Wurzeln. Durch verhältnismäßig kleine chemische Änderungen am Anthocyanmolekül oder Veränderungen des pH-Wertes des Zellsaftes können blaue Farben in rote oder umgekehrt umschlagen (z.B. bei manchen Raublattgewächsen wie Lungenkraut und Vergissmeinnicht oder bei der Frühlings-Platterbse). Eine weitere, bei Pflanzen weit verbreitete Farbstoffgruppe sind die Xanthophylle, gelbe Farbstoffe, die am reinsten in vielen Blüten vorkommen (z.B. in den gelb blühenden Hahnenfuß-Arten). Aber auch in Blättern kommen sie vor, sind aber dort vom Blattgrün (Chlorophyll) überdeckt; es erscheint öfters im Herbst, wenn das Chlorophyll abgebaut wird. Sie sind chemisch nah verwandt mit den Carotinoiden. Schließlich gibt es unter den Flavonoiden (s. dort) Farbstoffe, die für gelbe Färbungen von Blüten, Blättern, Früchten und anderen Pflanzenteile verantwortlich sind (z.B. Blüten des Besenginsters und anderer Ginster-Arten).

Fette Öle sind bei gewöhnlicher Temperatur flüssige Dreifachester des Glycerins mit verschiedenen Fettsäuren. Sie kommen in manchen Pflanzen, vor allem in Samen vor. Sie liefern Speiseöle. Die Bezeichnung »Fette Öle« steht zum Unterschied zu den Ätherischen Ölen.

Flavonoide sind Glykoside (s. dort) des Flavons und dessen Derivaten (s. dort). Die Flavone sind stickstofffreie organische Verbindungen mit gelber Farbe (s. bei Farbstoffen).

Fruchtsäuren sind organische Säuren, die in Früchten vorkommen wie z.B. Apfelsäure, Citronensäure, Weinsäure usw.

G

Gein ist ein Glykosid (s. dort) der Echten Nelkenwurz.

Gerbstoffe (Gerbsäuren) sind hochmolekulare, chemisch kompliziert zusammengesetzte, sticksofffreie, bei Pflanzen weit verbreitete organische Verbindungen. Sie können tierische Haut in Leder verwandeln, also gerben.

Glykoside sind organischen Verbindungen, bei denen verschiedene Naturstoffe mit verschiedenartiger chemischer Natur, die Aglykone oder Genine, an Zucker (Glucose = Dextrose oder Traubenzucker, Fructose, Mannose, Galactose, Rhamnose) gebunden sind. Sie lassen sich meist leicht in ihre Bestandteile spalten. Sie sind feste, meist kristallisierende, nicht flüchtige Stoffe, die entweder in Wasser oder in organischen Lösungsmitteln löslich sind. Die physiologische Wirkung auf Organismen geht auf das Aglykon zurück, z.B. bei dem Glykosid Adonitoxin auf das giftige Aglykon Adonitoxigen.

H

Harze (Resinae) sind nichtflüchtige, flüssige, halbfeste oder feste, nicht kristalline natürliche organische Verbindungen. Sie kommen in mehr oder weniger geringen Mengen in vielen Pflanzen vor. Bei Verletzungen werden sie als Wundverschluss verstärkt gebildet. Sie sind in Wasser nicht, in Ätherischen und Fetten Ölen sowie in Alkohol gut löslich. Die in in Ätherischen Ölen gelösten Harze werden als Balsam bezeichnet.

Haselwurzkampfer ist ein Ätherisches Öl (s. dort) der Haselwurz.

Herbizide sind synthetische organische Verbindungen, die zur Bekämpfung von Höheren Pflanzen verwendet werden. Sie wirken spezifisch entweder gegen bestimmte Pflanzenarten oder Artengruppen, z.B gegen Einkeimblättrige oder Zweikeimblättrige.

Histamin entsteht durch Abbau des Eiweißstoffes Histidin. Es ist bei Pflanzen, Tieren und beim Menschen ziemlich weit verbreitet. Histamin senkt schon in kleinsten Mengen den Blutdruck und erweitert die Kapillaren. Bei allergischen Hautreaktionen wird überschießendes Histamin gebildet und ist dann verantwort-

lich für das Jucken und die Quaddelbildung, z.B. beim Berühren der Brennnesselhaare.
Hypericin ist ein rot fluoreszierender Farbstoff (s. dort) des Tüpfel-Johanniskrautes.
Helleborein und **Hellebrin** sind Glykoside (s. dort) der Nieswurz-Arten.
Helleborin ist ein Saponin (s. dort) der Nieswurz-Arten.
Hyoscyamin ist ein giftiges Alkaloid (s. dort) des Bilsenkrauts.

I

Inulin ist eine Stärke, die nicht aus Glucose- sondern aus Fructosemolekülen zusammengesetzt ist. Es kommt vor allem in Korbblütlern (z.B. in Topinambur, im Echten Alant, Kletten, Löwenzahn, Wegwarte u.a.), aber auch in Glockenblumengewächsen vor. Es dient zur Gewinnung von Fruchtzucker (Fructose) und als Diabetikernahrungsmittel (Ersatz für die Kartoffelstärke).
Iridoide sind Pflanzenstoffe, die Oxydationsprodukte von Terpenen (s. dort) sind. Meist sind sie an Zucker gebunden, so z.B. der Bitterstoff (s. dort) des gelben Enzians (Amerogentin).

K

Kaffeesäuren und deren Derivate (s. dort) sind häufig vorkommende Pflanzensäuren (s. dort).
Kieselsäure ist eine siliciumhaltige anorganische Verbindung, die in löslicher oder unlöslicher Form in vielen Pflanzen vorkommt.
Kohlenhydrate (Sacharide) sind natürliche Zuckerstoffe. Sie liegen oft als zusammengesetzte Zucker vor, z.B. Stärke. Sie kommen in jeder pflanzlichen und tierischen Zelle vor und gehören neben den Eiweißstoffen zu den wichtigsten Bausteinen des Lebens.

L

Lauchölglykoside sind Senfölglykoside (s. dort) .
Lectine sind in Pflanzen vorkommende Eiweißstoffe, die an Zucker gebunden sind.
Limonen ist ein angenehm duftendes Ätherisches Öl (s. dort) der Citrus-Früchte. Es kommt aber auch in anderen Pflanzen vor.
Lycoctonin ist ein giftiges Alkaloid (s. dort) des Gelben Eisenhuts.

M

Menthol ist ein Ätherisches Öl (s. dort) in Minzen-Arten.

N

Nigellidin ist ein schwach giftiges Alkaloid (s. dort) des Acker-Schwarzkümmels.
Nitrate sind wasserlösliche Salze der anorganischen Salpetersäure. Bei übermäßiger Nitratdüngung wird

von verschieden Gemüsearten vermehrt Nitrat aufgenommen. Dieses kann leicht in Nitrit übergehen, welches das Eisen im Hämoglobin oxydiert, das dann keinen Sauerstoff mehr binden kann.

O

Ölsäuren = Fettsäuren sind organische Säuren, die mit Glycerin als Ester Fette Öle (s. dort) bilden.

Ononin ist ein Flavonoid (s. dort) der Dornigen Hauhechel.

Onopordopicrin ist ein Bitterstoff (s. dort) der Eselsdistel.

Opium ist ein giftiges Alkaloid (s. dort) des Schlafmohns.

Oxalate sind giftige Alkalisalze der Oxalsäure (Kleesäure). Sie kommen angereichert in verschiedenen Pflanzenarten vor wie z.B. im Sauer-Ampfer und Sauerklee (Oxalis acetosella). In größeren Mengen genossen wirken sie giftig, da sie im menschlichen Organismus nicht abgebaut sondern nur ausgeschieden werden können.

P

Paeonin ist ein Anthocyan-Farbstoff (s. dort) der Pfingstrose.

Paraffine sind langkettige Kohlenwasserstoffe.

Pektine sind hochmolekulare, kohlenhydratartige Pflanzenstoffe, die vor allem in Früchten, aber auch in Wurzeln vorkommen. Sie besitzen die Fähigkeit, in wässrigen Lösungen zu gelieren.

Pflanzensäuren sind organische Säuren, die nur in Pflanzen, nicht in Tieren vorkommen.

Phosphate sind Salze (anorganisch) und Ester (organisch) der Phosphorsäure.

Pinen ist ein Ätherisches Öl (s. dort) der Kiefern.

Proteine sind Eiweißstoffe.

Protoanemonin ist ein giftiges Alkaloid (s. dort), das in erster Linie in Hahnenfußgewächsen vorkommt. Beim Trocknen wird es unwirksam.

Prunasin ist ein giftige Blausäure-Glykosid (s. dort) , das in verschiedenen Prunus-Arten, so vor allem im Kirschlorbeer und in Bittermandeln vorkommt.

S

Sacharose (Rohrzucker, Rübenzucker) ist der als Nahrungs-, Genuss- und Konservierungsmittel am häufigsten verwendete Zucker. Dieser besteht aus Glucose und Fructose.

Salicin und **Salicortin** sind Vorstufen der Salicylsäure, die vor allem in der Rinde von Weiden und Pappeln vorkommen.

Salicylsäure ist eine phenolische Verbindung, die meist an Zucker gebunden ist (Glykosid, s. dort). Sie wirkt äußerlich desinfizierend, innerlich fiebersenkend und entzündungshemmend. Sie wird meistens in Form des Essigsäureesters (Acetyl-Salicylsäure = ASS) gegen Fieber, rheumatische Beschwerden und Kopfschmerzen angewandt. In größeren Mengen eingenommen wirkt Salicylsäure giftig.

Sanguisorbin ist ein Gerbstoff-Glykosid (s. dort) in Wiesenknopf-Arten.

Saponine sind grenzflächenaktive organische Pflanzenstoffe, deren wäßrige Lösungen schäumen. Sie sind in Pflanzen verhältnismäßig weit verbreitet. Die Saponine zerstören rote Blutkörperschen.

Scharfstoffe ist eine Sammelbezeichnung für scharf schmeckende, chemisch unterschiedliche organische Stoffe. Sie üben einen Reiz aus auf die in der Haut und Schleimhaut vorhandenen Schmerz- und Thermorezeptoren. Dadurch kann es zu erhöhter Drüsensekretion und verstärkter Peristaltik im Verdauungstrakt sowie gesteigertem Wärmeempfinden kommen.

Schleimstoffe sind leicht quellbare Kohlenhydrate (s. dort), die mit Wasser dickflüssige Lösungen ergeben.

Scopolamine sind giftige Alkaloide (s. dort), die vor allem in Nachtschattengewächsen vorkommen.

Senecionin ist ein giftiges Alkaloid (s. dort) in Greiskraut-Arten.

Senföle sind organische, schwefelhaltige Verbindungen, die meist an Zucker gebunden sind (Glykoside, s. dort). Sie haben einen charakteristischen Geruch und scharfen Geschmack und kommen vor allem in Samen, aber auch in Wurzeln von Kreuzblütlern vor. Senföle wirken antibakteriell und auf der Haut blasenbildend.

Serotonin ist im Pflanzen- und Tierreich ein weit verbreitetes Gewebehormon.

Solanin ist ein giftiges Alkaloid (s. dort), das vor allem in Nachtschattengewächsen vorkommt.

Sorbit ist ein Zuckeralkohol, der in erster Linie in Früchten der Eberesche (Vogelbeere, Sorbus aucuparia) vorkommt.

Sporonin ist ein zelluloseartiges Kohlenhydrat, das in des Sporen von Bärlappgewächsen vorkommt.

Steroide sind im Pflanzen- und Tierreich weit verbreitete organische Verbindungen mit Ringstrukturen. Dazu gehören u.a. Gallensäure, Hormone der Nebenniere, Geschlechtshormone und Vitamin D.

T

Taxin ist das giftige Alkaloid (s. dort) der Eibe.

Terpene sind eine umfangreiche Gruppe von natürlichen, organischen Verbindungen. Sie sind im Pflanzen- und Tierreich weit verbreitet. Ihre Vielfalt findet sich jedoch in Blütenpflanzen in Ätherischen Ölen, Harzen und Balsamen(s. dort).

Thujon ist ein giftiges Terpen (s. oben) der Lebensbäume (Thuja spec).

Thymol ist ein angenehm duftendes Ätherisches Öl (s. dort) der Thymian-Arten.

V

Valeriansäure und **Isovaleriansäure** sind Ätherische Öle (s. dort) der Arznei-Baldrian-Arten.

Veilchenöl ist ein Ätherisches Öl (s. dort) des März-Veilchens.

Violin ist ein Alkaloid (s. dort) des März-Veilchens.

Z

Zimtsäure und deren Derivate (s. dort) kommen in Ätherischen Ölen (s. dort), Harzen und Balsamen (s. dort) vor.

Zucker siehe unter Sacharose.

Quellen

Baumann, H., Müller, Th.: Farbatlas Geschützte und gefährdete Pflanzen. Verlag Eugen Ulmer GmbH & Co, Stuttgart 2001.

Fischer, H., Taigel, H.: Schwäbisches Handwörterbuch. 2. Auflage. H. Laupp´sche Buchhandlung, J. C. B. Mohr, Paul Siebeck,Tübingen 1991.

Gern, Bruno: Sonnawirbel. Ein schwäbisches Herbarium. Verlag Karl Knödler, Reutlingen 1983.

Gradmann, Robert: Das Pflanzenleben der Schwäbischen Alb. 2 Bände. 4. Auflage. Verlag des Schwäbischen Albvereins e.V., Stuttgart 1950.

Hiller, K., Melzig M. F.: Lexikon der Arzneipflanzen und Drogen. 2 Bände. 2. Auflage. Spektrum Akademischer Verlag, Heidelberg/Berlin 2003.

Koch, M.: Kohlraisle, Gedichte von der Balinger Alb. Deutsche Verlagsanstalt, Stuttgart/Berlin 1913.

Körber-Grohne, U.: Nutzpflanzen in Deutschland. Kulturgeschichte und Biologie. Konrad Theiss Verlag GmbH & Co, Stuttgart 1987.

Lauber, K., Wagner, G.: Flora Helvetica. 2.Auflage. Verlag Paul Haupt, Bern/Stuttgart/Wien 1998.

Marzell, H.: Wörterbuch der deutschen Pflanzennamen. Band 1, Leipzig 1943; Band 2, Leipzig 1972; Band 3, Stuttgart/Wiesbaden 1977; Band 4, Stuttgart/Wiesbaden 1979. Verlag S. Hirzel.

Müller, Th., K.-H. Lessig: Blumenwiesen. Verlag des Schwäbischen Albvereins e.V., Stuttgart 2003

Oberdorfer, E., unter Mitarbeit von Schwabe, A. und Müller, Th.: Pflanzensoziologische Exkursionsflora für Deutschland und angrenzende Gebiete. 8. Auflage. Stuttgart 2001.

Pfündel, Th., Walter, E., Müller, Th.: Die Pflanzenwelt der Schwäbischen Alb. Verlag des Schwäbischen Albvereins e.V., Lizenzausgabe für Konrad Theiss Verlag. Stuttgart 2005.

Roth, L., Daunderer, M., Kormann, K.: Giftpflanzen, Pflanzengifte. 4. Auflage. Nikol Verlagsgesellschaft mbH & Co. KG, Hamburg 1994.

Schönfelder, I. und P.: Der Neue Kosmos Heilpflanzenführer. Stuttgart 2001 Franckh-Kosmos Verlag GmbH & Co, .

Schray, F. : Lesezeichen der Heimat. Gedichte im Jahreslauf. Ohne Angaben eines Verlages, des Erscheinungsortes und -jahres.

Schray, F.: Ein Heuberg-Brevier. Gedichte der Heimat im Jahreslauf. Sonderdruck aus Tuttlinger Heimatblätter. Verlagsdruckerei J. F. Bofinger KG, Tuttlingen 1971.

Schray, F.: Ma schwätzt au wieder Schwäbisch. Verlag des Schwäbischen Albvereins e.V., Stuttgart 1990.

Schray, F., Schöndienst, R.: Blühendes Land. Mit Feder und Stift auf heimatlichen Wegen. Verlagsdruckerei J. F. Bofinger KG, Tuttlingen, ohne Angabe des Erscheinungsjahres.

Schray, F., Schöndienst, R.: Blumen der Alb und was sie erzählen. Geheimnisse der Blumensprache, Volksbrauch, Legenden, Mythen. Silberburg-Verlag GmbH, Tübingen/ Stuttgart 1994.

Schray, F., Schöndienst, R.: Gsälzbrot und Bärlauch. Natur und Bräuche im Jahreslauf. Silberburg-Verlag GmbH, Tübingen 2000.

Sebald, O., S. Seybold, G. Philippi, A. Wörz: Die Farn- und Blütenpflanzen Baden-Württembergs. Band 1–8. Verlag Eugen Ulmer GmbH & Co, Stuttgart 1990–1998.

Timmermann, G., Müller, Th.: Wildrosen und Weißdorne Mitteleuropas. Landschaftsgerechte Sträucher und Bäume. 2. Auflage. Verlag des Schwäbischen Albvereins e.V., Stuttgart, 1998.

C

D

M

S

Der Autor

Prof. a. D. Dr. Theo Müller wurde 1930 in Banjarmasin (Borneo/Indonesien) geboren, heute wohnhaft in Steinheim an der Murr.

1945–1947 Besuch des Ev. Seminars Maulbronn, anschließend des Ev. Seminars Blaubeuren. Dort legte er im Frühjahr 1949 das Abitur ab.

1949 bis 1954 Studium an der Universität Tübingen, Biologie mit Kernfach Botanik, Chemie und Physik. 1954 Staatsexamen, 1955 Promotion zum Dr. rer. nat.

1955–1956 Bezirksstelle für Naturschutz und Landschaftspflege Nordwürttemberg, 1956–1975 Landesstelle für Naturschutz und Landschaftspflege Baden-Württemberg.

1975–1993 Professor für Vegetations- und Standortskunde sowie Naturschutz an der Fachhochschule Nürtingen, dort 1979–1981 Fachbereichsleiter Landespflege und 1981–1993 Prorektor.

1955–1975 Schriftleiter der Veröffentlichungen für Naturschutz und Landschaftspflege in Baden-Württemberg.

1974 bis Ende 1999 Schriftleiter der Blätter des Schwäbischen Albvereins.
Herausgabe von 28 Bänden der Reihe Natur-Heimat-Wandern, teilweise in 4. und 5. Auflage.
1993–2005 Vizepräsident des Schwäbischen Albvereins.

Zahlreiche vegetationskundliche Publikationen, unter anderem:

Mitarbeit bei Erich Oberdorfer: Süddeutsche Pflanzengesellschaften 2.–4. Auflage, und Erich Oberdorfer: Pflanzensoziologische Exkursionsflora für Süddeutschland und angrenzende Gebiete, 4.–8. Auflage.

Naturschutzveröffentlichungen:

Theo Müller und Dieter Kast (1969): Die geschützten Pflanzen Deutschlands.

Georg Timmermann und Theo Müller (1998): Wildrosen und Weißdorne Mitteleuropas. Landschaftsgerechte Stäucher und Bäume. 2. Auflage.

Helmut Baumann und Theo Müller (2001): Farbatlas Geschützte und gefährdete Pflanzen.

Theo Müller und Kurt Heinz Lessig (2003): Blumenwiesen. Eine Handreichung für Naturfreunde und Wanderer

Foto: Verena Mueller